普通高等教育“十二五”规划教材

机 械 制 图

主　编　李　杰　陈家能

副主编　蔡　萍　吴桂华　陈华江

参　编　陈　洁　马　霞　魏昌祥

　　　　裴苹汀　冯　霞　刘晓培

主　审　陈国民

机 械 工 业 出 版 社

本书以培养学生徒手绘图、尺规绘图和计算机绘图三种能力为重点，采用了现行《技术制图》和《机械制图》国家标准。本书主要内容有：绪论、制图基本知识与技能、正投影基础、基本体及立体表面交线、组合体、轴测图、机件常用表达方法、标准件与常用件、零件图、装配图、计算机绘图。

本书可作为高等院校机械类和近机械类专业机械制图课程的教材，也可供其他类型院校相关专业的64～104学时机械制图课程选用，还可供工程技术人员参考。

图书在版编目（CIP）数据

机械制图/李杰，陈家能主编. —北京：机械工业出版社，2014.8（2016.6重印）

普通高等教育"十二五"规划教材

ISBN 978-7-111-47050-2

Ⅰ.①机… Ⅱ.①李…②陈… Ⅲ.①机械制图-高等学校-教材 Ⅳ.①TH126

中国版本图书馆CIP数据核字（2014）第168254号

机械工业出版社（北京市百万庄大街22号 邮政编码100037）

策划编辑：舒 恬 责任编辑：舒 恬 安桂芳 版式设计：霍永明

责任校对：肖 琳 封面设计：张 静 责任印制：乔 宇

保定市中画美凯印刷有限公司印刷

2016年6月第1版第2次印刷

184mm×260mm · 17.25印张 · 426千字

标准书号：ISBN 978-7-111-41050-2

定价：36.00元

凡购本书，如有缺页、倒页、脱页，由本社发行部调换

电话服务

服务咨询热线：010-88379833

读者购书热线：010-88379649

网络服务

机工官网：www.cmpbook.com

机工官博：weibo.com/cmp1952

教育服务网：www.cmpedu.com

金书网：www.golden-book.com

前　言

本书是为了适应普通高等院校机械类专业机械制图课程教学的需要，并结合编者多年从事教学改革和课程建设实践积累的经验而编写的。它适合64～104学时机械类专业及近机械类专业选用，也可作为学生参考用书，或供工程技术人员参考。本书的编写特点如下：

1. 编写内容以“实用为主，必须、够用为度”为原则，精简传统的画法几何内容，增加“轴测草图画法”。强化草图的绘制能力，加强应用能力的培养。

2. 全书采用双色印刷，使重点内容、需强调的内容一目了然。文字叙述简明扼要，通俗易懂，文字与图形相结合，便于理解和掌握。对复杂的图形，辅以立体图及分解图示，对知识点配以图形，以例代理。

3. 计算机绘图已成为机械制图课程必不可少的内容之一。本书以AutoCAD 2012版为蓝本，主要介绍使用计算机绘图的思路、方法和技巧。将常用命令结合实例讲解，便于学生学习和掌握。

4. 零部件测绘安排在装配图一章，精简了教材篇幅，同时使绘制零件草图这一内容与第一章和第五章的徒手绘图、轴测草图等内容相呼应。

5. 本书采用最新颁布的国家标准《技术制图》及《机械制图》。

本书由重庆科技学院李杰、陈家能担任主编，蔡萍、吴桂华、陈华江担任副主编。本书编写工作的具体分工如下：李杰（第十章）、陈家能（第八章、第九章、附录C）、蔡萍（第六章）、吴桂华（第七章、附录A、B）、陈华江（绪论、第一章），陈洁（第二章、第三章第一节～第三节、第五章），马霞（第三章第四节、第五节、第四章）。

本书由重庆后勤工程学院陈国民教授担任主审。编写过程中，重庆科技学院魏昌祥、裴苹汀、冯霞、刘晓培等老师参加了绘图、图形及文字的校对等工作，王谊和曾慧娥老师对本书的编写给予了极大帮助，机械工业出版社的舒恬编辑也提出了具体的意见并给予指导，同时我们还参考了国内同行编写的很多同类优秀教材，在此一并致以衷心的感谢，并且向为本书编写、出版付出辛勤劳动的各位专家、编辑及有关同志表示感谢。

由于编者水平有限，书中的不妥之处在所难免，欢迎读者和同仁批评指正。

编　者

目　录

绪　论

一、本课程的研究对象

在工程技术中，按一定的投影方法和技术规定，准确地表达物体的结构形状、尺寸和技术要求的图形，称为工程图样。在现代工业生产和科学技术中，无论是制造各种机械设备、电气设备、仪器仪表，还是建筑房屋和进行水利工程施工等，都离不开工程图样。因此，图样被称为工程技术界的“语言”，每个工程技术人员都必须掌握这种“语言”。本课程主要研究机械零件、部件和机器的图样的绘制和识读方法。

二、本课程的内容

《机械制图》课程是一门专业技术基础课程，它包括制图国家标准、投影基础、制图基础、机械制图和计算机绘图五个部分。具体分布和主要内容见表0-1。

表0-1　本书内容构成

	包含章节	主要内容
制图国家标准	第一、七章	介绍常用的国家标准，使学生掌握运用和查阅国家标准的方法
投影基础	第二、三章	投影的基本方法和理论
制图基础	第三、四、五、六章	介绍基本体及组合体的投影，表达物体外部形状和内部结构的基本方法，使学生掌握机械图样的各种画法，从而正确表达物体的形状和结构
机械制图	第七、八、九章	主要介绍标准件、常用件的画法，介绍零件图和装配图的画法，使学生掌握表面结构、尺寸公差和几何公差等技术要求的标注与识读
计算机绘图	第十章	主要介绍计算机绘图的基本知识，使学生掌握计算机绘图的基本方法

三、本课程的学习任务

1）培养空间想象力，提高对空间物体的观察、分析和表达能力，掌握用正投影法表达空间物体的基本理论和方法。

2）掌握使用仪器绘图、徒手绘图和计算机绘图的基本方法，正确地绘制并读懂各种工程图样。

3）培养耐心细致的工作作风和认真负责的工作态度。

四、本课程的注意事项

1）培养学生的画图能力和读图能力，是学习本课程的主要任务。画图是将空间物体表达在平面上，而读图是将平面图形返回到空间形状中去。在培养学生的空间想象能力方面，读图的难度比画图的难度大。因此，在学习本课程的过程中，要注意培养自己的空间想象能力。

2）技能性学习在本课程的学习中占有一定的比例。在学习过程中，要掌握正确使用绘图仪器和工具的方法以及计算机绘图的方法，不断提高绘图技能。

3）本课程是实践性很强的一门课程，要真正掌握本课程所涉及的知识，只有通过完成一系列的作业和练习来实现。因此，运用好“三多”——多思考、多画图、多读图，才能提高自己的画图、读图的能力。

第一章　制图基本知识与技能

第一节　《技术制图》与《机械制图》国家标准中的有关规定

图样是现代工业生产中最基本的技术文件，是工程界的技术语言。为了正确地绘制和阅读工程图样，便于指导生产和对外进行技术交流，工程技术人员必须熟悉和掌握有关标准和规定。国家标准《技术制图》与《机械制图》是工程界重要的基础技术标准，是绘制和阅读工程图样的依据。

我国国家标准简称国标，其代号是“GB”，如 GB/T 14689—2008，其中 GB/T 是表示推荐性国标，14689 是标准编号，2008 是发布年号。如果不写年号，表示最新颁布实施的国家标准。国家标准对图样的画法、尺寸标注等内容作了统一的规定。每个工程技术人员都必须掌握并严格遵守。

本节主要介绍图幅、比例、字体、图线、尺寸标注等基本规定。

一、图纸幅面及格式（GB/T 14689—2008）

1. 图纸幅面尺寸

绘制技术图样时，优先采用表 1-1 中的基本幅面规格尺寸。必要时，可以加长幅面。加长幅面是按基本幅面的短边成整数倍增加，如图 1-1 所示。

各基本幅面尺寸关系如图 1-1 所示，图中粗实线所示为基本幅面，虚线所示为加长幅面。沿着某一号幅面的长边对裁，即为下一号幅面的大小。例如，沿 A1 幅面的长边对裁，即为 A2 的幅面，以此类推。

表 1-1　图纸幅面尺寸和图框尺寸　　（单位：mm）

幅面代号	A0	A1	A2	A3	A4
尺寸($B\times L$)	841×1189	594×841	420×594	297×420	210×297
e	20		10		
c	10			5	
a	25				

2. 图框格式

绘图时在图纸上必须用粗实线绘制图框线，用以限定绘图区域。图框有留装订边和不留装订边两种格式，如图 1-2 和图 1-3 所示，图中 a、c、e 的尺寸大小见表 1-1。

为了使图样复制和缩微摄影时定位方便，应在图纸各边的中点处分别画出对中符号，对中符号是从周边画入图框内约 5mm 的一段粗实线，如图 1-4 所示。

若使用预先印制的图纸时，为了明确绘图和读图方向，应在图纸的下边对中符号处画一个方向符号，如图 1-4 所示。

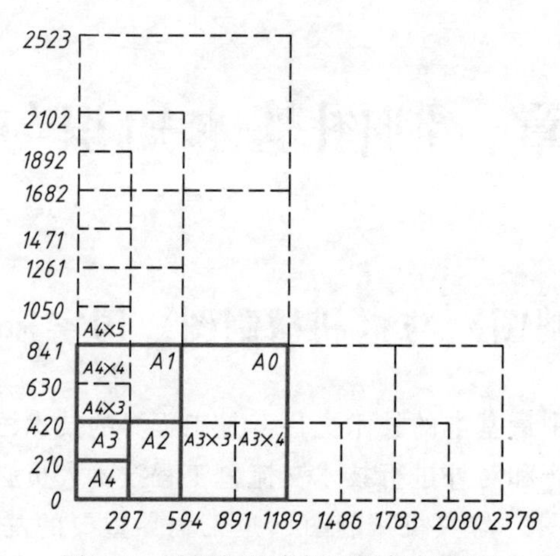

图 1-1　图纸的基本幅面和加长幅面

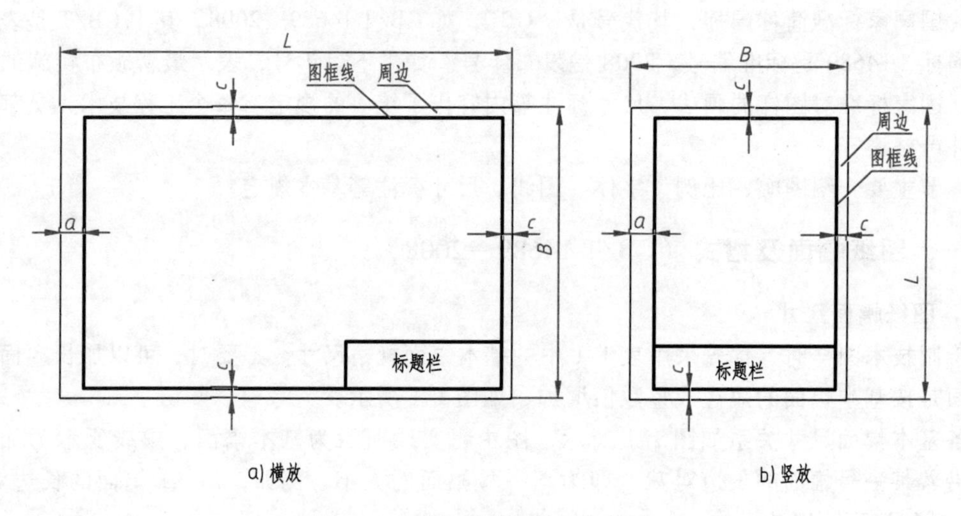

图 1-2　有装订边图纸的图框格式

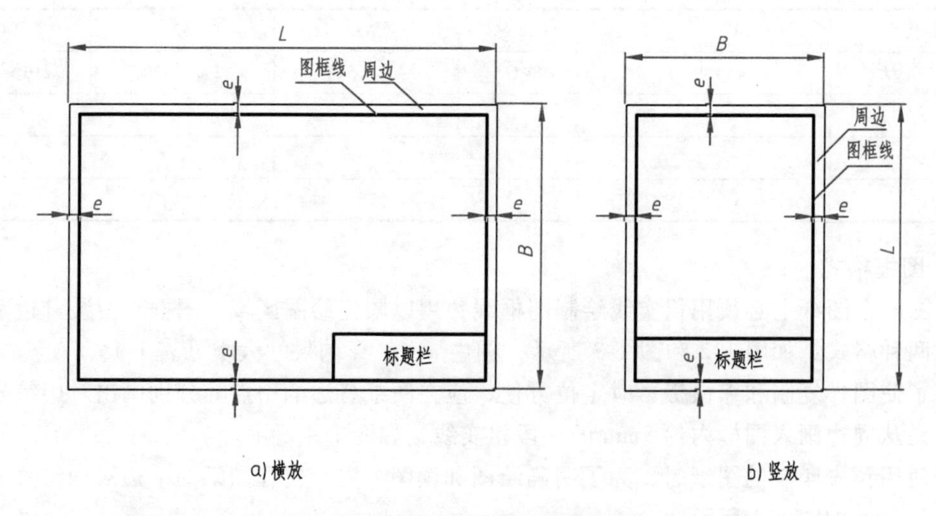

图 1-3　无装订边图纸的图框格式

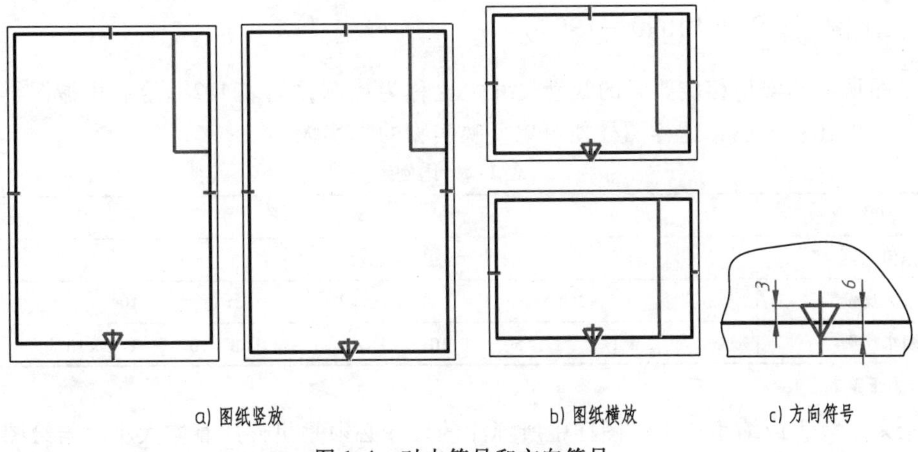

a) 图纸竖放　b) 图纸横放　c) 方向符号

图 1-4　对中符号和方向符号

3. 标题栏

每张图样必须绘制标题栏，标题栏应位于图框线的右下角，如图 1-2 和图 1-3 所示，此时，标题栏中文字的方向应与画图及读图方向一致。

标题栏的格式由国家标准 GB/T 10609. 1—2008 作了明确规定，如图 1-5 所示。在学校制图作业中，建议采用图 1-6 所示的简化格式。标题栏的外框线用粗实线、里面竖线用粗实线，横线用细实线绘制。

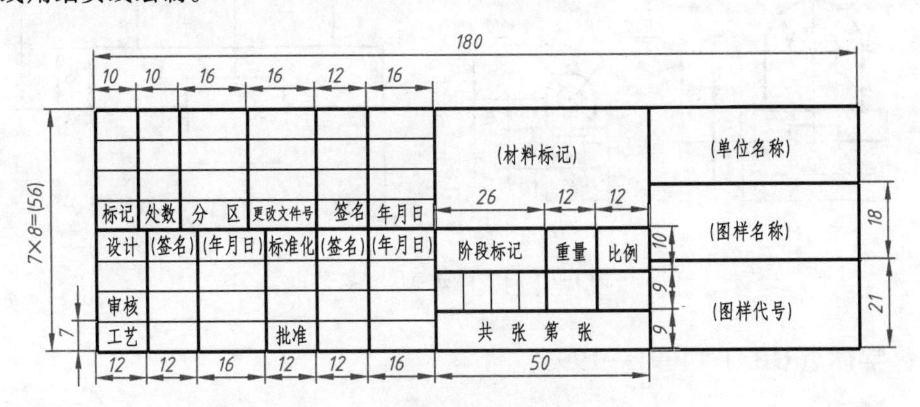

图 1-5　国家标准中的标题栏格式

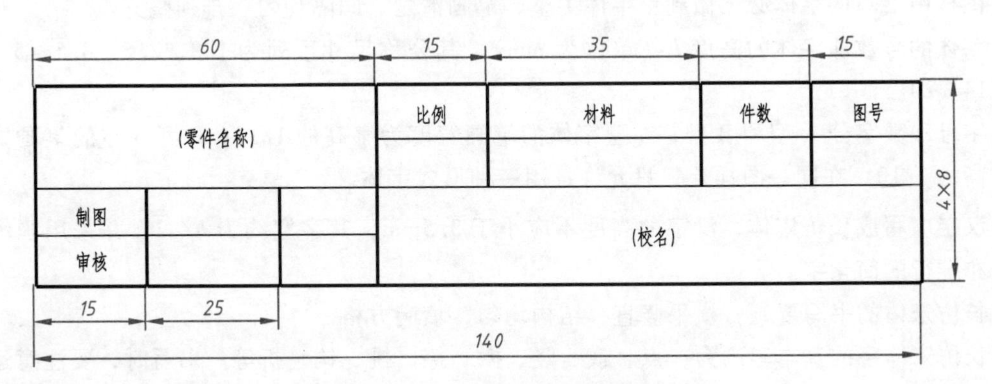

图 1-6　学生用零件图标题栏

二、比例（GB/T 14690—1993）

图中图形与其实物相应要素的线性尺寸之比称为比例，见表1-2。绘制机械图样时，尽量采用1∶1的比例画图，这样图样便可以反映实物的真实大小。

表1-2 比例

种类	比例					
原值比例	1∶1					
放大比例	2∶1	5∶1	1×10^n∶1	2×10^n∶1	5×10^n∶1	
缩小比例	1∶2	1∶5	1∶10	1∶2×10^n	1∶5×10^n	1∶1×10^n

注：n为正整数。

无论采用放大或缩小比例，图样中所标注的尺寸必须是机件的真实大小，与绘图比例大小无关，如图1-7所示。

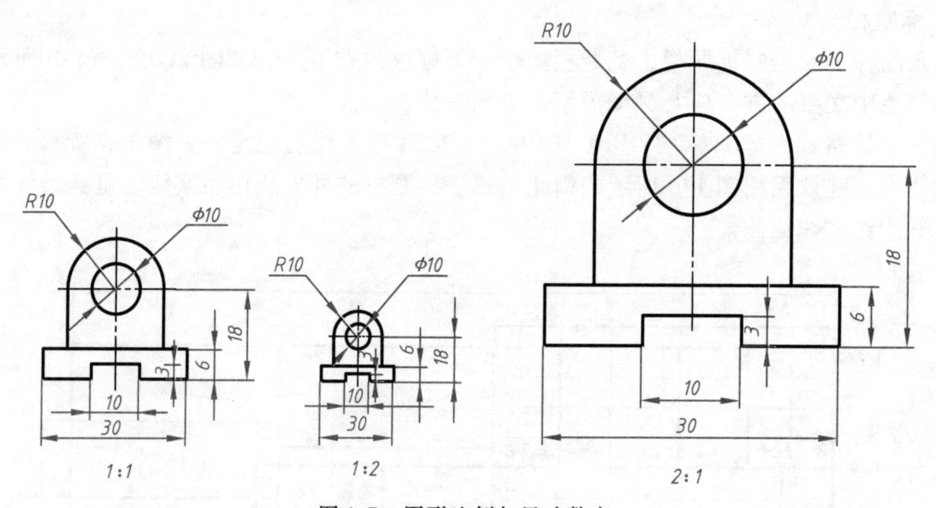

图1-7 图形比例与尺寸数字

三、字体（GB/T 14691—1993）

1. 基本要求

图样中书写的字体必须做到：字体工整、笔画清楚、间隔均匀、排列整齐。

字体的号数即字体的高度h（单位为mm），其公称尺寸系列为1.8、2.5、3.5、5、7、10、14、20。

字母和数字分A型和B型，A型字体的笔画宽度为字高的1/14；B型字体的笔画宽度为字高的1/10。在同一图样上，只允许选用一种形式字体。

汉字应写成长仿宋体，汉字的高度不应小于3.5mm，其字宽约为$h/\sqrt{2}$，并采用国家正式公布推行的简化字。

长仿宋体的书写要领：横平竖直，结构均匀，填满方格。

长仿宋体字的基本笔画为：点、横、竖、撇、捺、挑、钩、折等。书写时，要注意运笔方法和顺序，每一笔画要一笔写成，不宜勾描；在起笔、落笔和转折处稍加用力，并停顿一下，以形成三角形的笔锋。

2. 字体示例

（1）汉字示例　图 1-8 所示为长仿宋体汉字示例。

10 号字

字体工整　笔画清楚　间隔均匀　排列整齐

7 号字

横平竖直注意起落结构均匀填满方格

5 号字

技术制图机械电子汽车航空船舶土木建筑矿山井坑港口纺织服装

图 1-8　长仿宋体汉字示例

（2）字母和数字示例　字母和数字可写成直体或斜体。斜体字字头向右倾斜，与水平线约成 75°角。字体综合应用时，用作指数、分数、极限偏差、注脚等的数字及字母，一般应采用小一号的字体，字母和数字的写法如图 1-9 和图 1-10 所示。

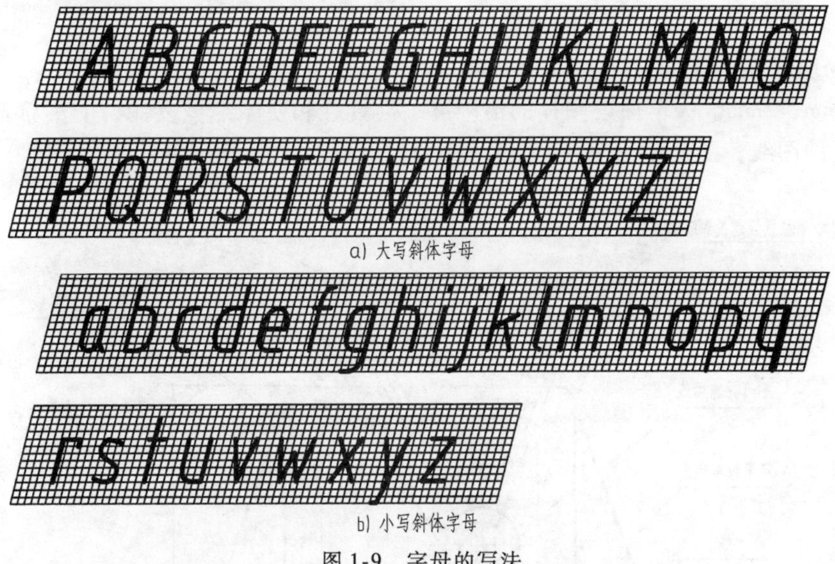

a) 大写斜体字母

b) 小写斜体字母

图 1-9　字母的写法

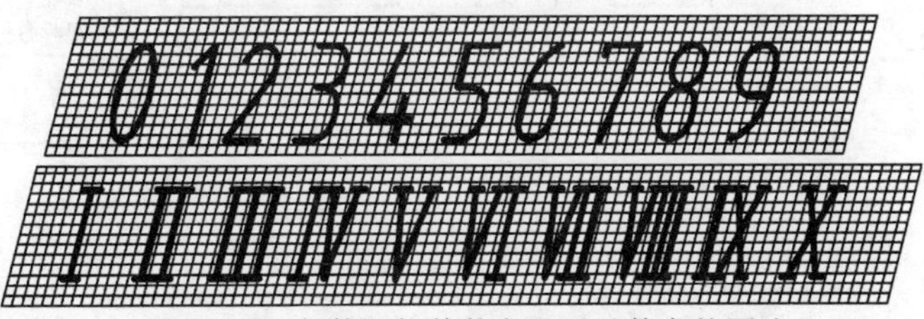

图 1-10　斜体阿拉伯数字和罗马数字的写法

四、图线（GB/T 17450—1998、GB/T 4457. 4—2002）

1. 图线的型式及其应用

国家标准 GB/T 17450—1998 和 GB/T 4457. 4—2002 规定了 15 种线型的名称、型式、结

构、标记及画法规则等，常用的8种图线见表1-3。

表1-3　图线的型式和应用（摘自GB/T 4457.4—2002）

线型名称	线　型	线宽	主要用途
粗实线	————	d	表示可见轮廓线
细实线	————	$0.5d$	表示尺寸线、尺寸界线、引出线、剖面线、重合断面的轮廓线、过渡线等
细虚线	— — — — —	$0.5d$	表示不可见轮廓线
细点画线	——·——·——	$0.5d$	表示轴线、对称线、分度圆、分度线、圆中心线等
细双点画线	——··——··——	$0.5d$	表示假想轮廓、极限位置的轮廓线
波浪线	～～	$0.5d$	表示断裂处的边界、局部剖视的分界线
粗点画线	——·——·——	d	表示有特殊要求的表面（限定范围）表示线
双折线	——\/\——\/\——	$0.5d$	表示断裂处的边界

图线分粗、细两种。粗线宽度应按图形大小和复杂程度，从$d=0.5\sim2$mm范围内选择，推荐采用$d=0.5\sim0.7$mm。细线的宽度为$d/2$。

图线宽度d的推荐系列为：0.13mm、0.18mm、0.25mm、0.35mm、0.5mm、0.7mm、1mm、1.4mm、2mm。为了保证图样的清晰度、易读性和便于缩微复制，应尽量避免采用小于0.18mm的图线。图1-11所示为常用图线的应用举例。

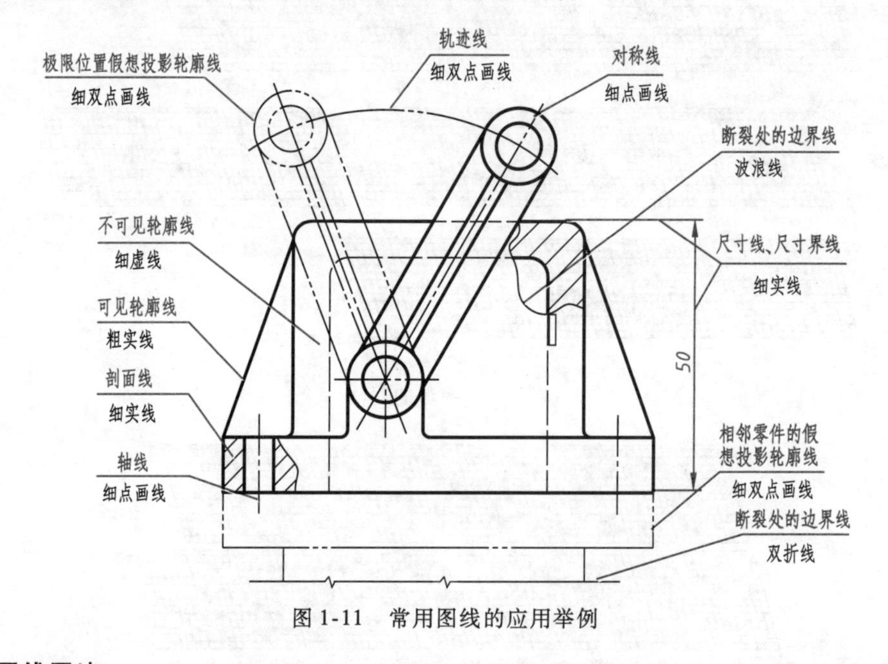

图1-11　常用图线的应用举例

2. 图线画法

1）在同一图样中，同类图线的宽度应基本一致。虚线、点画线及双点画线的线段长度和间隔应各大致相等。并要特别注意图线在接头（相接、相交、相切）处的正确画法。

2）两平行线（包括剖面线）之间的距离不小于粗实线的两倍宽度，其最小距离不得小于0.7mm。

3）画圆的中心线时，点画线的两端应超出轮廓线 2 ~ 5mm；首末两端应是线段而不是短画；圆心应是线段的交点，较小圆的中心线可用细实线代替。

4）虚线或点画线与其他图线相交时，应在线段处相交，而不是在点或间隙处相交。

5）虚线为实线的延长线时，虚线与实线之间应留出间隙。

6）当有两种或更多的图线重合时，通常按图线所表达对象的重要程度优先选择绘制顺序为可见轮廓线、不可见轮廓线、尺寸线、各种用途的细实线、轴线和对称中心线、假想线。

正确绘制图线的方法如图 1-12 所示。

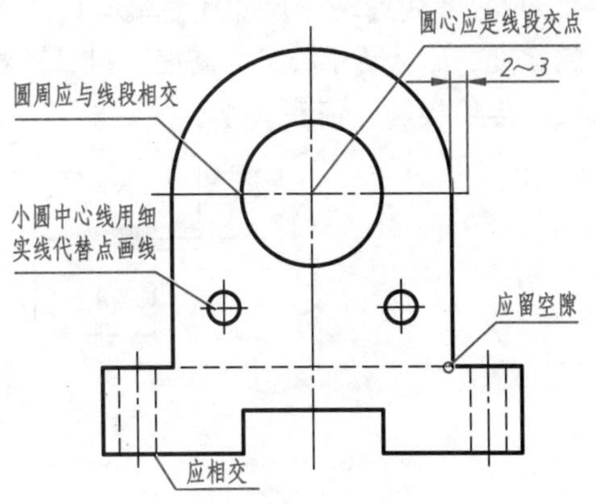

图 1-12　绘制图线的注意事项

五、尺寸标注（GB/T 16675.2—2012 和 GB/T 4458.4—2003）

图形只能表示物体的形状和结构，而物体的大小及各部分之间相互位置关系则由标注的尺寸来确定。尺寸标注要严格遵守国家标准有关的规定。

1. 基本规则

1）机件的真实大小应以图样上所标注的尺寸数值为依据，与图形的大小及绘图的准确度无关。

2）图样中的尺寸以毫米（mm）为单位时，不需标注计量单位的代号或名称，如采用其他单位，则必须注明相应的计量单位的代号或名称。（注：标注尺寸建议以毫米为单位）。

3）图样中所标注的尺寸，为该图样所示机件的最后完工尺寸，否则应另加说明。

4）机件的每一尺寸，一般只标注一次，并标注在反映该结构最清晰的图形上。

2. 尺寸的组成要素

一个完整的尺寸标注由尺寸界线、尺寸线、尺寸线终端（箭头或斜线）和尺寸数字组成，如图 1-13 所示。

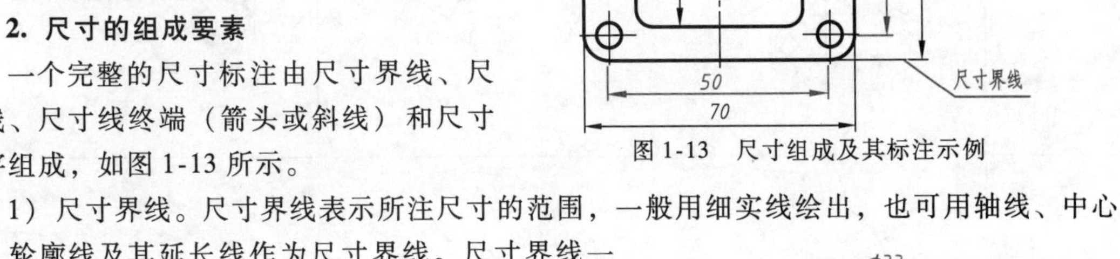

图 1-13　尺寸组成及其标注示例

1）尺寸界线。尺寸界线表示所注尺寸的范围，一般用细实线绘出，也可用轴线、中心线、轮廓线及其延长线作为尺寸界线。尺寸界线一般应与尺寸线垂直，必要时才允许倾斜，如图 1-14 所示。

2）尺寸线。尺寸线表示度量尺寸的方向，必须用细实线单独绘出，不得由其他任何图线代替，也不得画在其他图线的延长线上。

线性尺寸的尺寸线应与所标注的线段平行。相互平行的尺寸线，大尺寸在外，小尺寸在内，以避免尺寸界线与尺寸线相交，且平行尺寸线间的间距

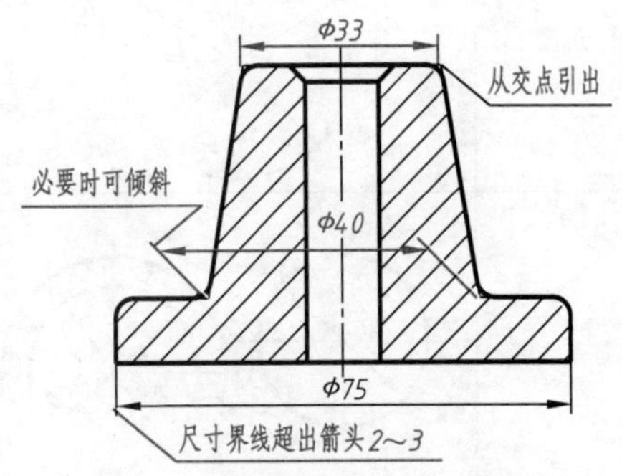

图 1-14　倾斜引出的尺寸界线

尽量保持一致，一般为5~10mm。尺寸界线超出尺寸线2~3mm，如图1-14所示。

3）尺寸线终端。尺寸线终端有两种形式：箭头和斜线，如图1-15所示，图中d为粗实线的宽度，h为尺寸数字的高度。机械图样中一般采用箭头作为尺寸线的终端。箭头的尖端与尺寸界线接触，箭头大小要一致。

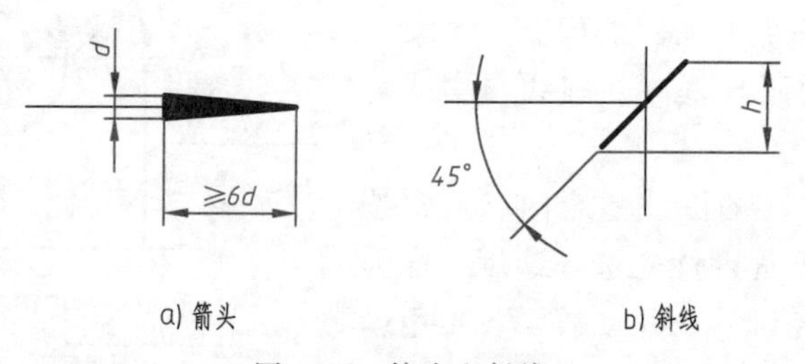

a) 箭头　　b) 斜线

图1-15　箭头和斜线

当尺寸线的终端采用斜线形式时，尺寸线与尺寸界线必须相互垂直。因此，标注圆的直径、圆弧半径和角度尺寸线时，其终端应该用箭头。同一张图样中，除圆、圆弧、角度外，应采用一种尺寸线终端形式。

4）尺寸数字。尺寸数字表示尺寸的大小。水平方向的线性尺寸数字一般注写在尺寸线的上方，也允许注写在尺寸线的中断处，字头朝上；垂直方向的尺寸数字应注写在尺寸线的左侧，字头朝左；倾斜方向的尺寸数字，应保持字头向上的趋势。尺寸数字不能被任何图线通过，否则应将该处图线断开。各类尺寸的注法见表1-4。

表1-4　常见尺寸的标注示例

标注内容	示　例	说　明
线性尺寸的数字方向	a)　b)	线性尺寸数字应按图a所示的方向注写，并尽可能避免在图示30°范围内标注尺寸，无法避免时，可按图b的形式标注
角度		1）角度尺寸的数字一律水平书写。一般注写在尺寸线的中断处，必要时允许写在外面，或引出标注 2）尺寸界线必须沿角顶引出；尺寸线画成圆弧，圆心是该角的顶点
圆和圆弧		圆的直径尺寸和圆弧的半径尺寸一般应按左图示例标注。直径或半径尺寸数字前应分别注写符号“ϕ”或“R”，大圆弧采用折弯标注

（续）

标注内容	示　例	说　明
狭小尺寸	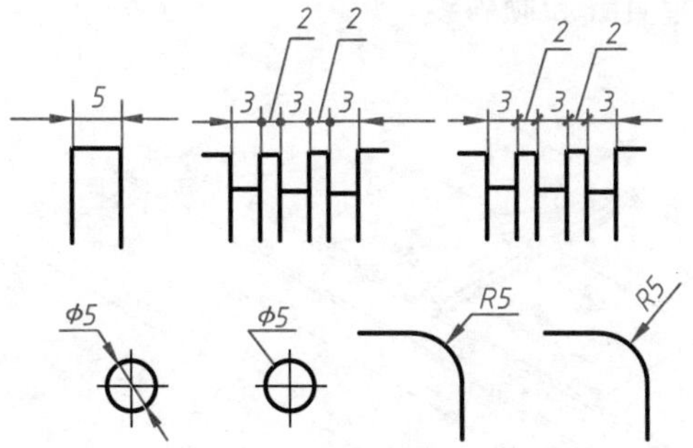 5　2　2　3　3　3　3　3　3　2　2　φ5　φ5　R5　R5	1）当没有足够位置画箭头或写数字时，可有一个布置在尺寸界线外面 2）位置更小时，箭头和数字可以都布置在尺寸界线外面，或引出标注尺寸数字 3）狭小部位画不出箭头时，可用圆点或斜线代替
球面	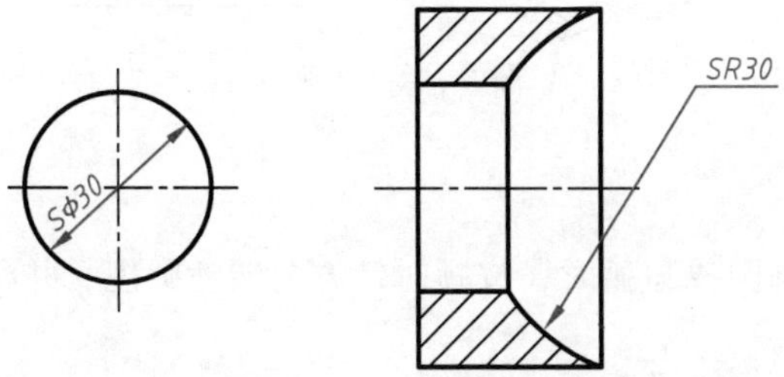 Sφ30　SR30	标注球面尺寸时，应在 φ 或 R 前加注“S”
尺寸相同的孔等要素及对称尺寸标注	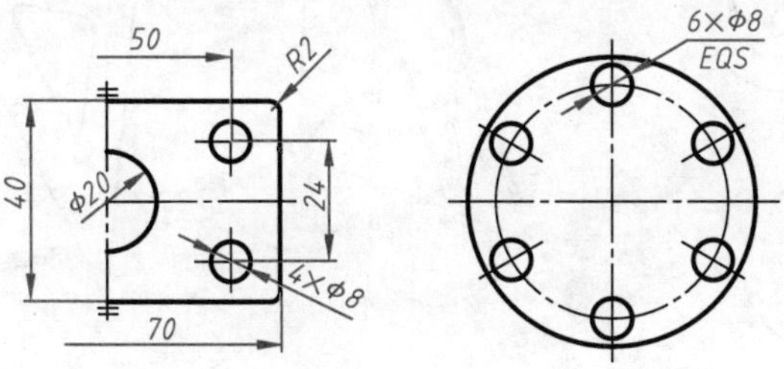 50　R2　40　φ20　24　4×φ8　70　6×φ8 EQS	相同直径的圆孔只要在一个圆孔上标注直径尺寸，并在其前加注“个数×” “EQS”表示成组要素（如孔）均匀分布
正方形结构	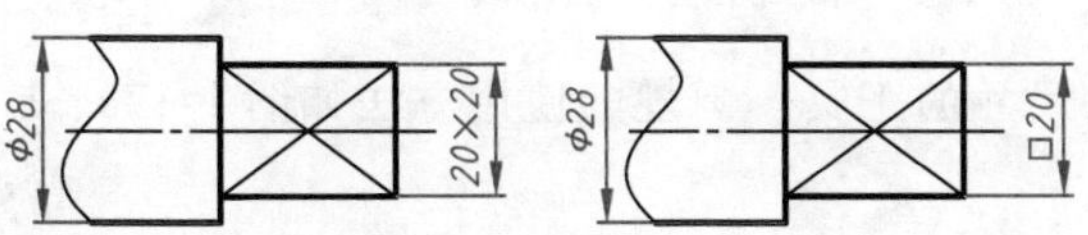 φ28　20×20　φ28　□20	标注断面为正方形结构的尺寸时，可在正方形边长尺寸数字前加注符号“□”或用“A×A”（A 为正方形边长）注出 当图形不能充分表达平面时，可用对角交叉的两条细实线表示

第二节　尺规绘图工具和仪器的使用方法

正确使用绘图工具和仪器，是保证绘图质量和提高绘图速度的前提。下面简要介绍常用绘图工具及其使用方法。

一、图板、丁字尺、三角板

图板用来固定图纸。图板的工作面须光滑平整，图板的左边为工作边，如图 1-16 所示。常用的图板规格有 0 号、1 号和 2 号。

丁字尺由相互垂直的尺头和尺身组成。使用时，左手扶住尺头，将尺头的内侧边紧靠图板的左边，上下移动丁字尺，自左向右，可画出不同位置的水平线。

三角板与丁字尺配合使用可画垂直线和倾斜线。

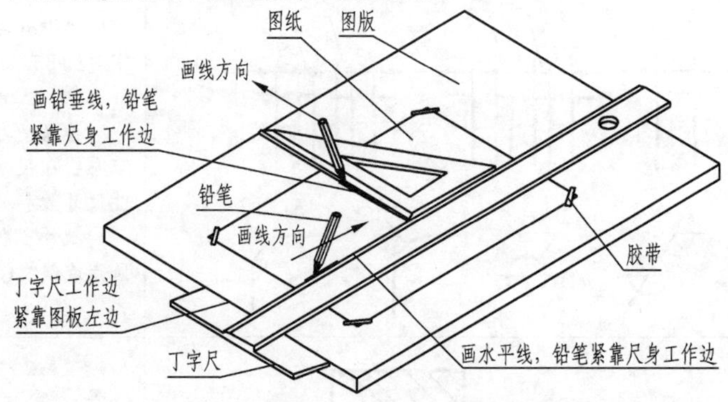

图 1-16　用图板、丁字尺、三角板画线

二、圆规、分规

圆规是画圆和圆弧的工具。画圆或圆弧时，按顺时针方向转动圆规，并稍向前倾斜，要保证针尖和笔尖均垂直于纸面。

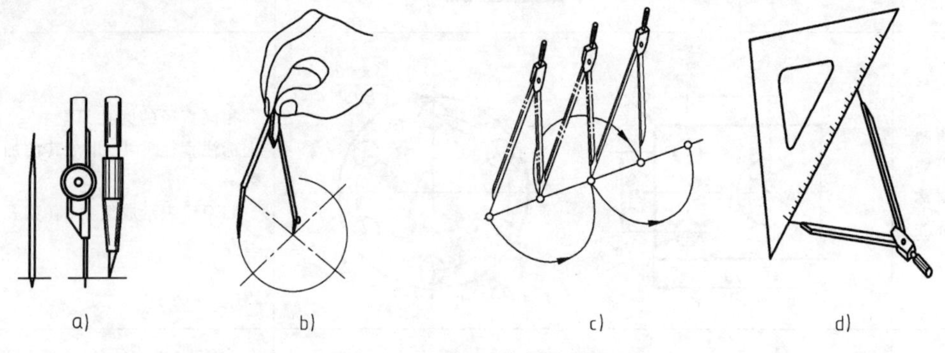

图 1-17　圆规和分规的用法

分规是用来等分线段或量取尺寸的工具。圆规的使用方法如图 1-17a、b 所示，分规的使用如图 1-17c、d 所示。

三、曲线板

曲线板是绘制非圆曲线的常用工具。画线时，先徒手将各点轻轻地连成曲线，然后在曲线板上选取曲率相当的部分，分几段逐次将各点连成曲线，但每段都不要全部描完，至少留出后两点间的一小段，使之与下段吻合，以保证曲线的光滑连接，如图 1-18 所示。

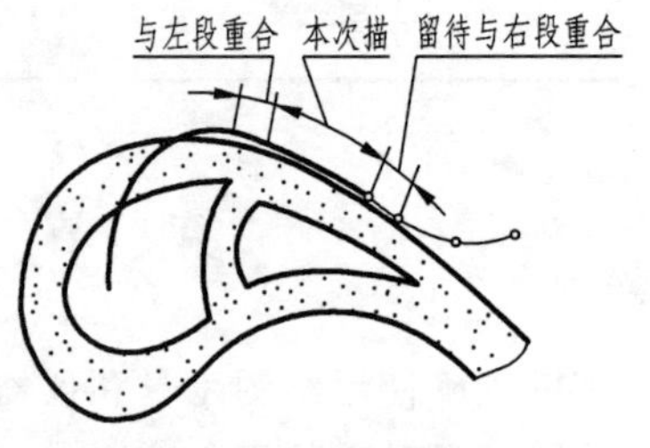

图 1-18　曲线板用法

四、铅笔

绘图铅笔用 B 和 H 代表铅芯的软硬程度。B 前的数值越大，表示铅芯越软，H 前的数值越大，表示铅芯越硬。HB 表示软硬适中的铅芯。常用 H 或 2H 的铅笔画底稿，用 HB 或

H 的铅笔写字，用 B 或 HB 的铅笔画粗实线。铅笔写字或画细实线和粗实线的削法如图 1-19a、b 所示。

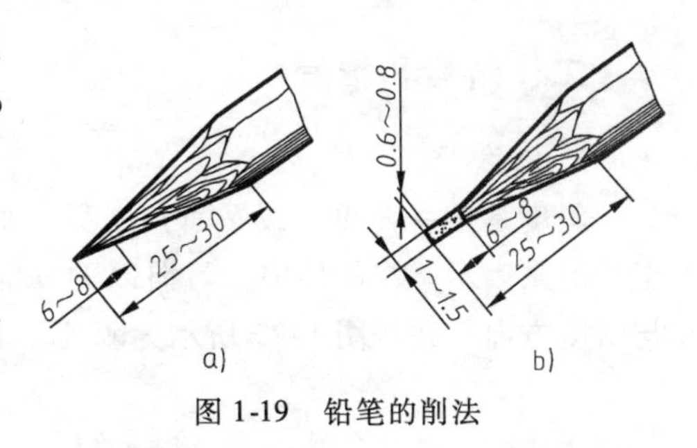

图 1-19　铅笔的削法

五、其他用品

除以上绘图工具外，还需要橡皮、小刀、擦图片、胶带和修磨铅芯的细砂纸等。

第三节　常用几何作图方法

图样中的图形，都是由直线、圆、圆弧或其他曲线等几何图形组成的。因此，熟练地掌握几何图形的基本作图方法，是绘制好机械图样的基础。下面介绍几种常见几何图形的作图方法。

一、圆内接正多边形

1. 圆内接正三角形、正六边形画法

已知圆的直径，三、六等分圆周及作圆内接正三角形、正六边形的作图方法如图 1-20 所示。

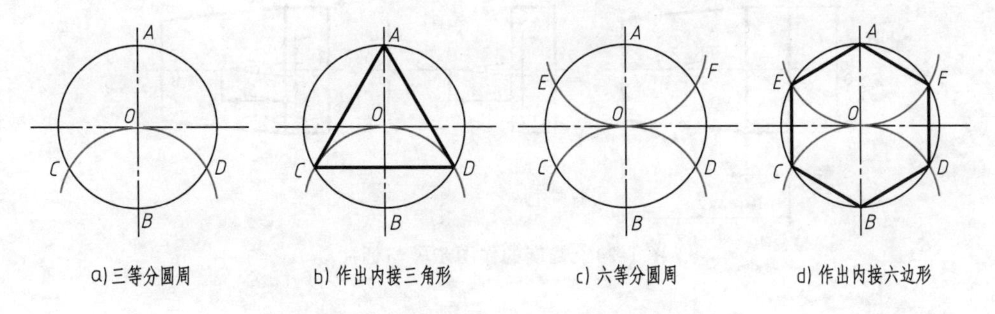

图 1-20　圆内接正三角形、正六边形画法

用 60°三角板配合丁字尺可作出圆内接正六边形，如图 1-21 所示。

2. 圆内接正五边形的画法

如图 1-22 所示，作水平线 *ON* 的中点 *M*，以点 *M* 为圆心、*MA* 为半径作弧，与水平中心线交于 *H*。以 *AH* 为边长，即可作出圆内接正五边形。

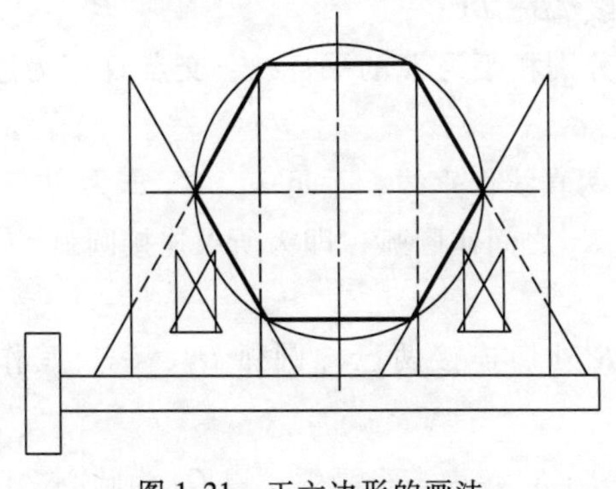
图 1-21　正六边形的画法

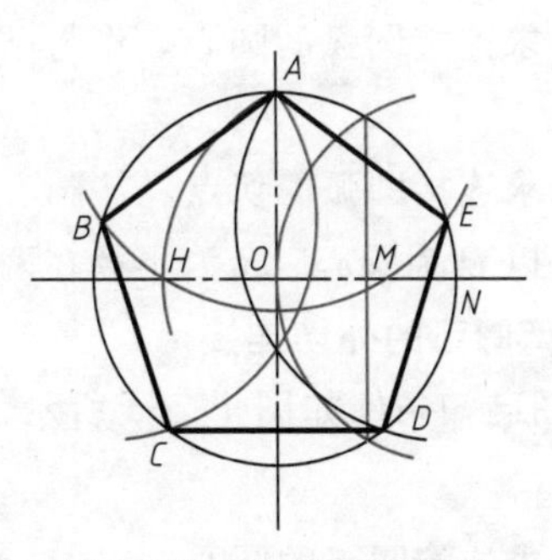

图 1-22　正五边形的画法

二、斜度和锥度

1. 斜度

斜度是指一直线（或平面）对另一直线（或平面）的倾斜程度，其大小用它们夹角的正切值来表示。在图样中，习惯以 1∶n 的形式标注，并在前面加注符号“∠”，符号的方向与斜度方向一致。图 1-23 所示为斜度 1∶5 的作图方法及标注。

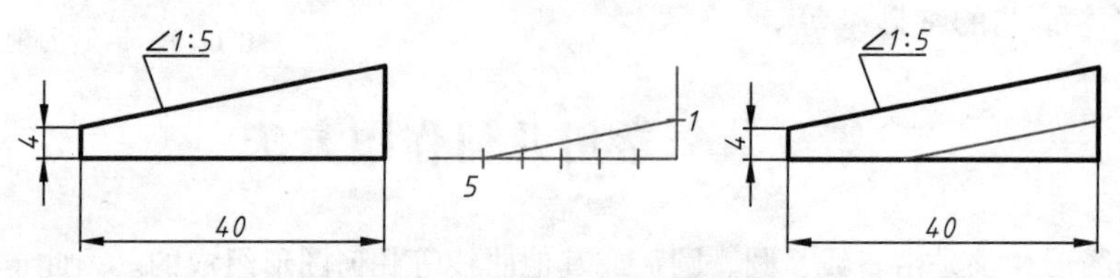

图 1-23　斜度的作图步骤与标注

2. 锥度

锥度是指正圆锥体的底圆直径与圆锥高之比。若是圆台，则为上、下底圆直径之差与圆台高之比。在图样中习惯以 1∶n 的形式标注，图 1-24 所示为锥度 1∶5 的作图方法及标注。

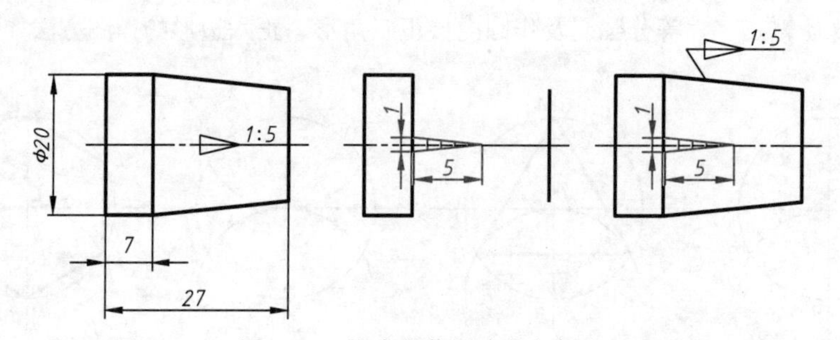

图 1-24　锥度的作图步骤与标注

三、圆弧连接

圆弧连接是指用已知半径的圆弧，光滑地连接直线或圆弧，即相切。这段圆弧称为连接圆弧，切点称为连接点。要保证圆弧的光滑连接，必须求出连接圆弧的圆心和连接点。下面介绍几种常见的圆弧连接作图步骤：

1. 用圆弧 R 连接两直线

如图 1-25 所示，用圆弧 R 光滑连接两直线 AB、BC。

1）求连接圆弧的圆心。作与已知两直线分别相距为 R 的平行线，交点 O 即为连接圆弧的圆心。

2）求连接圆弧的切点。从圆心 O 分别向两直线作垂线，垂足 K_1、K_2 即为切点。

3）以 O 为圆心，R 为半径在两切点 K_1、K_2 之间作圆弧，即为所求连接圆弧。

2. 两圆弧的外切连接

作图已知条件如图 1-26a 所示，用圆弧 R 外切连接两已知圆弧 O_1、O_2，其作图步骤如下：

1）求连接圆弧的圆心。以 O_1 为圆心，$(R+R_1)$ 为半径画弧；以 O_2 为圆心，$(R+R_2)$

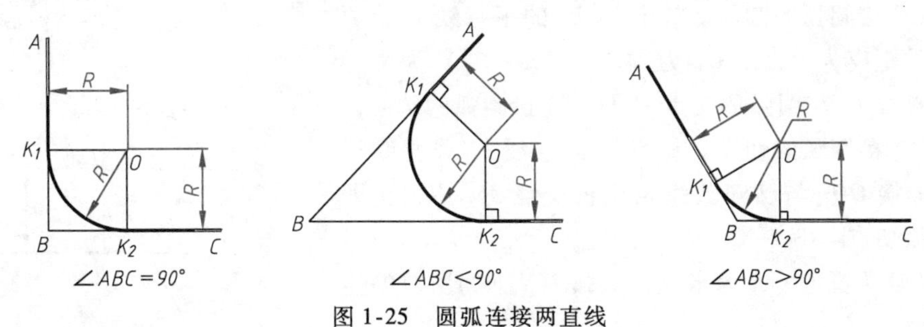

图 1-25　圆弧连接两直线

为半径画弧，两圆弧交点 O 即为连接圆弧圆心，如图 1-26b 所示。

2）求连接圆弧的切点。连接 OO_1、OO_2 交已知圆弧于 T_1、T_2 即得切点，如图 1-26b 所示。

3）以 O 为圆心，R 为半径作圆弧 T_1T_2，即为所求连接圆弧，如图 1-26c 所示。

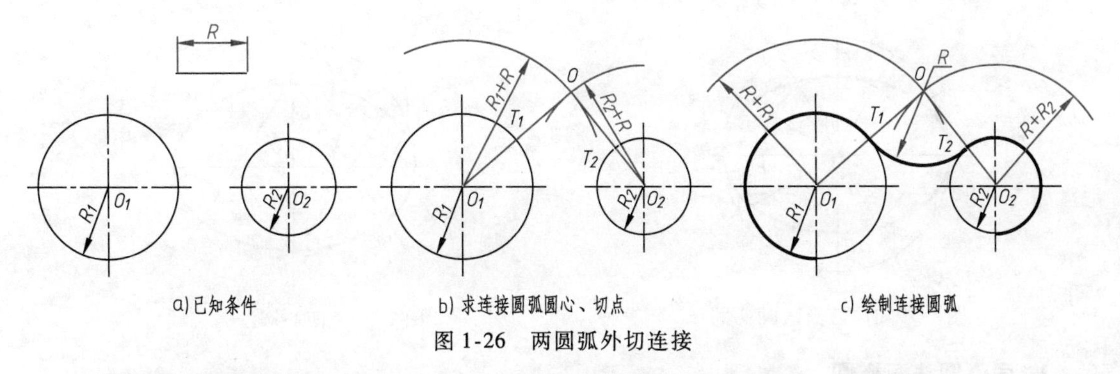

图 1-26　两圆弧外切连接

3. 两圆弧的内切连接

作图已知条件如图 1-27a 所示，用圆弧 R 内切连接两已知圆弧 O_1、O_2，其作图步骤如下：

1）求连接圆弧圆心。以 O_1 为圆心，$(R-R_1)$ 为半径画弧；以 O_2 为圆心，$(R-R_2)$ 为半径画弧，两圆弧交点 O 即为连接圆弧圆心，如图 1-27b 所示。

2）求连接圆弧切点。连接 OO_1、OO_2，其延长线交已知圆弧于 T_1、T_2 即得切点，如图 1-27b 所示。

3）以 O 为圆心，R 为半径作圆弧 T_1T_2，即为所求连接圆弧，如图 1-27c 所示。

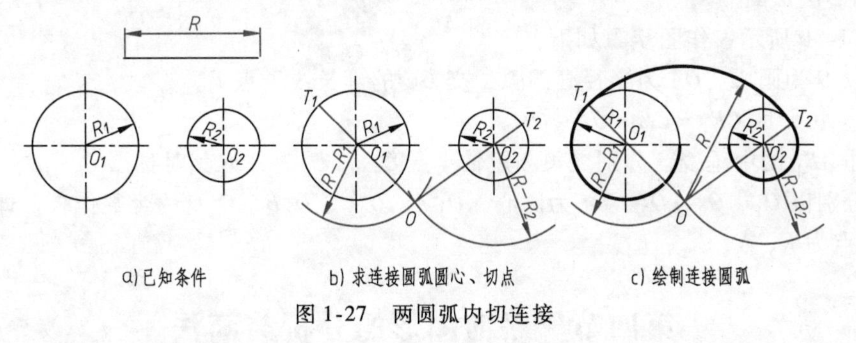

图 1-27　两圆弧内切连接

4. 用圆弧连接已知直线和圆弧

用半径为 R 的圆弧与圆心为 O_1、半径为 R_1 的圆弧外切并和直线 L_1 连接，作图过程如图 1-28 所示。

1）求连接圆弧的圆心。作直线 L_1 的平行线 L_2，两平行线间的距离为 R，以 O_1 为圆心，$(R+R_1)$ 为半径画圆弧，直线 L_2 与圆弧的交点 O 即为连接圆弧的圆心。

2）求连接圆弧的切点。从点 O 向直线 L_1 作垂线得垂足 N；连接 OO_1 与已知圆弧相交得交点 M，N、M 即为连接圆弧切点。

3）以 O 为圆心，R 为半径作圆弧 MN 即为所求的连接圆弧。

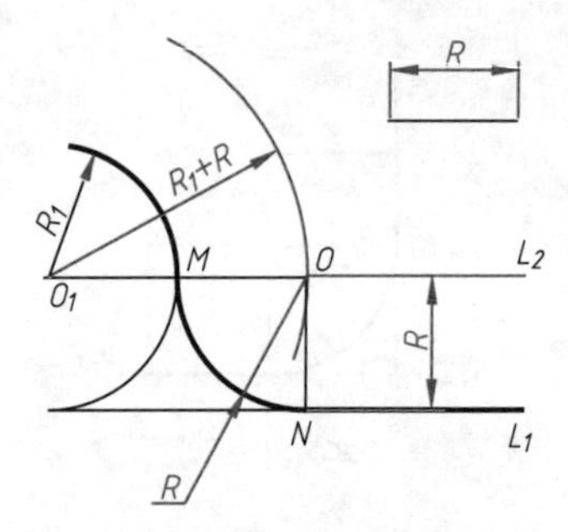

图 1-28　圆弧与直线、圆弧连接画法

四、椭圆的画法

非圆的平面曲线很多，这里仅介绍椭圆的画法，椭圆的画法有两种：同心圆法画椭圆和四心圆法画椭圆，如图 1-29、图 1-30 所示（已知椭圆的长、短轴 AB、CD）。

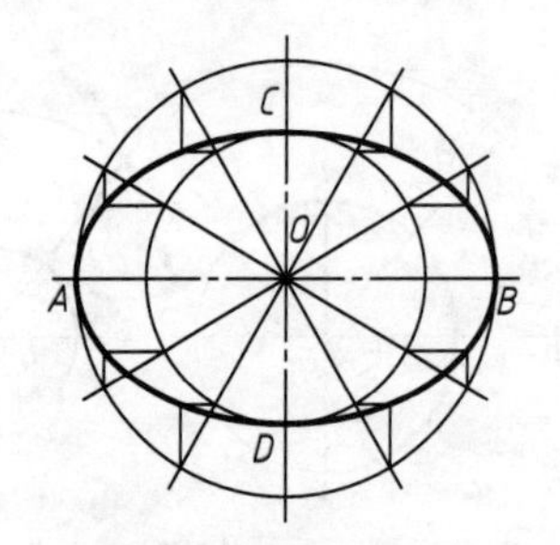

图 1-29　同心圆法画椭圆

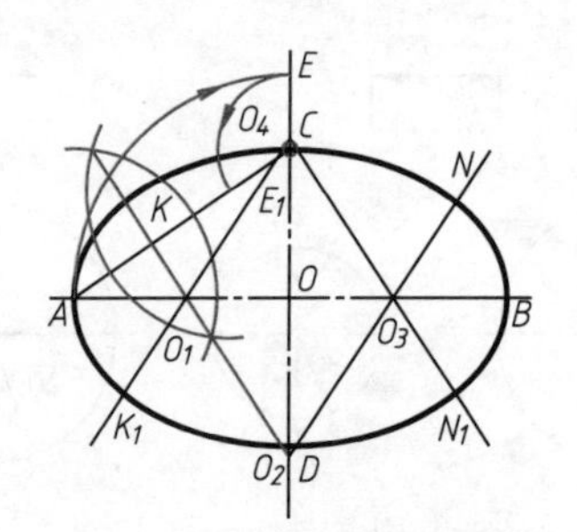

图 1-30　四心圆法画椭圆

1. 同心圆法画椭圆

如图 1-29 所示，作图步骤如下：

1）以 O 为圆心，OA 与 OC 为半径作两个同心圆。

2）由 O 作圆周 12 等分的放射线，使其与两圆相交，各得 12 个交点。

3）由大圆上的各交点作短轴的平行线，再由小圆上的各交点作长轴的平行线，每两对应平行线的交点即为椭圆上的一系列点。

4）依次光滑连接各点，即得椭圆。

2. 四心圆法画椭圆

如图 1-30 所示，作图步骤如下：

1）以 O 为圆心，OA 为半径画圆弧，交 OC 的延长线于点 E。

2）连 AC，取 $CE_1 = CE = OA - OC$。

3）作 AE_1 的中垂线，分别交长、短轴于点 O_1 和 O_2，并取其对称点 O_3、O_4。

4）分别以 O_1、O_2、O_3、O_4 为圆心，O_1A、O_2C、O_3B、O_4D 为半径作弧，即近似作出椭圆，切点为 K、N、N_1、K_1。

第四节　平面图形的分析与画法

平面图形由一些几何图形和一些线段组成。分析平面图形就是根据图形及其尺寸标注，分析各几何图形和线段的形状、大小和它们之间的相对位置，解决画图的程序问题。

一、平面图形的尺寸分析

1. 尺寸基准

尺寸基准就是标注尺寸的起点。平面图形中有水平和垂直两个方向的尺寸基准。通常选择对称图形的对称线、较大圆的中心线、主要轮廓线作为尺寸基准。如图 1-31 所示。

2. 定形尺寸

确定平面图形各组成部分形状大小的尺寸，如直线段的长度、圆及圆弧的直径或半径、角度的大小等。如图 1-31 中的 2 × ϕ24、*R*16、*R*14、*R*24、*R*106 等。

3. 定位尺寸

确定平面图形中各组成部分之间的相对位置的尺寸，如图 1-31 中的 27、54、83、58。

对平面图形来说，一般需要两个方向的定位尺寸。

应该指出，有些尺寸既是定形尺寸又是定位尺寸，如图 1-31 中的 12、66。

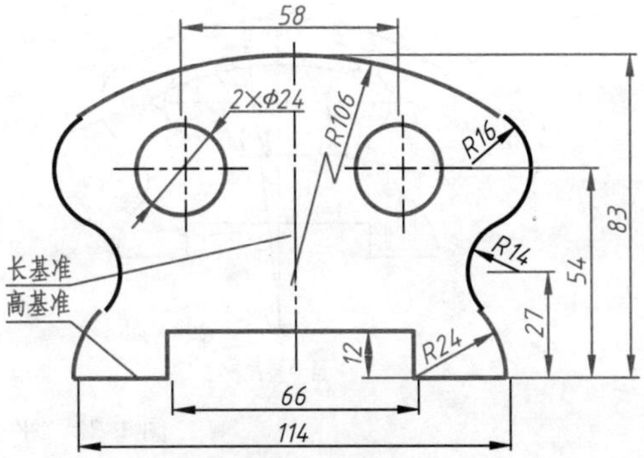

图 1-31　平面图形

二、平面图形的线段分析

通常将平面图形的线段分为以下三种类型：

1. 已知线段

尺寸完整，有定形尺寸，又有定位尺寸，可以直接画出的线段。如图 1-31 中的 2 × ϕ24、*R*24、66、114、12、*R*106。

2. 中间线段

有定形尺寸，但只有一个定位尺寸，必须依赖与已知线段的连接关系才能画出的线段，如图 1-31 中的 *R*14，其圆心只有一个定位尺寸 27，它必须利用与 *R*24 相切的连接关系才能画出。

3. 连接线段

只有定形尺寸，而没有定位尺寸的线段。如图 1-31 中的 *R*16，它必须根据与相邻线段的连接关系才能画出。

三、平面图形的画图步骤

1. 平面图形的画图步骤（图 1-32）

1）分析平面图形的尺寸和线段，确定线段的性质，从而确定绘图的步骤。

2）选定尺寸基准，画基准线，合理布置平面图形及各部分图形的相对位置。

3）画出所有的已知线段，如图 1-32a 所示。

4）画出所有的中间线段，如图 1-32b 所示。

5）画出各连接线段。如图 1-32c 所示。

6）整理并描深图线，完成平面图形的绘制，如图 1-32d 所示。

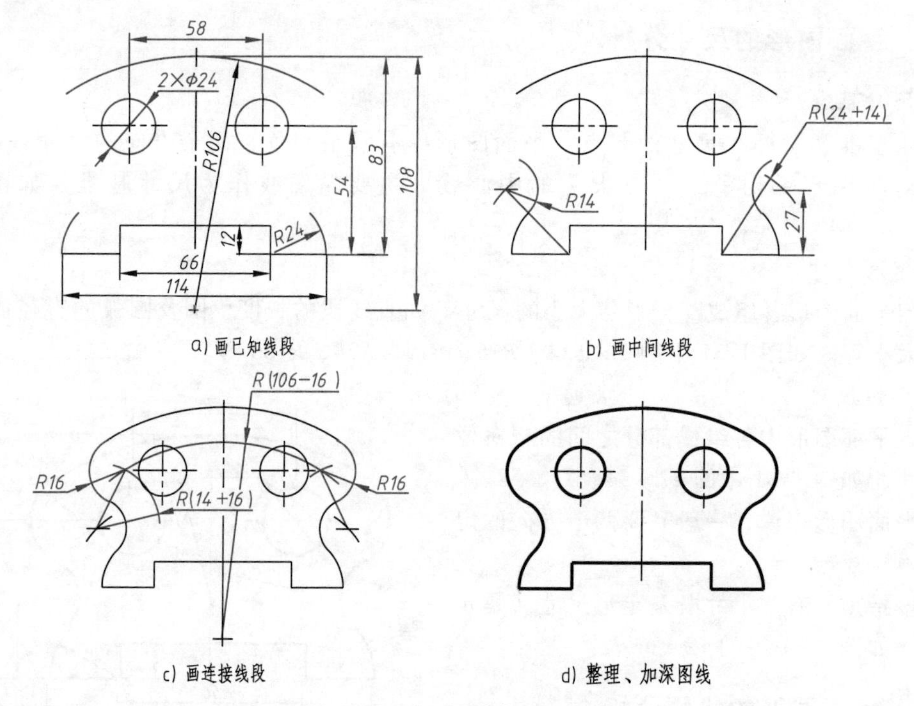

图 1-32　平面图形的画图步骤

2. 绘图注意事项

1）画底稿时，细线类图线可一次画好，不必描深。

2）描深前必须全面检查底稿，把错线、多余线和作图辅助线擦去。

3）描深图线时，用力要均匀，以保证图线浓淡一致。

4）为保证图面整洁，要擦净绘图工具，尽量减少三角板在已加深的图线上反复移动。

四、平面图形的尺寸标注

平面图形的尺寸标注的基本要求是：正确、完整、清晰。

标注平面图形尺寸的一般步骤为：

1）分析平面图形各部分的构成，确定尺寸基准。

2）标注全部定形尺寸。

3）标注定位尺寸。图 1-33 所示为平面图形尺寸标注示例。图 1-33a、c 所示为正确标注，图 1-33b 所示标注的错误在于尺寸 4 × *R*12，图 1-33d 所示标注的错误在于尺寸 80、66 不能标出，因为作图得出的长度不应标注尺寸。

五、绘图的方法和步骤

1）准备工作。分析图形，选定图幅、比例，并固定图纸。备齐绘图工具和仪器，削好铅笔。

2）画底稿。画底稿，一般用削尖的 H 或 2H 铅笔准确、轻轻地绘制，要做到轻、细、准。画底稿的步骤是：先画图框、标题栏，后画图形。画图时，首先要根据其尺寸布置好图形的位置，画出基准线、轴线、对称中心线，然后再画图形，并遵循先主体后细部的原则。

3）描深底稿。一般可按下列原则进行：

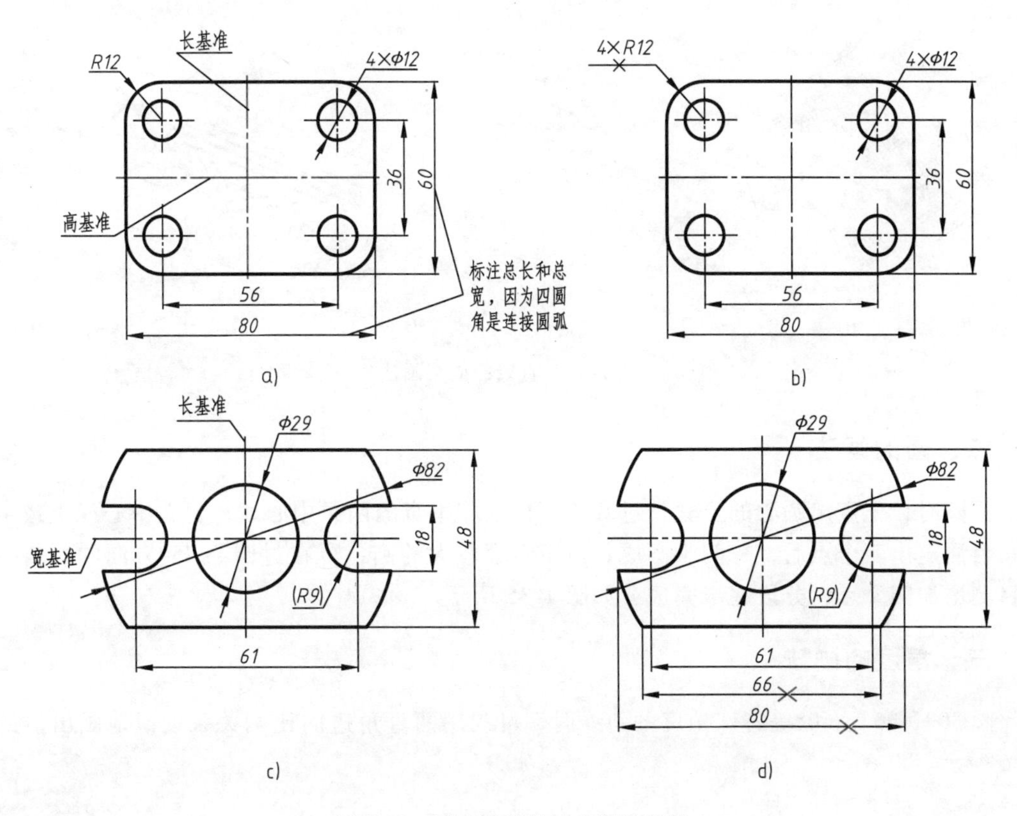

图 1-33　平面图形的尺寸标注示例

先细后粗、先实后虚、先小后大、先圆后直、先上后下、先左后右、先水平后垂直，最后描斜线。

4）一次性画出尺寸线、尺寸界线。

5）画箭头，填写尺寸数字和标题栏等。

第五节　徒手绘图的基本技能

徒手图也称草图，是用目测来估计物体的形状和大小，不借助绘图工具，徒手画出的图样。工程技术人员时常需要用徒手图迅速准确地表达自己的设计意图，或者把所需要的技术资料用徒手图迅速地记录下来，故徒手图在产品设计和现场测绘中占有很重要的地位。

徒手绘图的基本要求是快、准、好，即画图速度要快、目测比例要准、图面质量要好。

一、直线的画法

徒手画直线时握笔的手要放松，用手腕抵着纸面，沿着画线方向移动；眼睛要瞄着线段的终点。画出的直线大体上近似直线。

画水平线时，图纸可放斜一点，不要将图纸固定，以便可随时转动图纸到最顺手的位置。画垂直线时，自上而下运笔。短直线应一笔画出，长直线则可分段相接而成。直线的徒手画法如图 1-34 所示。

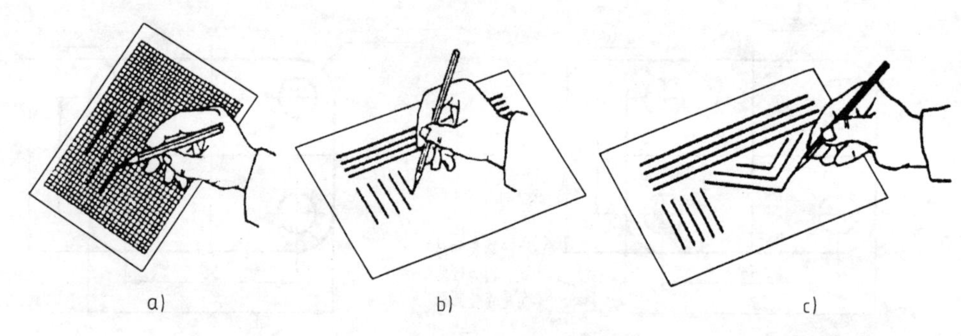

图 1-34　直线的徒手画法

二、圆的画法

画圆时，先定出圆心的位置，过圆心画出互相垂直的两条中心线，再在中心线上按半径大小目测定出四个点后，分两半画成；对于直径较大的圆，可在过圆心 45°方向的两斜线上再目测增加四个点，分段逐步完成，如图 1-35 所示。

三、角度的画法

画 30°、45°、60°等特殊角度的斜线时，可利用两直角边的比例关系近似地画出，如图 1-36 所示。

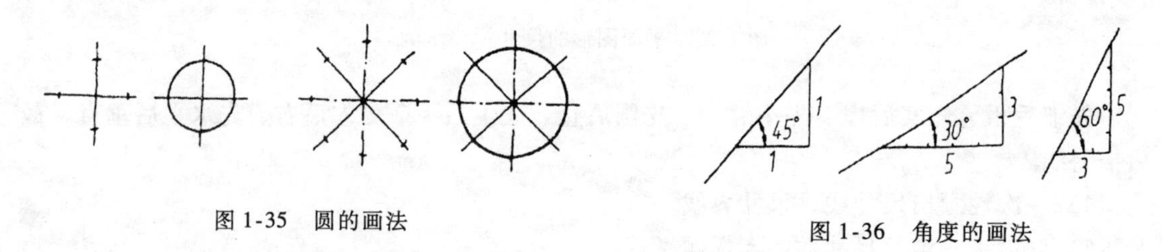

图 1-35　圆的画法

图 1-36　角度的画法

四、圆角的画法

圆角的画法如图 1-37 所示。画法步骤：首先根据圆角半径的大小，在分角线上定出圆心位置；然后过圆心分别向两边引垂线定出圆弧的起点与终点，同时在分角线上也定一个圆弧上的点，最后过这三点作圆弧。

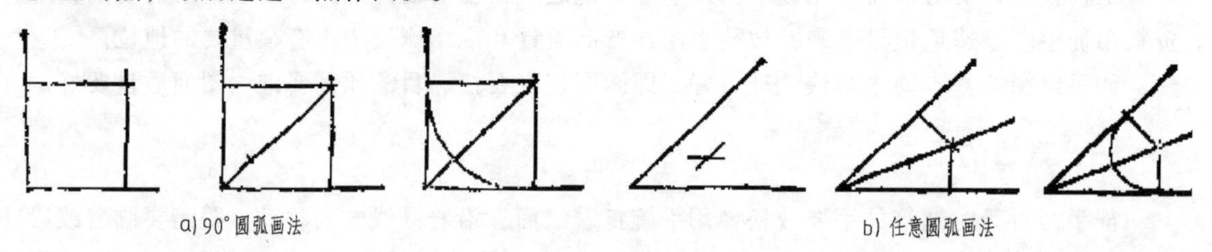

图 1-37　圆角的画法

五、椭圆的画法

椭圆的画法如图 1-38 所示。画法步骤：先用细点画线画椭圆长轴、短轴，定出长、短轴顶点；然后过四个顶点用细线画出矩形；最后徒手作椭圆与此矩形相切。

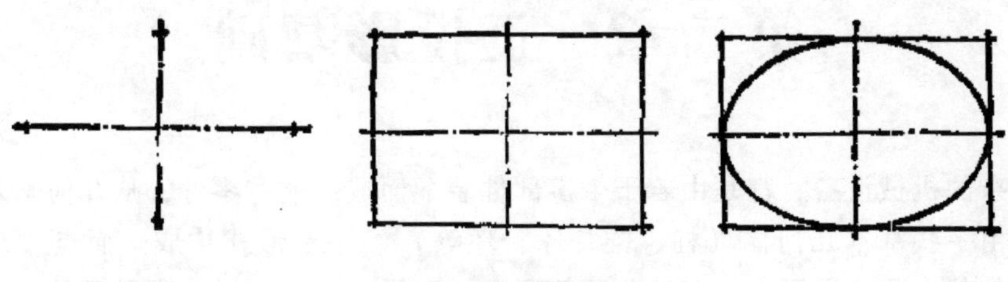

图 1-38　椭圆的画法

第二章　正投影基础

任何复杂的机械设备，都是由若干个零部件装配而成。这些零件，从几何学观点，都可抽象看成是由一些基本几何体（柱、锥、球、环等）经一定形式构成。而点、直线和平面是构成物体的基本几何元素，掌握这些几何元素的正投影规律是学习本课程的基础。本章首先介绍投影法的基本知识和物体的三视图，再讨论点、直线和平面的正投影特性及其正投影图的绘制。

第一节　投影法及三视图的形成

一、投影法的基本知识

在生活中，人们发现物体在光线的照射下会在地面或墙面上产生物体的影子。人们从这一现象中得到启示，并通过科学的抽象，总结出影子与物体的几何关系，逐步形成了把空间物体表示在平面上的基本方法，即投影法。

如图 2-1 所示，光源点 S 称为投射中心，预设的平面 P 称为投影面，发自投射中心且通过被表示物体上各点的直线如 SA、SB、SC，称为投射线，投射线 SA 与投影面 P 的交点 a 称为点 A 的投影或投影图。这种投射线通过物体，向选定的投影面投射，并在该平面上获得物体图形的方法称为投影法。根据投影法所得到的图形称为投影或投影图。有关投影法的更多术语和内容可查阅相关国家标准。

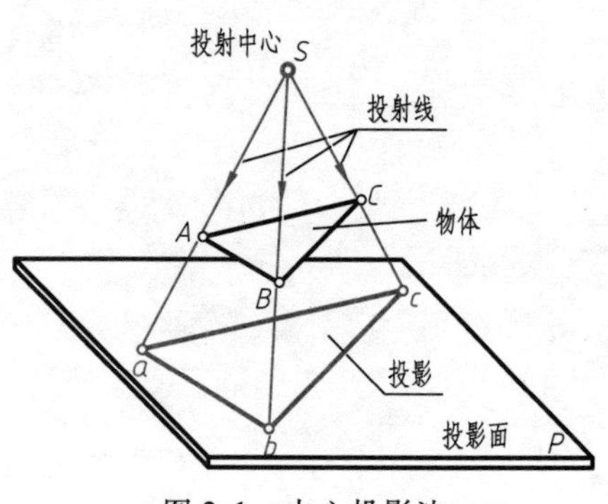

图 2-1　中心投影法

二、投影法的分类

投影法分为两类：中心投影法和平行投影法。

1. 中心投影法

如图 2-1 所示，投射线从投射中心出发，在投影面上获得物体投影的方法，称为中心投影法，所得的投影称为透视投影、透视图或透视。工程上常用中心投影法画建筑物或产品的富有立体感的辅助图样，用于反映物体的立体形状，不注重表达物体的尺寸大小。

2. 平行投影法

若投射中心位于无限远处，则所有投射线都变成平行线。用相互平行的投射线，在投影面上作出物体投影的方法，称为平行投影法。

平行投影法又分为斜投影法和正投影法。

（1）斜投影法　投射线倾斜于投影面的平行投影法称为斜投影法。用斜投影法得到的投影称为斜投影，如图 2-2a 所示。

（2）正投影法　投射线垂直于投影面的平行投影法称为正投影法。用正投影法得到的投影称为正投影，如图 2-2b 所示。由于正投影法度量性好，作图方便，能正确地反映物体的形状和大小，所以工程图样多数用正投影法绘制。在以后各章节中，如无特殊说明，“投影”均指“正投影”。

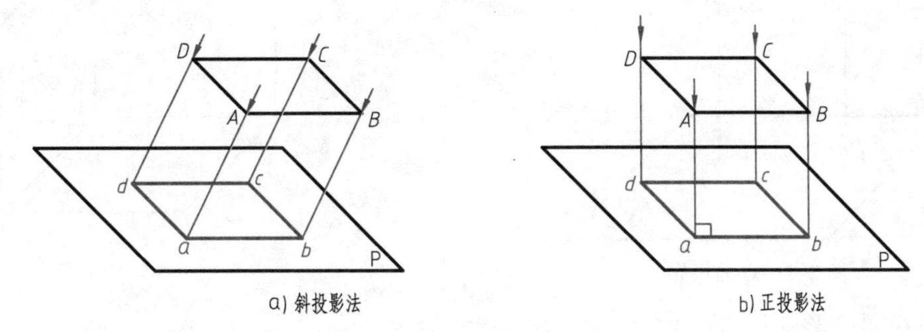

图 2-2　平行投影法

三、正投影的基本性质

（1）真实性　当直线或平面与投影面平行时，则直线的投影反映实长，平面的投影反映实形，如图 2-3a 所示。

（2）积聚性　当直线或平面垂直于投影面时，则直线的投影积聚成一点，平面的投影积聚成一直线，如图 2-3b 所示。

（3）类似性　当直线或平面倾斜于投影面时，直线的投影仍为直线，但小于实长；多边形平面的投影形状与原来的形状相似（这里的相似主要指边数相同、保持边与边的平行关系、边的直曲形状一样），且投影面积变小，如图 2-3c 所示。

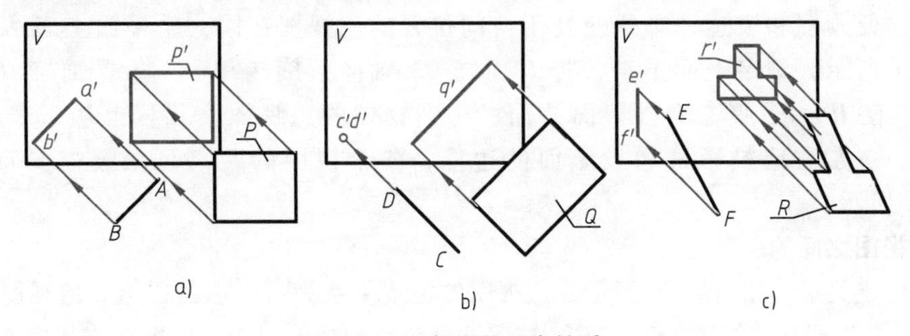

图 2-3　正投影的基本性质

四、三视图的形成及其对应关系

1. 三投影面体系的建立

由图 2-4 可知，点的一面投影不能确定该点的空间位置。同理，只根据物体的一个投影，也不能完整表达物体形状，必须增加由不同投射方向，在不同的投影面上所得到的几个投影互相补充，才能把物体表达清楚。

工程上通常采用三投影面体系来表达物体的形状，即在空间建立互相垂直的三个投影面：正立投影面 V（简称正面或 V 面）、水平投影面 H（简称水平面或 H 面）和侧立投影面 W（简称侧面或 W 面），如图 2-5 所示。三个投影面的交线 OX、OY、OZ 称为投影轴，分别代表长、宽、高三个方向。三根投影轴交于一点 O，称为投影原点。

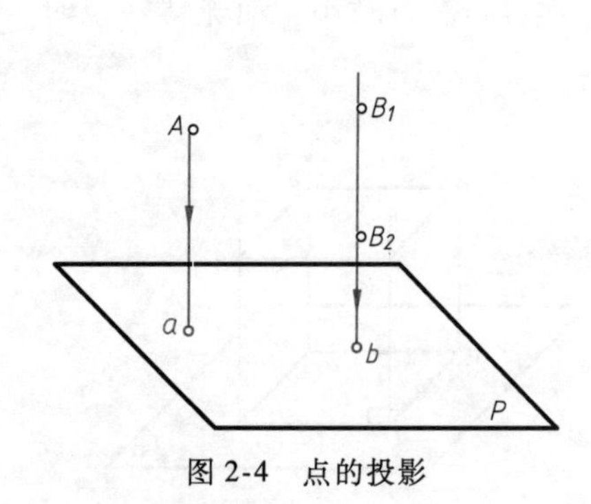

图 2-4　点的投影

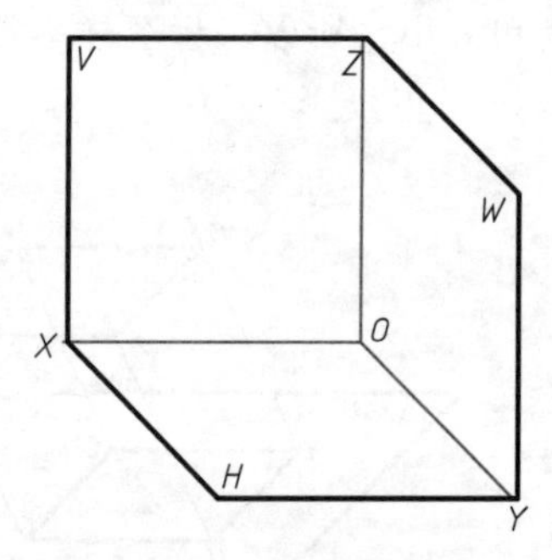

图 2-5　三投影面体系

2. 三视图的形成

根据国家标准 GB/T 14692—2008《技术制图　投影法》规定，用正投影法所绘制的物体的图形，称为视图。物体在三投影面体系中正投影所得到的图形，称为物体的三视图。

如图 2-6a 所示，将物体放在三投影面体系中（使之处于观察者与投影面之间），分别向三个投影面进行正投射，就可得到国家标准中基本视图中的三个视图。三视图和三面投影在本质上是相同的，只是形式上有所不同。三视图的名称规定如下：

主视图——由前向后投射，在正面上所得的投影，称为正面投影或主视图。

俯视图——由上向下投射，在水平面上所得的投影，称为水平投影或俯视图。

左视图——由左向右投射，在侧面上所得的投影，称为侧面投影或左视图。

在视图中，物体可见轮廓的投影画粗实线，不可见轮廓的投影画细虚线。

为了方便画图和表达，必须使处于空间位置的三视图在同一个平面上表示出来。如图 2-6b、c 所示，规定 V 面不动，将 H 面绕 OX 轴向下旋转 90°，将 W 面绕 OZ 轴向右旋转 90°，使 H、V、W 三个投影面共面，得到物体的三视图。工程上用来表达物体的三视图时，一般省略投影轴和投影面的边框，各个视图的距离可根据需要自行确定，如图 2-6d 所示。

3. 三视图之间的关系

（1）位置关系　如图 2-6d 所示，三视图的位置关系为：主视图在上，俯视图在主视图的正下方，左视图在主视图的正右方。按照这种位置配置的视图，国家标准规定不需标注视图的名称。

（2）尺寸关系　为了便于讨论问题，规定 X 轴方向为左、右方位，简称为长；Z 轴方向为上、下方位，简称为高；Y 轴方向为前、后方位，简称为宽。

从图 2-6c、d 中可以看出，一个视图只能反映物体长、宽、高中的两个方向的尺寸。主视图反映物体的长（x）和高（z），俯视图反映物体的长（x）和宽（y），左视图反映物体的宽（y）和高（z）。

由于投射过程中物体的大小不变、位置不变，因此三视图间有以下的尺寸关系：

主、俯视图反映物体的同样长度，应在长度方向上保持对正，即“主、俯视图长对正”。

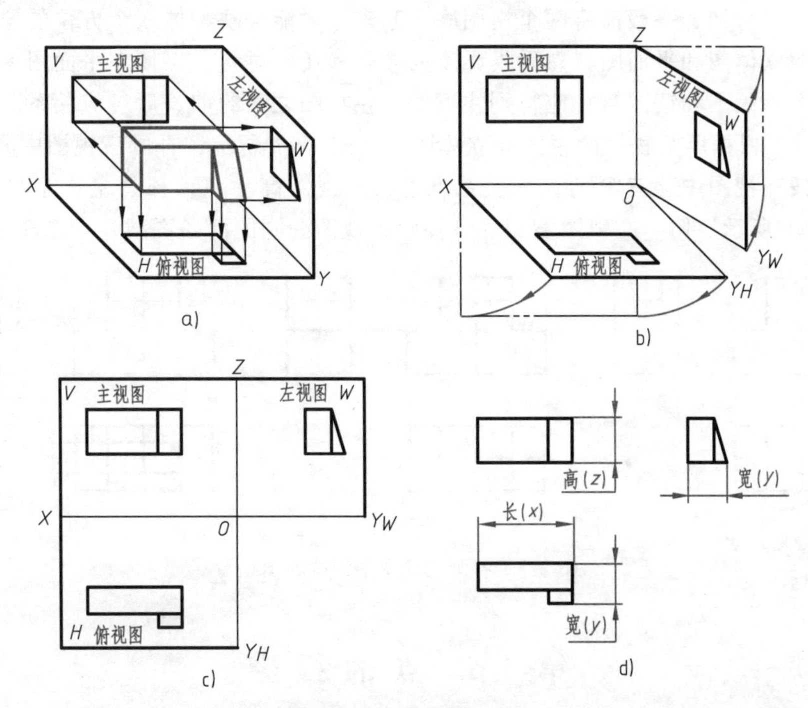

图 2-6　三视图的形成

主、左视图反映物体的同样高度，应在高度方向上保持平齐，即“主、左视图高平齐”。

俯、左视图反映物体的同样宽度，应在宽度方向上保持相等，即“俯、左视图宽相等”。

如图 2-7b 所示，三视图之间存在“长对正、高平齐、宽相等”的“三等”尺寸关系，是物体三面正投影图的投影规律，不仅整个物体的投影要符合这一规律，物体的局部投影也必须符合这条规律，这也是画图和读图必须遵循的依据。

(3) 方位关系　如图 2-7a 所示，物体具有上、下、左、右、前、后六个方位。

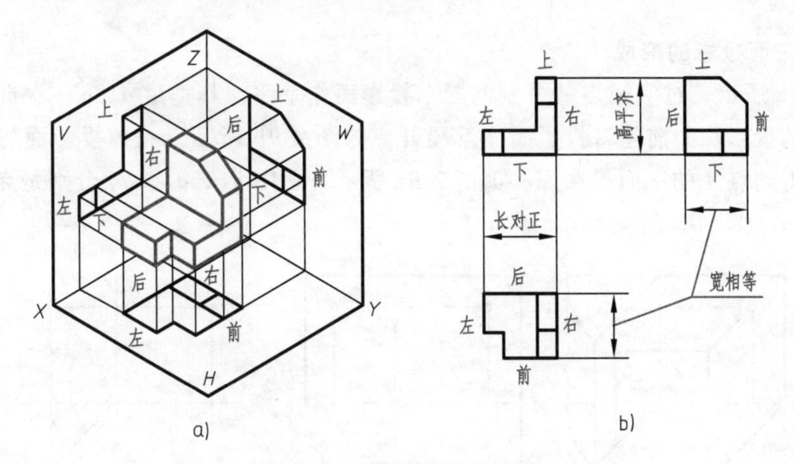

图 2-7　三视图的方位关系

从图 2-7 可以看出，主视图反映了物体上下、左右的方位关系；俯视图反映了物体左右、前后的方位关系；左视图反映了物体上下、前后的方位关系。

从上述分析可知，一般需将两个视图联系起来，才能反映物体六个方位的位置关系。初学者应多对照立体图和平面图，熟悉投影图的展开和还原过程，以便在平面图上准确判断物体的方位关系。画图和读图时，应特别注意俯、左视图之间的前、后对应关系。

【例 2-1】 根据所给物体的视图和立体图，如图 2-8a 所示，补画三视图中漏画的图线。

作图 按三视图中“三等”尺寸关系，主、左视图高平齐，补画主、左视图漏画的图线，如图 2-8b 所示；俯、左视图宽相等，补画俯视图漏画的两条图线，如图 2-8c 所示。

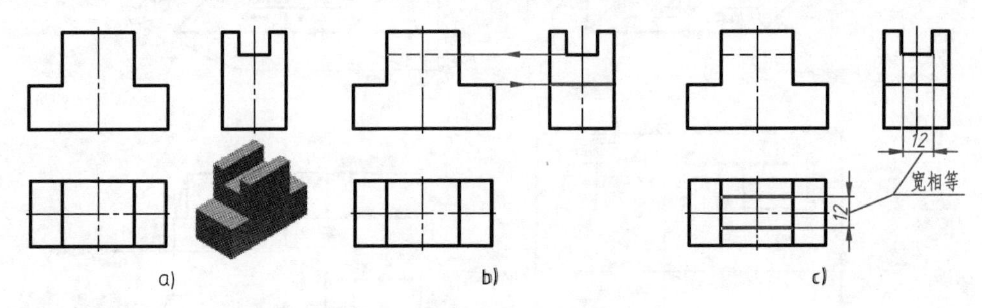

图 2-8 补画三视图中漏画的图线

第二节 点的投影

任何物体的表面都是由点、线（直线或曲线）、面（平面或曲面）等几何元素所组成。因此，需掌握好点、直线、平面的投影规律及作图方法，为正确绘制和阅读物体的三视图打下基础。

规定：空间点用大写字母 A、B、C、…表示，其水平投影用相应的小写字母 a、b、c、…表示；正面投影用相应的小写字母加一撇表示，如 a'、b'、c'、…；侧面投影用相应的小写字母加两撇表示，如 a''、b''、c''、…。

一、点的投影

1. 点的三面投影的形成

如图 2-9a 所示，过空间点 A 分别向三个投影面作垂线，其垂足 a、a'、a''即为点 A 在三个投影面上的投影。如前述将投影面体系展开，如图 2-9b 所示，去掉投影面的边框，保留投影轴，便得到点 A 的三面投影图，如图 2-9c 所示。图中 a_X、a_Y、a_Z 分别是点的投影连线与投影轴 OX、OY、OZ 的交点。

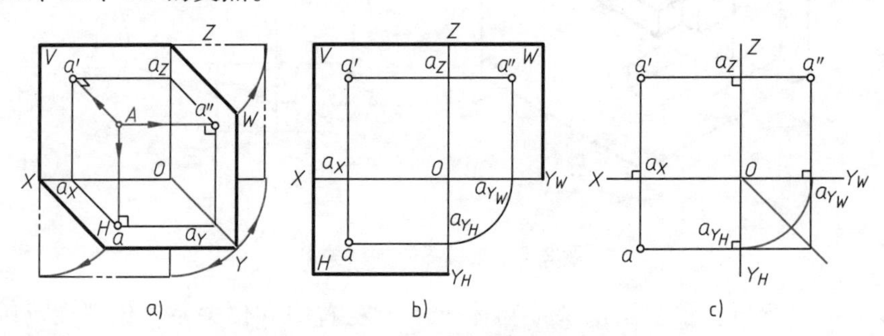

图 2-9 点的三面投影形成

2. 点的三面投影规律

从图 2-9b、c 可以得出点的三面投影规律：

点 A 的 V 面、H 面投影连线垂直于 OX 轴，即 $aa' \perp OX$（长对正）。

点 A 的 V 面、W 面投影连线垂直于 OZ 轴，即 $a'a'' \perp OZ$（高平齐）。

点 A 的 H 面投影到 OX 轴的距离等于点的侧面投影到 OZ 轴的距离，即 $aa_X = a''a_Z$（宽相等）。这种关系可以用 1/4 的圆弧或 45°斜线来反映，如图 2-9c 所示。

3. 点的三面投影与直角坐标的关系

若把三面投影体系看作直角坐标系，则投影轴、投影面、点 O 分别是坐标轴、坐标面和原点，则可得出点 A（x_A，y_A，z_A）的投影与其坐标的关系：

空间点的任一投影，均反映了该点的两个坐标值，即 a（x_A，y_A）、a'（x_A，z_A）、a''（y_A，z_A），所以点的两个投影就包含了点的三个坐标，即确定了空间点的位置。

空间点的每一个坐标值，反映了点到对应投影面的距离。换言之，点的投影到投影轴的距离，等于该点的某一坐标值，也就是该点到相应投影面的距离。

点 A 到 W 面的距离为 $Aa'' = a'a_Z = aa_Y = x_A$；点 A 到 V 面的距离为 $Aa' = aa_X = a''a_Z = y_A$；点 A 到 H 面的距离为 $Aa = a'a_X = a''a_Y = z_A$。

根据上述投影特性，在点的三面投影中，只要知道其中任意两个面的投影，就可以求出第三面投影，也可以写出空间点的坐标和点到某投影面的距离。

【例 2-2】 如图 2-10a 所示，已知点 A 的正面投影和水平投影，求其侧面投影。

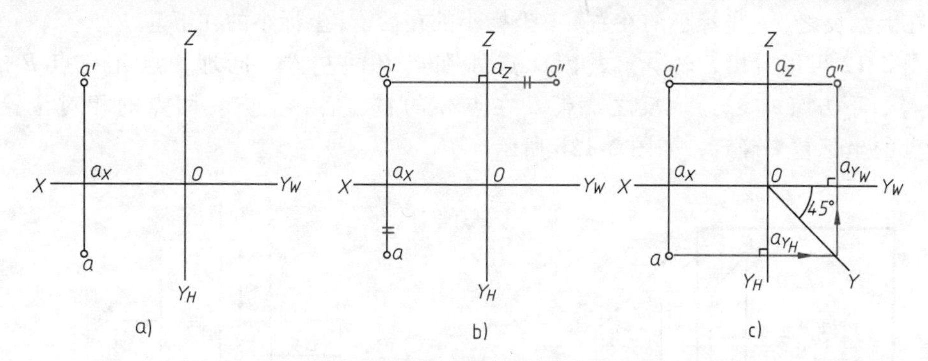

图 2-10　已知点的两个投影求第三投影

分析　由点的投影特性可知，$a'a'' \perp OZ$，$aa_X = a''a_Z$。

作图　过 a' 作直线垂直于 OZ 轴，交 OZ 轴于 a_Z，在 $a'a_Z$ 的延长线上量取 $a''a_Z = aa_X$，如图 2-10b 所示。本题也可以采用作 45°斜线的方法求解，如图 2-10c 所示。

【例 2-3】 已知空间点 A 到三个投影面 W、V、H 的距离分别为 20、10、15，求作点 A 的三面投影。

分析　由点的投影特性可知，点到三个投影面 W、V、H 的距离分别等于点的 x、y、z 三个坐标值。

作图

1）画投影轴，根据点到投影面的距离与坐标值的对应关系，先作点 A（20，10，15）的两面投影：在 X 轴上量取 20，定出点 a_X，如图 2-11a 所示。

2）过点 a_X 作 OX 轴的垂线，自 a_X 顺 OY_H 方向量取 10，作出点 A 的水平投影 a；顺 OZ

轴方向在垂线上量取15，作出点 A 的正面投影 a'，如图2-11b所示。

3）根据点的投影规律，作出点 A 的第三面投影 a''。按 $a'a'' \perp OZ$，过 a'作 OZ 轴的垂线，交点为 a_Z，并量取 $a_Z a'' = aa_X$，得到 a''。也可通过45°分角线来确定 a″，如图2-11c所示。

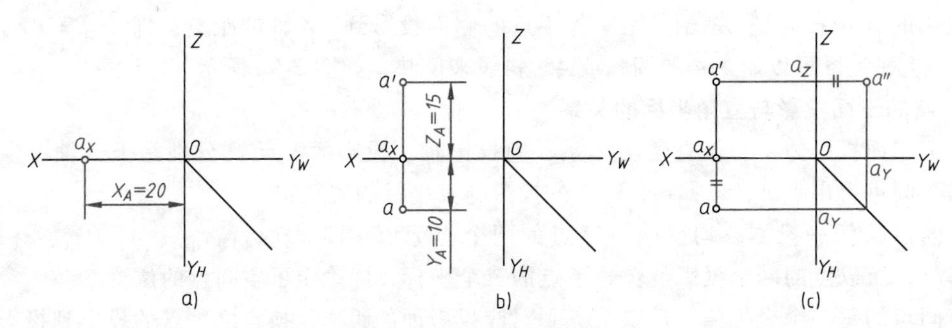

图2-11　求点的三面投影

二、两点的相对位置与重影点

1. 两点的相对位置

两点的相对位置是指空间两点的上下、前后、左右位置关系。这种位置关系可以通过两点的同面投影的相对位置或坐标的大小来判断，即 x 坐标大的在左、y 坐标大的在前、z 坐标大的在上。反之，x 坐标小的在右、y 坐标小的在后、z 坐标小的在下。

由图2-12可以看出，$x_A > x_B$，因此点 A 在点 B 的左方。同理，点 A 在点 B 的前方（$y_A > y_B$）、下方（$z_B > z_A$）。反之，点 B 在点 A 的右、后、上方。两点的相对位置距离，可用两点的坐标差来确定，如图2-12b所示。

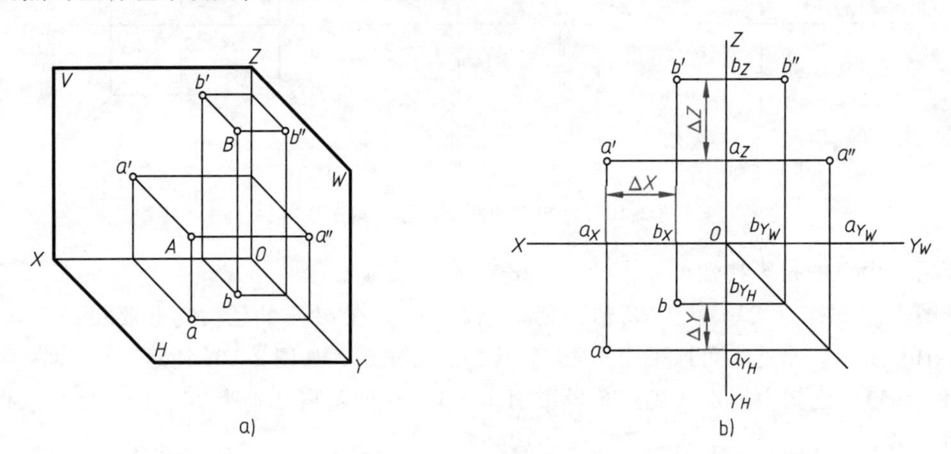

图2-12　两点的相对位置

2. 重影点及其投影的可见性

若空间两个或两个以上的点在某一投影面上的投影重合，则称这些点为对该投影面的重影点。

如图2-13a所示，点 A 位于点 B 的正上方，即 $x_A = x_B$，$y_A = y_B$，$z_A > z_B$，A、B 两点在同一条 H 面的投射线上，故它们的水平投影重合于一点 a（b），则称点 A、B 为对 H 面的重影点。同理，位于同一条 V 面投射线上的两点称为对 V 面的重影点；位于同一条 W 面投射线上的两点称为对 W 面的重影点。

两点重影，必有一点被“遮挡”，故有可见与不可见之分。对正面投影、水平投影、侧面投影的重影点的重合投影的可见性，应按照“前遮后、上遮下、左遮右”来判断，被遮挡住的为不可见，为了表示点的可见性，被遮挡住的点的投影应加括号。如图 2-13b 所示，因为点 A 在点 B 的上方，因此点 A 的水平投影 a 为可见，点 B 的水平投影 b 为不可见。同理，C、D 两点在 V 面上重影，C 在前，D 在后，因此 c' 可见，d' 不可见。

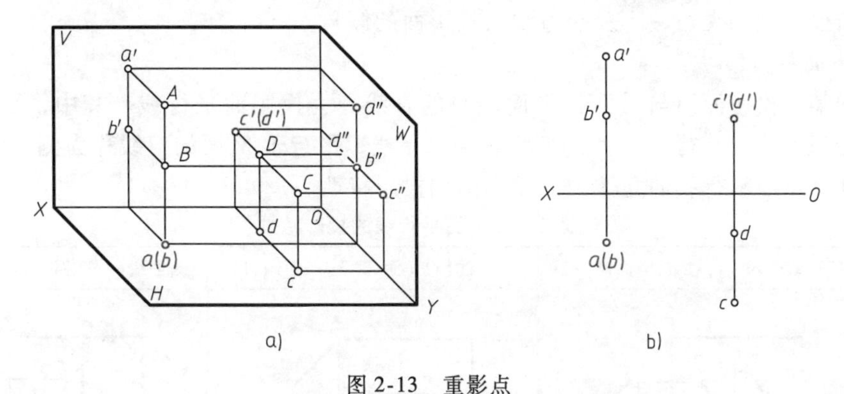

图 2-13　重影点

第三节　直线的投影

一、直线的三面投影的形成

由平面几何可知，两点确定一条直线，因此直线的投影可由直线上两点的投影确定。如图 2-14 所示，作直线 AB 的三面投影，可分别作出 A、B 两点的三面投影 a、a'、a'' 和 b、b'、b''，然后用粗实线连接其同面投影 ab、$a'b'$、$a''b''$，则得到直线 AB 的三面投影。为了叙述方便，本书将直线段统称直线，并规定直线对 H 面、V 面、W 面的倾角分别用 α、β、γ 来表示。

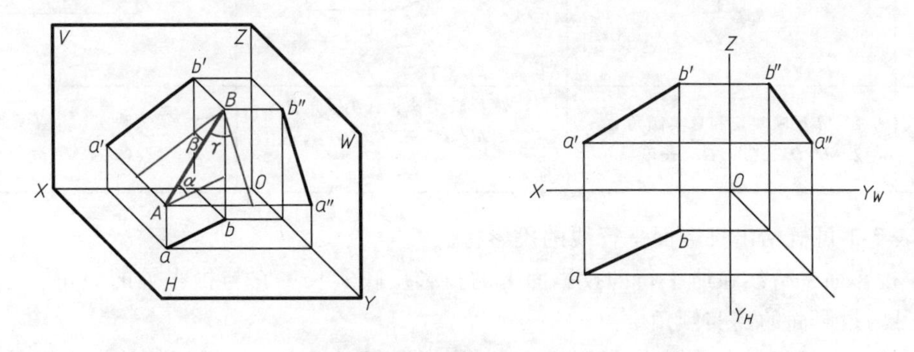

图 2-14　直线的三面投影

二、各类直线的投影特性

根据直线在三投影面体系中的相对位置不同，可将直线分为三类：一般位置直线、投影面平行线、投影面垂直线。后两类直线又称为特殊位置直线。

1. 一般位置直线

如图 2-14 所示的一般位置直线 AB，对三个投影面都倾斜，两端点分别沿前后、上下、左右方向对三个投影面的距离差都不等于零，所以 AB 的三个投影都倾斜于投影轴，其投影的长度比空间线段的实际长度缩短，并且 AB 的投影与投影轴的夹角，也不等于 AB 对投影面的倾角。

由此可得一般位置直线的投影特性：三个投影都倾斜于投影轴；投影长度小于直线的实长；投影与投影轴的夹角，不反映直线对投影面的倾角。

2. 投影面平行线

平行于某一投影面而与另两投影面倾斜的直线称为投影面平行线。其中，平行于 V 面的直线称为正平线，平行于 H 面的直线称为水平线，平行于 W 面的直线称为侧平线。表 2-1 列出了三种投影面平行线的立体图、投影图和投影特性。

表 2-1　投影面平行线的投影特性

名称	正平线（//V 面，对 H、W 面倾斜）	水平线（//H 面，对 V、W 面倾斜）	侧平线（//W 面，对 V、H 面倾斜）
立体图	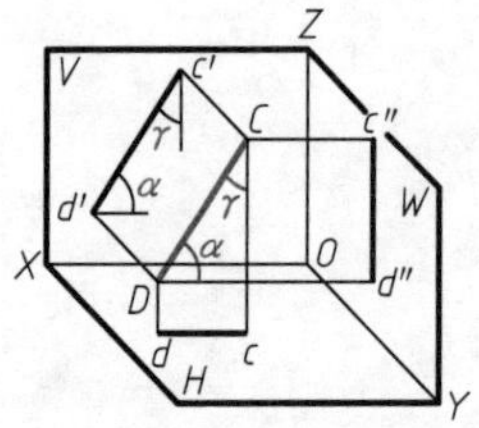 CD上所有点的 Y 坐标相等	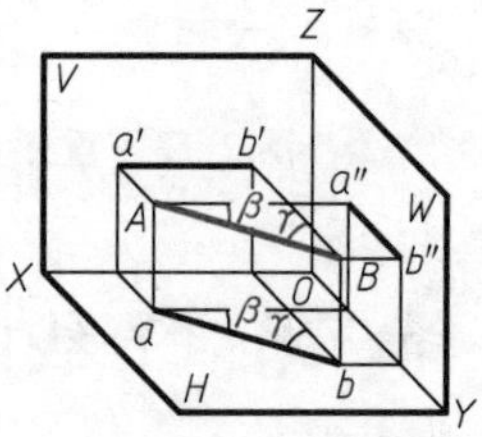 AB上所有点的 Z 坐标相等	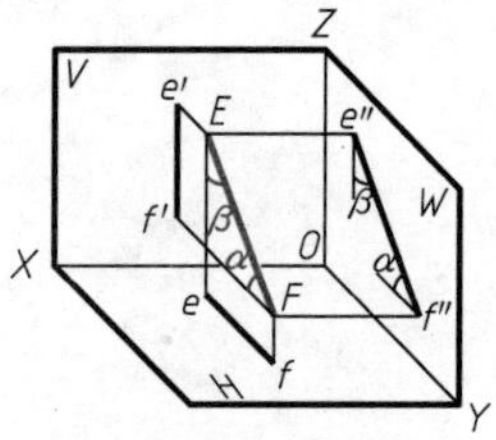 EF上所有点的 X 坐标相等
投影图	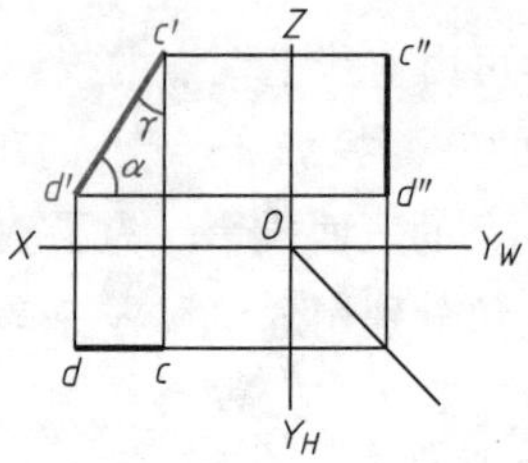	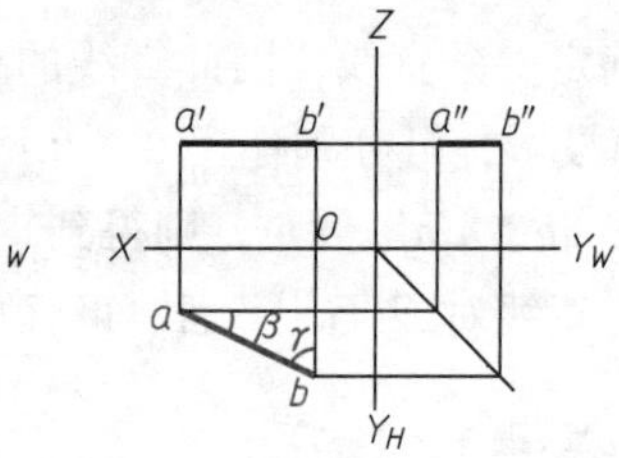	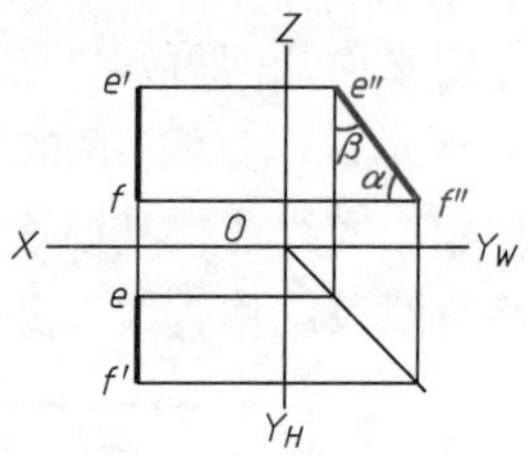
投影特性	1. $c'd'$反映实长和真实倾角 α、γ 2. $cd//OX$，$c''d''//OZ$，长度缩短	1. ab 反映实长和真实倾角 β、γ 2. $a'b'//OX$，$a''b''//OY_W$，长度缩短	1. $e''f''$反映实长和真实倾角 α、β 2. $e'f'//OZ$，$ef//OY_H$，长度缩短

从表 2-1 可概括出投影面平行线的投影特性：

1）投影面平行线在所平行的投影面上的投影反映实长；它与投影轴的夹角，分别反映直线对另两投影面的真实倾角。

2）投影面平行线在另两个投影面上的投影，平行于相应的投影轴，且长度缩短。

3. 投影面垂直线

垂直于某一投影面而与另两投影面平行的直线称为投影面垂直线。其中，垂直于 V 面的直线称为正垂线，垂直于 H 面的直线称为铅垂线，垂直于 W 面的直线称为侧垂线。表 2-2 列出了三种投影面垂直线的立体图、投影图和投影特性。

表 2-2　投影面垂直线的投影特性

名称	正垂线（⊥V 面，//H 面、//W 面）	铅垂线（⊥H 面，//V 面、//W 面）	侧垂线（⊥W 面，//V 面、//H 面）
立体图	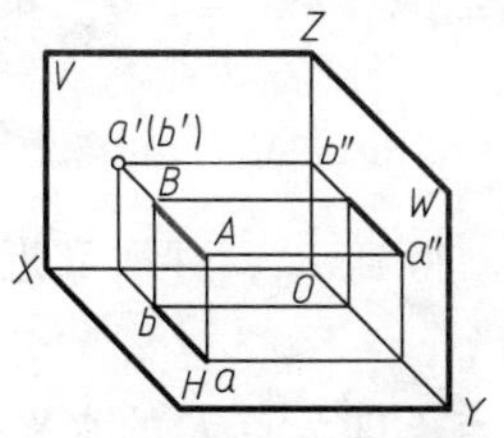 Z V a'(b') b'' B A W a'' X O b H a Y AB上所有点都是V面的重影点	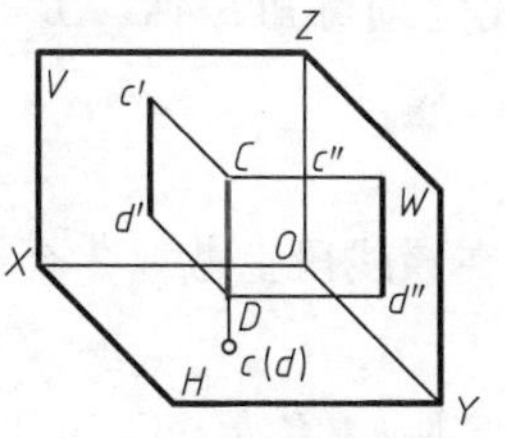 Z V c' C c'' d' W X O D d'' c(d) H Y CD上所有点都是H面的重影点	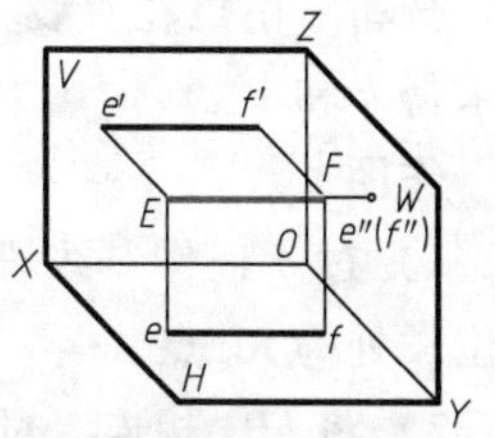 Z V e' f' F W E e''(f'') X O e f H Y EF上所有点都是W面的重影点
投影图	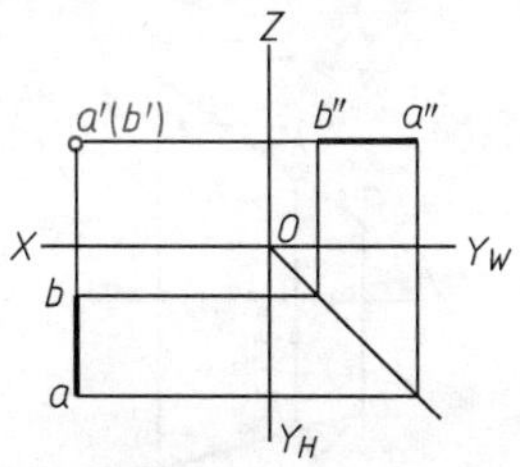 Z a'(b') b'' a'' X O Y_W b a Y_H	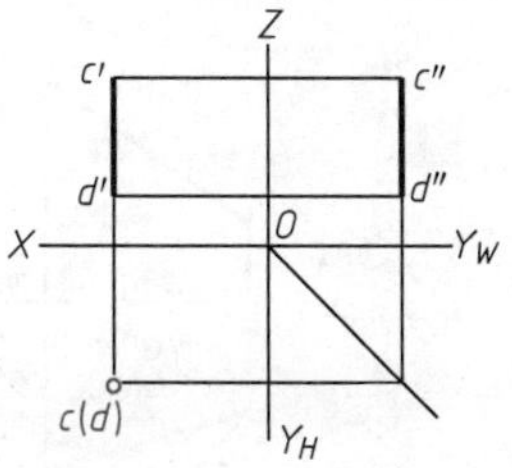 Z c' c'' d' d'' X O Y_W c(d) Y_H	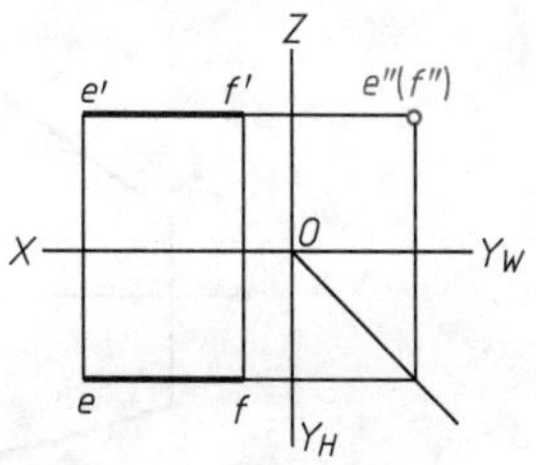 Z e' f' e''(f'') X O Y_W e f Y_H
投影特性	1. $a'b'$积聚成一点 2. $ab//OY_H$，$a''b''//OY_W$，都反映实长	1. cd 积聚成一点 2. $c'd'//OZ$，$c''d''//OZ$，都反映实长	1. $e''f''$积聚成一点 2. $ef//OX$，$e'f'//OX$，都反映实长

从表 2-2 可概括出投影面垂直线的投影特性：

1）投影面垂直线在所垂直的投影面上的投影积聚成一点。

2）投影面垂直线在另两个投影面上的投影，平行于相应的投影轴，且反映实长。

三、直线上的点

直线上的点有如下特性：

1）若点在直线上，则点的投影一定在直线的同面投影上，反之亦然。如图 2-15 所示，点 K 在直线 AB 上，则点 K 的三面投影 k、k'、k''分别在直线 AB 的三面投影 ab、$a'b'$、$a''b''$ 上，且 k、k'、k''符合点的投影规律。

2）若点在直线上，则点的投影将直线的同面投影分割成与空间线段相同的比例（定比定理），反之亦然。即 $ak:kb=a'k':k'b'=a''k'':k''b''=AK:KB$。

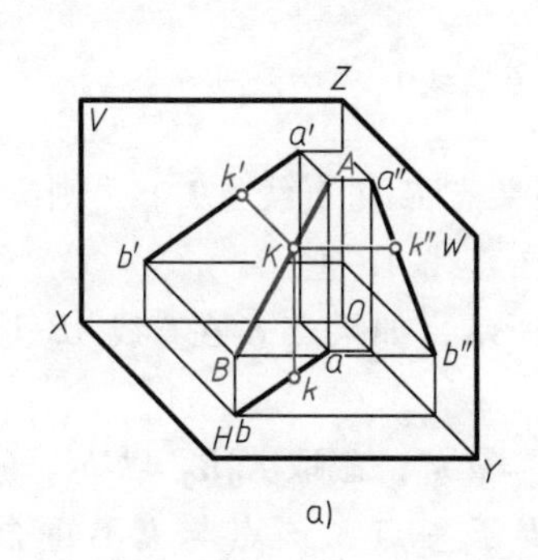

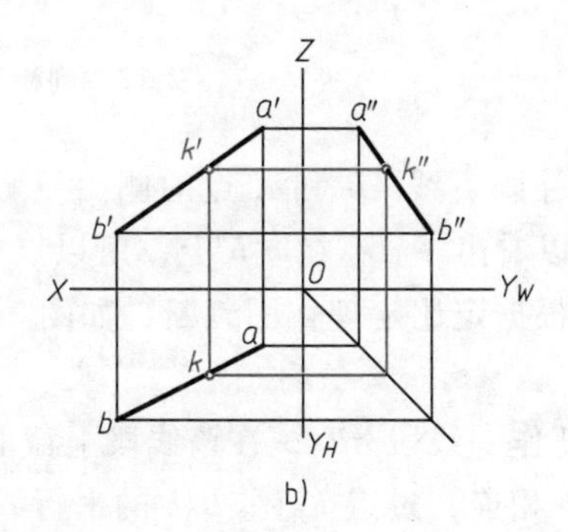

图 2-15　直线上的点

【例 2-4】 如图 2-16a 所示，已知直线 AB 的两面投影，点 K 分 AB 为 $AK:KB=1:2$，求分点 K 的两面投影。

分析 由点在直线上的定比定理可知，$AK:KB=ak:kb=a'k':k'b'=1:2$，用比例作图法可求得 k 和 k'。

作图

1）过 a 任作一线段 aB_0，在该线段上截取 3 个单位长，得到 B_0，并取靠近 a 端的第一单位长处为 K_0 点。

2）将 bB_0 相连，过点 K_0 作 $K_0k /\!/ B_0b$，交 ab 于 k，交点 k 即为点 K 的水平投影。

3）过 k 作 OX 轴的垂线，与 $a'b'$交于 k'，交点 k'即为点 K 的正面投影。

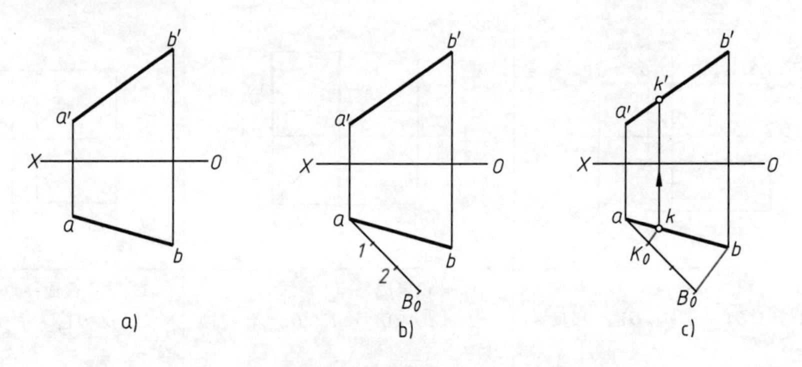

图 2-16 直线上取点

【例 2-5】 如图 2-17a 所示，已知侧平线 AB 及点 K 的正面投影和水平投影，判断点 K 是否在直线 AB 上。

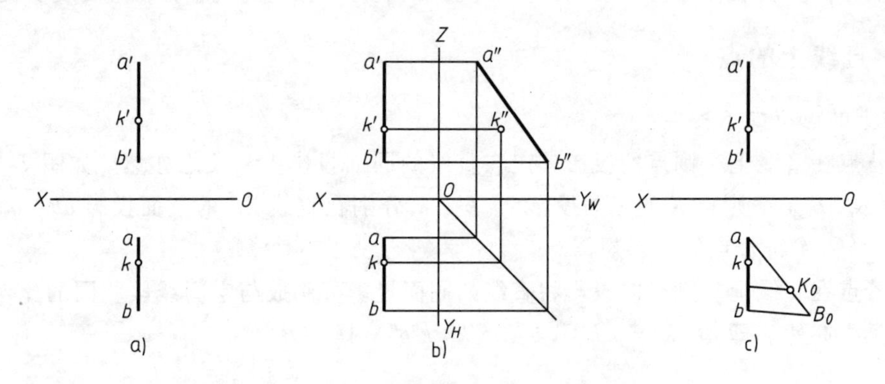

图 2-17 判断点是否在直线上

方法一 补画直线 AB 和 K 点的侧面投影，如果点 K 在直线 AB 上，则 k''必在 $a''b''$上。从图 2-17b 可以看出，k''不在 $a''b''$上，所以点 K 不在直线 AB 上。

方法二 根据定比定理作图判断，如图 2-17c 所示，如果点 K 在直线 AB 上，必有 $a'k':k'b'=ak:kb$。

1）过 a 任作一线段 aB_0，在该线段上截取 $aK_0=a'k'$，截取 $K_0B_0=k'b'$。

2）将 B_0b 相连，过点 K_0 作 B_0b 的平行线交 ab 于一点，该点与 k 不重合，说明等式 $a'k':k'b'=ak:kb$ 不成立，即点 K 不在直线 AB 上。

四、两直线的相对位置

空间两直线的相对位置有三种：平行、相交和交叉。由于相交两直线或平行两直线在同一平面上，所以它们也称为共面直线；交叉两直线不在同一平面上，也称为异面直线。

1. 平行两直线

根据正投影的投影特性，空间两平行直线的各同面投影必定互相平行；反之亦然。如图2-18所示，由于 $AB /\!/ CD$，则必有 $ab /\!/ cd$，$a'b' /\!/ c'd'$。

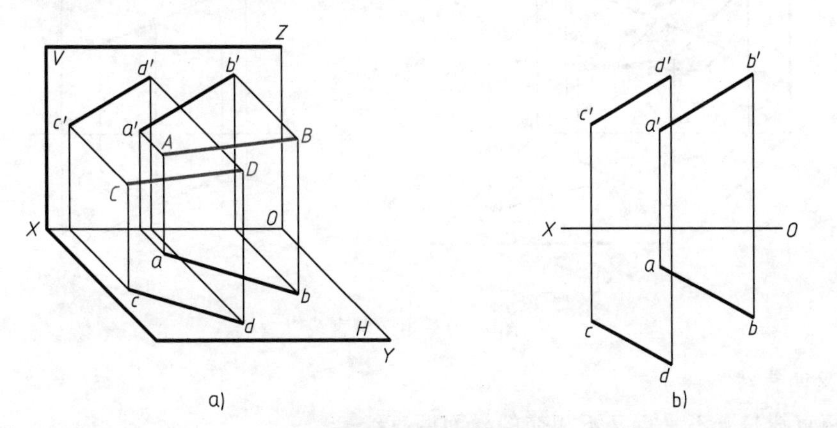

图2-18　平行两直线

【例2-6】　图2-19a所示为两侧平线 AB、CD 的投影，试判断它们是否平行。

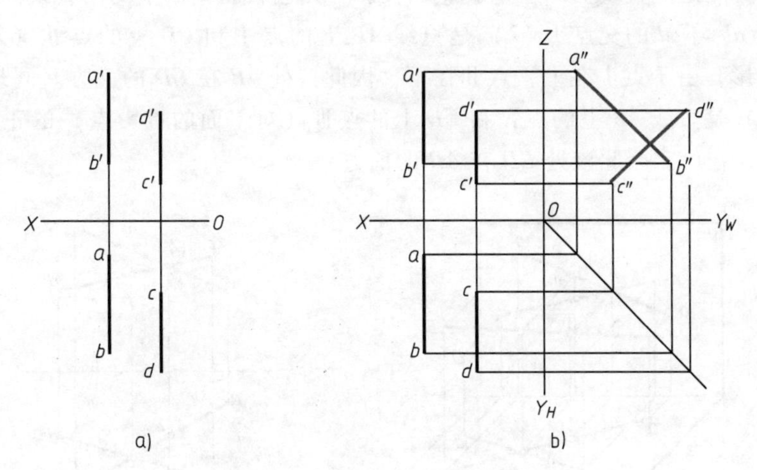

图2-19　判断两直线是否平行

分析　对于一般位置直线，根据两个投影就可以判断两直线在空间是否平行。但当两直线均为投影面平行线时，要判断它们是否平行，则取决于两直线在所平行的投影面上的投影是否平行。

方法　补投影判别，即补出两直线在所平行的投影面上的投影。如图2-19b所示，作出 $a''b''$ 和 $c''d''$。若 $a''b'' /\!/ c''d''$，则 $AB /\!/ CD$；否则 AB 与 CD 不平行。按作图结果可以判定 AB 与 CD 不平行。

针对本题，另外还有共面法、定比定理法两种解题方法，请读者自行思考。

2. 相交两直线

空间两相交直线的各同面投影必定相交，且交点符合空间点的投影规律；反之亦然。相交两直线的交点是两直线的共有点，因此交点也应满足直线上点的投影特性。如图 2-20 所示，由于 AB 与 CD 相交，则 ab 与 cd、$a'b'$与 $c'd'$必定分别交于 k、k'，且符合点 K 的投影规律。

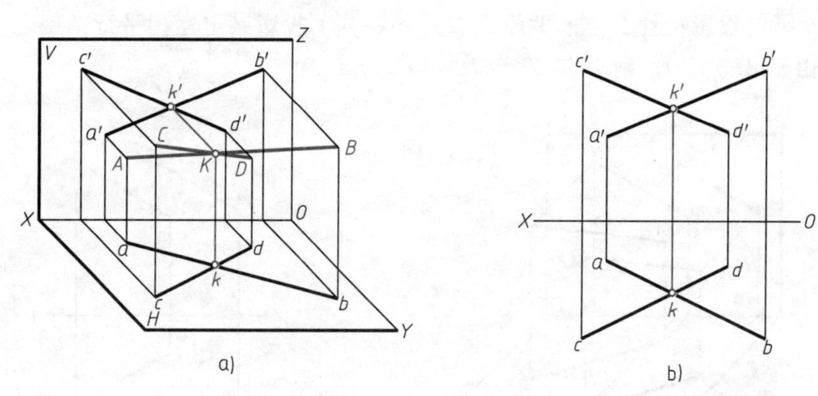

图 2-20 相交两直线

3. 交叉两直线

交叉两直线是既不平行又不相交的异面两直线。

交叉两直线的同面投影也可能相交，但其“交点”不符合点的投影规律。交叉两直线的同面投影的交点是两直线上一对重影点的投影，用它可以判断空间两直线的相对位置。如图 2-21 所示，ab 与 cd 的交点 1（2）是直线 AB 上的点Ⅰ和 CD 上的点Ⅱ（对 H 面的重影点）的水平投影，由于点Ⅰ在上，点Ⅱ在下，因此该处 AB 在 CD 的上方。同理，$a'b'$与 $c'd'$的交点 3′（4′）是直线 AB 上的点Ⅳ和 CD 上的点Ⅲ（对 V 面的重影点）的正面投影，由于点Ⅲ在前，点Ⅳ在后，因此该处 CD 在 AB 的前方。

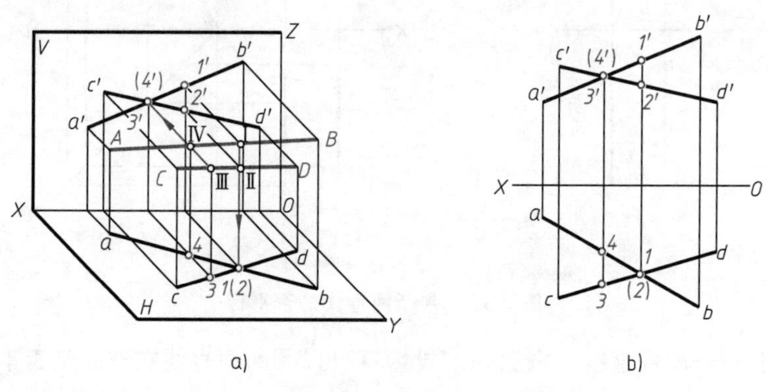

图 2-21 交叉两直线

五、一边平行于投影面的直角的投影

空间两直线成直角（相交或交叉），若两条直线都与某一投影面倾斜，则在该投影面上的投影不是直角；若其中一条直线平行于某一投影面，则这两条直线在该投影面上的投影仍是直角，如图 2-22a 所示（图 2-22b 是其投影图）。证明如下：

已知空间两直线 $AB \perp AC$，$\angle BAC$ 是直角，$AB /\!/ H$ 面，AC 倾斜于 H 面。

因为 $AB /\!/ H$，$Aa \perp H$，所以 $AB \perp Aa$。

因为 $AB \perp AC$、$AB \perp Aa$，则 $AB \perp$ 平面 $ACca$。又因 $AB /\!/ H$，所以 $ab /\!/ AB$。

由于 $ab /\!/ AB$、$AB \perp$ 平面 $ACca$，则 $ab \perp$ 平面 $ACca$，因此 $ab \perp ac$，即 $\angle bac$ 为直角。

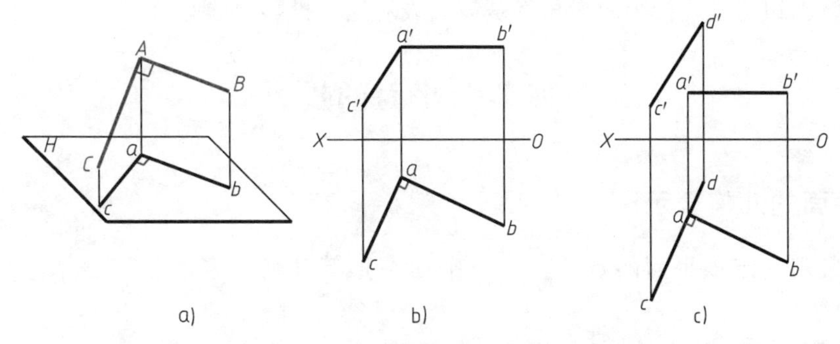

图 2-22 一边平行于投影面的直角的投影

反之，如果相交两直线在某一投影面上的投影相互垂直，且其中一条直线又平行于该投影面，则该两直线在空间必定相互垂直。这同样适用于交叉垂直的情况，如图 2-22c 所示。

六、用直角三角形法求直线的实长和对投影面的倾角

一般位置直线的投影在投影图上不反映其实长和对投影面的倾角。如需解决这类度量问题，可采用直角三角形法来求得直线的实长及倾角。

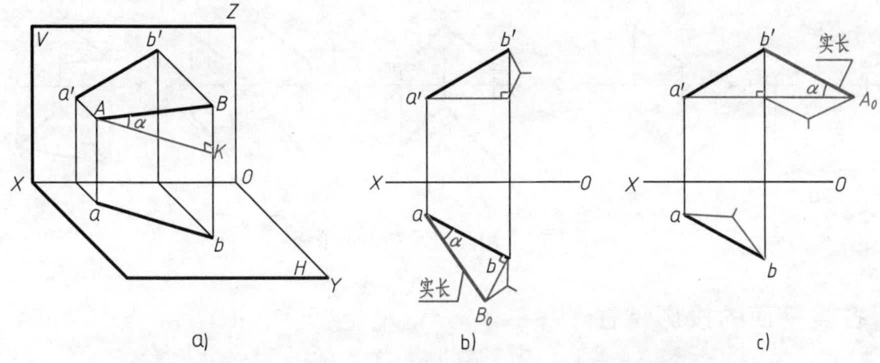

图 2-23 用直角三角形法求 AB 的实长和倾角 α

如图 2-23a 所示，过 A 作 $AK /\!/ ab$，与 Bb 交于 K，得到直角三角形 AKB。在这个三角形中，$AK = ab$，$BK = Bb - Aa$，即两端点与 H 面的距离差；斜边 AB 即为实长；AB 与 AK 的夹角，就是 AB 对 H 面的倾角 α。因此，设法作出这个直角三角形，就能确定 AB 的实长和倾角 α，这种求作一般位置直线段的实长和倾角的方法，称为直角三角形法。

作图过程如图 2-23b 所示：

1）以 ab 为一直角边，过 b 作 ab 的垂线。

2）由 a' 作水平线，在正面投影中作出直线 AB 的两端点 A、B 与 H 面的距离差，将这段距离差量到过 b 所作的垂线上，得 B_0，bB_0 即为另一直角边。

3）连接 a 和 B_0，aB_0 即为直线 AB 的实长，$\angle B_0ab$ 即为 AB 的真实倾角 α。

图 2-23c 所示为该题的另一种求解方法，请读者自行思考。

按照上述的作图原理，也可将$a'b'$或$a''b''$为一直角边，直线AB的两端点与V面或W面的距离差为另一直角边，求出AB的实长及其对V面的倾角β或对W面的倾角γ。

综上所述，用直角三角形法求直线实长与倾角的方法是：以直线在某一投影面上的投影为一直角边，两端点与这个投影面的距离差为另一直角边，所形成的直角三角形的斜边就是直线的实长，斜边与直线投影的夹角就是该直线对这个投影面的倾角。

第四节　平面的投影

一、平面的几何表示法

平面通常用确定该平面的点、直线或平面图形等几何元素的投影表示。常用有以下五种：

1）不在同一直线上的三点，如图2-24a所示。

2）一直线和直线外一点，如图2-24b所示。

3）两相交直线，如图2-24c所示。

4）两平行直线，如图2-24d所示。

5）平面几何图形，如三角形、四边形、圆等，如图2-24e所示。

一般情况下，平面的投影只用来确定平面的空间位置，并不限制平面的空间范围，因此平面都是可以无限延伸的。

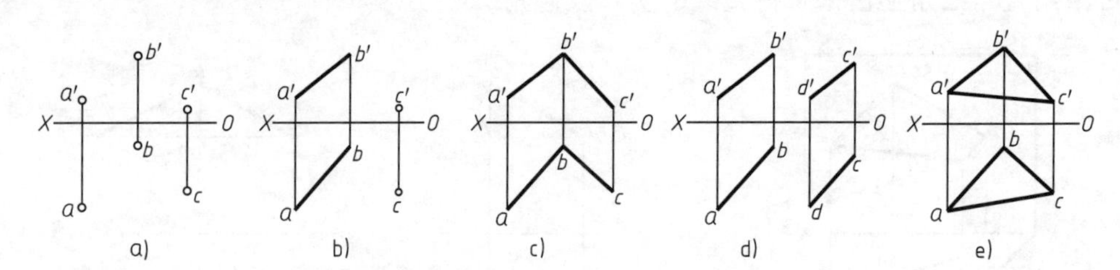

图2-24　用几何元素表示平面

二、各类平面的投影特性

根据平面在三投影面体系中的相对位置不同，可将平面分为三类：一般位置平面、投影面垂直面、投影面平行面。后两类平面又称为特殊位置平面，并规定平面对H面、V面、W面的倾角分别用α、β、γ来表示。

1. 一般位置平面

对三个投影面都倾斜的平面称为一般位置平面。如图2-25所示，$\triangle ABC$对H面、V面、W面都倾斜，因此它的三面投影$\triangle abc$、$\triangle a'b'c'$、$\triangle a''b''c''$都为缩小的类似形，其投影也不反映平面与投影面的α、β、γ角。

由此可得一般位置平面的投影特性：三个投影都是缩小的类似形平面图形；投影都不反映平面对投影面的真实倾角。

2. 投影面垂直面

垂直于某一个投影面，而与另两个投影面倾斜的平面称为投影面垂直面。其中，垂直于

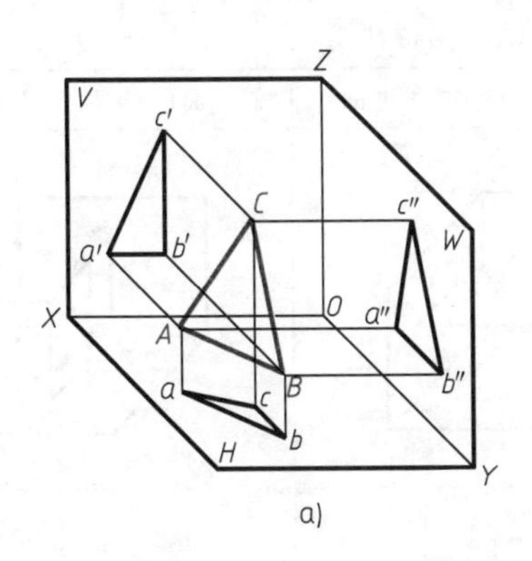

a)

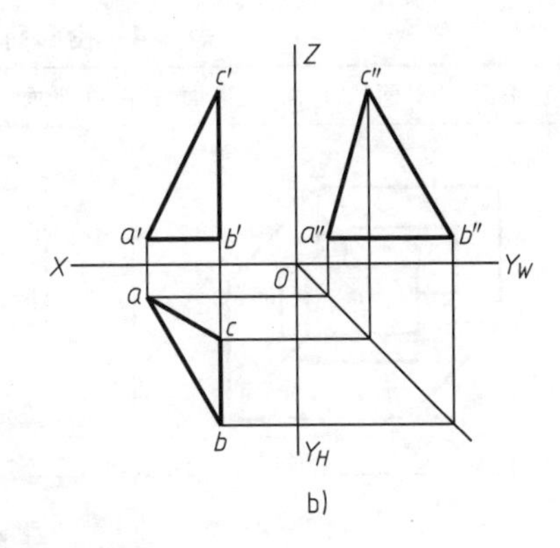

b)

图 2-25　一般位置平面

V 面的平面称为正垂面，垂直于 H 面的平面称为铅垂面，垂直于 W 面的平面称为侧垂面。表 2-3 列出了三种投影面垂直面的立体图、投影图和投影特性。

表 2-3　投影面垂直面的投影特性

名称	正垂面（⊥V 面，对 H 面、W 面倾斜）	铅垂面（⊥H 面，对 V 面、W 面倾斜）	侧垂面（⊥W 面，对 V 面、H 面倾斜）
立体图			
投影图			
投影特性	1. 正面投影积聚成直线，并反映真实倾角 α、γ 2. 水平投影、侧面投影仍为平面图形，面积缩小，具有类似性	1. 水平投影积聚成直线，并反映真实倾角 β、γ 2. 正面投影、侧面投影仍为平面图形，面积缩小，具有类似性	1. 侧面投影积聚成直线，并反映真实倾角 α、β 2. 正面投影、水平投影仍为平面图形，面积缩小，具有类似性

从表 2-3 中可以总结出投影面垂直面的投影特性：

1）投影面垂直面在其所垂直的投影面上的投影积聚成一条直线；该直线与相应投影轴的夹角反映了平面对另两投影面的真实倾角。

2）投影面垂直面在所不垂直的另两个投影面上的投影都是缩小的类似形平面图形。

3. 投影面平行面

平行于某一个投影面，而与另两个投影面垂直的平面称为投影面平行面。其中，平行于 V 面的平面称为正平面，平行于 H 面的平面称为水平面，平行于 W 面的平面称为侧平面。表 2-4 列出了三种投影面平行面的立体图、投影图和投影特性。

表 2-4　投影面平行面的投影特性

名称	正平面(//V 面,⊥H 面、⊥W 面)	水平面(//H 面,⊥V 面、⊥W 面)	侧平面(//W 面,⊥V 面、⊥H 面)
立体图			
投影图			
投影特性	1. 正面投影反映真实形状 2. 水平投影//OX,侧面投影//OZ,分别积聚成直线	1. 水平投影反映真实形状 2. 正面投影//OX,侧面投影//OY_W,分别积聚成直线	1. 侧面投影反映真实形状 2. 正面投影//OZ,水平投影//OY_H,分别积聚成直线

从表 2-4 中可以总结出投影面平行面的投影特性：

投影面平行面在所平行的投影面上的投影反映真实形状。

投影面平行面在另两个投影面上的投影，均积聚成一直线，并且平行于相应的投影轴。

三、平面的迹线表示法

平面与投影面的交线，称为平面的迹线。迹线的符号用平面名称的大写字母附加投影面名称的注脚表示。如图 2-26a 所示，平面 P 与 V 面、H 面、W 面的交线分别用 P_V（正面迹线）、P_H（水平迹线）、P_W（侧面迹线）表示。

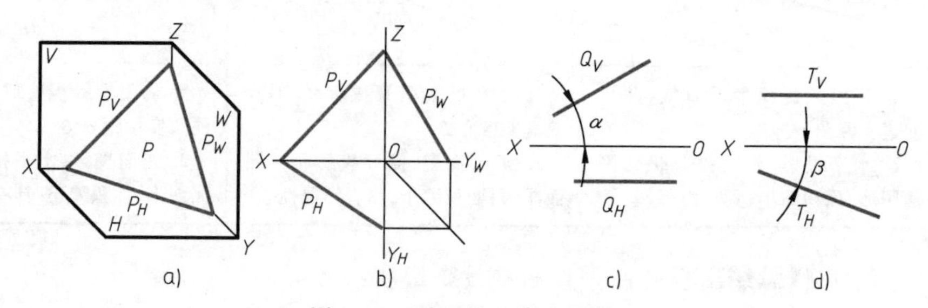

图 2-26　平面的迹线表示法

用平面的三条迹线 P_V、P_H、P_W 的投影来表示平面的空间位置，平面的这种表示法称为平面的迹线表示法。由于迹线是平面与投影面的共有线，所以每条迹线的一个投影与迹线本身重合，另两个投影必与相应的投影轴重合。如迹线 P_H，它既在 H 面上，又在平面 P 上，因此它的 H 面投影与自身重合，V 面投影与 OX 轴重合，W 面投影与 OY 轴重合，为了简化平面的迹线表示，一般不画迹线与投影轴重合的投影，如图 2-26b 所示。

一般位置平面的三条迹线都与投影轴倾斜，每两条迹线分别相交于相应的投影轴上的同一点，所以在用迹线表示该平面时，可用任意两条迹线来表示这个平面，如图 2-26b 所示。

投影面垂直面在垂直的投影面上的迹线有积聚性，另两个投影面上的迹线分别垂直于相应的投影轴，因此在用迹线表示投影面垂直面时，只用一条倾斜于投影轴的有积聚性的迹线表示该平面，不再画出其他两条垂直于相应投影轴的迹线，如图 2-26c、d 所示的正垂面 Q 和铅垂面 T。

投影面平行面在平行的投影面上无迹线，另两个投影面上的迹线有积聚性，且平行于相应的投影轴，因此在用迹线表示投影面平行面时，可以只用一条平行于投影轴的有积聚性的迹线表示该平面，如图 2-26c、d 所示的正平面 P 和水平面 S。在解题中常用有积聚性的迹线来表示特殊位置平面。

四、平面上的点和直线

平面上的点和直线的几何条件是：

1）点在平面内的任一直线上，则该点在此平面上。

2）直线在平面上，则该直线必定通过平面上的两个点；或者通过平面上的一个点，且平行于平面上的另一直线。

如图 2-27a 所示，点 D 在平面 ABC 的直线 AB 上；直线 MN 通过平面 ABC 上的两个点 M、N，如图 2-27b 所示；直线 CE 通过平面 ABC 上的点 C，且平行于平面 ABC 上的直线 AB，如图 2-27c 所示。因此，点 D 和直线 MN、CE 都位于相交两直线 AB、CD 所确定的平面 ABC 上。

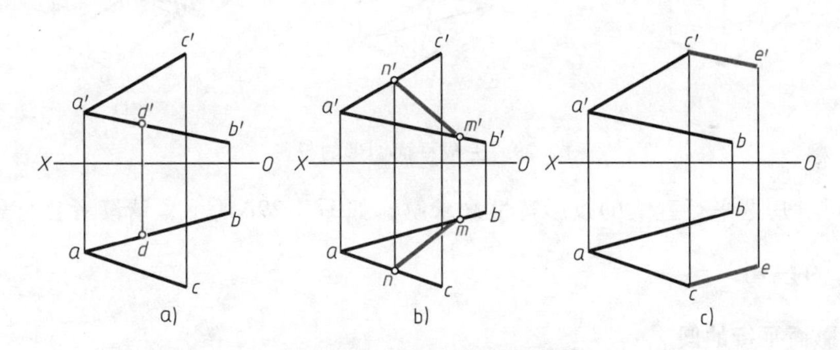

图 2-27　平面上的点和直线

【例 2-7】　如图 2-28a 所示，在平面△ABC 上取一点 K，使点 K 在 H 面之上 30mm，在 V 面之前 20mm。试作出点 K 的两面投影。

分析　一般位置平面上存在一般位置直线和投影面平行线，不存在投影面垂直线。根据投影面平行线的投影特性，平面内的水平线是平面内与 H 面等距离的点的轨迹，因此可先在△ABC 上取位于 H 面之上 30mm 的水平线 MN，再在 MN 上取位于 V 面之前 20mm 的点 K。

作图

1）先在 OX 之上 30mm 处作 $m'n'$，再由 $m'n'$作 mn，如图 2-28b 所示。

2）在 mn 上取位于 OX 之前 20mm 的点 k，即为所求的点 K 的水平投影。由 k 在 $m'n'$上作出点 K 的正面投影 k'，如图 2-28c 所示。

【例 2-8】　如图 2-29a 所示，已知四边形 $ABCD$ 的 V 面投影及 AB、BC 的 H 面投影，试完成四边形的 H 面投影。

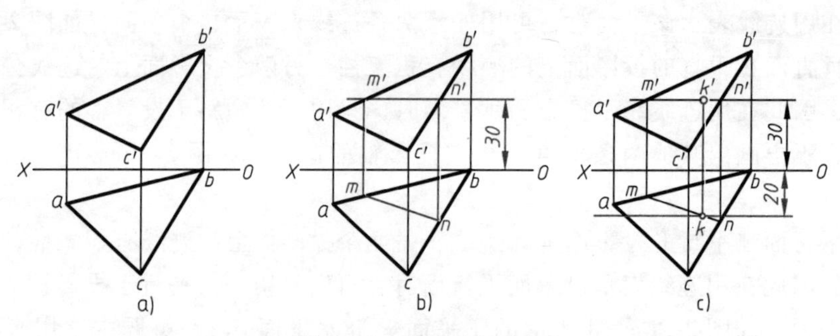

图 2-28　在平面上取点

分析　四边形 *ABCD* 的四个顶点在同一平面上，而 *A*、*B*、*C* 三点的两投影为已知，即该平面的位置已经确定，根据在平面上取点的方法即可求出 *d*。

作图

1）连接 *a'c'*、*ac*，将 *A*、*B*、*C* 三点连成三角形，点 *D* 在平面 *ABC* 上，可作直线 *BD*。

2）连接 *b'd'*，并与 *a'c'* 交于 *e'*，在 *ac* 上作出 *e*，连接 *be* 并延长作出 *d*。

3）连接 *ad*、*cd* 即为所求，如图 2-29b 所示。

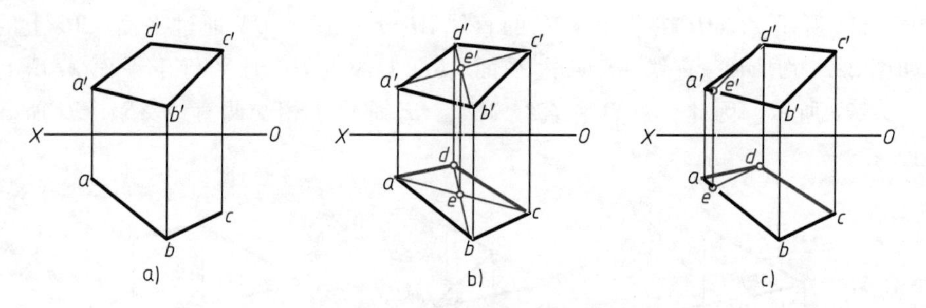

图 2-29　完成平面图形的投影

此题也可利用两平行直线的投影特性来求解，如图 2-29c 所示，请读者自行思考。

五、圆的投影

1. 与投影面平行的圆

当圆平行于某一投影面时，圆在该投影面上的投影仍为圆，反映真实形状；其余两投影均积聚成直线，长度等于直径，且平行于相应的投影轴。图 2-30 所示为圆心是 *O* 的一个水平圆的立体图和投影图。

2. 与投影面倾斜的圆

当圆倾斜于投影面时，其在投影面上的投影是椭圆。圆的每一对互相垂直的直径，投影成椭圆的一对共轭直径。在椭圆的各对共轭直径中，有一对互相垂直，称为椭圆的对称轴，也就是椭圆的长轴和短轴。根据投影特性可知，椭圆的长轴是平行于投影面的直径的投影，短轴则是与其相垂直的直径的投影。

图 2-31 所示为圆心为 *O* 的一个正垂圆的三面投影。由图 2-31a 可知，正垂圆在 *V* 面上的投影积聚成一直线，长度等于直径。在 *H* 面上的投影为椭圆：长轴是平行于 *H* 面的直径 *CD*（在正垂圆上的正垂线）的投影 *cd*，长度等于直径；短轴是与 *CD* 垂直的直径 *AB*（在正垂圆上的正平线）的投影 *ab*。当作出投影椭圆的长、短轴后，可采用四心圆法或同心圆法

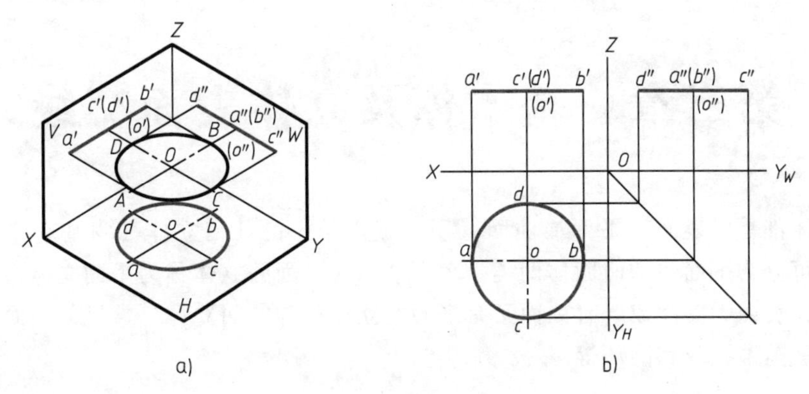

图 2-30　水平圆的投影

作出近似椭圆。

同理，这个正垂圆的侧面投影椭圆的长轴是 $c''d''$，短轴是 $a''b''$，如图 2-31b 所示。

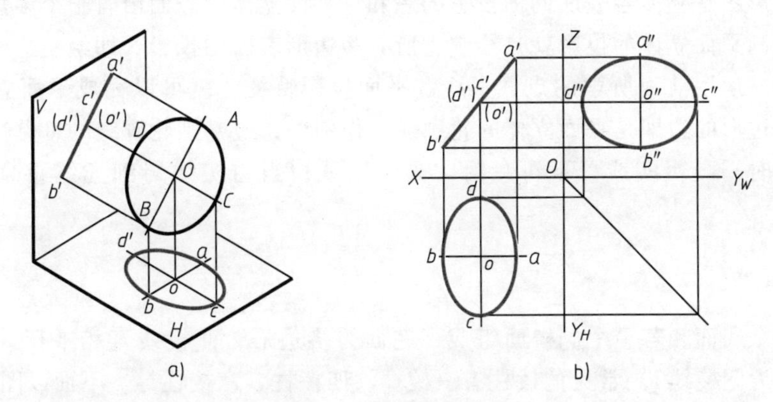

图 2-31　正垂圆的投影

综上所述，可概括出圆的投影特性：

在与圆平面平行的投影面上的投影反映真实形状。

在与圆平面垂直的投影面上的投影积聚成一直线，长度等于圆的直径。

在与圆平面倾斜的投影面上的投影均为椭圆，其长轴是圆的平行于这个投影面的直径的投影；短轴是圆的与上述直径相垂直的直径的投影。

第三章　基本体及立体表面交线

任何立体都是由表面（平面或曲面）所构成。单一的几何立体称为基本体。工程上常见的基本体可分为平面体和曲面体两类。表面全部为平面的立体称为平面立体，如棱柱、棱锥、棱台等；表面为曲面或既有曲面又有平面的立体称为曲面立体，常见的曲面立体是回转体，如圆柱、圆锥、球和圆环等。

第一节　平面立体的投影

立体的投影图是立体各表面同面投影的总和。平面立体的表面由若干个多边形平面所围成，因此，绘制平面立体的投影就是绘制它所有多边形表面的投影，即绘制这些多边形的边和顶点的投影。运用前面所学的点、直线和平面投影特征，就可以完成平面立体的投影作图。注意，多边形的边即是平面立体的轮廓线。作图时，应判别轮廓线的可见性。当轮廓线的投影为可见时，画粗实线；不可见时，画细虚线；当粗实线与细虚线重合时，应画粗实线。

一、棱柱

棱柱由两个底面和若干个侧棱面组成，底面为多边形，侧棱线互相平行（侧棱面与侧棱面的交线称为侧棱线）。常见的棱柱有三棱柱、四棱柱、六棱柱等。下面以图 3-1a 所示的正六棱柱为例，来分析棱柱的投影特征和作图方法。

1. 投影分析

在对立体进行投影分析时，为方便画图和读图，要将立体自然稳定放置，并让立体更多的表面和棱线平行或垂直于投影面。如图 3-1a 所示正六棱柱的摆放，这样正六棱柱的顶面和底面为水平面，它们的水平投影反映实形，为重合的正六边形；正面及侧面投影积聚成一直线。正六棱柱的六个侧棱面中前、后棱面为正平面，其正面投影重合且反映实形，水平及侧面投影积聚成一直线；棱柱的其他四个侧棱面为铅垂面，其水平投影积聚为直线，正面及侧面投影为类似性（矩形）。六个侧棱面的水平投影积聚为正六边形的六条边。

六棱柱的顶面、底面各有六条底棱线，其中两条为侧垂线（如 DE），四条为水平线（如 AD、BC）；而六条侧棱线均为铅垂线（如 AB、DC），其水平投影积聚成一点。

2. 作图步骤

1）画对称中心线（即画对称面的投影）。用细点画线画出立体对称面有积聚性的投影。正六棱柱前后对称面为正平面，用细点画线画出该平面有积聚性的 H 面、W 面投影。同理，用细点画线画出正六棱柱左右对称面的 V 面、H 面投影，如图 3-1b 所示。

2）画顶、底面的投影。先画出反映六棱柱主要形状特征的投影，即顶、底面反映正六边形的水平投影，再画有积聚性的 V 面、W 面投影，如图 3-1b 所示。

3）画六个侧棱面的投影。六个侧棱面的投影，如图 3-1c 所示。

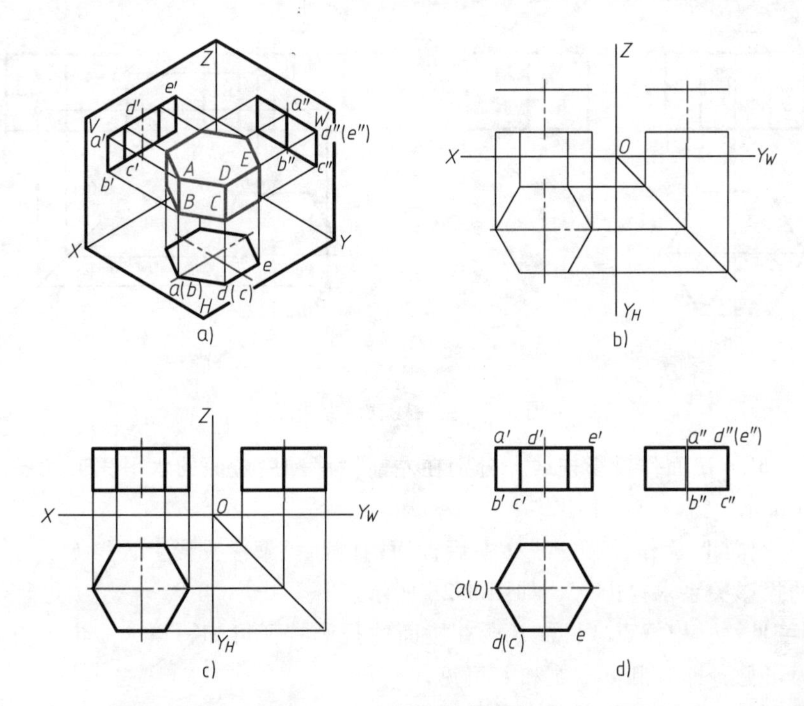

图 3-1　正六棱柱的投影作图

4）检查、加深图线。按线型线宽的要求对图线进行描深。注意，细点画线应超出图形轮廓线 2～3mm，如图 3-1d 所示。

棱柱的投影特征：一面投影为多边形，其边是各棱面的积聚性投影；另两面投影均为一个或多个矩形线框拼成的矩形框。

作棱柱投影图时，一般先画出反映棱柱底面实形的多边形，再根据投影规律作出其余两个投影。在作图时要严格遵守“*V* 面、*H* 面投影左右对正（长对正）；*V* 面、*W* 面投影上下平齐（高平齐）；*H* 面、*W* 面投影前后相等且对应（宽相等）”的投影规律。注意，*H* 面、*W* 面的投影关系，可以直接量取平行于宽度方向且前后对应的相等距离作图；也可以添加 45°辅助线作图。

3. 棱柱表面取点

棱柱的表面都是平面，因此在棱柱表面上取点的作图，与平面上取点的作图方法相同。注意，由于棱柱各表面的投影有相互遮挡的情况，因此在棱柱表面取点（或取线），需要判断点（或线）投影的可见性。若点（或线）所在的面的投影可见（或有积聚性），则点（或线）在该面上的投影也可见。

【例 3-1】 如图 3-2a 所示，已知棱柱体表面上 *A*、*B* 两点的正面投影，求其另两个投影，并判别可见性。

分析 由点的已知投影，分析点位于体的哪个面上以及该面的投影特性。由图 3-2a 可知：点 *A* 的正面投影可见，因此点 *A* 在六棱柱的左前棱面上；点 *B* 的正面投影不可见，因此点 *B* 在六棱柱的后棱面上。两棱面的水平投影均积聚成直线（六边形的边），并且后棱面的侧面投影也积聚成直线。

作图

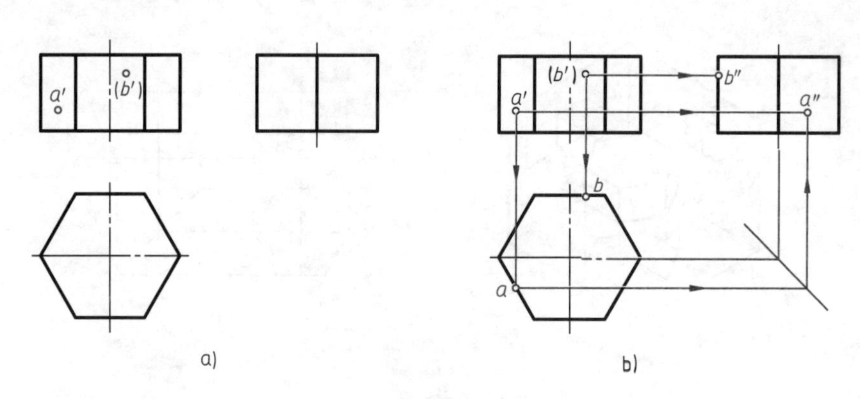

图 3-2 棱柱体表面上取点

1）由 a'、b'向 H 面作投影连线，分别在左前棱面和后棱面的水平积聚性投影上求得 a、b，如图 3-2b 所示。

2）由 a'、b'向 W 面作投影连线，在后棱面的侧面积聚性投影上求得 b''；按“宽相等且前后对应”的投影关系求得出 a''，如图 3-2b 所示。

3）判别可见性：根据点 A、点 B 所在棱面的投影特征可知，点 A、点 B 的 H 面投影和 W 面投影均为可见，即 a'和 a''、b'和 b''可见。

图 3-3 所示为常见棱柱的三面投影示例。

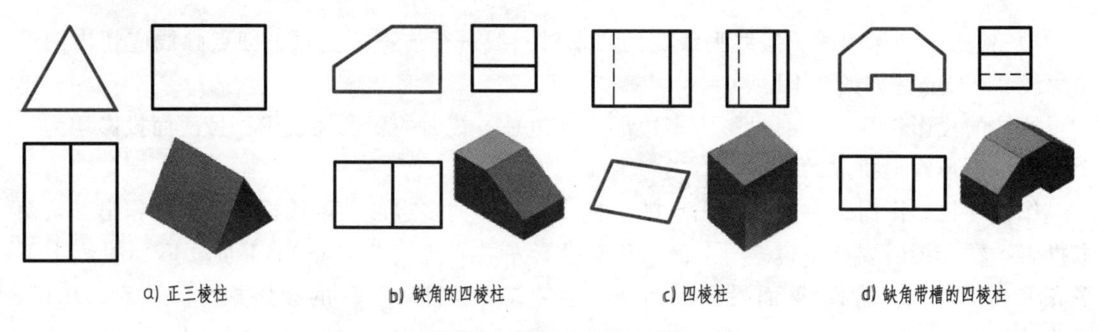

图 3-3 棱柱的投影示例

二、棱锥

棱锥与棱柱的区别是棱锥的侧棱线交于一点——锥顶。常见的棱锥有三棱锥、四棱锥、五棱锥等。下面以图 3-4a 所示的正三棱锥为例，来分析棱锥的投影特征和作图方法。

1. 投影分析

如图 3-4a 所示为一正三棱锥的直观图。从图中可知：三棱锥由底面和三个侧棱面围成。底面为正三角形，三个侧棱面为完全相同的等腰三角形。其中，底面△ABC 为水平面，其水平投影反映实形，正面和侧面投影积聚成一直线；左、右两个侧棱面（△SAB 和△SBC）为一般位置平面，其三面投影均为类似三角形，且侧面投影重合在一起；后棱面为侧垂面，侧面投影积聚成一条倾斜于投影轴的直线，正面和水平投影具有类似性。

组成三棱锥的六条棱线中，SA、SC 为一般位置直线，SB 是侧平线，AB 和 BC 为水平线，AC 为侧垂线。

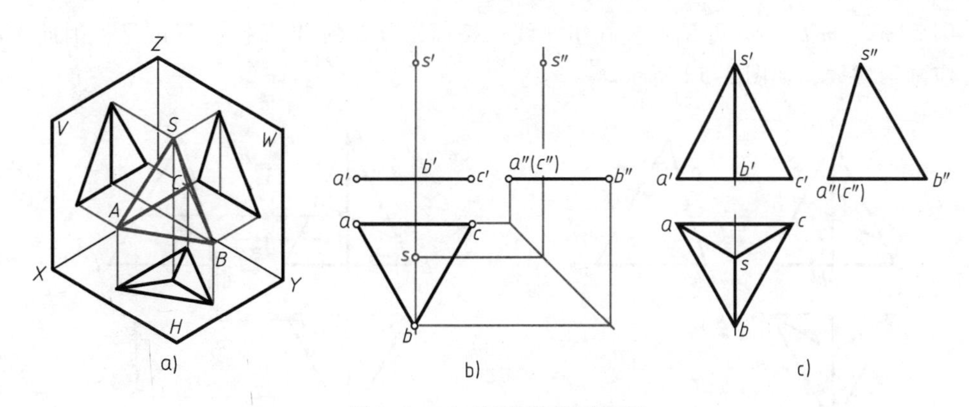

图 3-4　正三棱锥的投影作图

2. 作图步骤

1）画出反映底面△*ABC* 实形的水平投影，再画有积聚性的另两面投影，如图 3-4b 所示。

2）确定锥顶 *S* 的三面投影。锥顶位于顶心线上（过锥顶与底面垂直的直线称为顶心线），根据三棱锥的高定出锥顶 *S* 在顶心线上的位置，再作出 *S* 的三面投影，如图 3-4b 所示。

3）分别将锥顶 *S* 和底面 *A*、*B*、*C* 三个顶点的同面投影连接起来，从而画出各侧棱线的投影。

4）检查、描深图线。注意，此三棱锥左右对称，不要漏画 *V* 面、*H* 面中的左右对称中心线（与粗实线重叠的部分，应优先画粗实线）。

棱锥的投影特征：一面投影是共顶点的三角形拼合成的多边形；另两面投影均为共顶点的三角形拼合成的三角形，其底边重合于一条线。

3. 棱锥表面取点、取线

棱锥与棱柱表面取点、取线的分析与作法基本相同。

【例 3-2】　如图 3-5a 所示，完成三棱锥表面线段 *MN* 的水平和侧面投影。

分析　由图 3-5a 可知，线段 *MN* 是一段两折线，其转折点 *K* 在棱线 *SB* 上，如图 3-5b 所示；点 *M* 在棱线 *SA* 上；直线段 *MK* 位于三棱锥的左棱面△*SAB* 上，*KN* 位于三棱锥的右棱面△*SBC* 上。要完成折线 *MN* 的水平和侧面投影，关键是求 *M*、*K*、*N* 三点的水平和侧面投影。

作图

1）点 *M*、*K* 分别位于棱线 *SA*、*SB* 上，由此求得 *m*、*m*″和 *k*″、*k*，如图 3-5b 所示。

2）点 *N* 在侧棱面△*SBC* 上，该面三面投影都没有积聚性，因此必须通过作辅助线求点 *N* 的另两投影。由锥顶 *S* 过点 *N* 作辅助线 *S*Ⅰ，点 *N* 在 *S*Ⅰ上，则点 *N* 的投影必在 *S*Ⅰ的同面投影上。连接 *s*′、*n*′延长交 *b*′*c*′于 1′，由 *s*′1′作出 *s*1，在 *s*1 上得到 *n*，再由 *n* 和 *n*′求出 *n*″，如图 3-5c 所示。另一种作图方法是过点 *N* 作 *BC* 的平行线为辅助线，再根据两直线平行的投影特性来求解，具体作图步骤请读者自行思考。

3）判别可见性并顺次连线：判别 *M*、*K*、*N* 三点各个投影的可见性，分别将其同面投影依次相连，完成所求。由于棱面△*SAB* 的 *H* 面和 *W* 面投影可见，棱面△*SBC* 的 *H* 面投影可见，因此 mk、$m''k''$、kn 可见，应画粗实线；棱面△SBC 的 W 面投影不可见，因此 $k''n''$不可见，应画细虚线，如图 3-5d 所示。

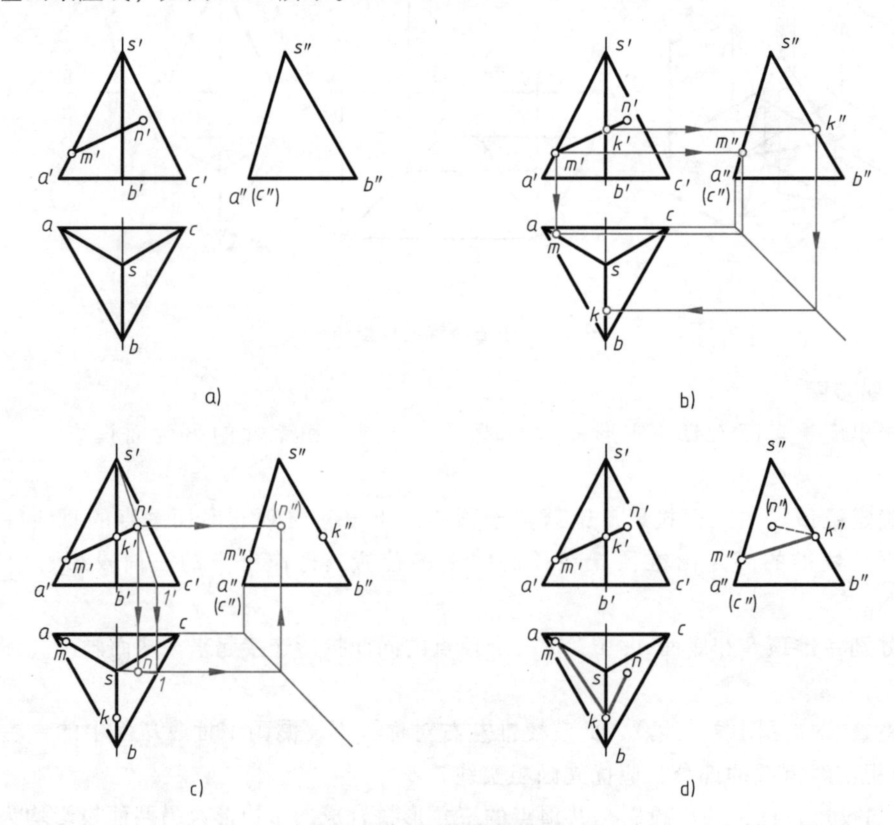

图 3-5　棱锥体表面上取线

图 3-6 所示为常见棱锥和平面体的三面投影示例。

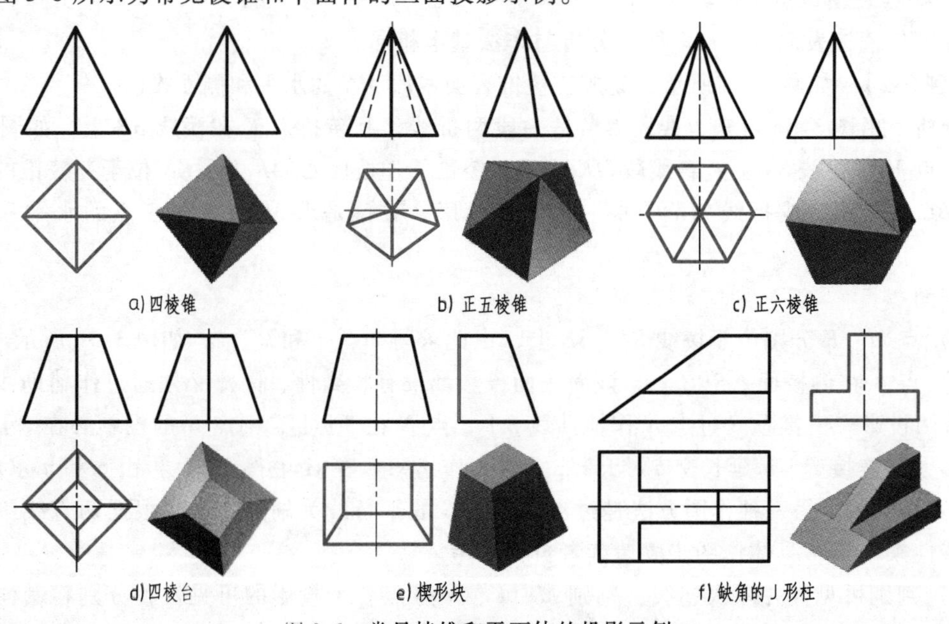

图 3-6　常见棱锥和平面体的投影示例

第二节　回转体的投影

回转体是由回转面或回转面与平面所构成的立体。如图 3-7a 所示，回转面一般是由一条运动的线（直线或曲线）绕某一定直线旋转一周而形成的。定直线称为回转轴（OO_1），简称轴线；运动的线称为母线（AA_1），回转面上任一位置的母线称为素线；母线上的各点绕轴线旋转时，形成回转面上垂直于轴线的纬圆。

在画回转体投影时，除了画出轮廓线和尖点（锥顶）的投影外，还要画出回转面在该投影面上的转向轮廓线。如图 3-7c 所示的圆柱正面投影 $a'a_1'$、$b'b_1'$，是圆柱体正面投影可见的前半柱面与不可见的后半柱面的分界线（圆柱面上的最左、最右素线的正面投影），即是圆柱体正面投影的转向轮廓线。同理，$c''c_1''$、$d''d_1''$是圆柱体侧面投影可见的左半柱面与不可见的右半柱面的分界线（圆柱面上的最前、最后素线的侧面投影），即是圆柱体侧面投影的转向轮廓线。

一、圆柱体

圆柱体表面由圆柱面、顶面和底面组成。圆柱面由直线 AA_1 绕与它相平行的轴线 OO_1 旋转而成，如图 3-7a 所示。

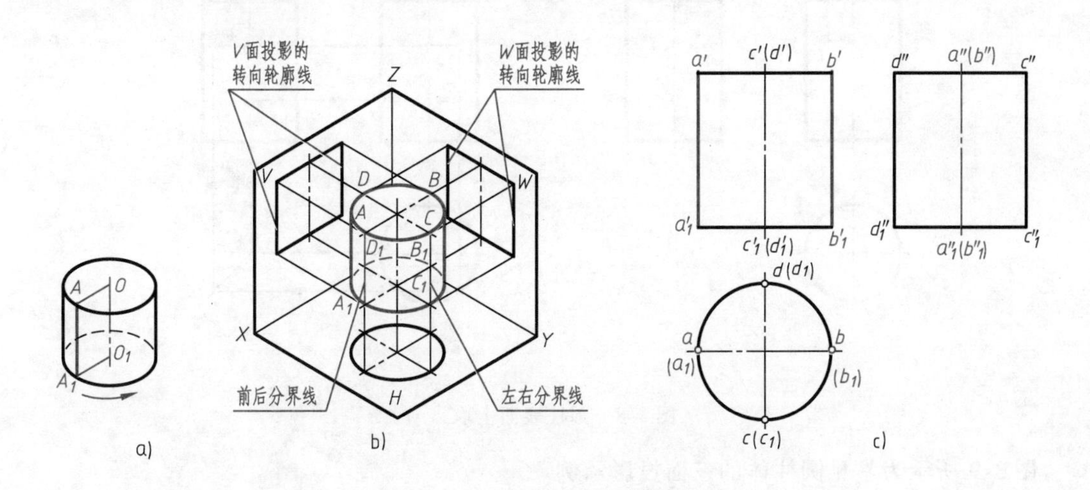

图 3-7　圆柱体的形成及三面投影

1. 投影分析

如图 3-7b 所示，当轴线为铅垂线时，圆柱面上所有素线都是铅垂线，圆柱面的水平投影积聚成一个圆；圆柱的顶面和底面是水平面，它们的水平投影重合，反映实形圆。

圆柱的正面投影为矩形。矩形的上、下边是圆柱顶面、底面在正面的积聚投影；左右两侧边（$a'a_1'$、$b'b_1'$）是圆柱面正面转向轮廓线 AA_1、BB_1 的投影，其侧面投影与轴线重合（注意：图中不画出，如图 3-7c 所示）。

同理，圆柱的侧面投影也为矩形。矩形的上、下边是圆柱顶面、底面在侧面的积聚投影；前后两侧边（$c''c_1''$、$d''d_1''$）是圆柱面侧面转向轮廓线 CC_1、DD_1 的投影，其正面投影与轴线重合，如图 3-7c 所示。

2. 作图步骤

1）用细点画线画水平投影圆的对称中心线以及轴线的正面和侧面投影，如图 3-7c 所示。

2）画投影为圆的水平投影。

3）按圆柱体的高，然后根据“三等”关系画出另两个投影（矩形）。

3. 圆柱面上取点

轴线垂直于投影面的圆柱，其表面某个投影会有积聚性，因此，在圆柱表面取点，可利用积聚性直接求解。

【例 3-3】 试完成图 3-8a 所示的圆柱表面点 M、点 N 的另两个投影。

分析　由 m'、(n'') 的位置可知，点 M 位于前半个圆柱面的左侧，点 N 位于圆柱正面转向轮廓线（最右素线）上。圆柱轴线是铅垂线，圆柱面的水平投影积聚成圆，因此 m、n 均位于圆周上。

作图

1）由 m'求出 m，再由 m、m'求出 m''。由点 M 的位置，判断 m''可见，如图 3-8b 所示。

2）由 n''求出 n、n'。由点 N 的位置，判断 n、n'均可见，如图 3-8b 所示。

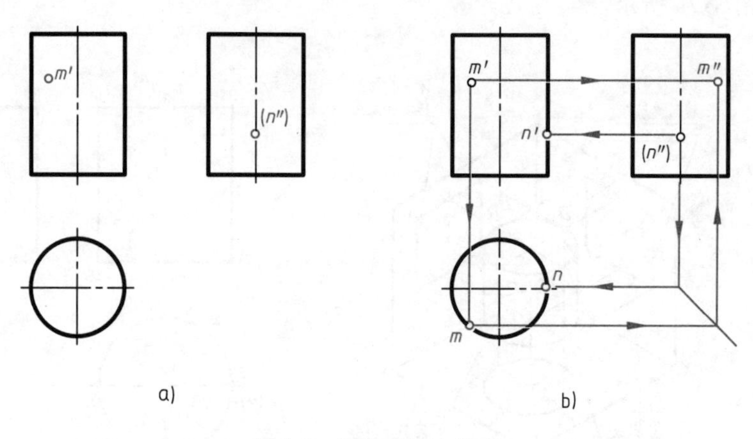

图 3-8　圆柱表面上取点

图 3-9 所示为常见圆柱体的三面投影示例。

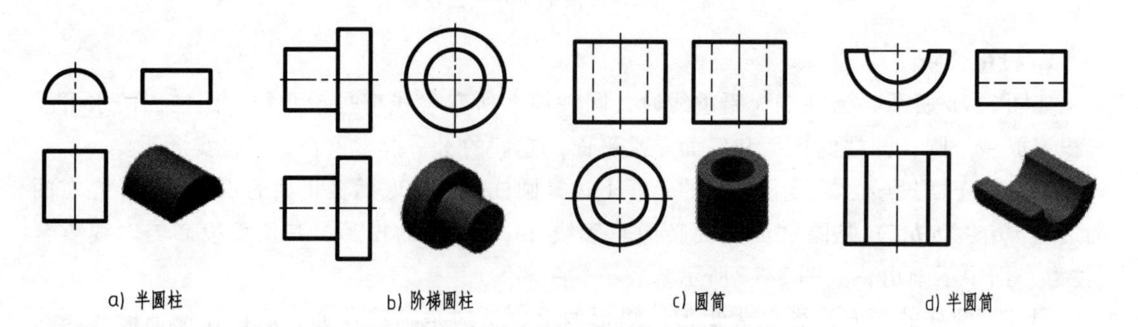

图 3-9　常见圆柱体的三面投影示例

二、圆锥体

圆锥体是由圆锥面和底面所构成。圆锥面可看成是由一条直母线 SA 绕与它相交的轴线 SO_1 旋转而形成的，如图 3-10a 所示。

1. 投影分析

如图 3-10b 所示，当轴线为铅垂线时，圆锥的水平投影为圆，圆锥面的水平投影在这个圆内（圆锥面的三面投影均无积聚性）；圆锥的底面是水平面，反映实形圆，其水平投影与锥面重合。

圆锥的正面投影为等腰三角形。其底边是圆锥底面在正面的积聚投影；左右两腰（$s'a'$、$s'b'$）是圆锥面正面转向轮廓线 SA、SB 的投影，其侧面投影与轴线重合、水平投影与水平中心线重合（注意：图中不画出，如图 3-10c 所示）。

同理，圆锥的侧面投影也为等腰三角形。其底边是圆锥底面在侧面的积聚投影；前后两腰（$s''c''$、$s''d''$）是圆锥面侧面转向轮廓线 SC、SD 的投影，其正面投影与轴线重合、水平投影与竖直中心线重合，如图 3-10c 所示。

2. 作图步骤

1）用细点画线画水平投影圆的对称中心线以及轴线的正面和侧面投影，如图 3-10c 所示。

2）画圆锥底面的三面投影，一般先画投影是圆的图形。

3）按圆锥体的高确定顶点 S 的投影 s' 和 s''，然后画出圆锥相应投影面转向轮廓线的投影，完成等腰三角形。

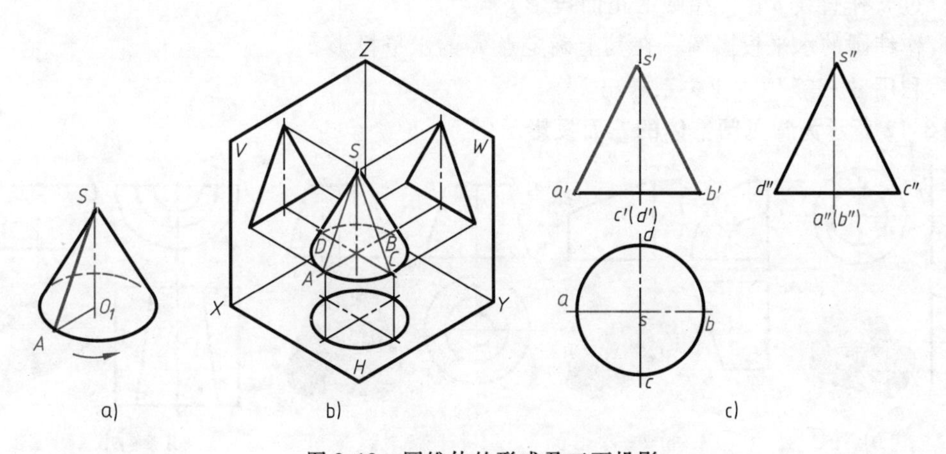

图 3-10　圆锥体的形成及三面投影

3. 圆锥表面取点

当圆锥轴线垂直于投影面时，底面的投影有积聚性；锥面的三面投影均无积聚性，因此，在锥面上取点需要作辅助线（素线或纬圆）。

【例 3-4】 如图 3-11b 所示，已知圆锥的三面投影和圆锥面上的点 K 的正面投影，试作出点 K 的水平和侧面投影。

分析　由于点 K 位于圆锥面上，需要定点先取线。一种方法是素线法，过锥顶 S 和点 K 在圆锥面上作一条素线 SA，以 SA 为辅助线求点 K 的另两个投影；另一种方法是纬圆法，过

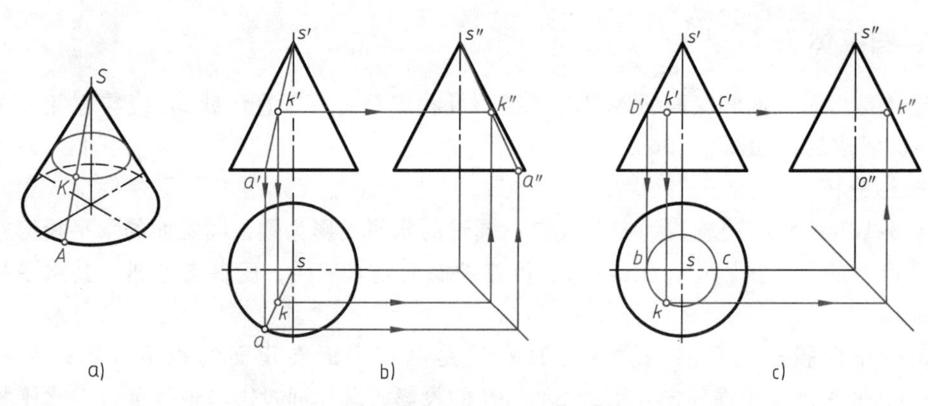

图 3-11 圆锥表面取点

K 在圆锥面上作一与底面平行的圆，该圆的水平投影是底面投影的同心圆，正面投影与侧面投影积聚成直线，如图 3-11a 所示。

作图

方法一：素线法（图 3-11b）

1）连接 s'、k'并延长与底边交于 a'。

2）求 SA 的水平投影 sa，在 sa 上求出点 K 的水平投影 k。

3）利用“三等”对应关系求出 k''。

由 k'可见及在投影图的位置，可判定点 K 位于左、前半圆锥面上，因此 k、k''均可见。

方法二：纬圆法（图 3-11c）

1）过 k'作直线 $b'c'$（纬圆的正面投影）。

2）作纬圆的水平投影圆，在其上确定点 K 的水平投影 k。

3）利用“三等”对应关系求出 k''。

图 3-12 所示为常见圆锥体的三面投影示例。

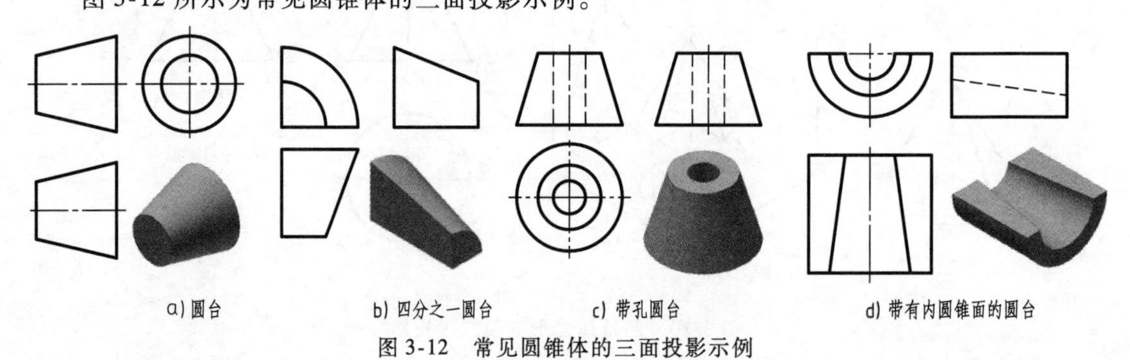

图 3-12 常见圆锥体的三面投影示例

三、圆球

圆球表面仅由球面构成。球面可看成是由圆母线绕其直径 OO_1 为轴线旋转而成，如图 3-13a 所示。

1. 投影分析

圆球的三面投影实质是球面的三面投影，因此，圆球的三面投影是大小相等的三个圆

(圆的直径和球的直径相等)，且均无积聚性。这三个圆分别是圆球三个方向转向轮廓线圆的实形投影。如图 3-13b 所示，*M* 是圆球正面投影的转向轮廓线（前半球与后半球的分界线），也是圆球上最大的正平圆，其正面投影反映实形，另两个投影与中心线重合（不画出）。同理，*N* 是圆球水平投影的转向轮廓线（上半球与下半球的分界线），也是圆球上最大的水平圆，其水平投影反映实形，另两个投影与中心线重合；*K* 是圆球侧面投影的转向轮廓线（左半球与右半球的分界线），也是圆球上最大的侧平圆，其侧面投影反映实形，另两个投影与中心线重合。

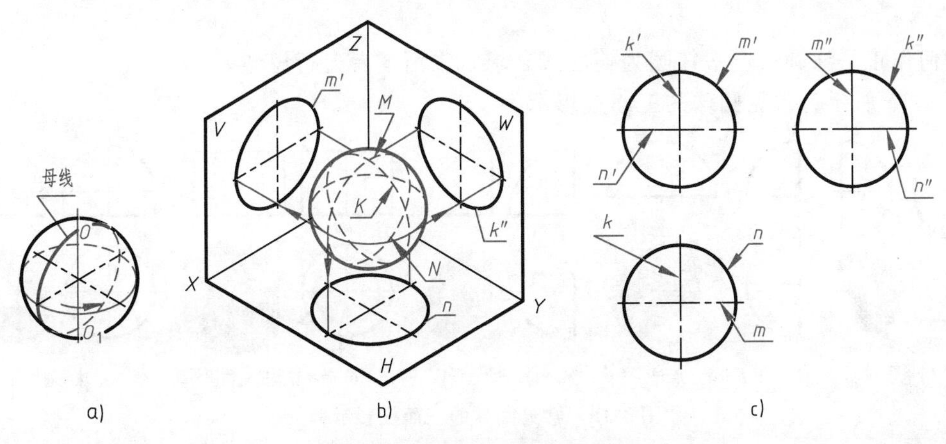

图 3-13　圆球的形成及三面投影

2. 作图步骤

1）在投影图中，用垂直相交的两条细点画线画出圆球的对称中心线，其交点为球心的投影。

2）画圆球的三面投影（三个直径等于圆球直径的圆），如图 3-13c 所示。

3. 圆球表面取点

圆球的三面投影都没有积聚性，因此，在球面上取点只能通过在球面上作辅助线（纬圆）来求。注意，过球面上任一点可作正平、水平和侧平三种纬圆，该纬圆在所平行的投影面上的投影反映为实形圆，另两个投影积聚成直线，长度等于纬圆的直径。

【例 3-5】　如图 3-14a 所示，已知球面上点 *K*、点 *N* 的一个投影，试求其另两个投影。

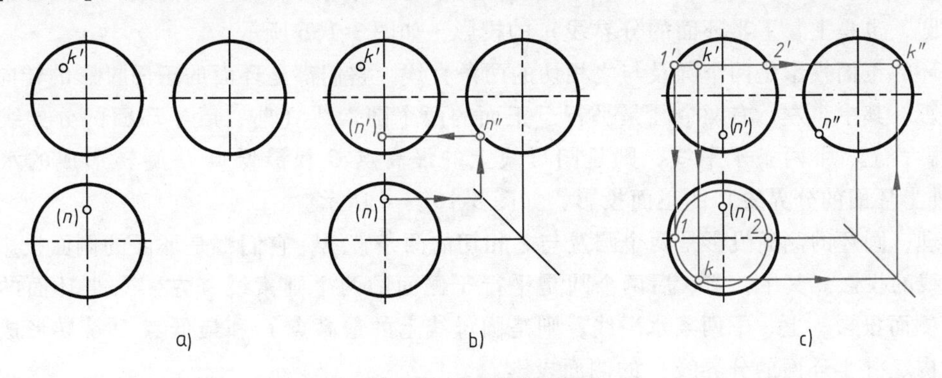

图 3-14　圆球表面取点

分析　由点 *k'*、*n* 的位置可知，点 *K* 位于球面的左、前、上方，需作辅助纬圆来求 *k*、*k''*；点 *N* 位于球面的后、下方，且位于球面对侧面投影的转向轮廓线（左、右半球的分界线）上，可直接求得。

作图

1）利用“三等”关系求得 n''、n'，并由点 N 的位置判断 n'不可见，如图 3-14b 所示。

2）求点 K 的其余投影。过 k'作水平纬圆的正面投影 $1'2'$，再作该纬圆的水平投影 12（以球心的水平投影为圆心，$1'2'$为直径画圆）。点 K 在该纬圆上，k 必在纬圆的水平投影上。由 k'求出 k，再由 k'、k 求得 k''。由点 K 的位置，判断出 k、k''均可见，如图 3-14c 所示。

如何作正平纬圆或侧平纬圆为辅助线来求解，请读者自行思考。

图 3-15 所示为常见圆球的三面投影示例。

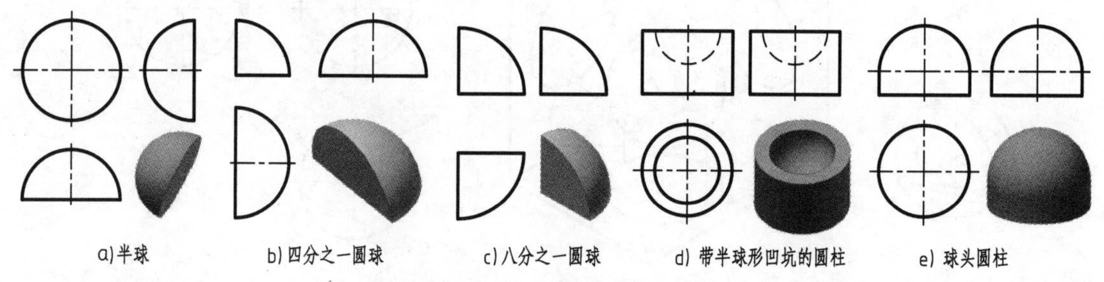

图 3-15　常见圆球的三面投影示例

四、圆环

圆环的表面由环面构成。如图 3-16a 所示，环面是由圆母线（$ACBD$）绕圆平面上不与圆心共线且在圆外的直线（OO_1）为轴旋转而成。圆母线离轴线较远的半圆（CAD）旋转形成的一半曲面，称为外环面；离轴线较近的半圆（CBD）旋转形成的一半曲面，称为内环面。圆环的三面投影实质是环面的三面投影。

1. 投影分析

如图 3-16 所示，圆环的轴线为铅垂线，其水平投影积聚为一点（对称中心线的交点）。圆环的水平投影是三个同心圆，其中细点画线圆是圆母线圆心轨迹的投影；另两个圆是环面的水平转向轮廓线（圆母线上离轴线最远的点 A、最近的点 B 旋转形成的最大和最小的两个水平纬圆，也是上、下半环面的分界线）的投影，如图 3-16b 所示。

圆环的正面投影是两个圆及与之相切的两条直线，它们都是环面的正面投影的转向轮廓线的投影。其中，左、右两个圆是平行于正面的两个圆素线（前、后半环面的分界线）的正面投影；上、下两条水平线，则是圆母线上的最高点 C 和最低点 D 旋转形成的水平圆（内、外半环面的分界线）的正面投影，如图 3-16c、d 所示。

同理，圆环的侧面投影是两个圆及与之相切的两条直线，它们都是环面的侧面投影的转向轮廓线的投影。其中，前、后两个圆是平行于侧面的两个圆素线（左、右半环面的分界线）的侧面投影；上、下两条水平线，则是圆母线上的最高点 C 和最低点 D 旋转形成的水平圆（内、外半环面的分界线）的侧面投影。

2. 作图步骤

1）画圆母线圆心轨迹的三面投影。

2）画环面的三面投影，如图 3-16b 所示。

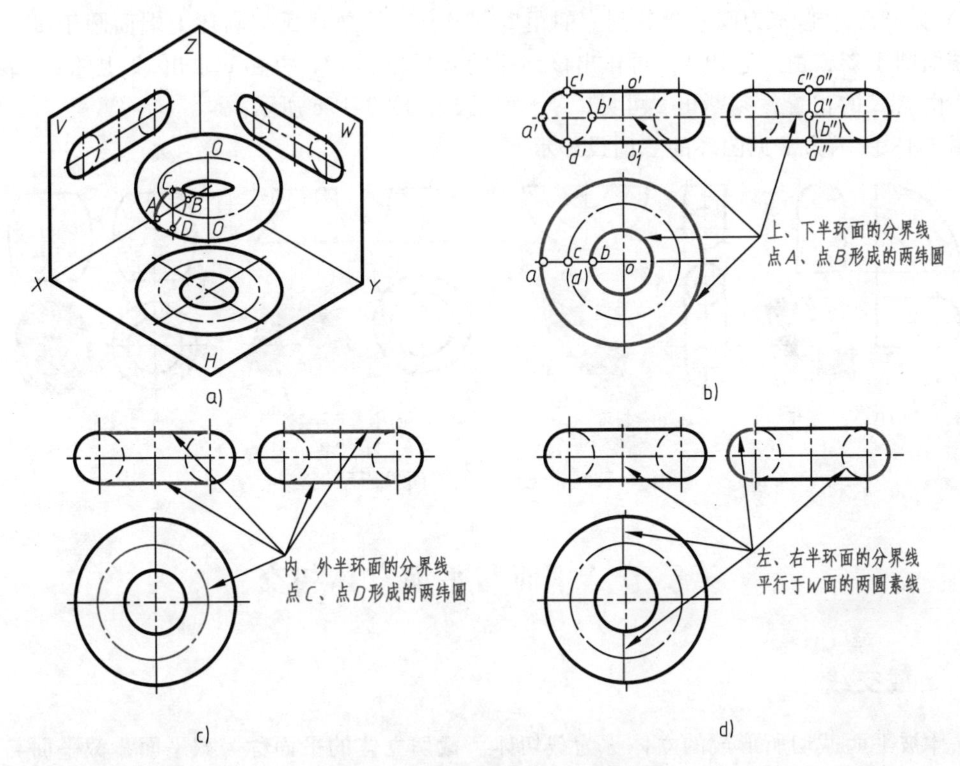

图 3-16　圆环的形成及三面投影

3. 圆环表面取点

圆环的三面投影都没有积聚性，因此确定其上点的投影需先作辅助纬圆。在圆环的正面投影中，前半个外环面为可见，后半个外环面和内环面均不可见；在水平投影中，上半个环面为可见，下半个环面为不可见。

【例 3-6】 如图 3-17a 所示，已知圆环面上点 *E*、点 *F* 的一个投影，试求另两个投影。

分析　由图 3-17a 可知，该立体是轴线垂直于正面的 1/4 圆环。从 e'、f'的位置可得点 *E* 位于前内环面上，需作辅助纬圆（正平圆）来求解；点 *F* 位于圆环面的正面转向轮廓线上的下方。

作图

1）由 f'求出 f 及 f''。由点 *F* 的位置，判断出 f 不可见，f''可见，如图 3-17b 所示。

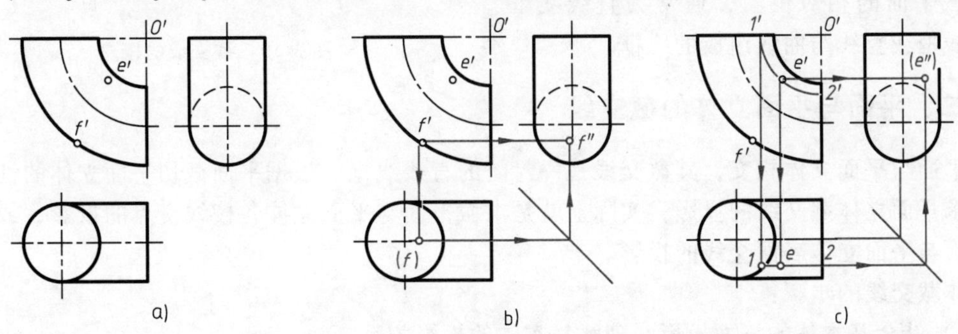

图 3-17　圆环表面取点

2）以圆环中心 o' 为圆心，其到 e' 的距离 $o'e'$ 为半径画圆弧交圆环上端面圆于 $1'$，交圆环右端面圆于 $2'$，由 $1'$ 求出 1，再作出该圆弧的水平投影 12，并由 e' 求出 12 上的 e，最后求出 e''。由点 E 的位置，判断出 e 可见，e'' 不可见，如图 3-17c 所示。

图 3-18 所示为常见圆环的三面投影示例。

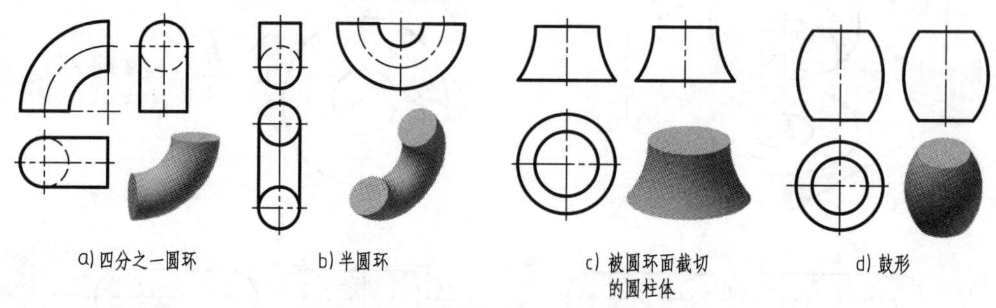

a) 四分之一圆环　b) 半圆环　c) 被圆环面截切的圆柱体　d) 鼓形

图 3-18　常见圆环的三面投影示例

第三节　平面与平面立体相交

一、截交线

立体被平面截切所形成的立体称为截切体。截切立体的平面称为截平面，截平面与立体表面的交线称为截交线，截交线所围成的截面图形称为截断面或断面，如图 3-19 所示。截平面可以是一个，如图 3-19a 所示，也可以是两个以上的截平面，这样截平面不仅与立体有交线，还与其他截平面有交线，如图 3-19b 所示。

1. 截交线的性质

（1）共有性　截交线为截平面与立体表面的共有线，即交线上的每一点均为截平面与立体表面的共有点。

（2）封闭性　立体的表面是封闭的，因此与截平面的交线也是封闭的平面图形。

2. 截交线的形状

截交线的形状取决于立体的几何性质及其与截平面的相对位置，通常为直线线框、曲线线框或直线与曲线组成的线框。

截交线　断面

a)　b)

图 3-19　截交线的概念

二、平面与平面立体的截交线

平面与平面立体相交，其截交线是一封闭的直线线框。根据平面截切平面立体的性质可知，求平面立体截交线的投影，实际上就是求截平面与平面立体各棱线交点的投影，或是求截平面与平面立体表面交线的投影。

作截交线的步骤：

1）补全基本体的三面投影，理解基本体的投影关系。

2）分析截平面具有积聚性投影的端点和分点（截平面与基本体投影的交点），并判断其可见性，找点时充分利用面的积聚性。

3）依次连接各点，判断立体的存在域。

下面用例题来理解平面立体截交线投影的求法。

【例 3-7】 完成如图 3-20a 所示截切正三棱锥的三面投影。

分析 正三棱锥的左上方被一正垂面 P 截切。正垂面 P 与三棱锥的三条棱线相交，各交于一点，因此截交线为三角形。

作图

1）补画完整三棱锥的三面投影，如图 3-20b 所示，理解正面投影中 $s'a'$、$s'b'$、$s'c'$ 各为一条棱线。

2）根据“三等”关系，由 $1'$ 长对正交 sa 于 1，高平齐交 $s''a''$ 于 $1''$；由 $3'$ 长对正与 sc 交于 3，高平齐交 $s''c''$ 于 $3''$；由 $2'$ 高平齐与 $s''b''$ 交于 $2''$，再宽相等与 sb 交于 2，这样就求出了Ⅰ、Ⅱ、Ⅲ点的同面投影。如图 3-20c 所示。

3）判断切割体的存在域，SⅠ、SⅡ、SⅢ被正垂面切割，按可见性整理轮廓线，依次连接Ⅰ、Ⅱ、Ⅲ点的同面投影，这样就完成了切割三棱锥的三面投影，如图 3-20d 所示 。

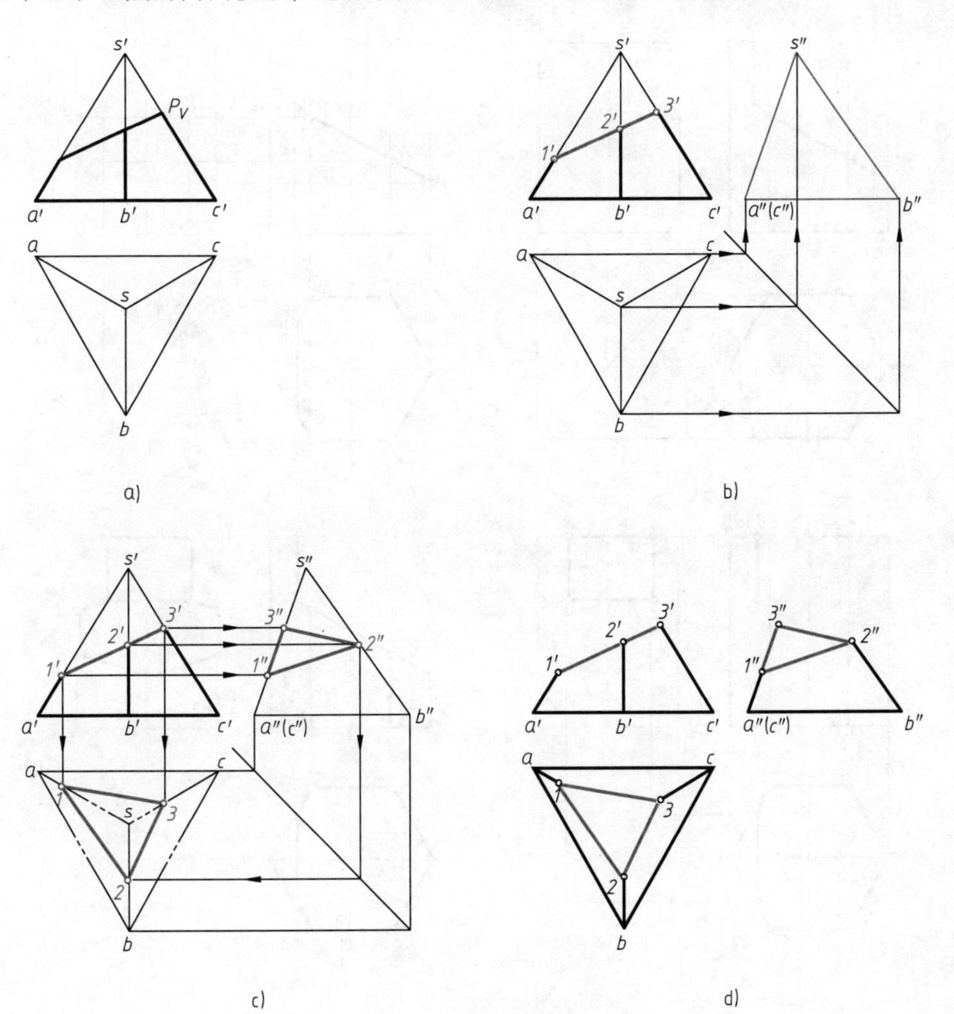

图 3-20　三棱锥截交线的画法

【例 3-8】 完成如图 3-21a 所示截切正六棱柱的三面投影。

分析 正六棱柱的左上方被一正垂面 P 和一侧平面 Q 截切。正垂面 P 与六棱柱的五条棱线相交，有五个交点，并与 Q 面相交为一直线，即两个点，因此 P 面的截交线为七边形；Q 面的下方与 P 面相交为直线，上方与六棱柱的顶面相交也为直线，因此 Q 面的截交线为矩形。

作图

1）补画六棱柱的侧面投影，如图 3-21a 所示。

2）求作 P 面在正面投影中积聚成线的端点和分点。端点 1′是截平面 P 与左棱线的交点，通过“三等”关系找到 1、1″；端点 4′（5′）是 P 面与 Q 面的交线，Ⅳ点、Ⅴ点分别在立体的右前面和右后面，这两面是铅垂面，积聚性在水平投影，因此先求出 4、5，再求出 4″、5″。分点 2′（7′）是截平面 P 与两条棱线的交点，利用“三等”关系找到 2、7 和 2″、7″；3′（6′）同理，通过“三等”关系找到 3、6 和 3″、6″的投影，这样就得到 P 面的两面投影，如图 3-21b 所示。

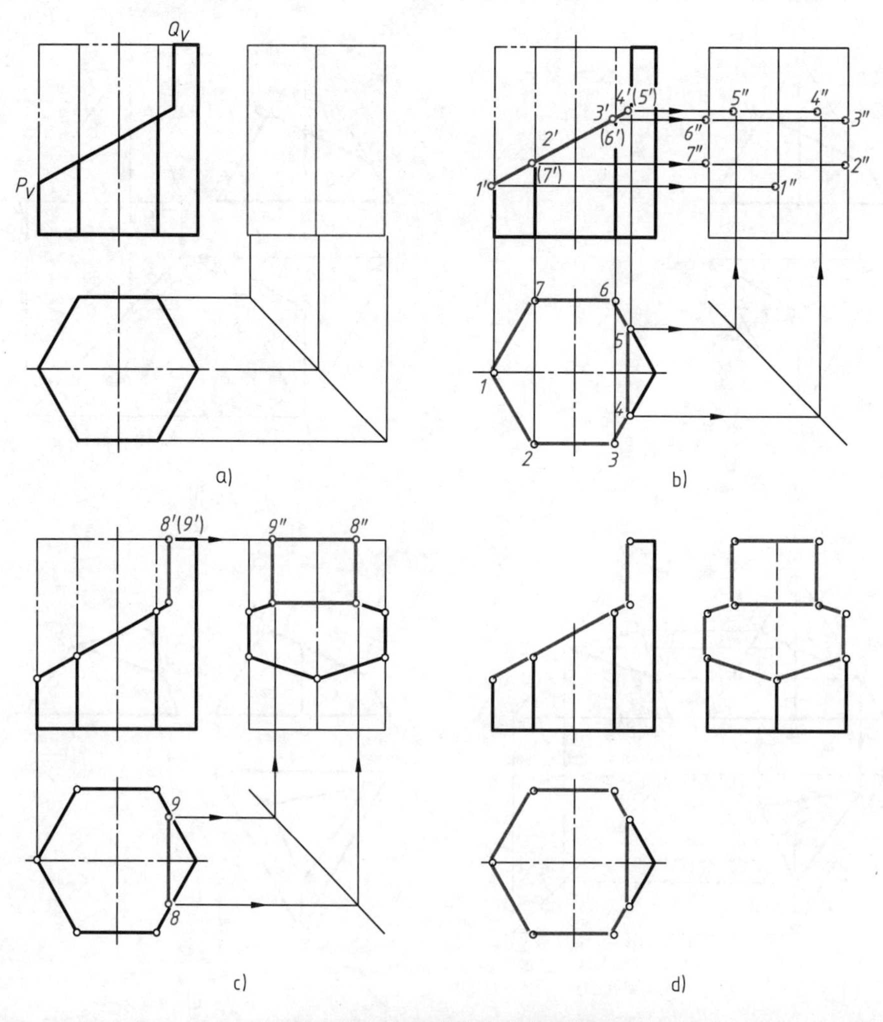

图 3-21 六棱柱截交线的画法

正面投影中 Q 面具有积聚性投影的端点，下端点 4′（5′）已经作出，只需要分析上端点即可，上端点 8′（9′）是 Q 面与六棱柱的顶面相交线的两端点，先找 8、9，再用“三等”关系找到 8″、9″，因该端点是正垂线的投影，其水平投影和侧面投影均为一直线，如图 3-21c 所示。

3）依次连接各点的同面投影。由于六棱柱的右棱线没被切到，其侧面投影不可见，因此 1″以上为虚线，1″以下的实线为左棱线，如图 3-21d 所示。这样就完成了截切六棱柱的三面投影。

第四节　平面与回转体相交

平面与回转体相交，其截交线是一封闭的线框。截交线的形状取决于回转面的形状及截平面与回转面轴线的相对位置，一般为平面曲线线框、直线与曲线构成的平面线框、直线线框。当截平面与回转体轴线垂直时，截交线均为圆。

求回转面截交线的步骤：

1）画出回转体的三面投影，理解回转体的投影关系，特别是回转面的转向轮廓线，并且分析截平面与回转体轴线的相对位置，了解截交线的形状。

2）分析截平面的积聚性投影的特殊点和一般点。找点时，充分利用积聚性，并判断其可见性。

3）光滑连接各点，并判断立体的存在域。

一、平面与圆柱的截交线

当平面与圆柱的轴线平行、垂直、倾斜时，产生的截交线分别是矩形、圆、椭圆，见表 3-1。

表 3-1　平面与圆柱的截交线

截平面的位置	平行于轴线	垂直于轴线	倾斜于轴线
截交线的形状	矩形	圆	椭圆
立体图			

（续）

截平面的位置	平行于轴线	垂直于轴线	倾斜于轴线
截交线的形状	矩形	圆	椭圆
投影图			

下面用例题来理解圆柱截交线投影的求法。

【例 3-9】 完成如图 3-22a 所示截切圆柱的侧面投影。

分析 如图 3-22a 所示，该圆柱是铅垂圆柱（圆柱的轴线是铅垂线），上方被一水平面 *P* 和两个侧平面 *Q* 截切。由于 *P* 面垂直于圆柱的轴线，截交线为圆，且 *P* 面的左右端与 *Q* 面相交，各为一直线，因此，*P* 面的截交线为直线和圆弧构成的线框；截平面 *Q* 与圆柱轴线平行，且下端与 *P* 面相交，因此 *Q* 面的截交线为圆柱上方的矩形。

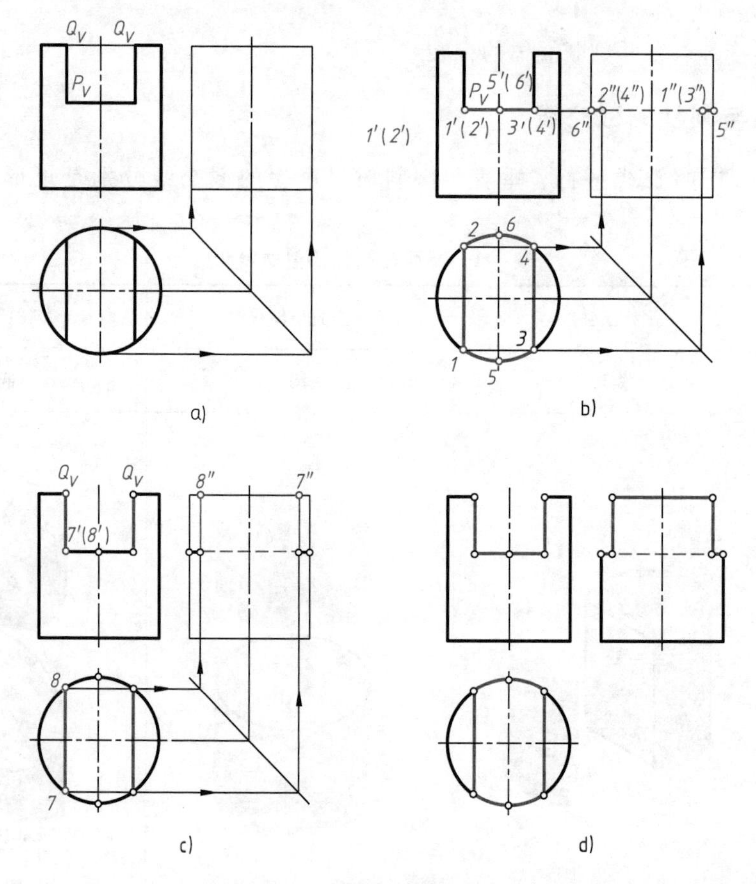

图 3-22　开槽圆柱截交线的画法

作图

1）补画圆柱的侧面投影，如图3-22a所示。理解侧面投影中点画线是圆柱的左、右转向轮廓线的位置，正面投影中的点画线为圆柱的前、后转向轮廓线的位置。

2）求正面投影中P面具有积聚性投影的端点和分点（截平面与轴线交点为分点）。如图3-22b所示，左端点1′（2′）是截平面P与左方Q面的交点，圆柱柱面的积聚性在水平投影，先找1、2，再用“三等”关系找到1″、2″；右端点3′（4′）与1′（2′）同理。分点5′（6′）是P面与圆柱前、后转向轮廓线的交点，先求5、6，再根据“三等”关系求5″、6″，P面中1″2″连线为虚线，1″5″、2″6″的连线为粗实线，完成P面的投影。

求正面投影中Q面具有积聚性投影的端点，Q面的下端点1′（2′）与3′（4′）已求出，只需要分析上端点即可。上端点7′（8′）是Q面与圆柱顶面相交产生的交点，先找7、8，再求7″、8″，如图3-22c所示。

3）连接各点，判断存在域。连接7″8″、1″7″、2″8″；由于圆柱的前、后转向轮廓线被截切，因此5″、6″以上的前、后转向轮廓线不存在，如图3-22d所示。完成开槽圆柱的三面投影。

【例3-10】 完成如图3-23a所示截切圆柱的侧面投影。

分析 如图3-23a所示，该圆柱是铅垂圆柱，左上方被倾斜于圆柱轴线的正垂面P截切，因此截交线为椭圆。

作图

1）补画圆柱的侧面投影，如图3-23a所示。理解侧面投影中点画线是圆柱的左、右转向轮廓线的位置。

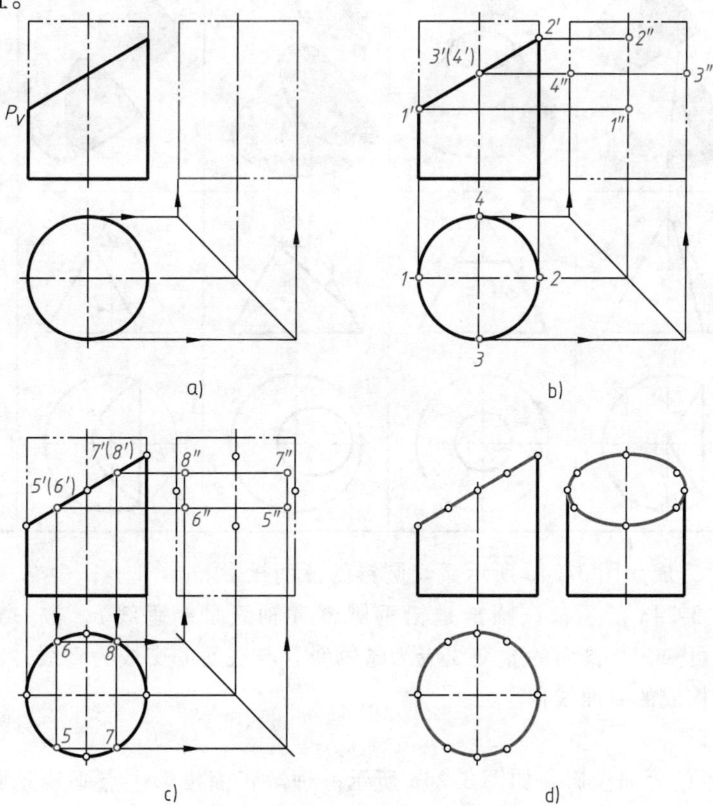

图3-23　斜切圆柱截交线的画法

2）求截交线上的特殊点，如图 3-23b 所示。特殊点 1′是截平面 P 与左、右转向轮廓线的交点，是截交线的最左、最低点，特殊点 2′是截交线最右、最高点；3′（4′）是截平面 P 与圆柱前、后转向轮廓线的交点，即截交线的最前、最后点。

求截交线上的一般点，如图 3-23c 所示。在正面投影 1′和 3′（4′）之间，求一般点 5′（6′），在 2′和 3′（4′）之间，求一般点 7′（8′），5′（6′）、7′（8′）最好是对称的，这样可以提高作图效率。由于 5、6、7、8 四点均在圆柱的柱面上，水平投影的圆周反映柱面的积聚性，因此，通过“三等”关系直接求出 5、6、7、8，再求 5″、6″、7″、8″。

3）光滑连接八个点，判断存在域。由于圆柱的前、后转向轮廓线被截切，所以 3″、4″以上的前、后转向轮廓线不存在，如图 3-23d 所示。完成截切圆柱的侧面投影。

二、平面与圆锥的截交线

根据截平面与圆锥轴线的相对位置不同，平面截切圆锥所形成的截交线有五种：三角形、圆、椭圆、抛物线和双曲线，见表 3-2。

表 3-2　平面与圆锥的截交线

截平面的位置	过锥顶	不过锥顶			
		垂直于轴线	倾斜于轴线（$\theta>\alpha$）	平行于一素线（$\theta=\alpha$）	平行于轴线
截交线的形状	等腰三角形	圆	椭圆	抛物线加直线	双曲线加直线
立体图	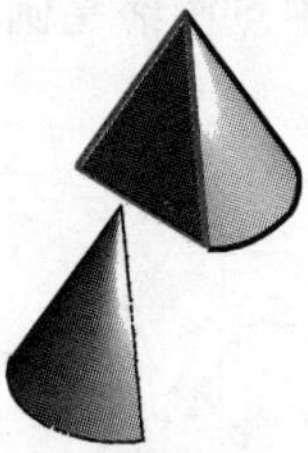	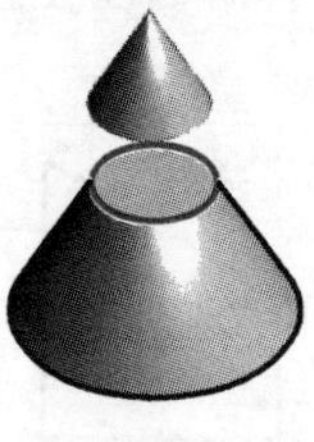	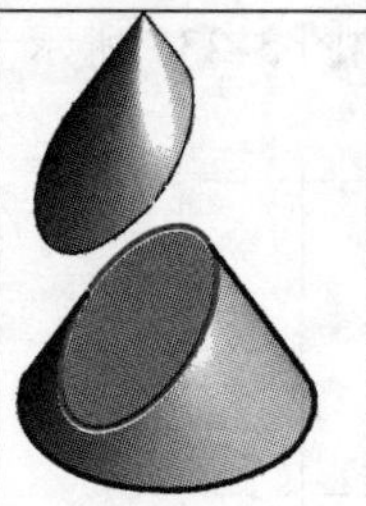	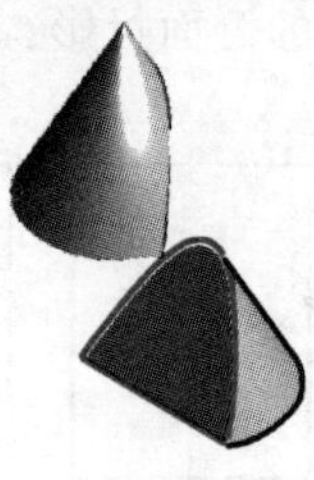	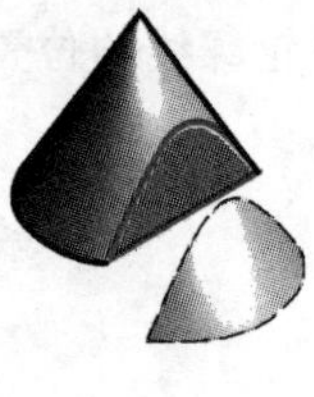
投影图	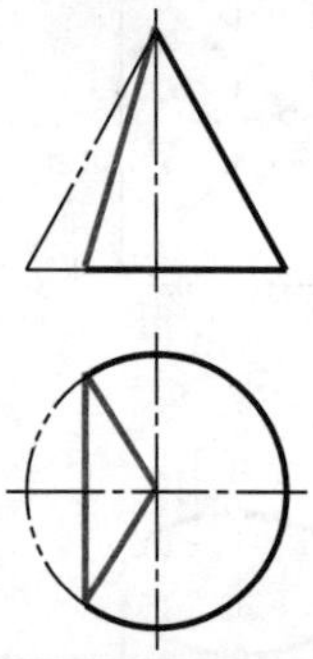	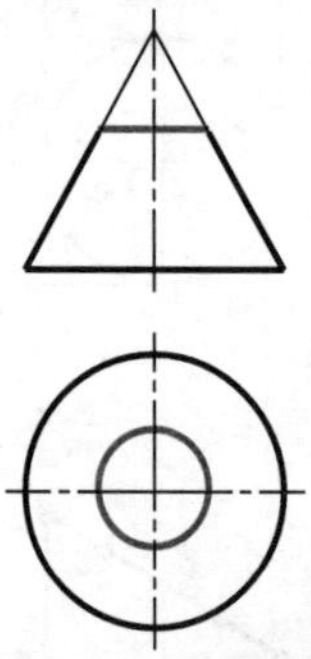	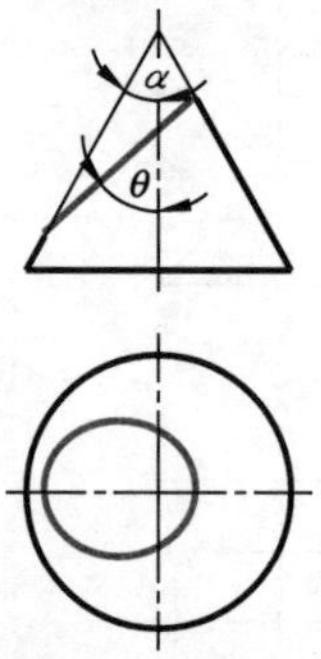	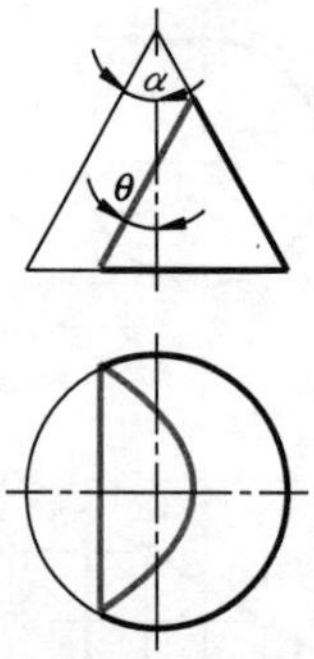	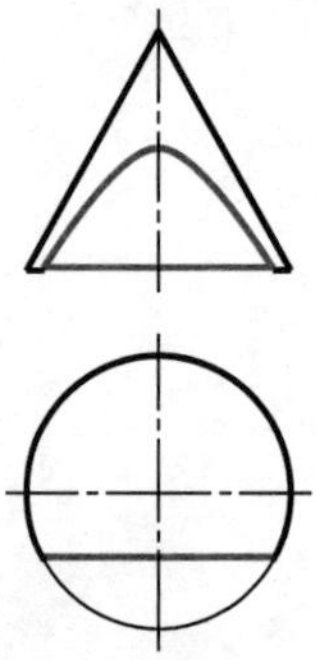

【例 3-11】　完成如图 3-24a 所示截切圆锥的三面投影。

分析　如图 3-24a 所示，该圆锥是铅垂圆锥（轴线是铅垂线），被一正垂面 P 切割，$\theta=\alpha$，据表 3-2 可知，与锥面的截交线应为抛物线，与底面的交线为直线，因此，截交线为一直线和抛物线构成的平面线框。

作图

1）补画圆锥的侧面投影，如图 3-24a 所示。理解正面投影中点画线是圆锥前、后转向轮廓线的位置。

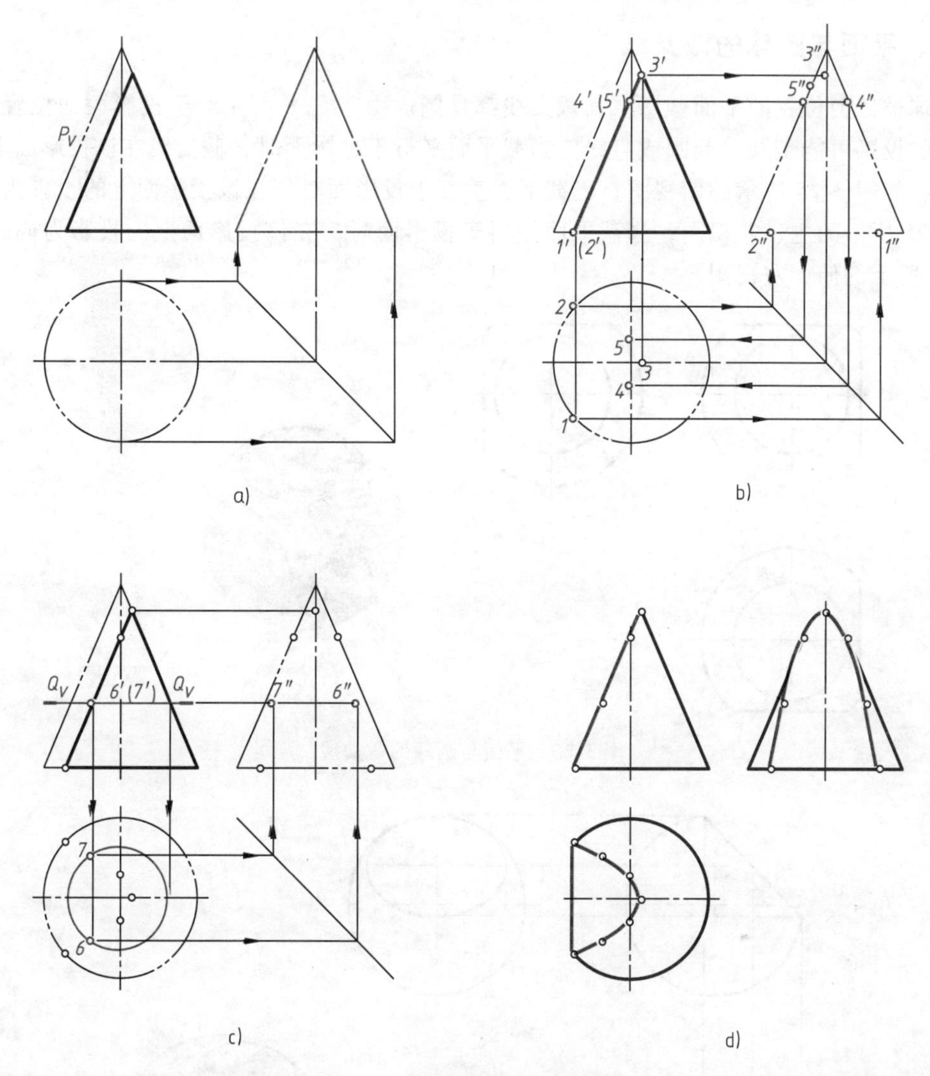

图 3-24　截切圆锥的截交线画法

2）求截交线上的特殊点，如图 3-24b 所示。特殊点 1′（2′）是截平面 *P* 与圆锥底面的交线，是截交线的最左、最下点，同时也是最前、最后点；特殊点 3′是截交线最右、最高点，3′是截平面 *P* 与圆锥右方转向轮廓线的交点。先求水平投影 1、2、3，再根据“三等”关系，求侧面投影 1″、2″、3″；特殊点 4′（5′）是 *P* 面与圆锥前、后转向轮廓线的交点，是判断回转体存在域的关键点，由 4′（5′）先找 4″、5″，再找 4、5。

求截交线上的一般点，如图 3-24c 所示。在 1′（2）和 4′（5′）中间求一般点 6′（7′），由于锥面是空间一般位置曲面，没有积聚性可利用，因此，6′（7′）两点的投影只能通过纬圆法或素线法求解。过 6′（7′）作一水平面 Q_V 截切圆锥，在水平投影产生一纬圆，由 6′（7′）长对正，与纬圆的交点即为 6、7，再求 6″、7″。

3）依次光滑连接各点，判断存在域。侧面投影中，由于圆锥的前、后转向轮廓线被截切，所以 4″、5″以上的转向轮廓线不存在；水平投影中，*P* 面截切到圆锥底面，因此 1、2 点以左不存在，如图 3-24d 所示。完成截切圆锥的三面投影。

三、平面与圆球的截交线

圆球被任何位置的平面截切，其截交线都是圆。由于截平面相对于投影面的位置不同，截交线的投影可能是圆、椭圆或直线。当截平面平行于投影面时，截交线在该投影面上的投影为圆，如图 3-25 所示的俯视图；当截平面垂直于投影面时，在该投影面上的投影为直线，如图 3-25 所示的主、左视图；当截平面倾斜于投影面时，在该投影面上的投影为椭圆，如图 3-26 所示的俯、左视图。

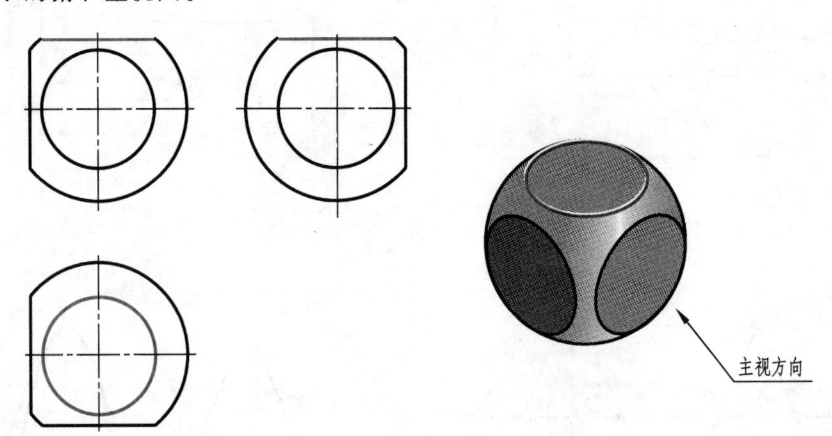

图 3-25　平面与圆球的截交线

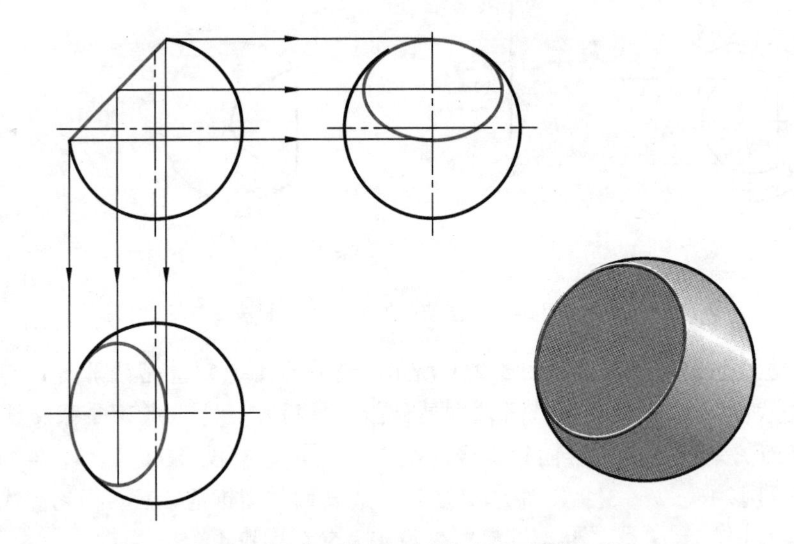

图 3-26　垂直于投影面的截平面与圆球相交

【例 3-12】 完成如图 3-27a 所示截切圆球的三面投影。

分析　如图 3-27a 所示，圆球被一水平面 *P* 和两个侧平面 *Q* 截切，水平面 *P* 的三个投影是一线框两直线（水平投影反映实形，正面、侧面投影为直线），侧平面 *Q* 的三个投影也是一线框两直线（侧面投影反映实形，正面、水平投影为直线）。

作图

1）补画完整圆球的水平投影和侧面投影，如图 3-27a 所示。

2）求三个截平面截切产生的交线。

求水平面 P 截切产生的交线：P 面是水平面，水平投影是圆，而 P 面在两个 Q 面之间，12、34 分别是 P 面与 Q 面的交线。因此 P 面的水平投影是由 13、24 圆弧和 12、34 直线组成的线框。P 面的侧面投影是一直线，1″2″不可见（被球的左上方遮挡），而 1″、2″之外可见，如图 3-27b 所示。

求侧平面 Q 截切产生的交线：Q 面是侧平面，其侧面投影是圆，而两个 Q 面与 P 面相交为直线，因此 Q 面的侧面投影是圆弧和直线组成的线框，1″2″为虚线，如图 3-27c。

3）判断存在域。水平面 P 只切到圆球的上半部分，水平投影中上、下半球转向轮廓圆是完整的。水平面 P 把圆球的正上方切去，因此，侧面投影中左、右半球转向轮廓圆被切去一部分，圆不完整，如图 3-27d 所示。

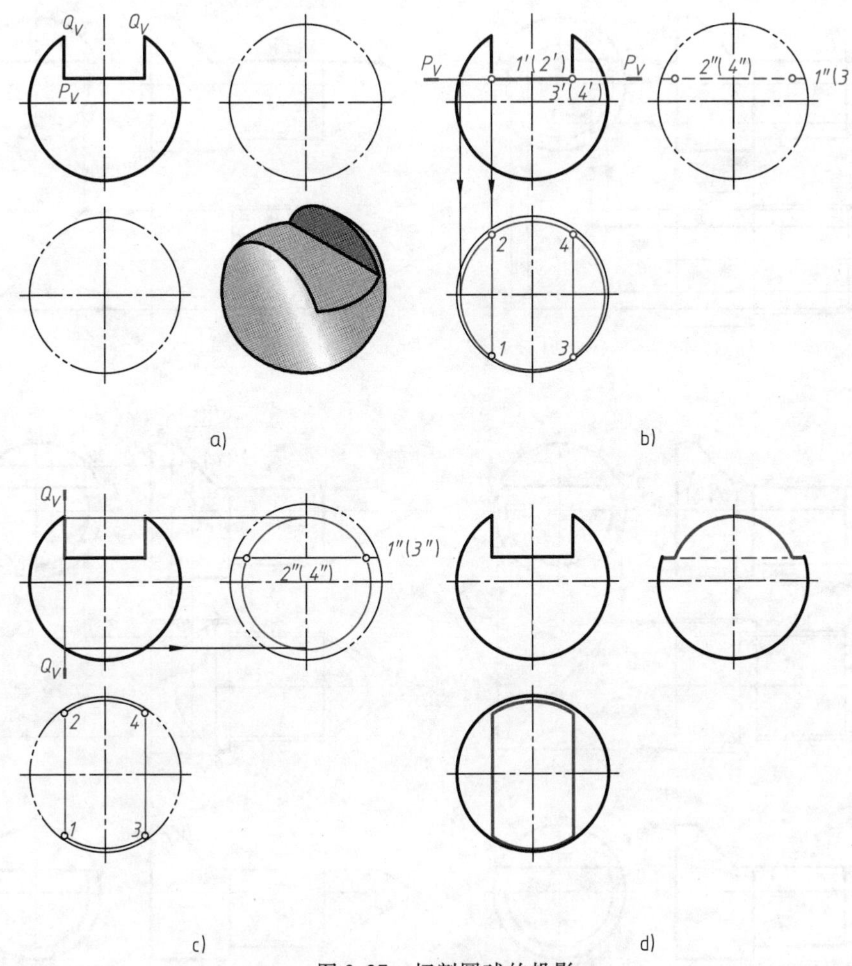

图 3-27　切割圆球的投影

【例 3-13】　已知复合回转体的正面和侧面投影，如图 3-28b 所示，求该立体水平投影。

分析　如图 3-28a 所示，复合回转体被水平面 Q 和正垂面 P 截切。水平面 Q 截切圆锥、小圆柱和大圆柱，Q 面的三面投影为一框（水平投影）两线（正面、侧面投影积聚为直线）；P 面是正垂面，与大圆柱轴线倾斜，水平投影是椭圆。而 P 面与 Q 面相交为直线，因此 P 面的水面投影是椭圆弧和直线组成的线框。

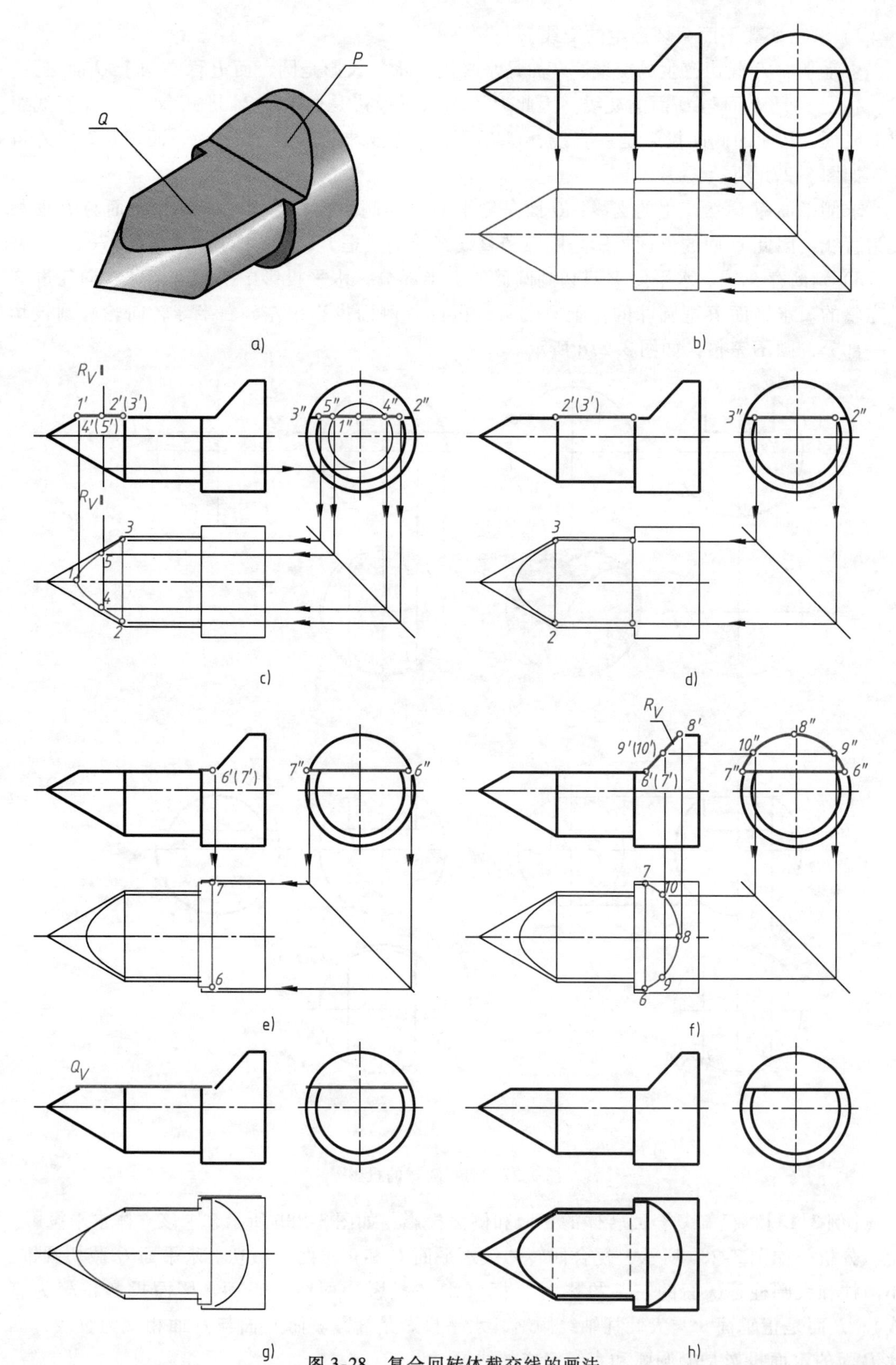

图 3-28　复合回转体截交线的画法

作图

1）补画完整复合回转体的水平投影，如图3-28b所示。

2）求两个截平面截切产生的交线。

求水平面Q截切产生的交线：

① Q面截切圆锥：Q是水平面且平行于圆锥轴线，截交线的水平投影为双曲线（由表3-2可知），如图3-28c所示。

求特殊点：由1′、1″（最左点），2′、2″（最右、最前点），3′、3″（最右、最后点），投影规律直接求出水平投影1、2、3。

求一般点：在1′、2′中间求点4′（5′），在侧面投影作纬圆与直线2″3″交于4″、5″，再求水平投影4、5。

依次光滑连接各点2、4、1、5、3。

② Q面截切小圆柱：Q是水平面且平行于圆柱轴线并且完全截切小圆柱，截交线的水平投影为矩形（由表3-1可知）。Q面的侧面投影与圆的交点为2″、3″，由此可得2、3，矩形的宽为2、3之间的距离，如图3-28d所示。

③ Q面截切大圆柱：与截切小圆柱同理，矩形的宽为点6、7之间的距离，如图3-28e所示。

求正垂面P截切产生的交线：求特殊点Ⅵ、Ⅶ、Ⅷ及一般点Ⅸ、Ⅹ的投影，如图3-28f所示。

3）判断存在域。水平面Q截切圆锥、小圆柱和大圆柱，因此水平投影为一封闭的线框，三个线框之间没有分界线，如图3-28g所示。而水平面Q只截切复合回转体的上方，下方未被切到，因此，俯视图有两条虚线（圆锥与圆柱的分界线、小圆柱与大圆柱的分界线），如图3-28h所示。

第五节　两回转体表面相交

一、相贯线

两立体相交称为相贯，相交两立体表面的交线称为相贯线，如图3-29所示。两立体相贯有：两平面立体相交、平面立体和回转体相交、回转体与回转体相交三种情况。求平面立体与平面立体、平面立体与回转体相贯线的问题，实质上是求一个平面立体的表面（平面）与另一个平面立体或回转体的截交线问题，可以用前面求截交线的方法解决，在此不再重复。本节主要解决两回转体相交时相贯线的求法。两回转体相交，相贯线的形状与回转体的形状、大小及回转轴线间的相对位置有关。

相贯线的性质：

1）共有性：相贯线是两回转体表面的共有线，是两回转体表面共有点的集合。

2）封闭性：相贯线一般为封闭的空间曲线，特殊情况可能不封闭，如图3-35所示，也可能是平面曲线或直线，如表3-3中的等径相贯和图3-34所示的共轴线的两回转体相贯。

3）相贯线是两回转体表面的分界线。

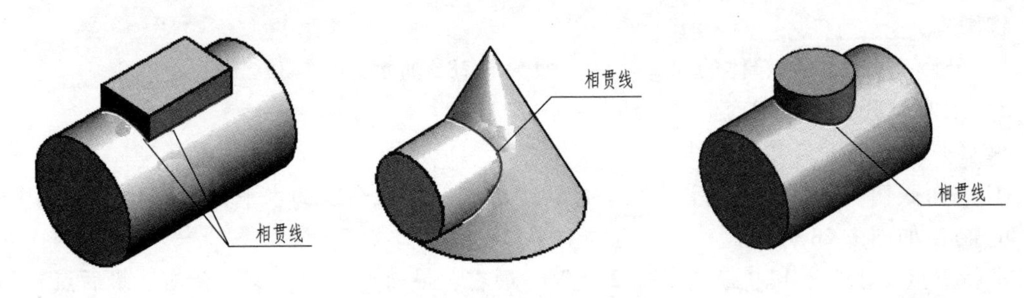

图 3-29 相贯线的概念

二、相贯线的求法

相贯的情形很多，本节主要讨论：圆柱与圆柱轴线垂直相贯和圆柱与圆锥相贯的情况。

1. 圆柱与圆柱的相贯（利用积聚性法求相贯线）

相贯线是两回转体表面的共有线，求相贯线的投影，实质就是求两回转体表面所有共有点的投影。

由于圆柱面具有积聚性，两圆柱相交时相贯线分别积聚在两个圆柱表面上，因此在圆柱投影为圆的视图上就有了相贯线的投影，只需在两圆柱投影为非圆的视图上求相贯线。

求相贯线的步骤：

1）画出两圆柱的三面投影，分析两圆柱轴线的相对位置、直径大小和相贯线的形状。

2）求相贯线的特殊点和一般点，求点时，充分利用圆柱面的积聚性，并判断其可见性。

3）光滑连接各点。

下面用例题来理解两回转体相贯线的求法。

【例 3-14】 如图 3-30a 所示，两圆柱轴线垂直相交，补全相贯线的正面投影。

分析 两圆柱（小铅垂圆柱和大侧垂圆柱）的轴线垂直相交，相贯线为空间曲线，如图 3-30a 所示。相贯线既是铅垂圆柱柱面上的线，又是侧垂圆柱柱面上的线。铅垂圆柱的柱面在水平投影具有积聚性，积聚成圆周，因此，相贯线的水平投影就是圆周；侧垂圆柱的柱面在侧面投影积聚成圆周，因此，相贯线的侧面投影是一段弧。相贯线的两面投影都已知，直接用“三等”关系即可找到其正面投影。

作图

1）求特殊点。如图 3-30b 所示，点Ⅰ、Ⅱ是最左、最右点，同时也是最高点；点Ⅲ、Ⅳ为最前、最后点，也是最低点。由 1、2 直接找到 1′、2′和 1″（2″）；Ⅲ、Ⅳ点的求法相同。

2）求一般点。如图 3-30c 所示，由点 5、6、7、8（四点最好左右对称，有助于提高绘图效率）直接求出 5″（6″）、7″（8″），再求 5′（7′）、6′（8′）。

3）光滑连接各点。相贯线前后对称，后半部分与前半部分重叠，图 3-30d 所示。

当两垂直相交圆柱的直径相差较大，并对相贯线形状的准确度要求不高时，允许采用简化画法，即用圆弧代替非圆视图相贯线的投影。作图过程：在非圆视图上，以转向轮廓线的交点为圆心，大圆柱（孔）的半径为半径，交小圆柱（孔）轴线外侧于一点，如图 3-31a

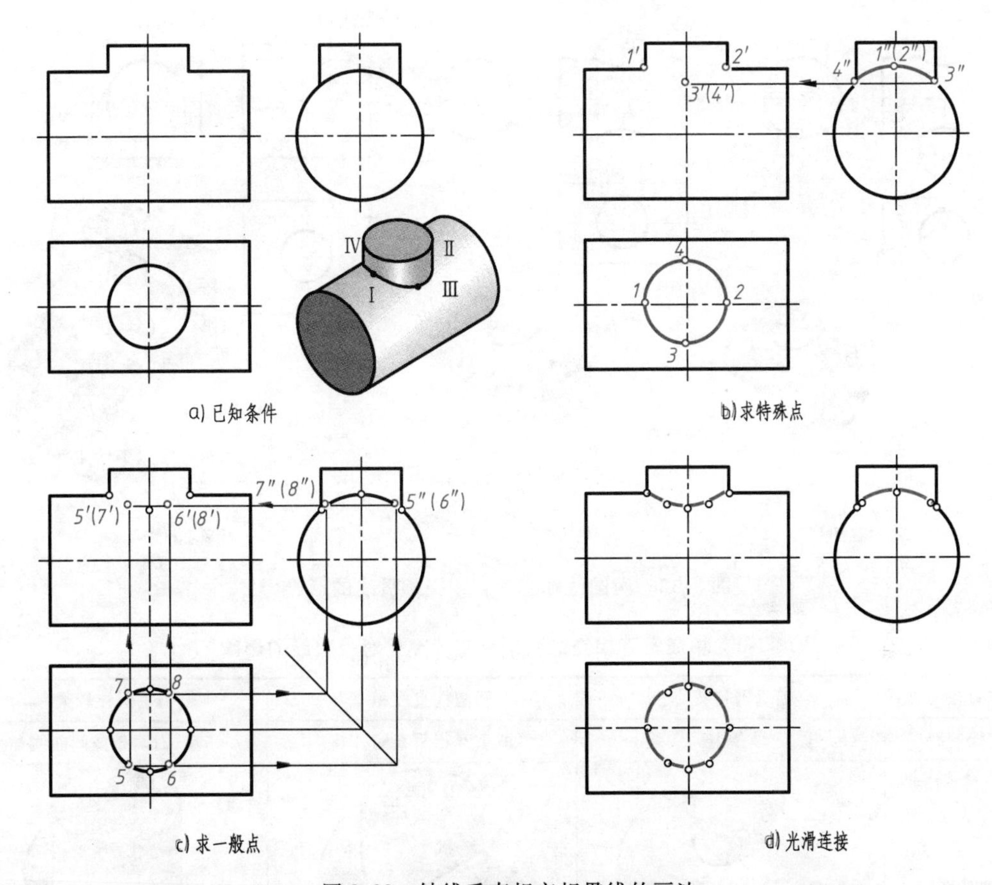

图 3-30　轴线垂直相交相贯线的画法

所示，再以此点为圆心画弧，如图 3-31b 所示。

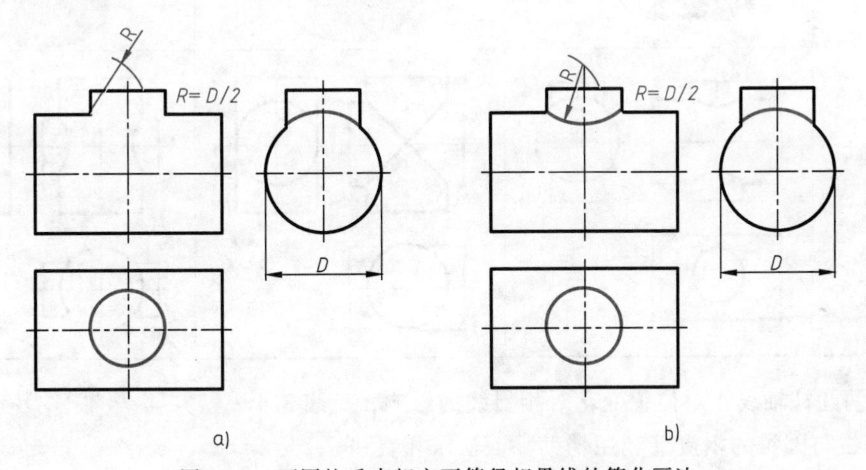

图 3-31　两圆柱垂直相交不等径相贯线的简化画法

两圆柱正交的相贯线通常有三种形式，即回转体外表面相交，如图 3-32a 所示；外表面与内表面相交，如图 3-32b 所示；两内表面相交，如图 3-32c 所示。不论哪种形式，相贯线的分析和作图方法是一样的，都是在回转体表面上求点。

两圆柱轴线垂直相交时，两圆柱直径大小的变化对相贯线形状的影响，见表 3-3。

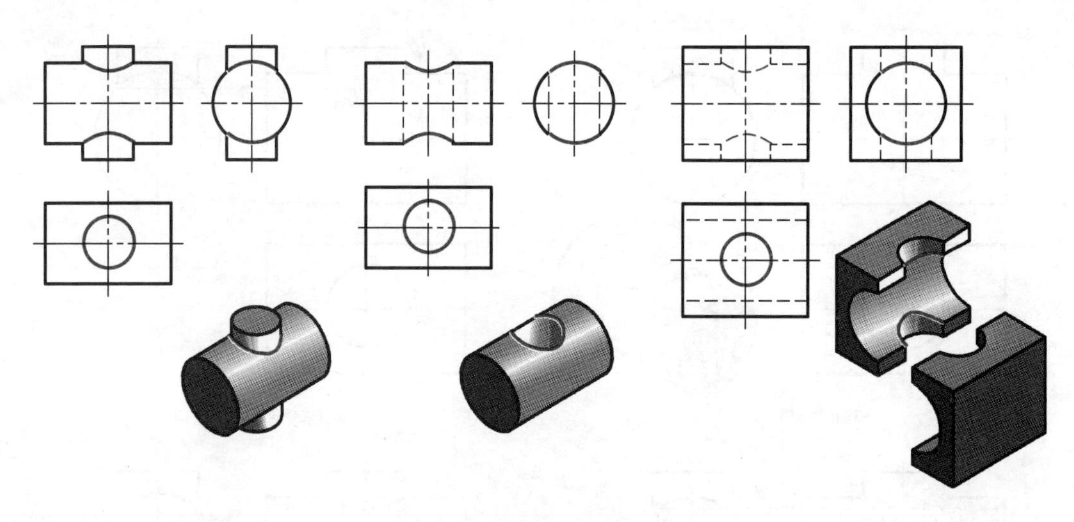

a) 柱柱相贯　　b) 柱孔相贯　　c) 孔孔相贯

图 3-32　两圆柱轴线垂直相交相贯线的形成

表 3-3　轴线垂直相交的两圆柱直径变化对相贯线的影响

两圆柱直径的关系	铅垂圆柱较小	两圆柱直径相等	铅垂圆柱较大
相贯线的特点	上、下两条空间曲线	两个互相垂直的椭圆	左、右两条空间曲线
立体图		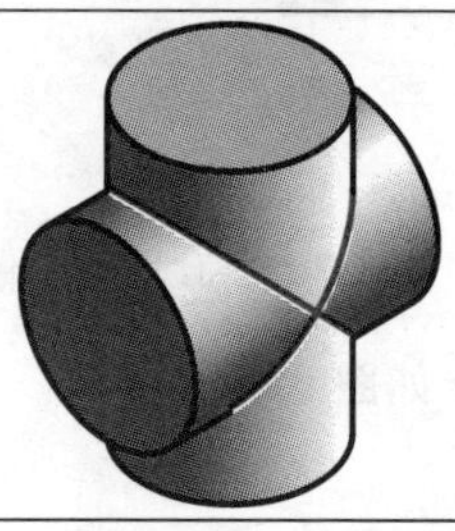	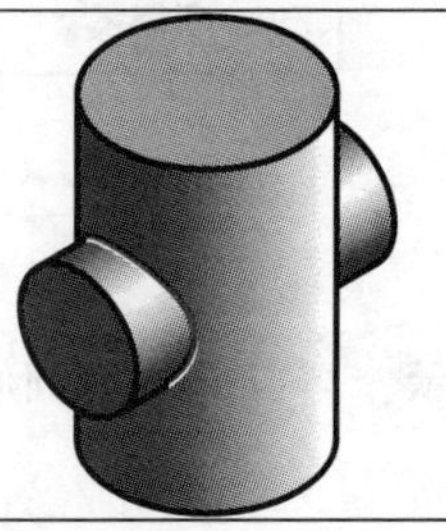
投影图	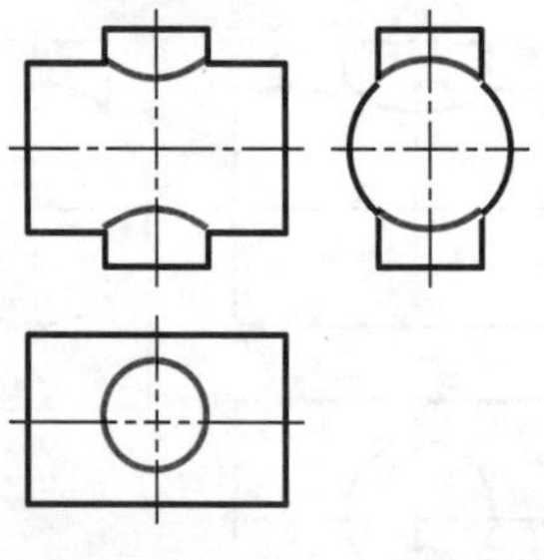	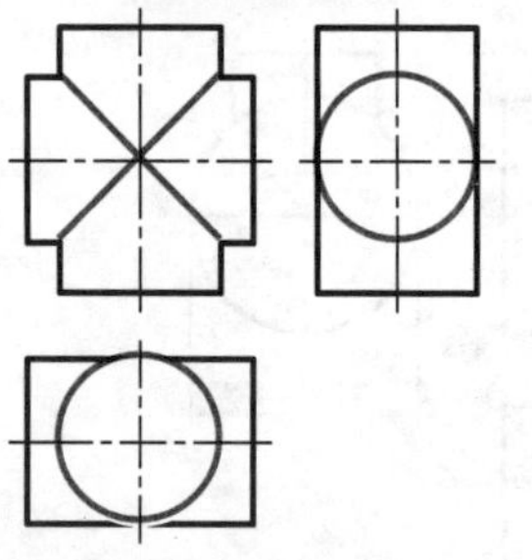	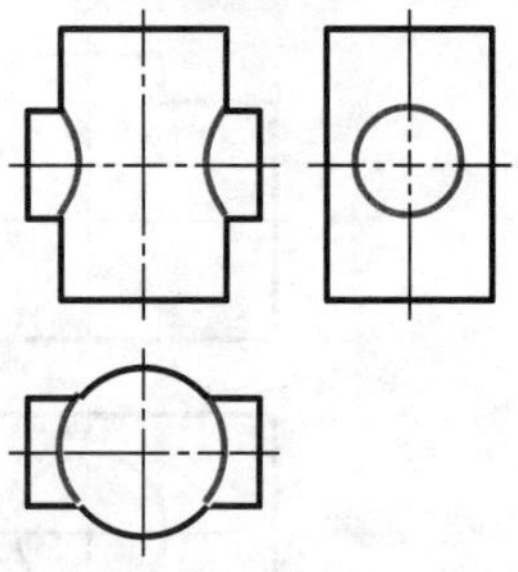

相交两圆柱轴线相对位置变化对相贯线的影响，见表 3-4。

2. 圆柱与圆锥的相贯（利用辅助平面法求相贯线）

当圆柱与圆锥相贯时，若圆柱的轴线垂直于投影面，圆柱柱面在该投影面上的投影具有积聚性（圆），因此在这个积聚性的投影上就有相贯线的投影，这时可以把相贯线看成是圆锥锥面上的曲线，利用锥面上取点法即可求出相贯线的其余投影。圆柱与圆锥轴线共面时，两者的直径变化直接影响相贯线的形状，见表 3-5。

表 3-4　相交两圆柱轴线相对位置变化对相贯线的影响

两圆柱轴线的关系	两轴线垂直交叉（全贯）	两轴线垂直交叉（互贯）	两轴线相交（等径斜交）
相贯线的特点	空间曲线	空间曲线	平面曲线（椭圆）
立体图	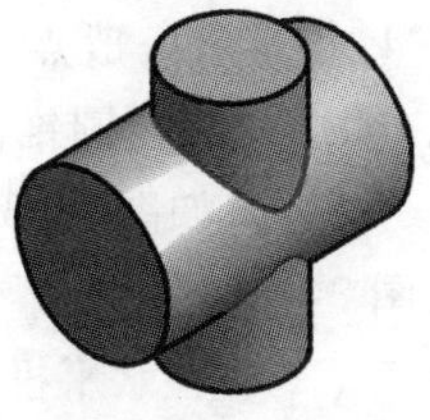	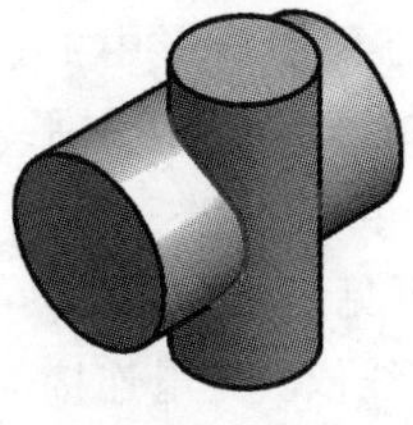	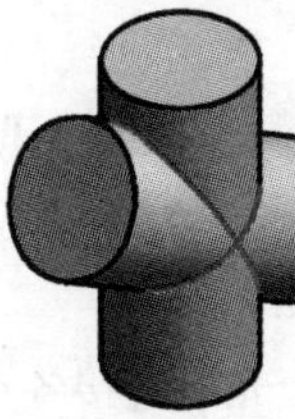
投影图	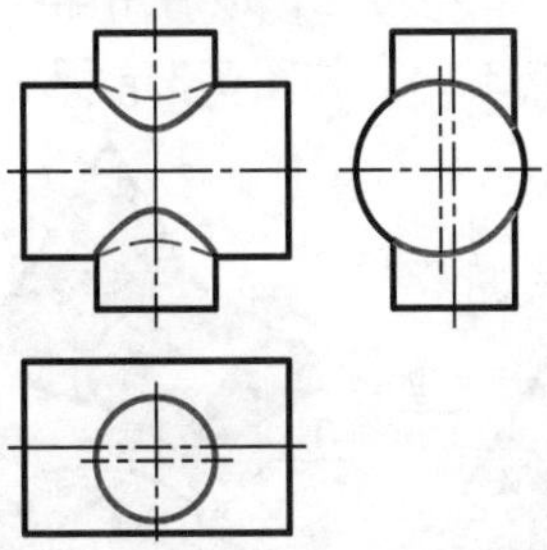	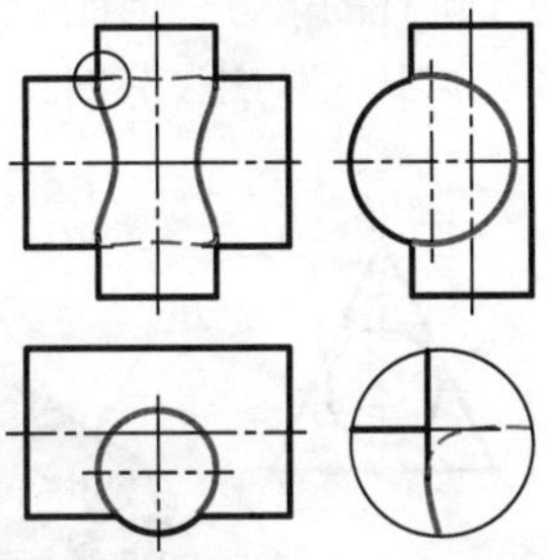	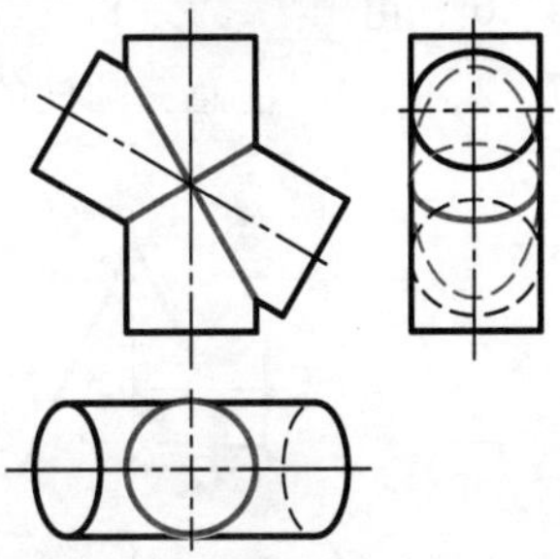

表 3-5　轴线共面的圆锥与圆柱直径变化对相贯线的影响

直径变化	全贯	切于同一球体		互贯
两轴线的关系	垂直	垂直	斜交	垂直
相贯线的特点	左、右两条空间曲线	平面曲线（椭圆）	平面曲线（椭圆）	上、下两条空间曲线
立体图	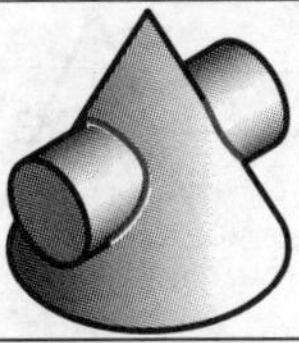		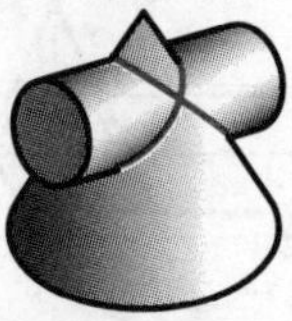	
投影图	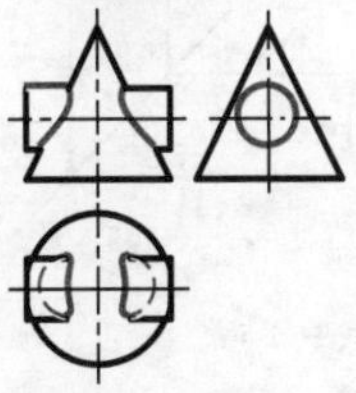	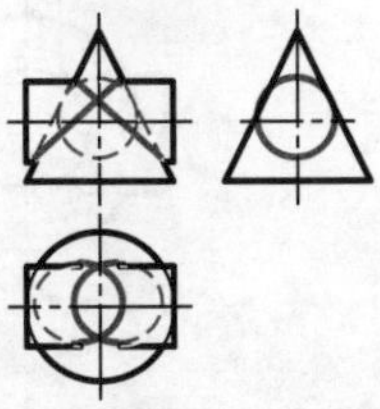	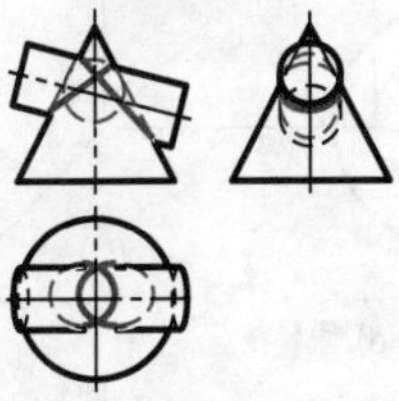	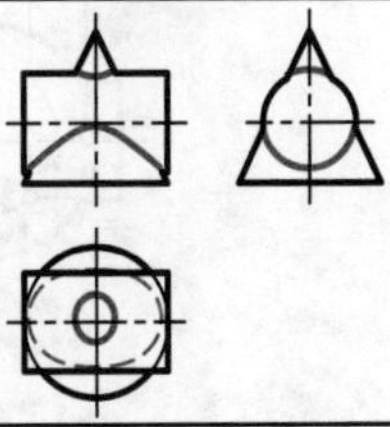

【例 3-15】 如图 3-33a 所示，圆柱与圆锥轴线垂直相交，补画相贯线的正面投影和水平投影。

分析 圆柱与圆锥轴线正交，其相贯线为封闭的空间曲线，前后对称，由图 3-33a 可知，圆柱轴线垂直于侧面，相贯线的侧面投影积聚成圆，圆锥轴线垂直于水平面，因此，选用水平面作为辅助平面，它与圆柱面的截交线是与轴线平行的两直线，与圆锥面的截交线为圆，两直线与圆的交点即为相贯线上的点。

作图

1）求相贯线的特殊点。Ⅰ、Ⅱ是相贯线的最高、最低点，如图 3-33b 所示，可直接用投影关系求出 1、1′、1″，2（不可见）、2′、2″，如图 3-33d 所示。Ⅲ、Ⅳ点在圆柱前、后转向轮廓线上，也是相贯线的最前、最后点，两点的侧面投影 3″、4″在圆周上，如图 3-33d

所示。为了求Ⅲ、Ⅳ的水平投影，过圆柱的轴线作一水平辅助平面，辅助平面与圆锥的截交线为圆，与圆柱的截交线为两平行直线（此处为圆柱的前、后转向轮廓线），圆、直线水平投影的交点即为3、4，再根据“三等”关系求出3′、(4′）点。

2）求相贯线的一般点。在侧面投影中1′、3′和1′、4′之间求一般点5′、6′的正面和水平投影。与求Ⅲ、Ⅳ投影的方法相同，作水平辅助平面，辅助平面与圆锥面、圆柱面的截交线的交点即为水平投影5、6，再根据“三等”关系求5′（6′），如图3-33e所示。同理先定点7″、8″，再求7、8（均不可见），最后求7′（8′），如图3-33f所示。

3）光滑连接各点。用粗实线依次光滑连接1′、5′、3′、7′、2′，在水平投影上连接5、3、1、4、6，由于7′、2′、8′三点位于圆柱的下方，因此7、2、8不可见，最后用虚线依次光滑连接3、7、2、8、4。注意：圆柱的前、后转向轮廓线分别画至点3、4，如图3-33g所示。

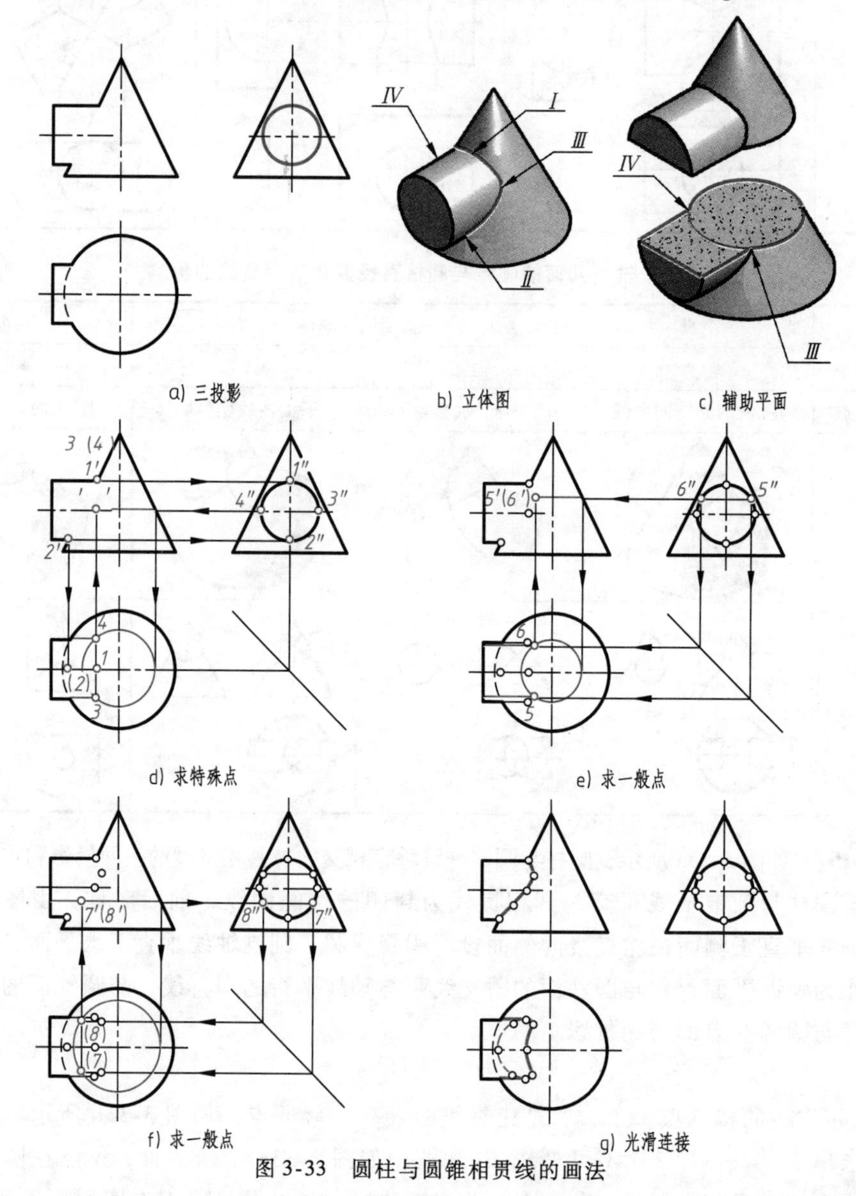

图3-33　圆柱与圆锥相贯线的画法

3. 相贯线的特殊情况

1）外切于同一球面的回转体的相贯线是椭圆，如表3-3、表3-4中的两圆柱等径相贯、圆柱与圆锥相贯。

2）共轴线的两回转体相贯的相贯线是圆，如图3-34所示。

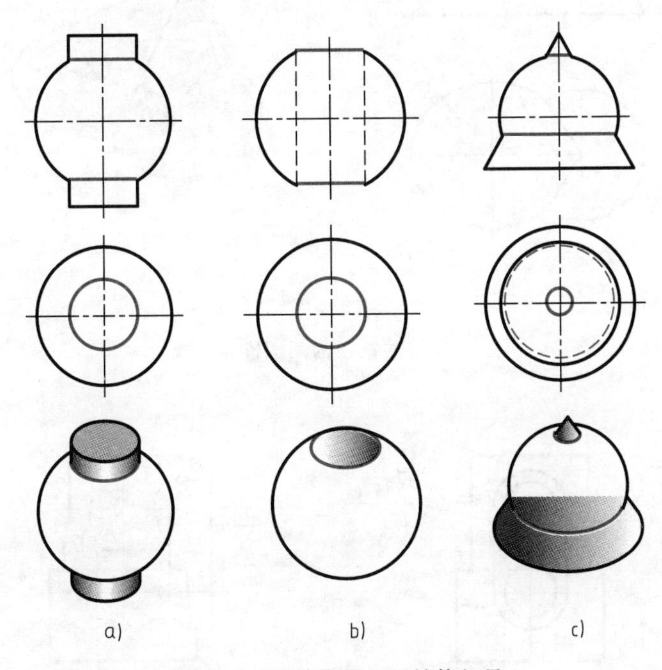

图3-34　共轴线的两回转体相贯

3）轴线平行的两圆柱相贯的相贯线是直线，如图3-35所示。

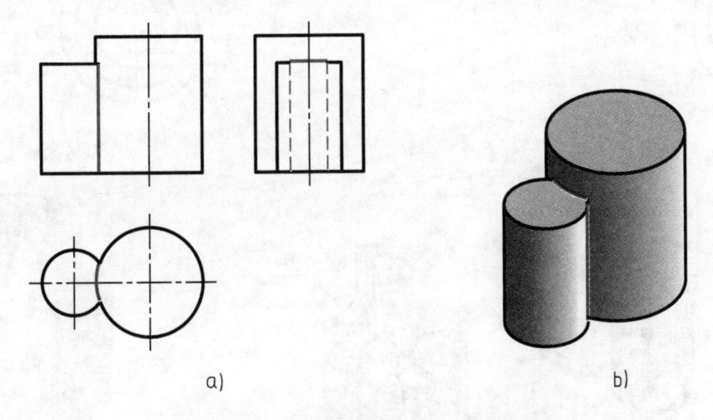

图3-35　轴线平行的两圆柱相贯

4）共锥顶的两圆锥相贯的相贯线是直线，如图3-36所示。

三、交线综合分析

有些形体的表面交线比较复杂，有时既有相贯线又有截交线。必须注意形体分析，找出存在相交关系的表面，应用前面有关截交线和相贯线的作图知识，逐一分析出各条交线的投影，如图3-37所示。

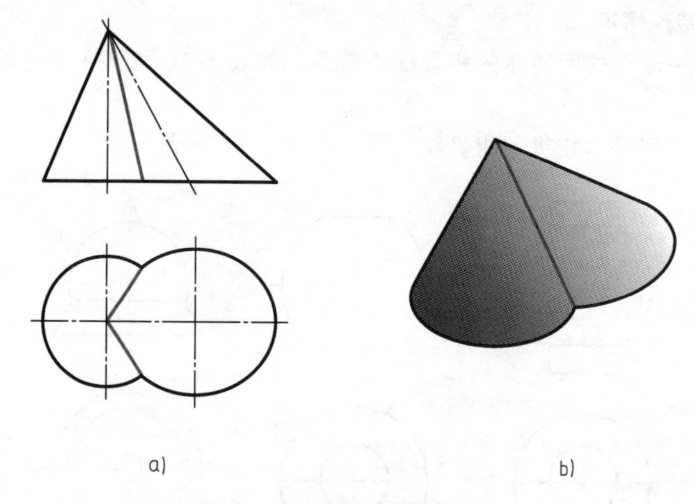

a)　　b)

图 3-36　共锥顶的两圆锥相贯线

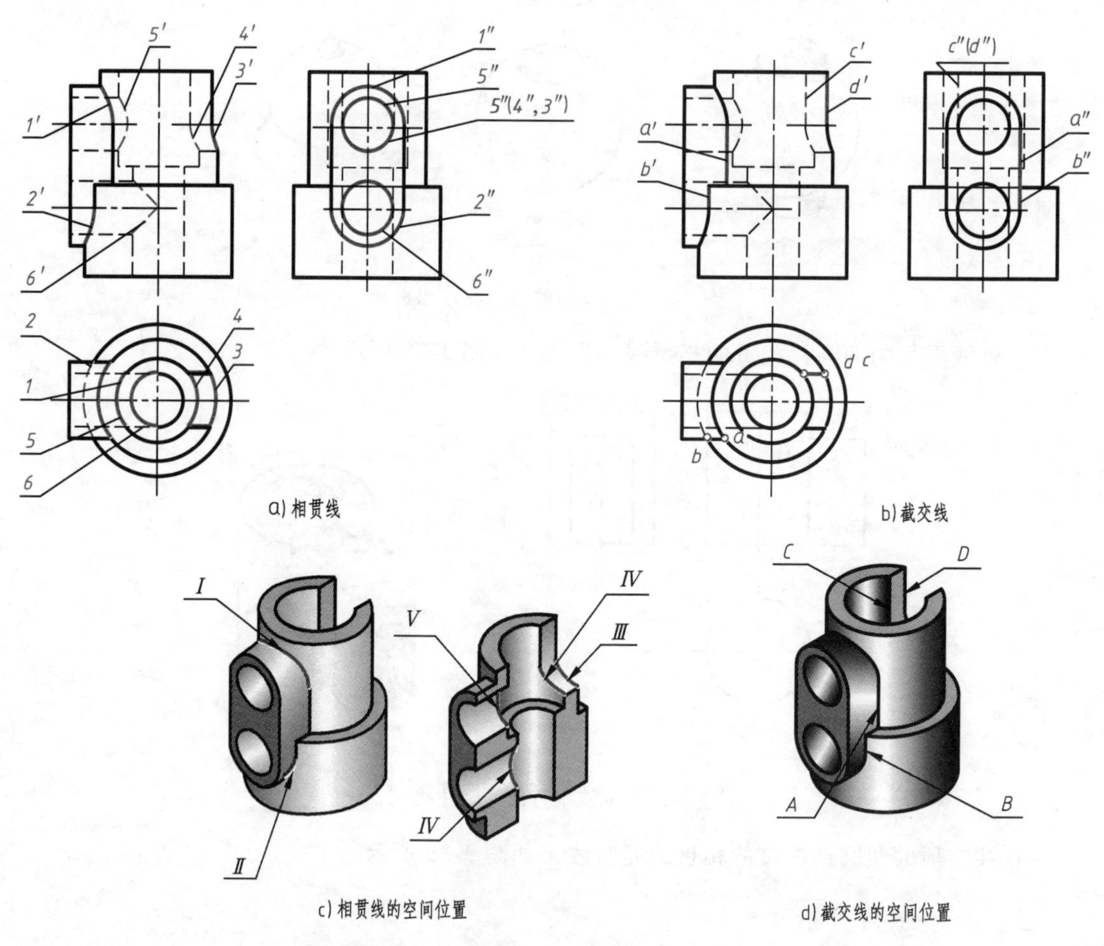

a) 相贯线　　b) 截交线

c) 相贯线的空间位置　　d) 截交线的空间位置

图 3-37　复合形体相贯线、截交线的画法

相贯线分析：先分析形体外部的相贯线，再分析形体内部的相贯线。Ⅰ为上半圆柱与铅垂圆柱的交线，Ⅱ为下半圆柱与铅垂大圆柱的交线，Ⅲ是右上方 U 形槽下半圆槽与铅垂圆

柱的交线，Ⅳ是下半圆槽与铅垂大孔的交线，Ⅴ是左上方圆孔与铅垂大孔的交线，Ⅵ是左下方圆孔与铅垂孔的交线（等径相贯非圆视图为直线），其中Ⅰ、Ⅱ、Ⅲ为形体外部的相贯线，Ⅳ、Ⅴ、Ⅵ是形体内部的相贯线，为虚线，如图3-37a所示，相贯线的空间位置，如图3-37c所示。

截交线分析：先分析形体外部的截交线，再分析形体内部的截交线。*A*为正平面与铅垂圆柱的交线，*B*为正平面与铅垂大圆柱的交线，*C*是右上方U形槽与铅垂大孔的交线，*D*是U形槽与铅垂圆柱的交线，*A*、*B*、*C*、*D*四条线均为铅垂线，其中*C*为形体内部的截交线，为虚线，如图3-37b所示，截交线的空间位置如图3-37d所示。

第四章　组　合　体

任何复杂的机械零件，从形体角度来分析，都可抽象地看成是由一些基本体（棱柱、棱锥、圆柱、圆锥、圆球、圆环等）经叠加或切割组合而成的。这种由若干个基本体按一定组合方式组成的物体，称之为组合体。本章主要讨论组合体的形体分析，组合体画图、读图及尺寸标注等问题。

第一节　组合体的形体分析

一、组合体的组合方式

组合体的组合方式有叠加型、切割型和综合型，如图 4-1 所示。

（1）叠加型　由两个或两个以上的基本体叠加而成的组合体，如图 4-1a 所示。

（2）切割型　从一个较大的基本体中切割出较小的基本体的组合体，如图 4-1b 所示。

（3）综合型　既有叠加又有切割的组合体，如图 4-1c 所示。

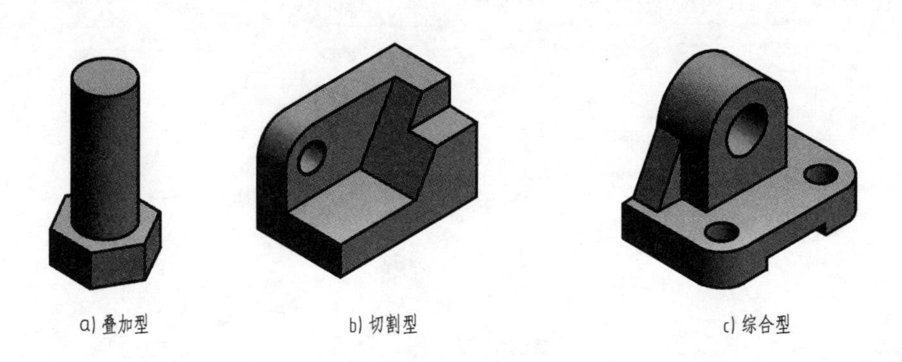

a) 叠加型　　b) 切割型　　c) 综合型

图 4-1　组合体的组合方式

二、组合体中相邻立体表面间的连接关系

组合体中各基本几何体间表面的连接关系有以下四种情况：

（1）平齐　相邻两基本体的表面平齐时，连接处没有线，表示一个平面，如图 4-2a 所示。

（2）不平齐　相邻两基本体的表面不平齐时，连接处应有分界线，表示不同的两个面，如图 4-2b 所示。

（3）相切　相邻两基本体的表面相切时，其相切处是光滑过渡，无分界线，因此在相切处不画切线的投影，如图 4-3a 所示。

（4）相交　相邻两基本体的表面相交时，在相交处应该画出交线，如图 4-3b 所示。

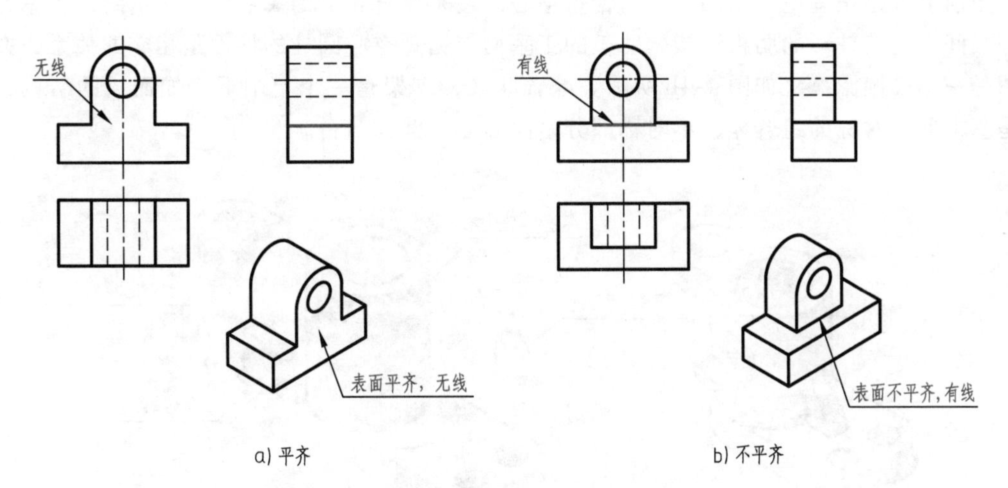

图 4-2 相邻立体表面间的连接关系（一）

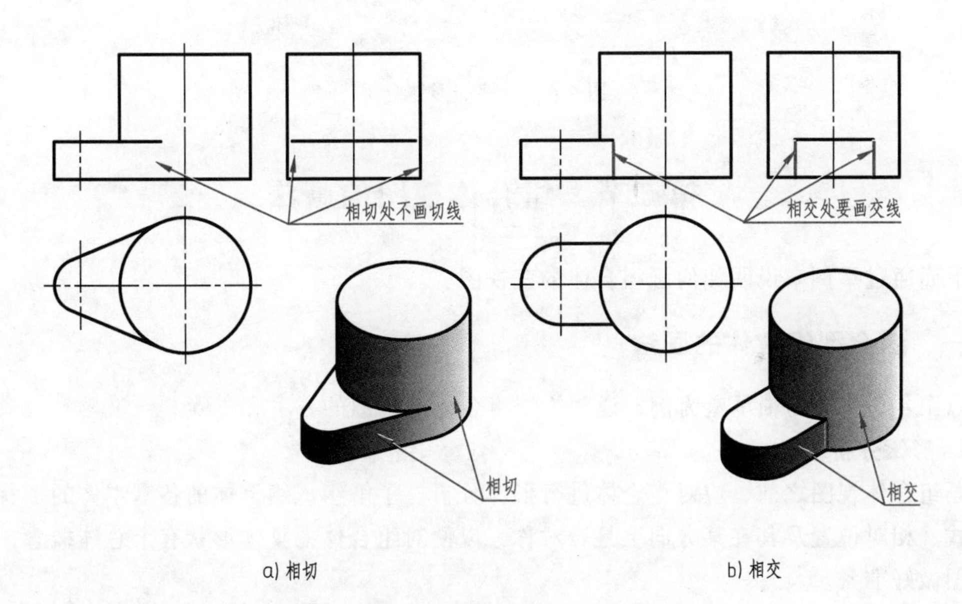

图 4-3 相邻立体表面间的连接关系（二）

三、组合体的形体分析法

假想将一个复杂的组合体分解成若干个基本体，分析各基本体的形状、基本体间的相对位置关系及各基本体间的表面连接关系，以便于画图、读图和标注尺寸，这种分析组合体的思维方法称为形体分析法。用形体分析法分析组合体，能化繁为简，化难为易，提高绘图的质量和速度。

形体分析法是画、读组合体视图及标注尺寸的最基本方法之一。如图 4-4a 所示的支架，用形体分析法可将其分解成五个基本体。支架的中间为一铅垂空心圆柱，左下方是带有两孔的四棱柱形底板，底板的前、后面与圆柱柱面是相切的关系；右上方是带孔的 U 形板，U 形板的前、后面与圆柱柱面是相交的关系，上面与圆柱的顶面平齐，两者的下面不平齐有虚线；正前上方是正垂空心小圆柱，与铅垂空心圆柱是垂直相交的关系，有相贯线；铅垂圆柱与底板间有三棱柱形的肋板连接，肋板的正垂面与铅垂空心圆柱的柱面是相交的关系，在左视图是一小段椭圆弧，如图 4-4b 所示。综合起来，支架是一个上中下叠加而成的结构，并且是基本前后对称的组合体，不对称部分是前面多一圆柱凸台。

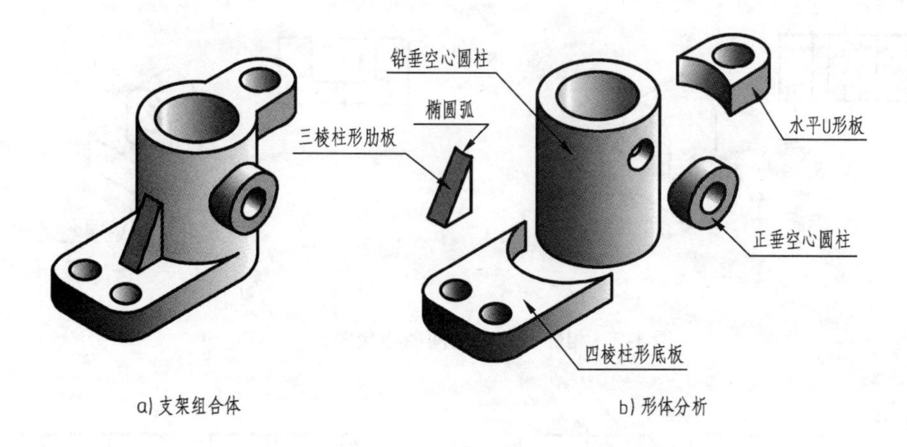

图 4-4 支架的形体分析

第二节 组合体视图的画法

下面通过举例来说明如何画组合体的三视图。

一、综合型组合体的画法

以图 4-5 所示的轴承座为例，说明绘制组合体三视图的方法和步骤。

1. 形体分析

画组合体视图之前，应对组合体进行形体分析，了解组成组合体的各基本体的形状、组合形式、相对位置及其在某方向上是否对称，以便对组合体的整体形状有个总体概念，为画其视图做好准备。

如图 4-5a 所示，轴承座是一个上、中、下叠加且有切割的综合型组合体，有一个对称面。它可分解为底板、支承板、轴承、肋板和凸台五部分，如图 4-5b 所示。底板有两个安装用的圆柱通孔。支承板叠放在底板上，它与底板的右端面平齐，上方与轴承柱面相切。轴承下方与支承板结合，右面较支承板向右突出一些。肋板叠加在底板上，其上部与轴承圆柱面相交，右端面与支承板连接在一起。凸台放置在轴承的上方，并有一个加油孔。

2. 视图选择

选择主视图的原则：

（1）放置位置　组合体按自然位置放正，并尽量使组合体的主要平面或主要轴线与投影面平行或垂直。

（2）投射方向　选择最能清楚地表达组合体的形状和位置特征，同时能减少其他视图上虚线的那个方向作为主视图的投射方向。

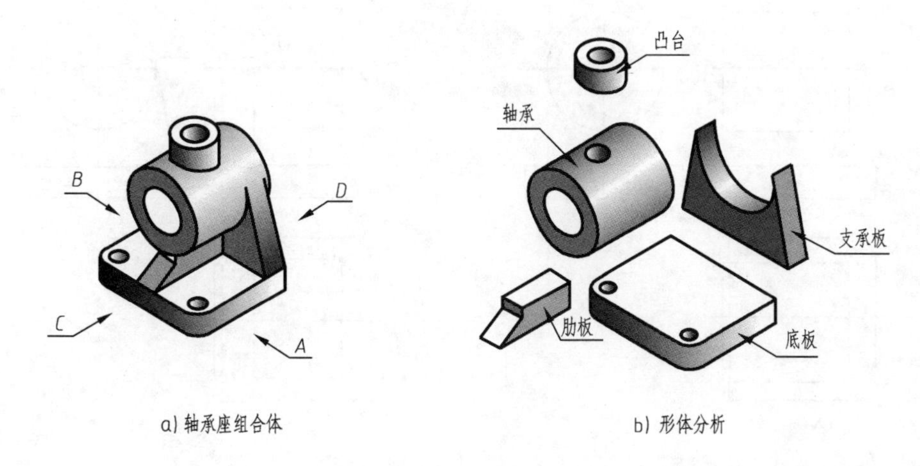

图 4-5　轴承座的形体分析

轴承座放正后，主视图有四个方向可选，如图 4-5a 所示。*A* 向和 *B* 向相比较，*B* 向的左视图虚线较多，因此选 *A* 向较好；*C* 向和 *D* 向比较，*D* 向虚线多，因此 *C* 向较好；而 *A* 向和 *C* 向相比，*A* 向更能反映基本体间的相对位置。综合以上各因素，选 *A* 向为主视图投射方向。主视图确定后，其他视图也就确定了。轴承座的主视图反映了形体间左、右和上、下相对位置。肋板的形状特征由主视图表达，俯视图表达底板的形状，支承板和轴承的形状由左视图表达。因此，轴承座需要用三个视图才能完整、清晰地表达其形状特征及位置特征。

3. 定比例、布置视图

视图选择好后，首先根据组合体的大小和图幅规格，选定适当的画图比例。然后，考虑标注尺寸所需的位置，力求匀称地将视图布置在图纸空白中央。

4. 画图步骤

以轴承座为例，说明画图步骤，如图 4-6 所示。

1）画基准线，合理布置三视图的位置。基准线是指画图时测量尺寸的起点，每个视图要确定两个方向的基准线。通常选用组合体的对称中心线、轴线、大端面或底面作为视图的基准线，如图 4-6a 所示。

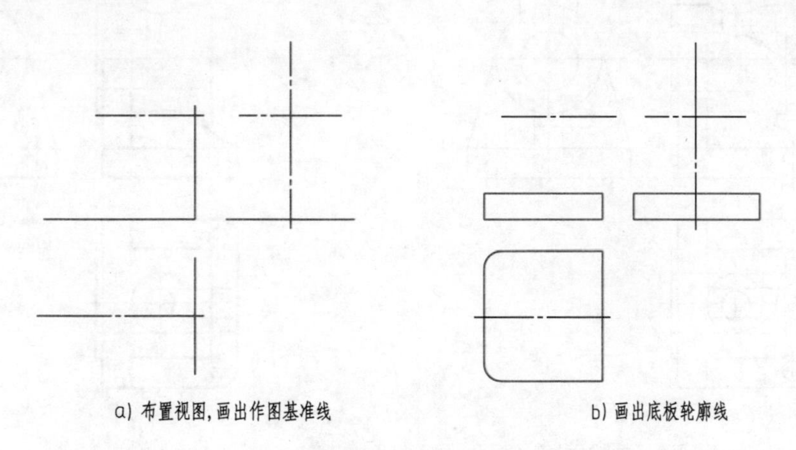

图 4-6　轴承座三视图的画法

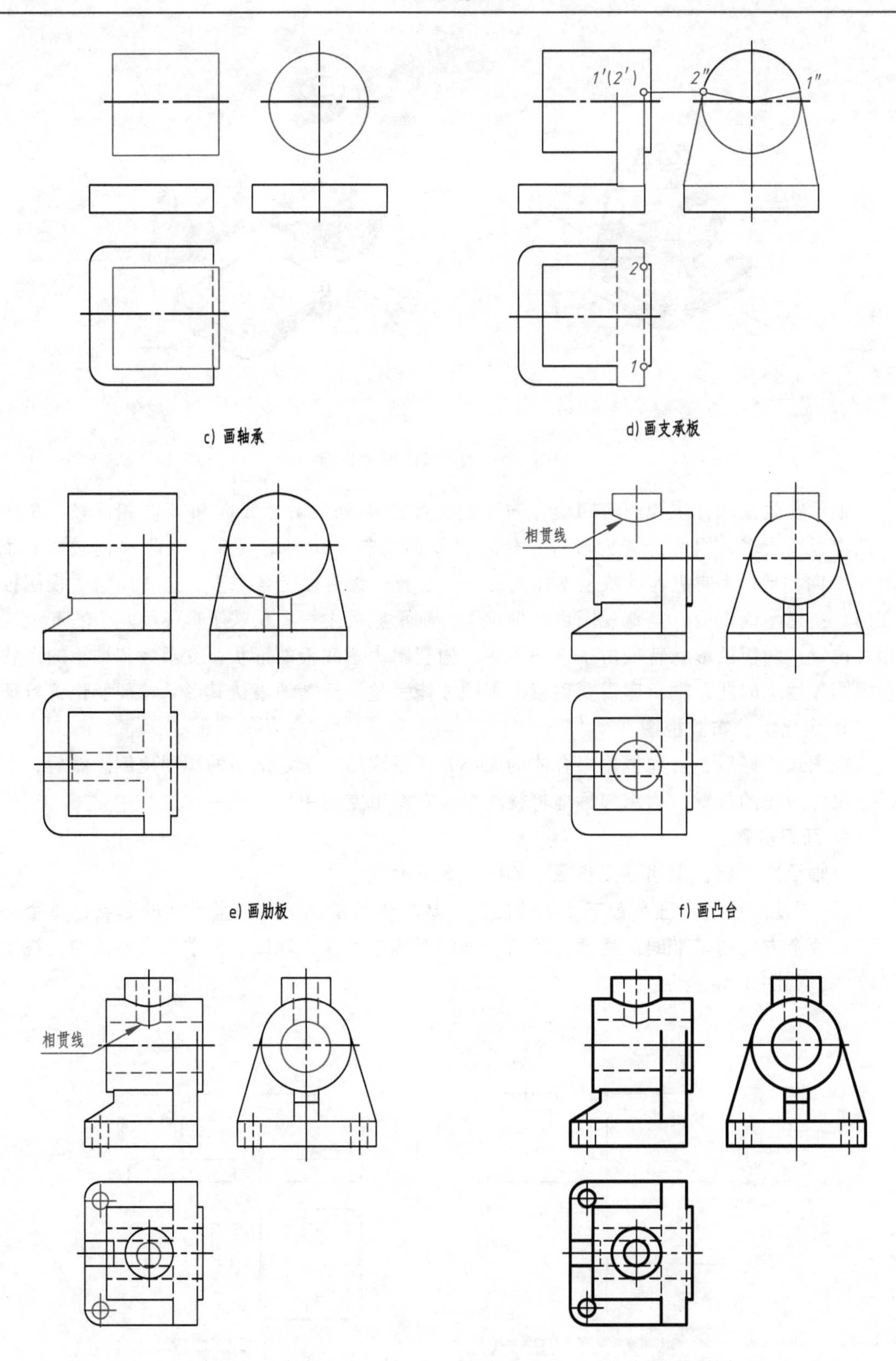

图 4-6　轴承座三视图的画法（续）

2）画出构成组合体的各基本体。

画图顺序：先画主要形体，后画次要形体；先叠加，后切割。

① 按形体分析画各个基本体的三视图，先叠加后切割，如图 4-6b ~ f 所示。

画底板：底板是一水平矩形板，其形状特征在俯视图，因此，先画俯视图，再画主、左视图，如图 4-6b 所示。

画轴承：轴承是一侧垂圆柱，圆柱柱面在左视图具有积聚性，先画左视图，再画主、俯视图，注意俯视图中底板中间是一段虚线，如图 4-6c 所示。

画支承板：支承板是一侧平板，其形状特征在左视图，先画左视图，再画主、俯视图，注意主、俯视图相切处无线。俯视图中支承板在两切点 1、2 之间是虚线，如图 4-6d 所示。

画肋板：肋板是一正平板，特征视图是主视图，先画主视图，再画俯、左视图，注意主视图与轴承的交线是由左视图高平齐画出的，如图 4-6e 所示。

画凸台：凸台是一铅垂圆柱，圆柱柱面在俯视图具有积聚性，先画俯视图，再画主、左视图，注意主视图有一段相贯线（轴承和凸台相贯），如图 4-6f 所示。

② 画出各切割形体的三视图。在画每个切割形体时，同时画出其三视图，这样不容易漏线。

画轴承的孔：轴承的孔是一侧垂孔，其积聚性在左视图，因此，先画左视图，再画主、俯视图，如图 4-6g 所示。

画底板的孔：两个孔是铅垂孔，其积聚性在俯视图，先画俯视图，再画主、左视图，如图 4-6g 所示。

画加油孔：加油孔是一铅垂孔，其积聚性在俯视图，因此，先画俯视图，再画主、左视图，注意主视图加油孔和轴承孔是相贯的关系，有一段相贯线，如图 4-6g 所示。

3）检查、描深。底图完成后，再按原画图顺序仔细检查，纠正错误和补充遗漏，擦去多余线，然后按照标准线型描出各线条，这就完成了轴承座的三视图，如图 4-6h 所示。

二、切割型组合体的画法

以图 4-7 所示的导向块为例，介绍切割型组合体三视图的画法。

1. 形体分析

如图 4-7a 所示，导向块可以看成是由长方体依次切去Ⅰ、Ⅱ、Ⅲ三个形体而形成的切割型组合体。

2. 视图选择

如图 4-7b 所示，选择按稳定位置放置导向块，再选择 *A* 向为主视图投射方向，因为 *A* 向投射最能反映导向块的形状特征。

3. 画图步骤

导向块的画图步骤如图 4-8 所示。

1）恢复导向块的初始形状。导向块的初始形状是四棱柱，画出四棱柱的三视图，如图 4-8a 所示。

2）切割各形体。

切形体Ⅰ：形体Ⅰ四棱柱（直角梯形），其形状特征视图是主视图，因此先画主视图，再画俯、左视图，如图 4-8b 所示。

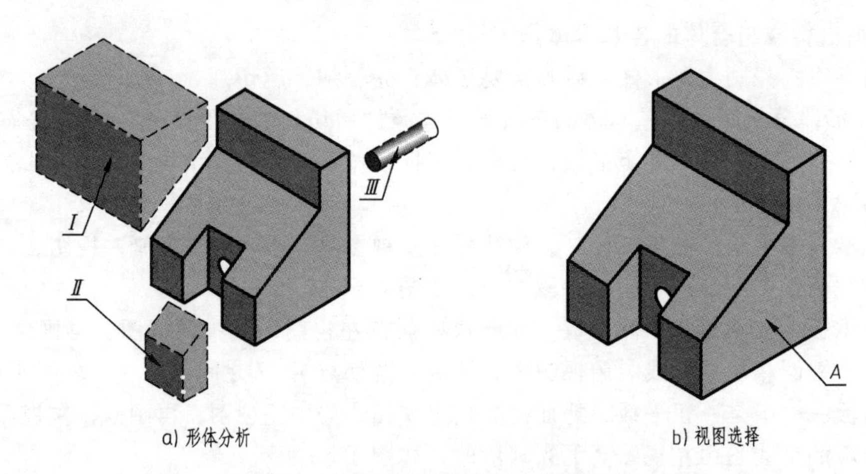

a) 形体分析　　b) 视图选择

图 4-7　导向块的形体分析、视图选择

切形体Ⅱ：形体Ⅱ在俯视图具有积聚性，所以从俯视图开始画，再画主、左视图，注意 P 面为正垂面，p'反映积聚性，p、p''反映正垂面 P 的类似性，为凹字形的八边形，如图 4-8c 所示。

切形体Ⅲ：形体Ⅲ是一圆柱，在左视图具有积聚性，因此从左视图开始画，再画主、俯视图，如图 4-8d 所示。

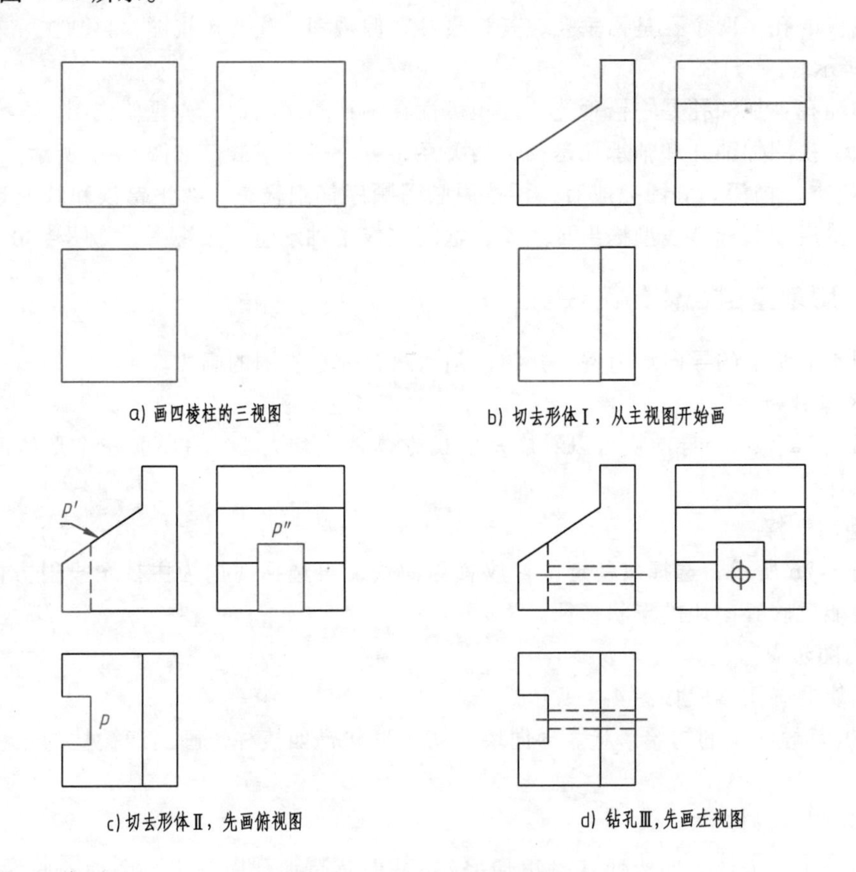

a) 画四棱柱的三视图　　b) 切去形体Ⅰ，从主视图开始画

c) 切去形体Ⅱ，先画俯视图　　d) 钻孔Ⅲ,先画左视图

图 4-8　导向块三视图的画法

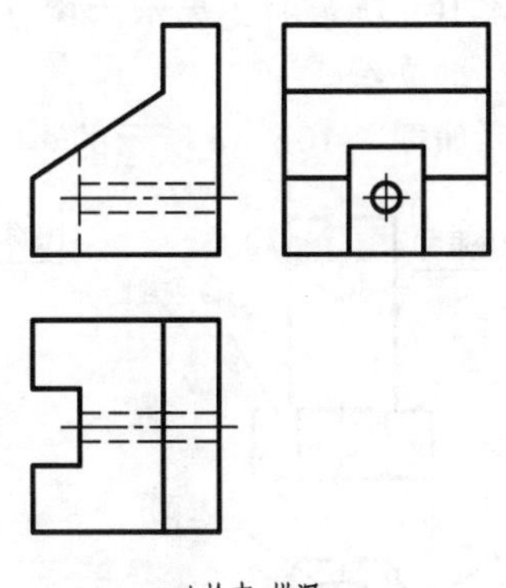

图 4-8　导向块三视图的画法（续）

3）查、描深。底图完成后，再按原画图顺序依次仔细检查，纠正错误，补充遗漏，擦去多余线，然后按照标准线型描出各线条，这就完成了导向块的三视图，如图 4-8e 所示。

第三节　读组合体视图的方法

读图是根据组合体视图想象出组合体的空间形状。画图是依据组合体的空间形状用正投影法表示成二维平面图，即视图。画图时用投影规律，读图时也运用投影规律。前面所学的画图知识是读图的基础。读图时应根据已知的视图，先易后难，先大后小，先实后虚，运用三视图投影规律，正确分析视图中的每条线、每个线框所表示的含义，综合想象出组合体的空间形状。

通常仅有一个视图不能确定物体的形状，如图 4-9a、b、c 所示的三个物体的主视图相同；有时两个视图也不能确定物体的形状，如图 4-9b、c 所示的主、左视图一样，空间形状却不同，因此，只有将三个视图联系起来看，才能确定它们各自的形状。在读图时，要读懂图中线、线框的含义。

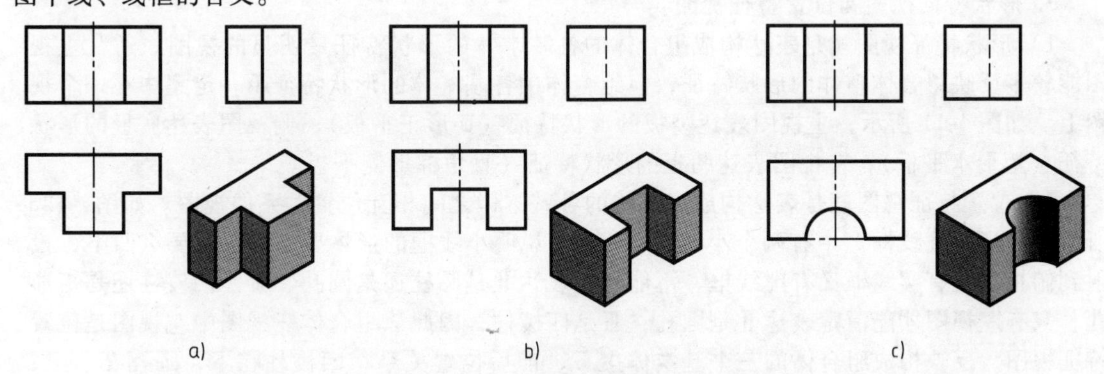

图 4-9　一个视图不能确定立体的空间形状

一、读图的基本要领

1. 视图中线的含义

1）表示平面或曲面的积聚性投影。如图 4-10a 所示的 1 表示侧平面的正面投影，又如图4-10b、c 所示的 2 表示铅垂圆柱柱面的水平投影，都反映积聚性。

2）表示两表面的交线。如图 4-10b 所示的 3 表示六棱柱前面和右前面的交线，又如图 4-10c 所示的 3 表示肋板与铅垂圆柱的交线。

3）表示回转面的转向轮廓线。如图 4-10b、c 所示的 4 是铅垂圆柱的正面转向轮廓线。

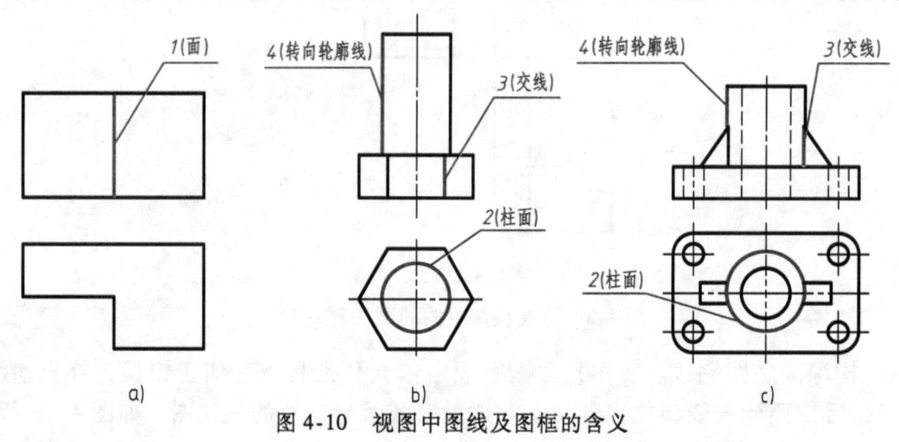

图 4-10　视图中图线及图框的含义

2. 视图中线框的含义

1）一个封闭的线框表示一个平面或曲面。图 4-10a 所示的俯视图的线框表示物体的上面和下面（上、下面重叠在一起），图 4-10b 所示的主视图的线框表示物体的前面和后面（前、后面重叠在一起），图 4-10c 所示的主视图上方中间的矩形线框表示圆柱的柱面。

2）相邻两线框表示物体上位置不同的两个面，这两个面可能是相交或交错。如图 4-10a 所示主视图的相邻两线框，有前后之分，左线框在后，右线框在前；如图 4-10c 所示主视图上方的中间矩形线框和三角形线框是相邻的两线框，表示圆柱柱面和肋板前后面是相交的关系。

3）在一个大线框内包含小线框，表示在大的形体上凸起或凹下小的形体。如图 4-10b 所示俯视图的大六边形内包含小圆，结合主视图，得知在六棱柱的上方叠加一小圆柱，又如图 4-10c 所示俯视图中大矩形包含大圆，结合主视图，得知在底板上叠加一圆柱，同时，俯视图中大圆内包含小圆，由主视图可知，小圆是在大圆柱上切去一小圆柱。

3. 形状特征视图和位置特征视图

1）形状特征视图就是表达构成组合体的各基本体的形状特征最明显的视图。通常主视图能较多反映组合体整体的形状特征，但组合体中各基本体的形状特征不一定集中在一个视图上。如图 4-11 所示，主视图表达竖板的形状特征（U 形正平板），俯视图表达底板的形状特征（矩形水平板），左视图表达肋板的形状特征（直角梯形侧平板）。

2）位置特征视图就是表达构成组合体的各基本体之间相互位置关系的视图。如图4-12a 所示的主视图大线框 1′中有两个小线框 2′、3′，说明小线框的形体要么凸起，要么凹下，投射到俯视图既有实线框又有虚线框，不能清楚表达Ⅱ是圆柱还是圆孔，Ⅲ是四棱柱还是矩形孔，只有左视图才能清楚表达Ⅱ是圆孔，Ⅲ是四棱柱，因此该组合体三视图中左视图是位置特征视图，反映构成组合体的三个基本体上下、前后位置关系，四棱柱在下，圆孔在后上；主视图反映组合体左右关系，该组合体左右对称。同理，图 4-12b 的位置特征视图也是左视图。请读者思考：只有主、俯视图，左视图有几种可能。

二、读图的基本方法

1. 形体分析法

形体分析法读图是指读图时根据组合体的特点，把表达形状特征最明显的视图分成若干

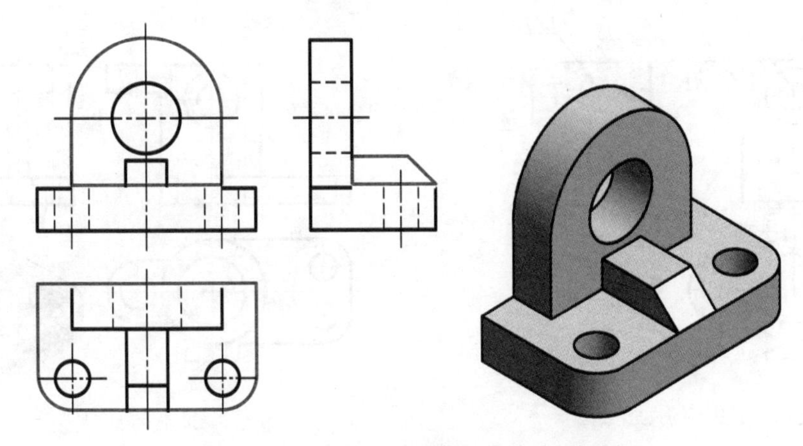

图 4-11 组合体中基本体的形状特征视图

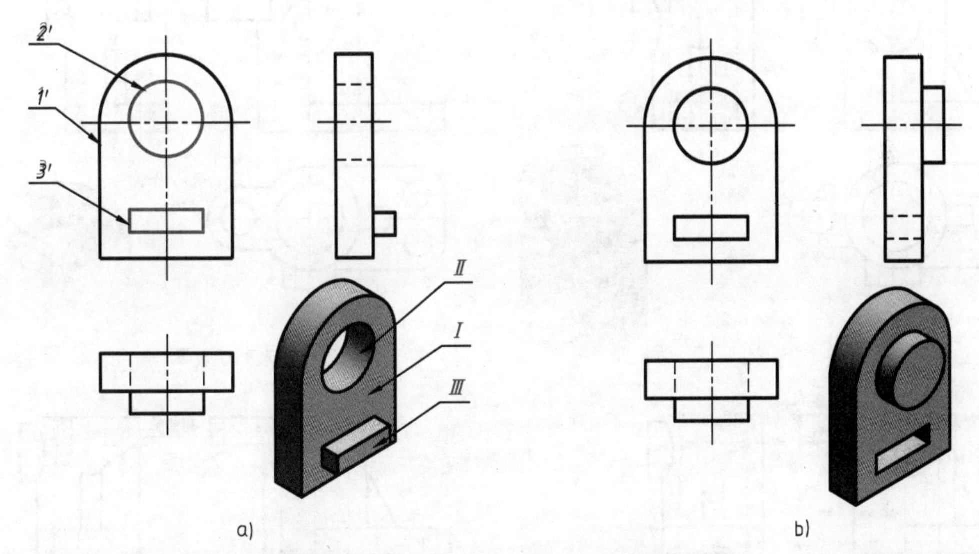

图 4-12 组合体中基本体的位置特征视图

个封闭线框，再按照投影规律及各视图之间的联系，想象出各部分形状，同时根据表达位置特征明显的视图，分析出各形体之间的相对位置，最后综合各形体的形状和形体之间的相对位置，想象出组合体的整体形状。

下面以图 4-13 为例来说明用形体分析法读图的方法和步骤。

1）形体分析。根据形状特征，分线框，找对应投影。先简单后复杂，先大线框后小线框，先实线框后虚线框。结合俯、左视图，将主视图分成五个封闭的线框 1′、2′、3′、4′、5′，根据投影规律，分别找出这些线框在俯、左视图中相应的投影，如图 4-13a 所示。

2）对投影，找特征，想立体。抓各线框的形状特征视图。形体Ⅰ的形状特征视图是俯视图，主、左视图也为矩形，因此形体Ⅰ的基本形状是四棱柱，是水平矩形板，如图4-13b 所示；形体Ⅱ的三面投影是两个矩形一个圆，因此形体Ⅱ是一铅垂圆柱，如图 4-13c 所示；形体Ⅲ是一水平 U 形板，形状特征视图是俯视图，为 U 形线框，主、左视图均为矩形线框，如图 4-13d 所示；形体Ⅳ的三面投影是两个矩形一个圆，是正垂圆柱，如图 4-13e 所示；形体Ⅴ的三面投影是两个矩形一个三角形，三角形线框是形体的形状特征，因此形体Ⅴ是三角形的正平板，如图 4-13f 所示。

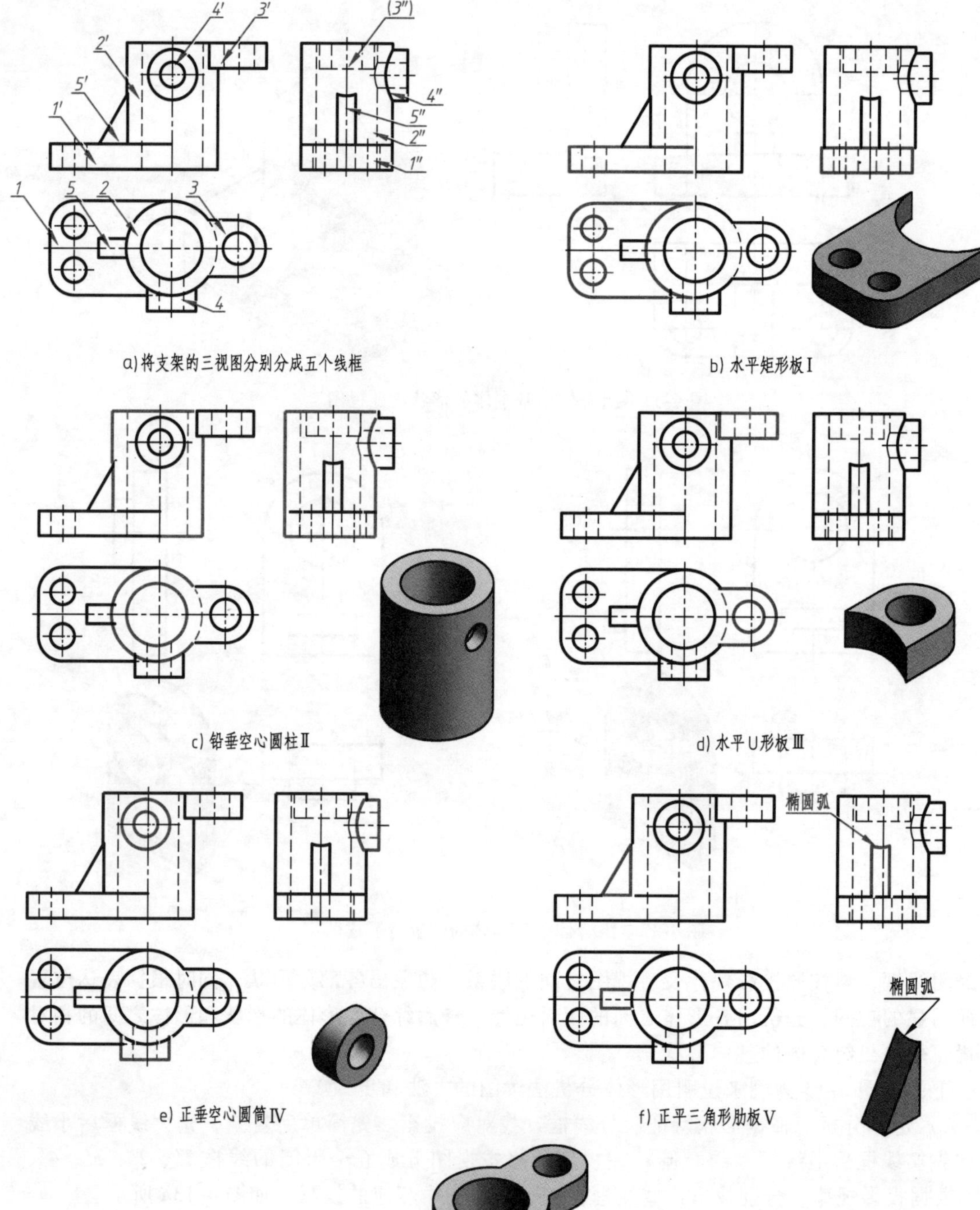

a) 将支架的三视图分别分成五个线框　　b) 水平矩形板Ⅰ

c) 铅垂空心圆柱Ⅱ　　d) 水平U形板Ⅲ

e) 正垂空心圆筒Ⅳ　　f) 正平三角形肋板Ⅴ

g) 支架的总体形状

图 4-13　形体分析法读图（支架）

3）综合起来想整体。由第二步确定了各形体的形状，还需要确定各形体间的相对位置，这样就能想象出形体的整体形状。形体间的位置有左右、前后、上下关系。支架是基本前后对称，因此只需要知道各形体间的左右和上下关系即可。三视图中只有主视图反映物体的左右和上下关系，因此主视图是支架的位置特征视图。由主视图可知，矩形板Ⅰ在左下方，铅垂圆柱Ⅱ在右方，它们两底面平齐。U形板Ⅲ在铅垂圆柱Ⅱ的右上方，它们顶面平齐。正垂圆柱Ⅳ在Ⅱ的正上前方（前方由俯或左视图确定），三角形板Ⅴ在Ⅰ的上方、Ⅱ的左下方，将Ⅰ、Ⅱ连接起来。综合起来，就能想象出支架的整体形状，如图4-13g所示。

2. 线面分析法

线面分析法是形体分析法读图的补充。当形体被切割、形体不规则或形体投影重合时，用形体分析法往往不能直接想象出物体的形状，这时便需要用线面分析法帮助读图。所谓线面分析法就是根据视图中线条、线框的含义，分析相邻表面的相对位置、表面的形状及面与面的交线，从而确定物体的结构形状。线面分析法通常用于切割型组合体的读图。现以图4-14为例来说明用线面分析法读图的具体方法。

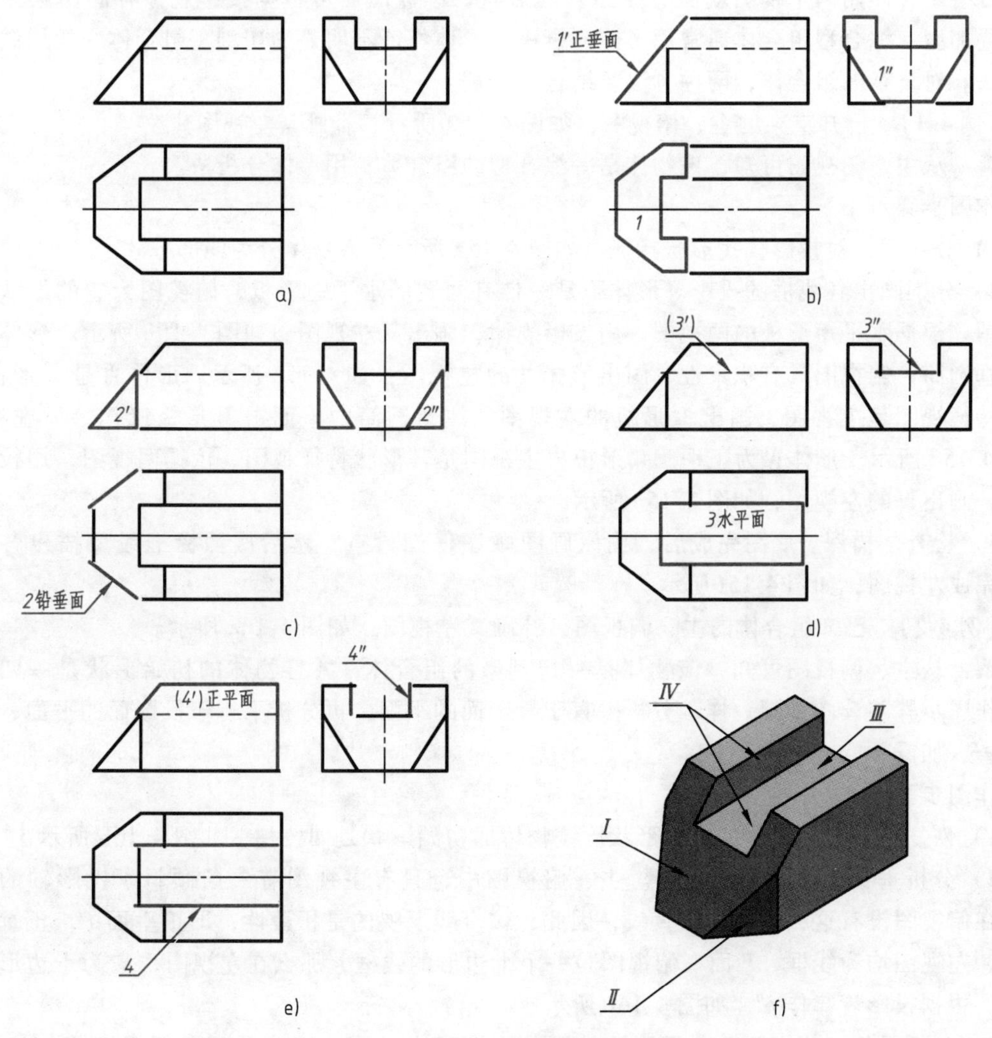

图4-14　线面分析法读图（压块）

1）恢复切割型组合体初始形状。如图 4-14a 所示，根据给出的三视图，可知该物体是由长方体切割而形成的。

2）分析垂直于投影面的平面。如图 4-14b 所示，1、1′、1″是两框一线，说明它是垂直于投影面的平面，线在主视图，因此Ⅰ面是正垂面，长方体左上角被一正垂面截切。同样，2、2′、2″也是两框一线，Ⅱ面是铅垂面，说明长方体的左前下方和左后下方各被一个铅垂面截切，如图 4-14c 所示。

3）分析平行于投影面的平面。如图 4-14d 所示，3、3′、3″是两线一框，说明它是平行于投影面的平面，框在俯视图，因此Ⅲ面是水平面。同理，由图 4-14e 可分析出Ⅳ面是正平面（两个）。Ⅲ、Ⅳ面在左视图都具有积聚性，说明长方体被一个水平面Ⅲ和两个正平面Ⅳ挖切，从左往右在长方体的正上方开通槽。

综合以上所作分析，就可想象出物体的结构形状，如图 4-14f 所示。

三、根据组合体的两视图补画第三视图

有些组合体用两个视图就能想象出它的形状，读懂图后可根据投影规律补画出第三视图。叠加型、综合型组合体通常用形体分析法，形体特征不明显的切割型组合体一般用线面分析法。对复杂的组合体，两种方法要结合起来用。

【例 4-1】 已知支架的主、俯视图，如图 4-15a 所示，补画其左视图。

解 从主、俯视图可知，该物体是一综合型的组合体，用形体分析法。

作图步骤：

1）分线框，对投影，找形状特征。如图 4-15a 所示，将物体分为四部分。

2）分别画出各线框的投影。形体Ⅰ是一带有两孔的水平矩形板，俯视图为它的形状特征视图，根据水平矩形板的两视图，用投影规律，画出其左视图，如图 4-15b 所示。形体Ⅱ是铅垂圆筒，俯视图具有积聚性，画出形体Ⅱ的左视图，如 4-15c 所示。形体Ⅲ是 L 形板，形状特征视图是主视图，画出 L 形板的左视图，注意圆筒的下面被 L 形板遮挡，为虚线，如图 4-15d 所示。形体Ⅳ为正平三角形板，主视图是其形状特征视图，依据两视图，用投影规律，画出Ⅳ的左视图，如图 4-15e 所示。

3）检查、描深。底图完成后，按原画图顺序仔细检查，然后按照标准线型描出各线条，完成左视图，如图 4-15f 所示。

【例 4-2】 已知组合体的主、俯视图，补画其左视图，如图 4-16a 所示。

解 从主、俯视图可知，该物体是一切割型的组合体，并且物体的初始形状是一四棱柱。作图步骤与读图步骤一样，分析垂直于投影面的平面，再分析平行于投影面的平面，最后检查、加深。

作图步骤如下：

1）恢复切割型组合体的初始形状。该物体的初始形状是四棱柱，如图 4-16b 所示。

2）分析垂直于投影面的平面。主、俯视图中，只有主视图有一条倾斜于投影轴的直线，在俯视图没有这么长的一段直线，因此，该直线反映的是积聚性，即正垂面 P，正垂面在俯、左视图均为线框，P 面在俯视图是一个十边形的线框，那么在左视图也应为十边形的线框，根据投影规律作 p''，如图 4-16c 所示。

3）分析平行于投影面的平面。要补画的视图是左视图，因此分析平行于 W 面的侧平

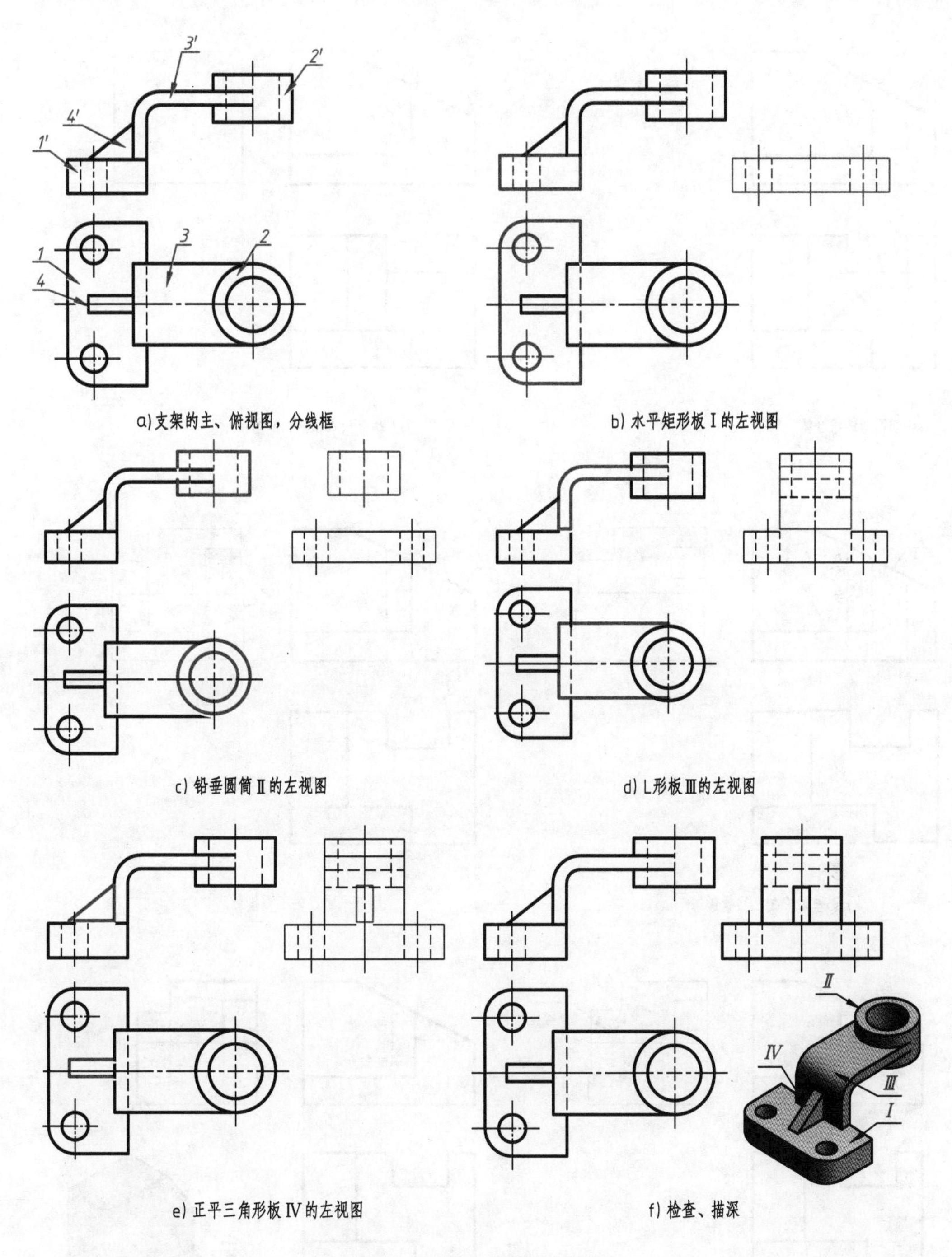

a) 支架的主、俯视图，分线框　　b) 水平矩形板Ⅰ的左视图

c) 铅垂圆筒Ⅱ的左视图　　d) L形板Ⅲ的左视图

e) 正平三角形板Ⅳ的左视图　　f) 检查、描深

图 4-15　补画支架的左视图

面，从左往右依次分析。最左的侧平面的投影已经有了，现分析侧平面 Q 的三面投影，Q 面主、俯视图是线，左视图应为线框，为一矩形框，不可见，如图 4-16d 所示。侧平面 R 的分析方法与 Q 面同理，如图 4-16e 所示。

4）检查、描深。底图完成后，按原画图顺序仔细检查，然后按照标准线型描出各线条，完成组合体的左视图，如图 4-16f 所示。

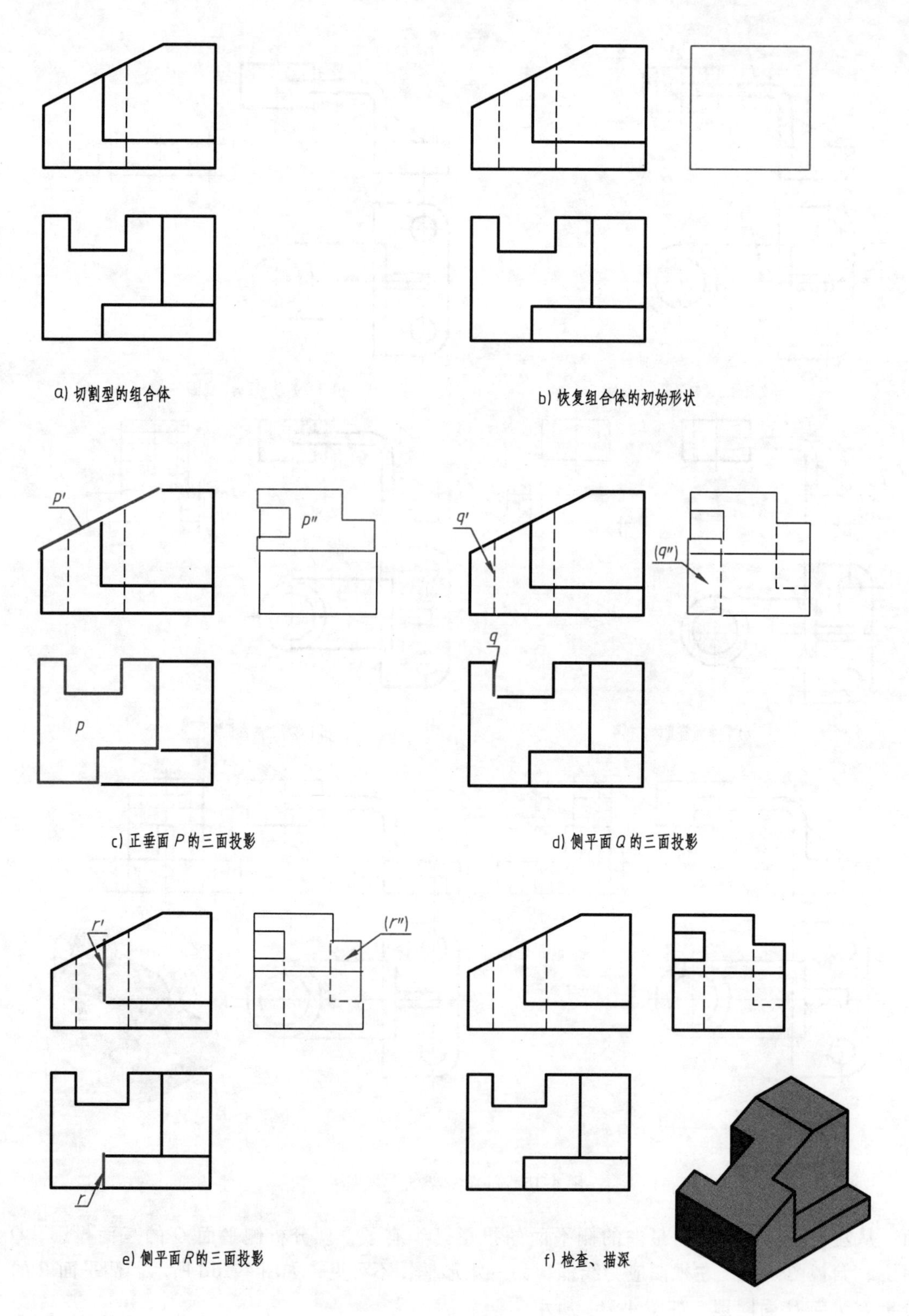

图 4-16　补画组合体的左视图

【例 4-3】 已知架体的主、俯视图，补画其左视图，如图 4-17a 所示。

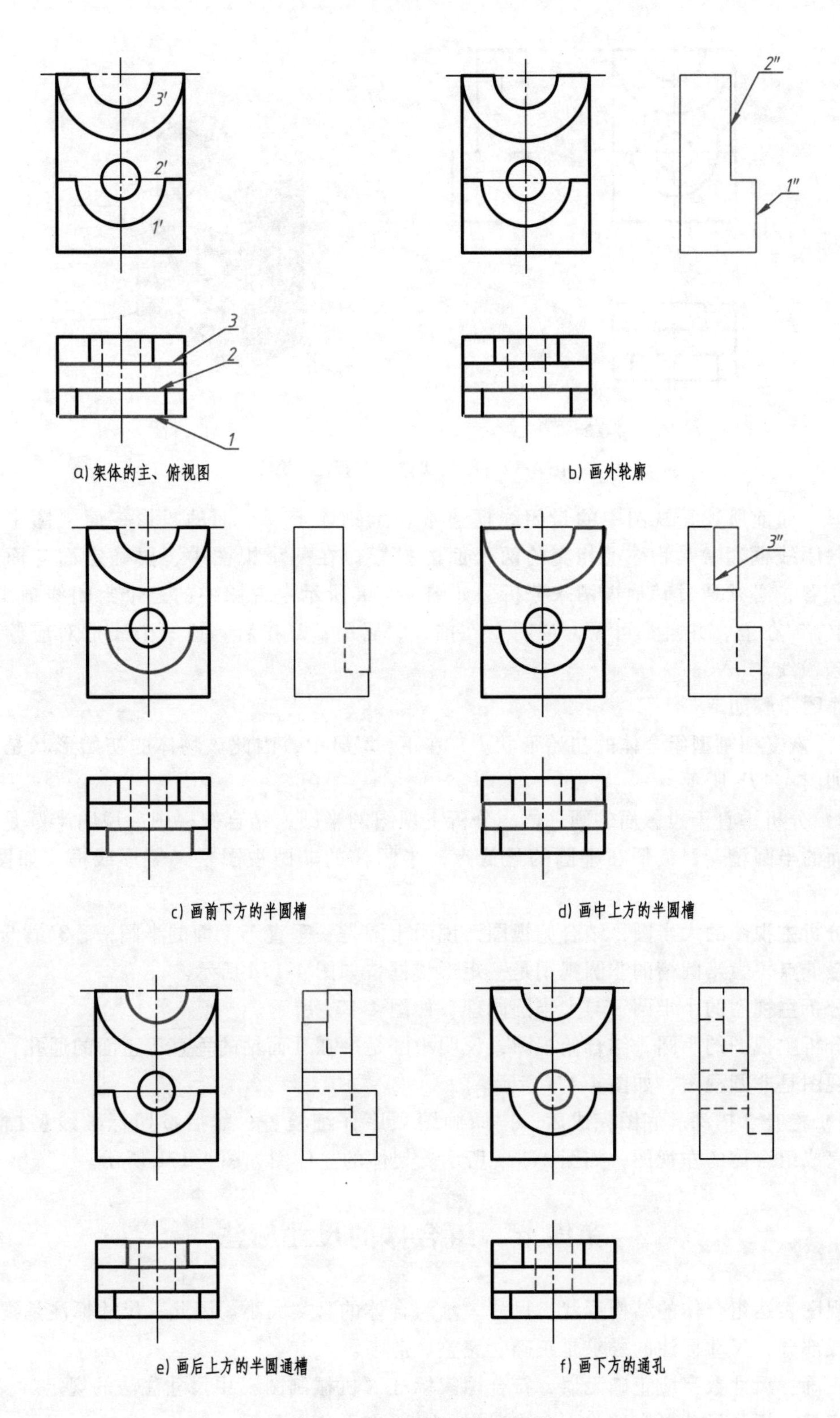

a) 架体的主、俯视图　b) 画外轮廓

c) 画前下方的半圆槽　d) 画中上方的半圆槽

e) 画后上方的半圆通槽　f) 画下方的通孔

图 4-17　补画架体的左视图

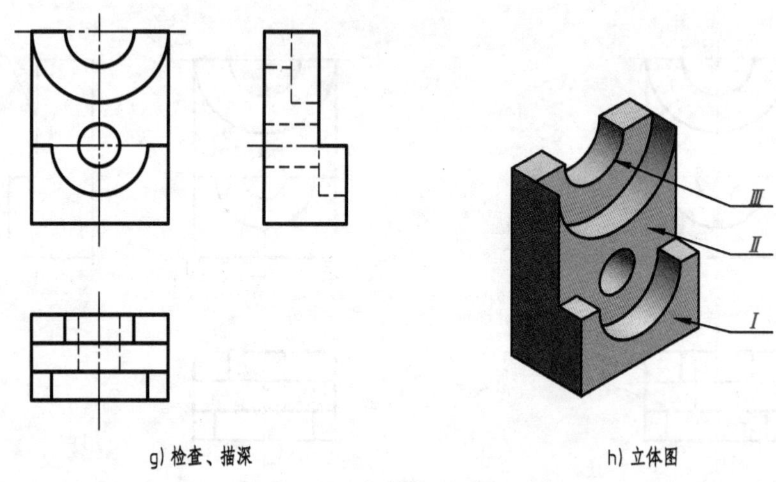

g) 检查、描深　　h) 立体图

图 4-17　补画架体的左视图（续）

解　如前所述，视图中的封闭线框通常表示物体上一个面的投影，而视图中两个相邻的封闭线框通常是物体上相交的两个面的投影。在一个视图中，要确定面与面之间的相对位置，必须通过其他视图来分析。如图 4-17a 所示主视图中的三个封闭线框 1′在下，2′居中，3′在上，并且都可见，说明 1′在前，2′居中，3′在后，这三个线框对应俯视图的是三条横线。

作图步骤如下：

1）恢复切割型组合体的初始形状。1′在下，2′居中，因此该物体的初始形状是 L 形棱柱，如图 4-17b 所示。

2）分析垂直于投影面的圆柱体。分析主视图的半圆，结合俯视图，说明半圆是一垂直于正面的半圆槽，2′最低在半圆的最低点，半圆槽的非圆视图是一矩形线框，如图 4-17c 所示。

分析主视图的大半圆，结合俯视图，说明半圆是一垂直于 V 面的半圆槽，3′最低在大半圆的最低点，大半圆槽的非圆视图是一矩形线框，如图 4-17d 所示。

分析主视图的小半圆，与大半圆同理，如图 4-17e 所示。

分析主视图的小圆，结合俯视图，说明小圆是一在Ⅱ面钻的垂直于正面的通孔，正垂孔的左视图是非圆视图，如图 4-17f 所示。

3）检查、描深。底图完成后，按原画图顺序仔细检查，然后按照标准线型描出各线条，完成组合体的左视图，如图 4-17g 所示。架体的立体图如图 4-17h 所示。

第四节　组合体的尺寸标注

视图表达组合体的结构形状，尺寸表示组合体的真实大小。因此，尺寸标注是视图的重要组成部分，尺寸标注的要求是正确、完整、清晰。

正确：尺寸数字应正确无误，符合国家标准《机械制图》中尺寸注法的规定。

完整：标注尺寸要完整，不允许遗漏，一般也不允许重复。

清晰：尺寸的安排要整齐、清晰、醒目，便于阅读和查找。

一、基本体的尺寸标注

1. 平面立体的尺寸标注

平面立体通常要标注立体的长、宽、高三个方向的尺寸，且最好标注在形状特征视图上，如图 4-18a、b、d 所示。正六棱柱底面尺寸标注有两种形式，即标注正六边形的对边尺寸或者正六边形的对角尺寸（外接圆直径），但只需标出两者之一，如果对边和对角尺寸都标注，则应该将其中一个尺寸作为参考尺寸，加上括号，如图 4-18c 所示。

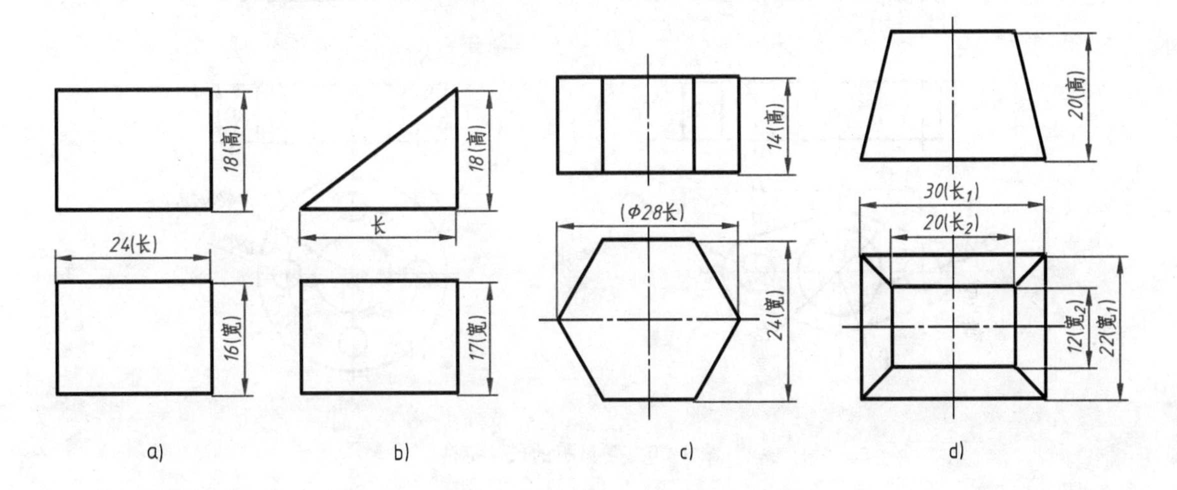

图 4-18　平面立体的尺寸标注

2. 回转体的尺寸标注

回转体的尺寸只有两个方向：直径方向和轴线方向，一般标在非圆视图上，如图4-19a、b 所示。注意标注球面的直径或半径时，要在“ϕ”或“R”前加“S”，如图 4-19c 所示。圆环标注定位 ϕ31 和定形 ϕ14 尺寸如图 4-19d 所示。

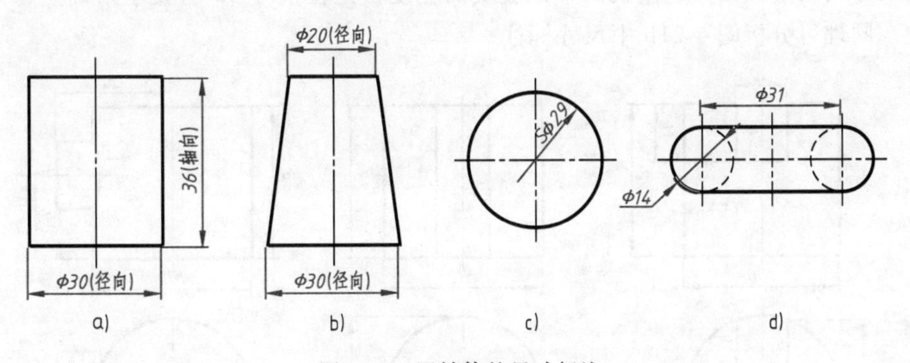

图 4-19　回转体的尺寸标注

3. 常见板的尺寸标注

常见的几种简单板的尺寸注法如图 4-20 所示。图 4-20 所示的四种板都是水平板，因此，尺寸主要标注在俯视图，高度尺寸标在主视图，如图 4-20a、d 所示。组合体一端是回转体，该方向的总体尺寸不标注，如图 4-20b、c 所示，均不标总长。

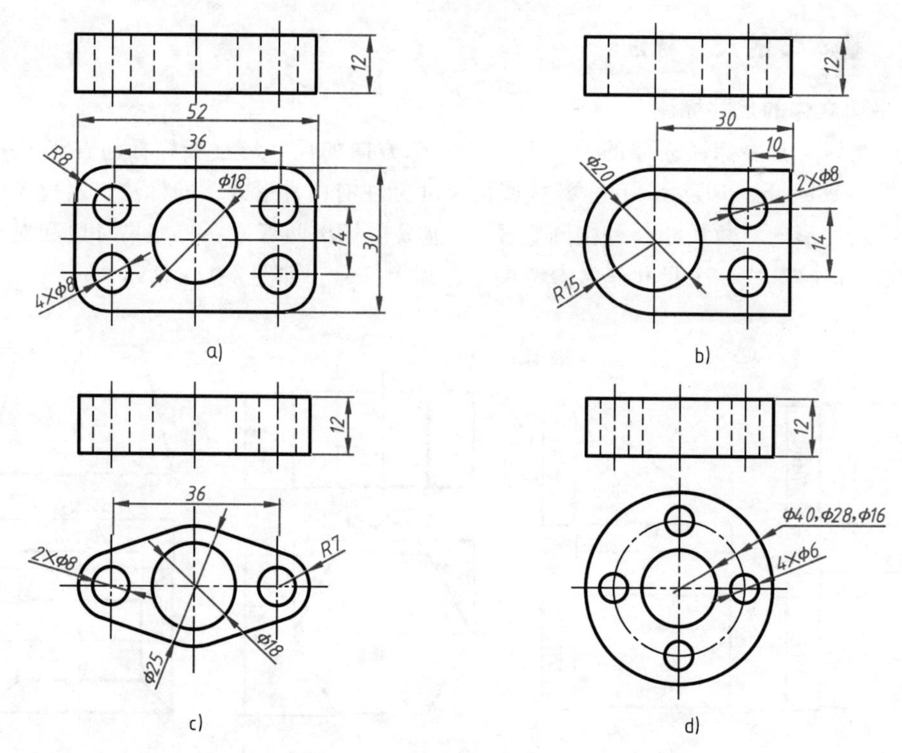

图 4-20　常见板的尺寸标注

二、切割体和相贯体的尺寸标注

1. 切割体的尺寸标注

截交线是基本体被平面截切后自然产生的，因此，不在截交线上标注定形尺寸，而需要标注出截平面的定位尺寸。如图 4-21a 所示，11 确定水平面高方向的定位尺寸，10 确定两侧平面长方向的定位尺寸，俯视图中截交线的宽度由定位尺寸 10 的大小来确定，因此不应该标注。同理可分析图 4-21b 中尺寸标注。

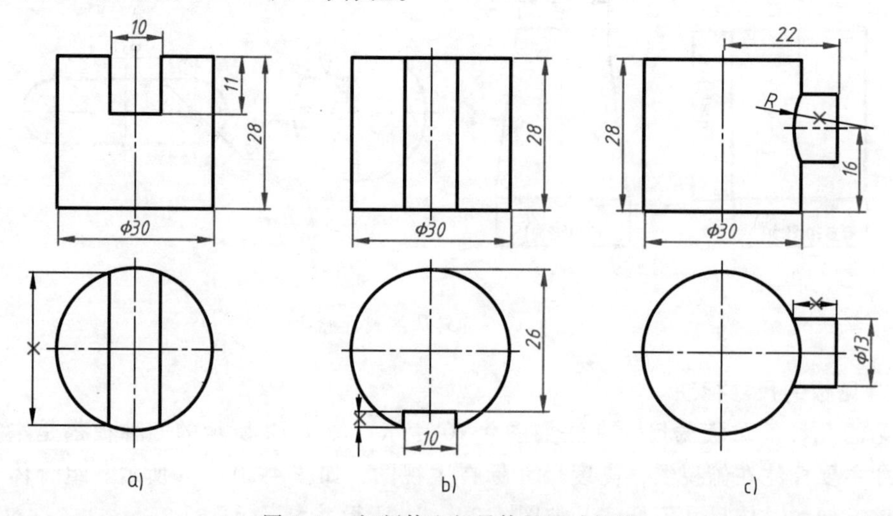

图 4-21　切割体和相贯体的尺寸标注

2. 相贯体的尺寸标注

相贯线是两回转体的表面交线，相贯线与两回转体直径大小和轴线间的相互位置有关，因此，不需标注相贯线的定形尺寸，只标注相贯的两回转体之间的定位尺寸。如图4-21c所示，主视图中的“*R*”不能标注；22是小圆柱长方向的定位尺寸，俯视图中小圆柱长方向的定形尺寸也不标；16确定小圆柱高方向的位置。

三、标注尺寸时应注意的问题

1. 不注多余的尺寸

同一张图上有几个视图时，同一形体的每一个尺寸只需标注一次。如图4-20c所示，两端为回转体，不标注总长，应标注两回转体的中心距，总长为36+7+7。

2. 相关尺寸集中标注

为了便于读图，同一形体的尺寸应尽量集中标注在一起，如图4-22a所示主视图中7、5两尺寸集中标注了凹槽的定形尺寸。而图4-22b所示左视图的5、俯视图的7分散标注了通槽的定形尺寸，不清晰。为了标注的尺寸清晰，还应小尺寸在内，大尺寸在外，避免尺寸线与尺寸界线相交，如图4-22a比图4-22c的尺寸标注清晰。

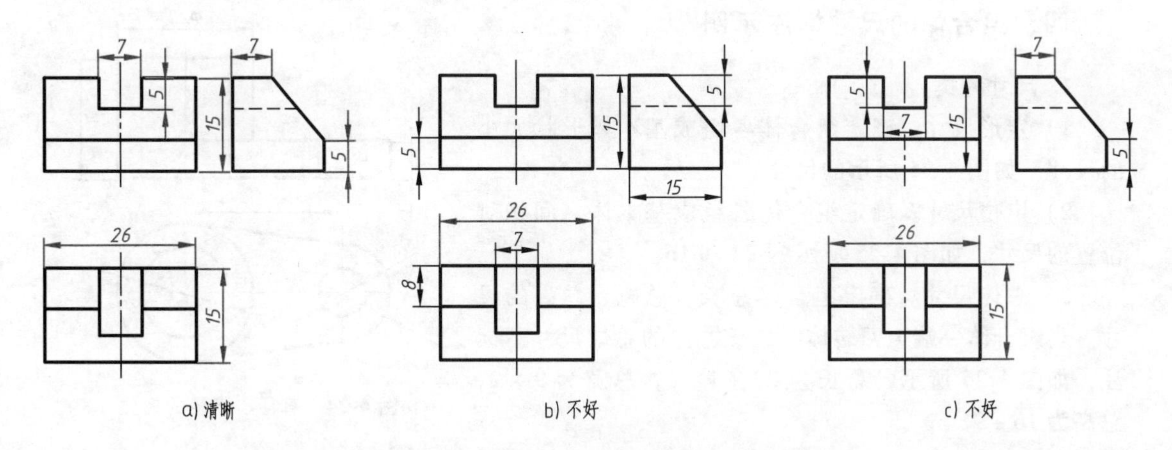

图4-22　相关尺寸集中标注，尺寸标注清晰

3. 尺寸标注在反映形状特征最明显的视图

如图4-23a所示，该形体由正平矩形板和水平矩形板两部分组成，水平矩形板尺寸集中标在俯视图，正平矩形板尺寸集中标注在主视图，两形体的相对位置尺寸标注在左视图，而图4-23b所示的注法不好。

4. 回转体尺寸的注法

在标注圆柱等回转体的直径时，通常注在非圆视图上，而半径尺寸必须注在投影为圆弧的视图上。圆心角>180°的圆弧标直径，圆心角≤180°的圆弧标半径，如图4-20b所示。几段共圆心的圆弧标直径，如图4-20c所示。相同孔的直径要标注其个数，如图4-20a所示俯视图的4×ϕ8，而相同的圆角则不标其个数，如图4-20a所示俯视图的*R*8。一般圆柱的直径标在非圆视图上，如图4-24所示主视图中的ϕ20。尽量不在虚线上标注尺寸，如图4-24所示俯视图中的ϕ12。

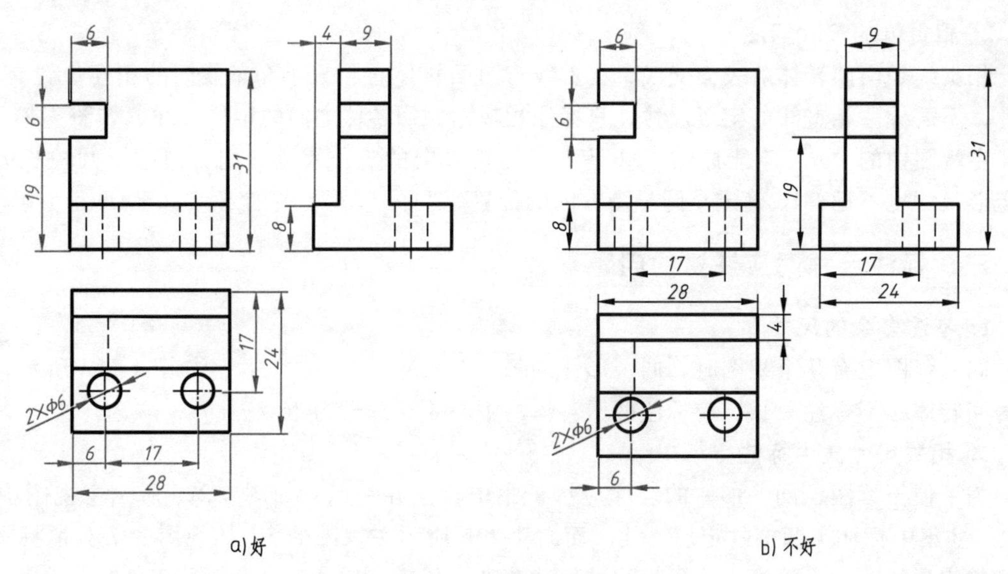

图 4-23　尺寸标注在形状特征最明显的视图

四、组合体的尺寸标注示例

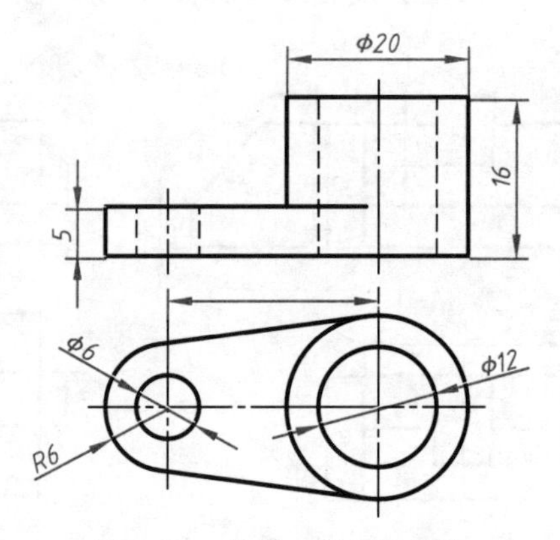

图 4-24　直径、半径的标注

1. 尺寸种类

1）定形尺寸。确定组合体各组成基本体形状大小的尺寸，如图 4-25 所示的尺寸。

2）定位尺寸。确定组合体各组成基本体之间相对位置的尺寸，如图 4-25 所示的 22 和 16。

3）总体尺寸。确定组合体总长、总宽、总高的尺寸。当组合体一端为回转体时，该方向的总体尺寸不标注，如图 4-25 所示，总长为 22 + 11/2，总宽为 9 ×2，总高为 16 +9。

2. 尺寸基准

标注尺寸的起点称为尺寸基准。组合体的长、宽、高三个方向（回转体有径向和轴向两个方向）都应有尺寸基准，以便确定各形体的定形尺寸和各形体间的定位尺寸。尺寸基准既与立体的形状有关，也与立体的制造要求有关。通常选立体底面、大的端面、对称面以及回转体的轴线等为尺寸基准。如图 4-25 所示，长、宽、高三个方向的尺寸基准分别为：组合体的右端面、组合体的前后对称面、组合体的底面。

标注组合体尺寸的步骤：

1）形体分析，将组合体分解成若干个基本体。

2）确定长、宽、高三个方向的尺寸基准，依次标出各形体间的定位尺寸（三个方向）。

3）逐个标出各基本体的定形尺寸和基本体内的定位尺寸。

【例 4-4】　已知轴承座的三视图，标注其尺寸，如图 4-26a 所示。

解

1）形体分析。轴承座由底板、轴承、支承板、肋板和凸台五部分组成。

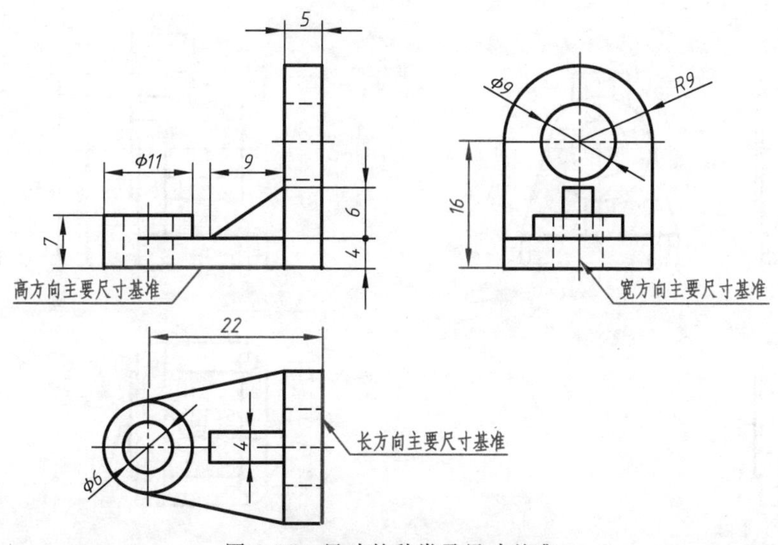

图 4-25　尺寸的种类及尺寸基准

2）分析轴承座的尺寸基准。长方向的基准为支承板的右端面，底板的下面是高方向的基准，因轴承座是前后对称的，因此宽方向的基准为前后对称面，如图 4-26b 所示。形体间的定位尺寸，轴承的右面与支承板的右面不平齐，8 为长方向的定位尺寸；轴承的中心高 144 确定高方向的定位尺寸；轴承座是前后对称的，宽方向的定位尺寸不标；80 是凸台与轴承长方向的定位尺寸，240 是凸台高方向的定位尺寸。

3）标注各基本体的定形尺寸和形体内的定位尺寸。

底板是一水平板，其形状特征视图是俯视图，因此，尺寸主要标在俯视图，高标在主视图，其中 156 是两个孔宽方向的定位尺寸，144 是孔长方向的定位尺寸，如图 4-26c 所示。

轴承是回转体，只有径向和轴向两个方向的尺寸，标在主视图，其中孔的直径 $\phi72$ 标在左视图，因其主视图是虚线，如图 4-26d 所示。

支承板的宽度与底板宽度相同，不标；弧形槽的直径与轴承外径相等，也不标，如图 4-26e 所示。弧形槽圆心的高度调整为圆心到底板下面的距离，如图 4-26b 中的 144，因此只需标注支承板长方向的定形尺寸 36。

肋板是正平板，主视图是其形状特征视图，主要尺寸标在主视图，肋板的上面是一弧形槽，与轴承外径相等。肋板的长、高方向定形尺寸可计算，不标，36 为宽方向定形尺寸，27 为肋板高方向定位尺寸，89 是长方向定位尺寸，如图 4-26f 所示。

凸台是铅垂圆柱，标径向和轴向尺寸，直径标在非圆视图上，孔的非圆视图是虚线，因此 $\phi36$ 标在俯视图；凸台的高度可由总高 240 计算，不标，如图 4-26g 所示。

最后分形体检查尺寸，检查形体间在三个方向的定位尺寸，完成轴承座的尺寸标注，如图 4-26h 所示。

【例 4-5】 已知压块的三视图，标注其尺寸，如图 4-27a 所示。

解

1）形体分析。压块是切割型的组合体，初始形状是一四棱柱，左上角被正垂面截切，左前下方、左后下方各被一个铅垂面截切，从右向左开矩形通槽。

2）分析压块的尺寸基准。右端面为长方向基准，前、后对称面为宽方向基准，底面为高方向基准，如图 4-27a 所示。

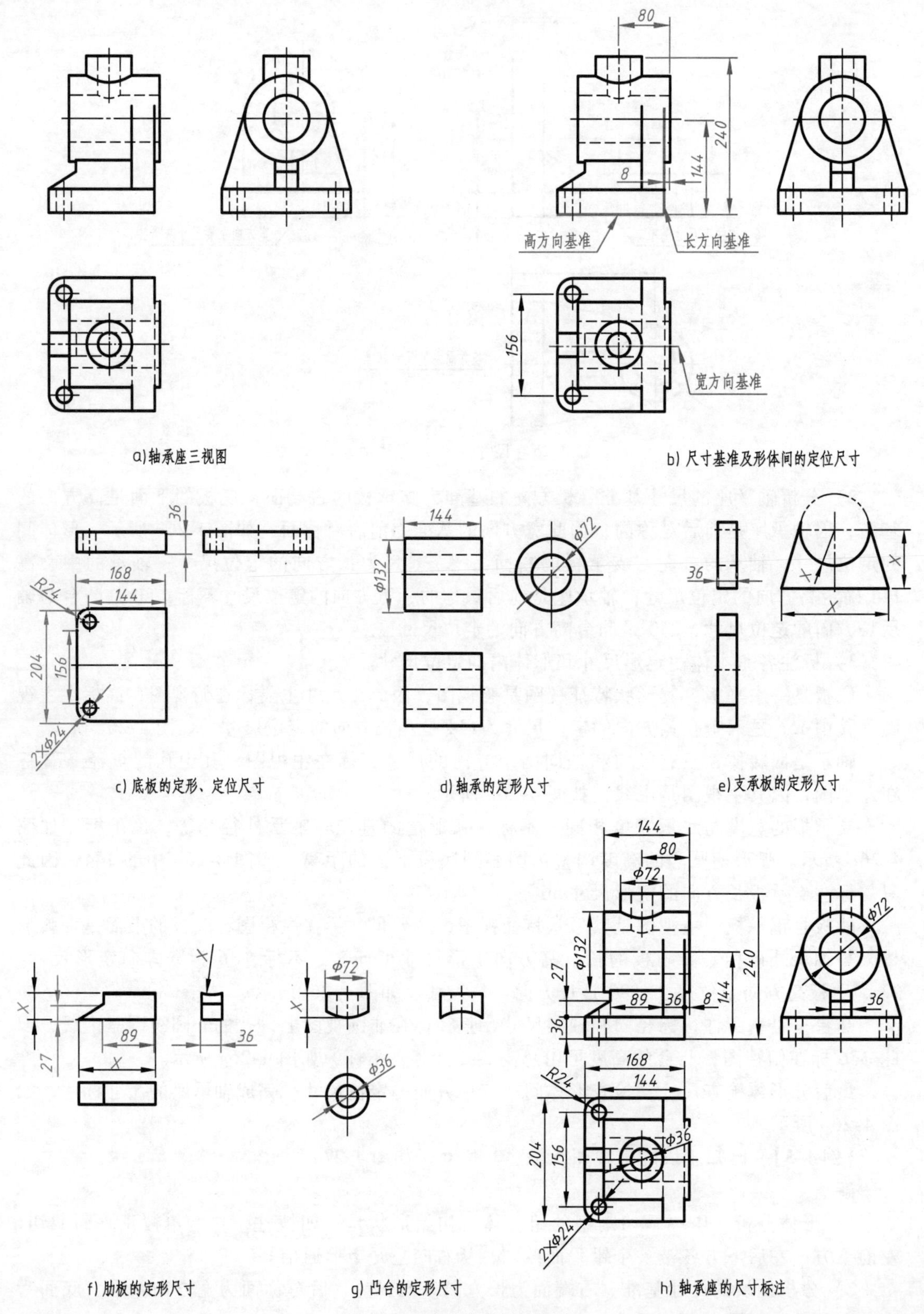

图 4-26　轴承座的尺寸标注

3）标注四棱柱的定形尺寸，再依次标注各截平面的定位尺寸。

标注四棱柱的长 320、宽 210 和高 140，如图 4-27b 所示。

标注正垂面上端长方向的定位尺寸 200；下端与四棱柱的长相等，不标；高方向的定位尺寸与四棱柱的高相等，因此也不标，如图 4-27c 所示。

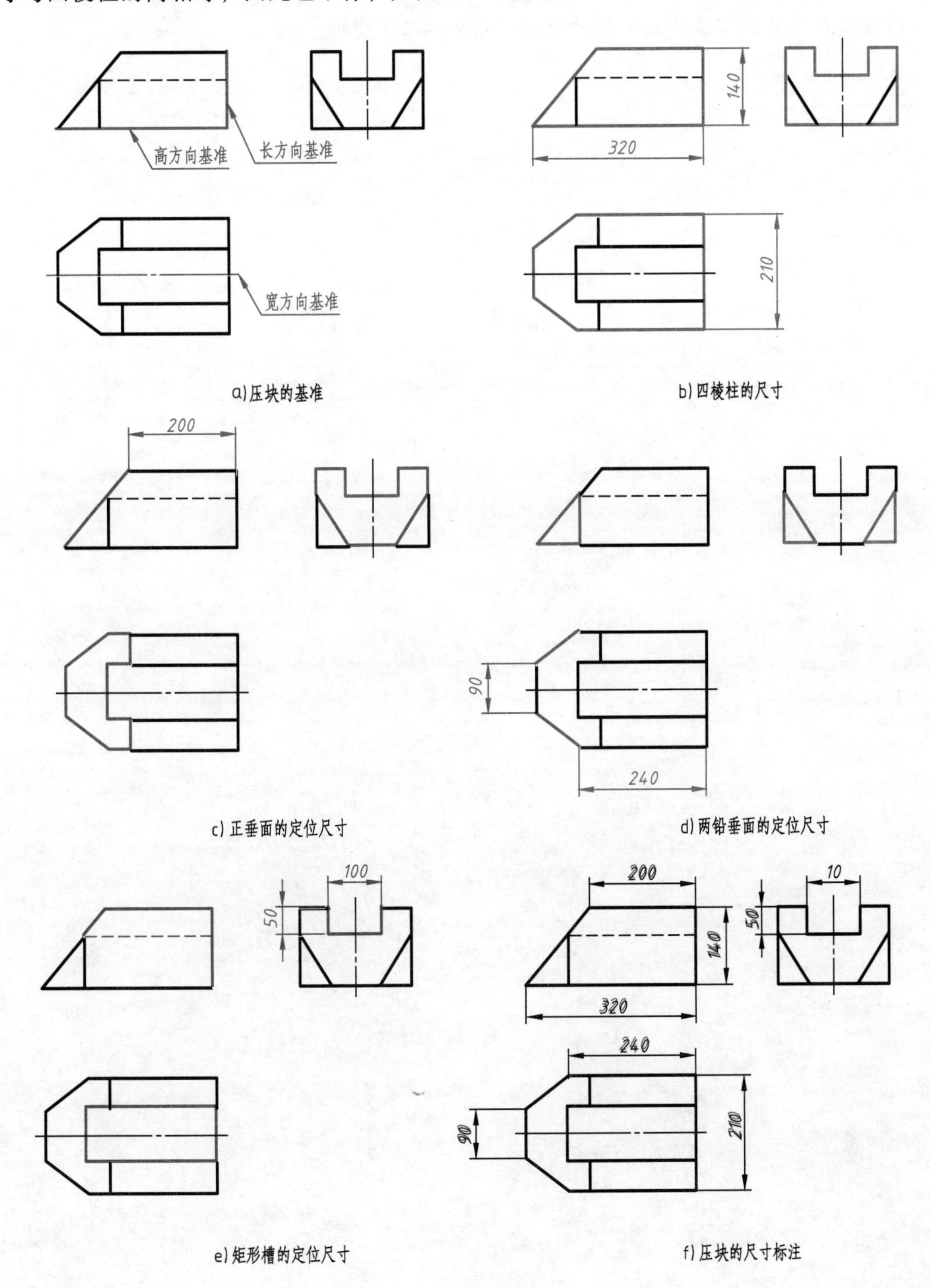

图 4-27 压块的尺寸标注

标注铅垂面长方向定位尺寸 240 和宽方向定位尺寸 90，不标高方向的定位尺寸，因为铅垂面是从四棱柱的顶面切到底面的，如图 4-27d 所示。

集中标注矩形槽宽方向定位尺寸 100 和高方向定位尺寸 50；因矩形槽是通槽，所以不标矩形槽长方向的定位尺寸，如图 4-27e 所示。

检查整理尺寸，完成压块的尺寸标注，如图 4-27f 所示。

第五章　轴　测　图

轴测图是采用平行投影绘制的一种单面投影图，如图5-1所示。这种图能同时反映出物体长、宽、高三个方向的尺度，比多面正投影形象生动，且富有立体感，但作图较繁琐、度量性差，因此在生产中作为辅助图样，用于需要表达物体直观形象的场合。本章介绍轴测图的形成及常用轴测图的绘制方法。

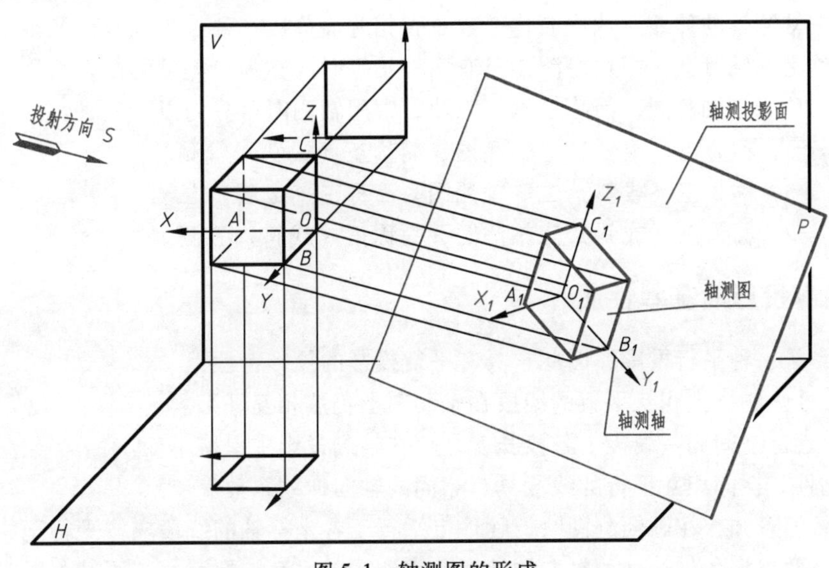

图5-1　轴测图的形成

第一节　轴测图的基本知识

一、轴测图的形成

将物体连同确定其空间位置的直角坐标系，沿不平行于任何坐标平面的方向，用平行投影法将其投射在单一投影面上所得到的图形，称为轴测投影图，简称轴测图，如图5-1所示。

在轴测投影中，生成轴测图的投影面 P 称为轴测投影面，坐标轴 OX、OY、OZ 的轴测投影 O_1X_1、O_1Y_1、O_1Z_1 称为轴测轴。当投射方向 S 垂直于轴测投影面 P 时，所得图形称为正轴测图；当投射方向 S 倾斜于轴测投影面 P 时，所得图形称为斜轴测图。

二、轴向伸缩系数和轴间角

1. 轴向伸缩系数

轴测轴上的单位长度与相应坐标轴上的单位长度的比值，称为轴向伸缩系数，简称伸缩系数。X、Y、Z 轴的伸缩系数分别用 p_1、q_1 和 r_1 表示。从图 5-1 中可以看出

$$p_1=\frac{O_1A_1}{OA},\quad q_1=\frac{O_1B_1}{OB},\quad r_1=\frac{O_1C_1}{OC}$$

为了便于作图，轴向伸缩系数应采用简化的数值，简称简化系数，分别用 p、q 和 r 表示。

2. 轴间角

在轴测图中，两根轴测轴之间的夹角 $\angle X_1O_1Y_1$、$\angle X_1O_1Z_1$ 和 $\angle Y_1O_1Z_1$ 称为轴间角。

三、轴测图的分类

轴测图按轴测轴的伸缩系数或简化系数是否相等而分成三种：当三根轴测轴的伸缩系数都相等时，称为等轴测图，简称等测；只有两根相等时，称为二等轴测图，简称二测；三根都不相等时，称为三轴测图，简称三测。因此，常用轴测图可分为以下三种：

1）$p=q=r$，称为正（或斜）等轴测图，简称正（或斜）等测。

2）$p=r\neq q$，称为正（或斜）二等轴测图，简称正（或斜）二测。

3）$p\neq q\neq r$，称为正（或斜）三轴测图，简称正（或斜）三测。

四、轴测投影的基本性质

轴测投影是一种平行投影，因此它具有平行投影的投影特性：

1）平行性。物体上相互平行的线段在轴测图上仍然相互平行。

2）定比性。空间同一线段上各段长度之比在轴测投影中保持不变。

3）等比性。空间相互平行的线段具有相同的轴向伸缩系数。

由以上特性可知，在画轴测图时，物体上平行于各坐标轴的线段应按平行于相应轴测轴的方向画出，并根据各坐标轴的轴向伸缩系数来测量其尺寸。换言之，画轴测图时，必须沿轴测轴或平行于轴测轴的方向才可以度量，“轴测”也因此而得名。

作物体的轴测图时，应首先选择画哪一种轴测图，接着确定各轴向伸缩系数和轴间角。轴测图按表达清晰和作图方便来绘制，一般 Z 轴常画成铅垂位置；物体的可见轮廓应用粗实线画出，不可见轮廓一般不画，必要时才用细虚线表示。

第二节　正等轴测图

一、轴向伸缩系数及轴间角

如图 5-2a 所示，当三条坐标轴 OX、OY、OZ 处于对轴测投影面倾角相等的位置时，所得到的轴测图就是正等轴测图。正等轴测图的轴间角都是 120°，即 $\angle X_1O_1Y_1=\angle X_1O_1Z_1=\angle Y_1O_1Z_1=120°$；正等轴测图的轴向伸缩系数都相等，即 $p_1=q_1=r_1\approx0.82$。为了作图简便，一般将轴向伸缩系数简化为 1，即 $p=q=r=1$，如图 5-2b 所示。

采用简化系数作图时，沿轴向的所有尺寸都用真实长度量取，简捷方便。由于画出的图形沿各轴向的长度都分别放大了 $1/0.82\approx1.22$ 倍，因此画出的轴测图尺寸被放大了，但图形的形状并未改变，对图形的立体感也无影响，如图 5-3 所示。

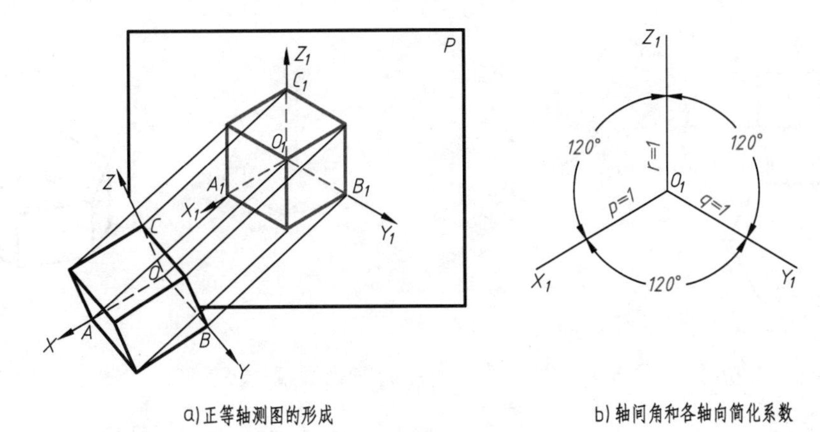

a) 正等轴测图的形成　　b) 轴间角和各轴向简化系数

图 5-2　正等轴测图

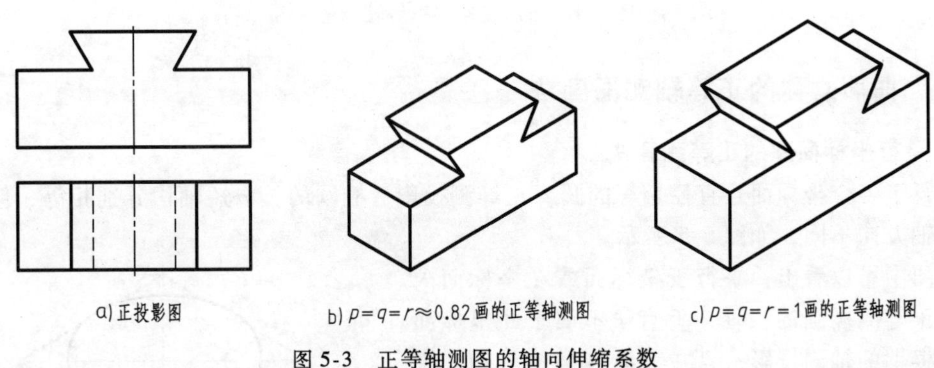

a) 正投影图　　b) $p=q=r\approx0.82$ 画的正等轴测图　　c) $p=q=r=1$ 画的正等轴测图

图 5-3　正等轴测图的轴向伸缩系数

二、平面立体的正等轴测图画法

画轴测图的方法常用坐标法或综合法。坐标法是按坐标画出各顶点轴测图的方法，适用于画简单立体或叠加型物体；综合法用于画切割型物体或综合型物体，一般先用坐标法画出简单立体或叠加物体后，再切割成所画物体的轴测图。

画轴测图的一般步骤：

1）确定坐标原点。根据物体结构特点，考虑到作图方便、有利于按坐标关系定位和度量，并尽可能减少作图线来确定原点，一般选在物体的对称轴线上，且放在顶面或底面处。

2）根据轴间角，画轴测轴。

3）按点的坐标作点、直线的轴测图，然后根据物体结构，依次作图，最后连成物体的正等轴测图。注意不可见棱线通常不画出。

4）检查，擦去多余图线并描深。

【例 5-1】 根据图 5-4a 所示正六棱柱的主、俯视图，画出它的正等轴测图。

分析 正六棱柱上、下底面为水平面，且为对称图形，棱线为铅垂线，所以选择直角坐标系时，直角坐标轴可按对称位置选取，坐标原点设在上底面中心，则六棱柱上底面的顶点 1、3 在 OX 轴上，各侧棱线平行于 OZ 轴。画正六棱柱正等轴测图时采用坐标法作图，先确定点 1、2、3、4，画出上底面各棱线，然后作平行于 O_1Z_1 轴的侧棱，最后连接上、下底面各可见顶点。作图过程如图 5-4b、c、d 所示。

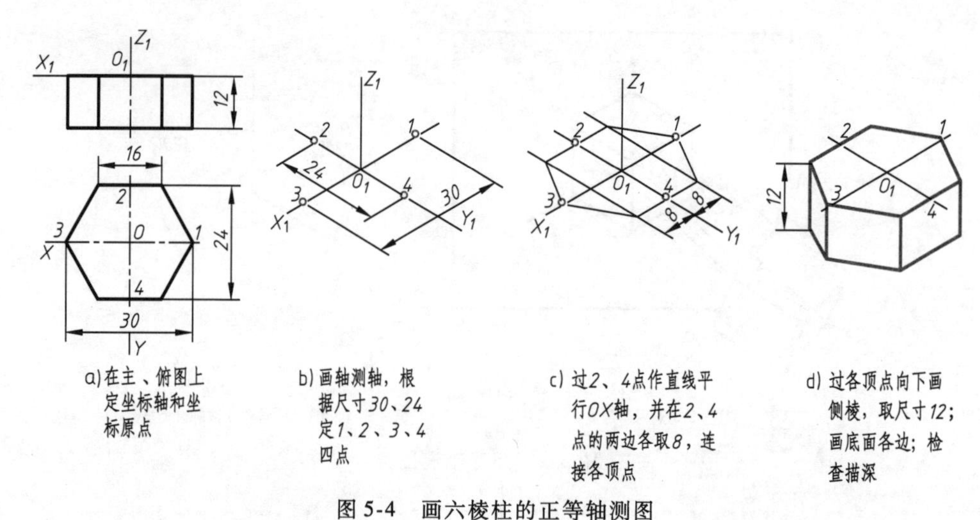

a)在主、俯图上定坐标轴和坐标原点　b)画轴测轴，根据尺寸30、24定1、2、3、4四点　c)过2、4点作直线平行OX轴，并在2、4点的两边各取8，连接各顶点　d)过各顶点向下画侧棱，取尺寸12；画底面各边；检查描深

图 5-4　画六棱柱的正等轴测图

三、曲面立体的正等轴测图画法

1. 平行坐标面圆的正等测画法

平行于各个坐标面且直径相等的圆，正等测投影后椭圆的长、短轴均分别相等，但椭圆长、短轴方向不同，如图 5-5 所示。

从图中可以看出，平行于坐标面或在坐标面内的圆的正等测椭圆的长轴，垂直于不属于此坐标面的第三根轴的轴测投影，且在菱形（圆的外切正方形的轴测投影）的长对角线上；短轴则平行于这条轴测轴，且在菱形的短对角线上。

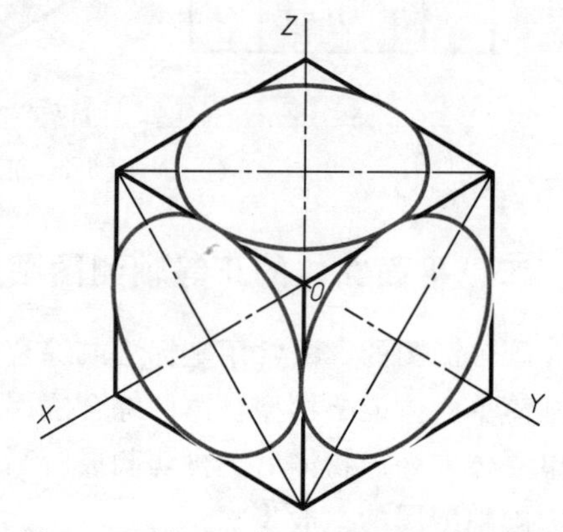

图 5-5　平行于坐标面的圆的正等轴测图

为简化作图，正等轴测图中的椭圆可采用 4 段圆弧连接的近似画法——四心法作椭圆。现以平行于 *XOY* 坐标面的圆的正等轴测图画法为例，说明其作图方法，如图 5-6 所示。平行于另两坐标面圆的正等轴测图（椭圆）的画法与此相同，仅椭圆长、短轴方向不同。

【例 5-2】　画出如图 5-7a 所示圆柱的正等轴测图。

分析　将坐标原点选在顶圆上，*Z* 轴与圆柱的轴线重合，先确定上、下底圆的圆心，用四心法作圆的正等轴测图椭圆（下底圆可只画可见部分），最后作两椭圆的外公切线（平行于 *Z* 轴）。作图过程如图 5-7b、c、d 所示。

如要画图 5-8a 所示开槽圆柱的正等轴测图，可以在画图 5-7 圆柱正等轴测图画法的基础上，按图 5-8b ~ e 所示画法，即可完成作图。

2. 圆角的正等测画法

圆角是圆的一部分，其正等测画法与圆的正等测画法相同。从图 5-6 中可以看出，菱形的钝角与大圆弧相对，锐角与小圆弧相对；菱形相邻两边的中垂线的交点就是圆弧的圆心。因此画圆角正等测图时，只要在作圆角的边上量取圆角半径 *R*，自量得的点作边线的垂线，

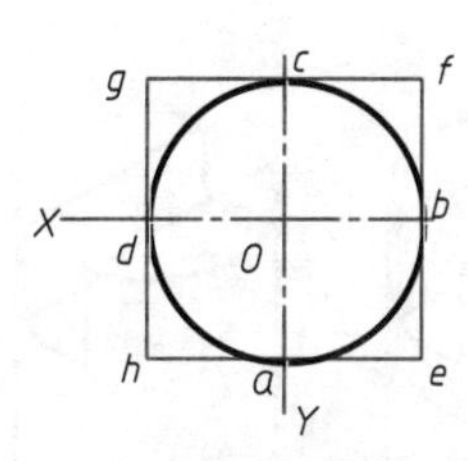

a) 以圆心为坐标原点，两中心线为坐标轴，画圆的外切正方形 *EFGH*

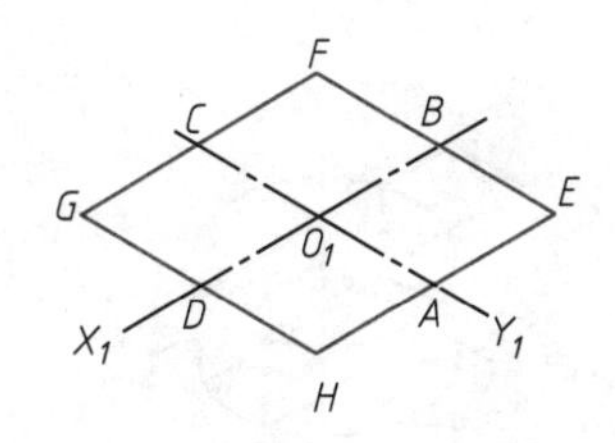

b) 画轴测轴 O_1X_1、O_1Y_1，按圆的直径作 *A*、*B*、*C*、*D* 四点，得菱形 *EFGH*

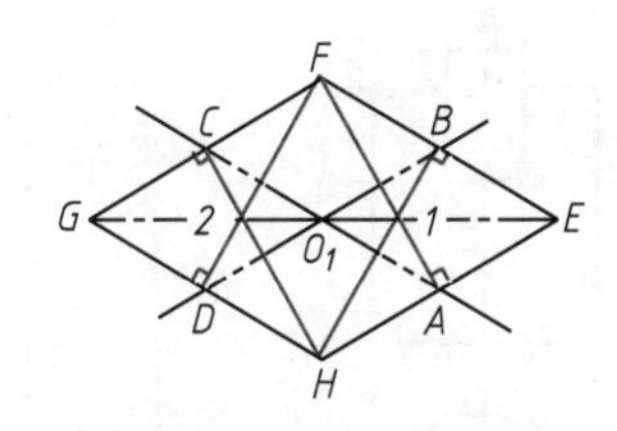

c) 分别连接 *FD*、*FA* 和 *HB*、*HC*，并与长对角线 *GE* 交于 1、2 两点，*F*、*H*、1、2 为四段圆弧的圆心

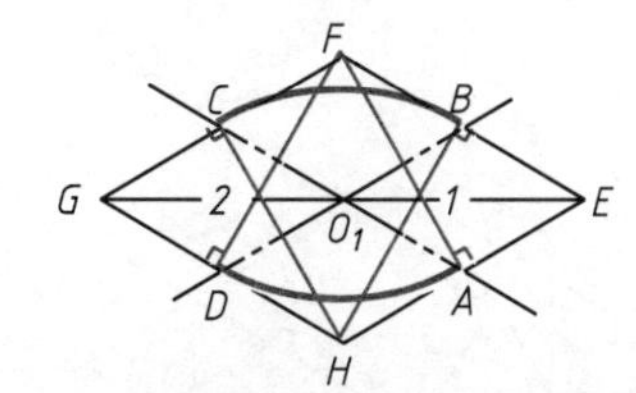

d) 分别以 *F*、*H* 为圆心，以 *HB* 为(或 *HC*、*FD*、*FA*)为半径画大圆弧 *BC* 和 *AD*

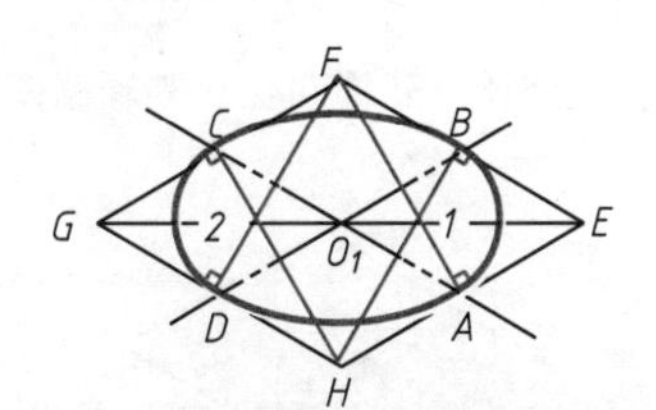

e) 分别以 1、2 为圆心，以 1*A*(或 2*D*、2*C*、1*B*)为半径画小圆弧 *AB*、*CD*

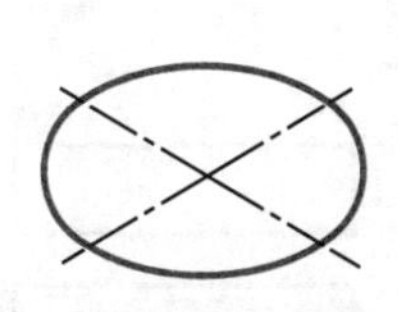

f) 擦去作图辅助线，描深图线，完成作图

图 5-6 平行于坐标面圆的正等轴测图——近似椭圆的画法

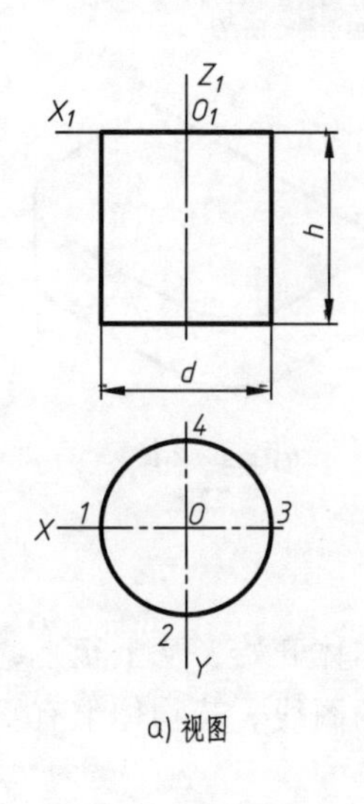

a) 视图

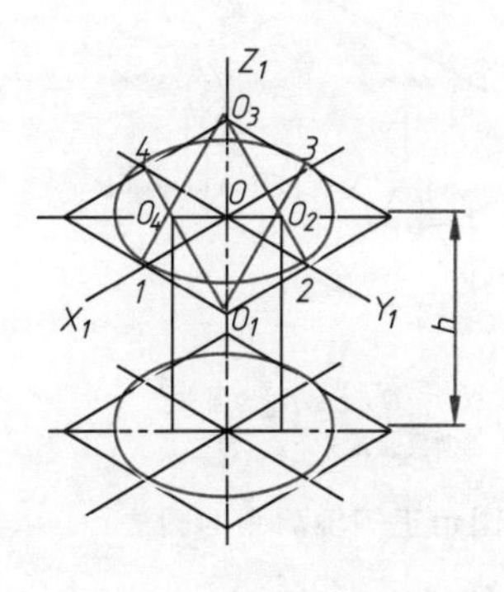

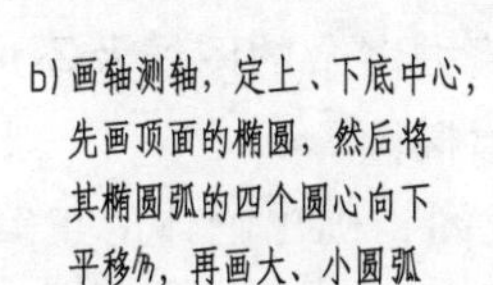

b) 画轴测轴，定上、下底中心，先画顶面的椭圆，然后将其椭圆弧的四个圆心向下平移*h*，再画大、小圆弧

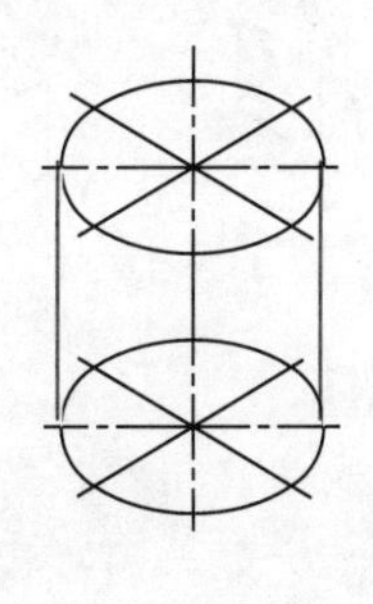

c) 作出圆柱两边轮廓线(作两椭圆的公切线，即长轴端点的连线)

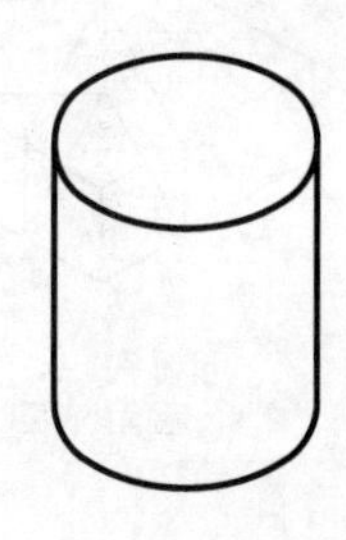

d) 擦去多余线，描深图线

图 5-7 圆柱正等轴测图的画法

然后以两垂线交点为圆心，以交点至垂足的距离为半径画圆弧，所得圆弧即为圆角的正等轴测图，其作图过程如图 5-9b ~ f 所示。

四、画法举例

画物体的正等轴测图时，一般采用简化系数。对叠加型或综合型物体先进行形体分析，

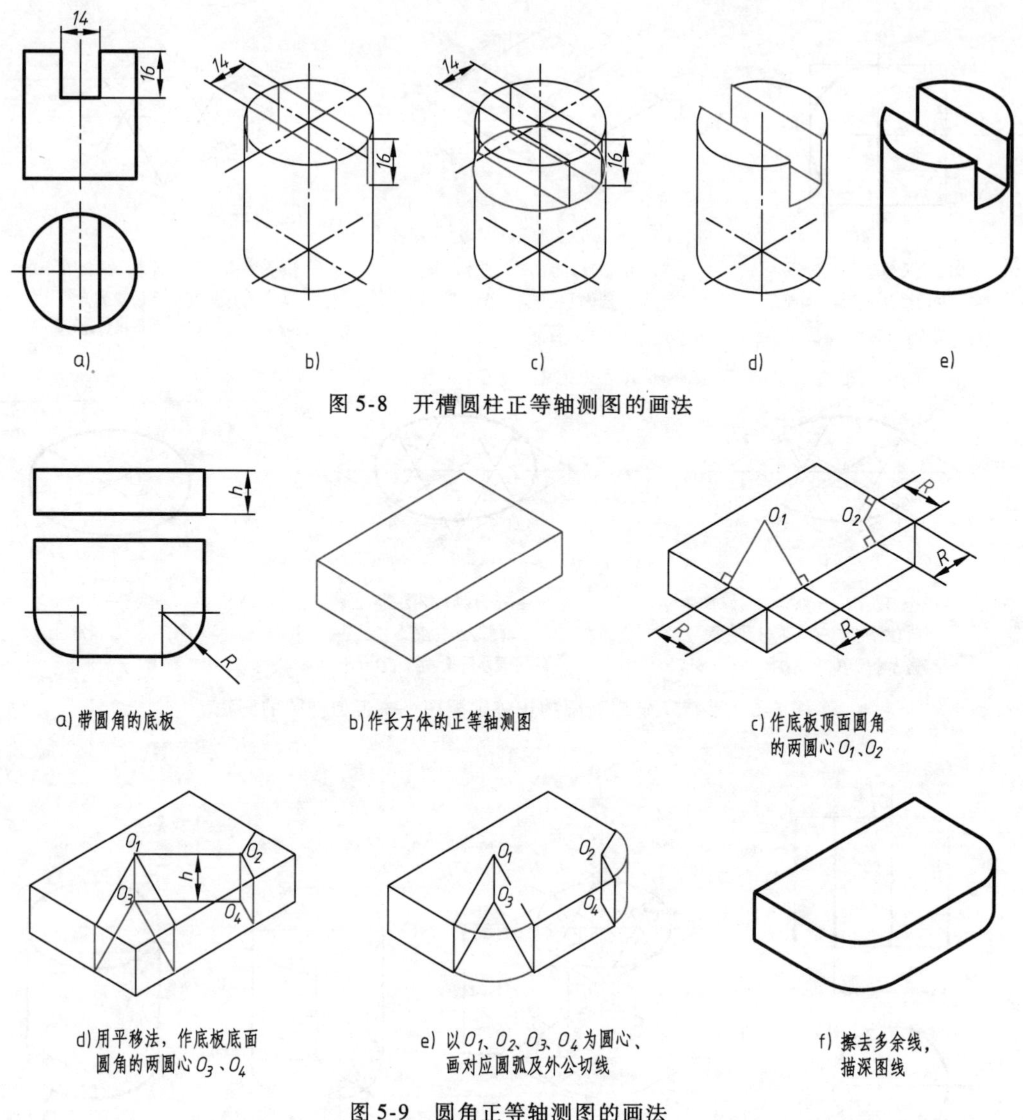

图 5-8　开槽圆柱正等轴测图的画法

图 5-9　圆角正等轴测图的画法

然后在物体的投影图上确定坐标系，再根据物体的结构特点，自基本体开始，从上至下，从前至后，按相对位置一个一个画出，最后擦去多余的图线及不可见的图线。若物体上有平行于坐标面的圆或圆弧时，则用四心法作近似椭圆。

【例 5-3】　根据图 5-10a 所示的物体视图，画出物体的正等轴测图。

分析　由物体的三视图可知，该物体属于切割体，由辅助长方体被一个正垂面切去左上角后，再由正平面和水平面切去前上部分而成。用综合法画出，作图过程如图 5-10b ~ e 所示。

【例 5-4】　作出如图 5-11a 所示支架的正等轴测图。

分析　由图可知，支架由底板、支承板和肋板组成。支承板的顶部是圆柱面，两侧的斜壁与圆柱面相切，中间有一圆柱通孔；底板是带圆角的长方形，左、右两边有与圆角同心的圆柱通孔；左右对称面上的肋板与支承板、底板相交。作图过程如图 5-11b ~ g 所示。

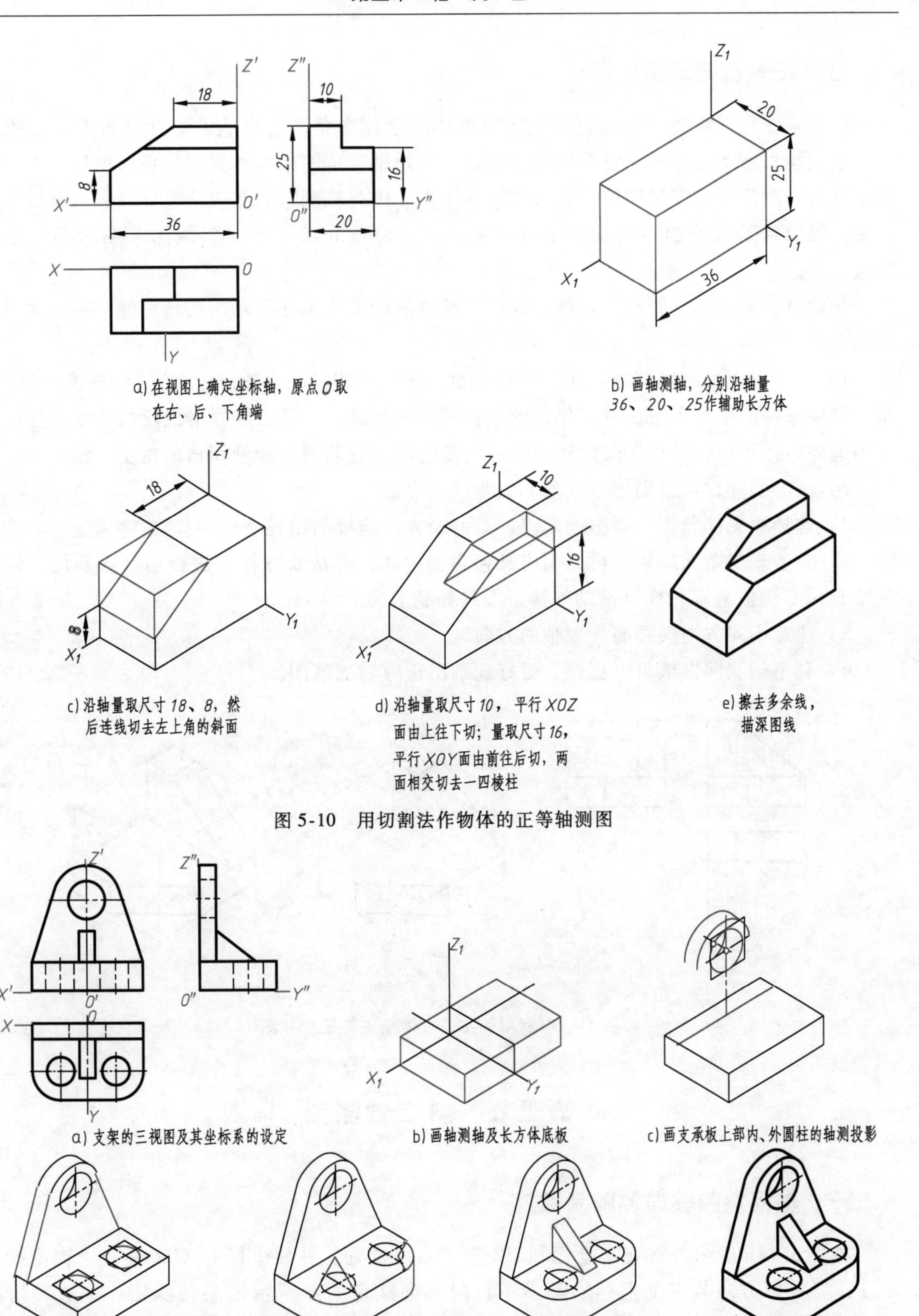

图 5-10　用切割法作物体的正等轴测图

图 5-11　作支架的正等轴测图

五、正等轴测草图的画法

轴测草图作图快捷、又能直观地反映物体的立体形状，所以非常适合分析多面正投影图，表达构思结构。在学习投影图的过程中，可用轴测草图来表达空间构想的模型；在产品技术交流、产品介绍等过程中，也常用轴测草图。因此轴测草图是表达设计思想的有效工具之一。轴测草图的绘制一般是手工绘制的，下面简单介绍一下正等轴测草图的手工绘制方法。

画物体正等轴测草图时，除掌握好正等轴测图的画法和徒手草图的画法外，还应注意以下几点：

1）尽量目测画准轴测轴夹角，一般先画 Z 轴，画 X 轴、Y 轴时注意与水平线成30°夹角。掌握好各部分的大致比例，保证图形比例基本准确，尽量目测画准线段的长度，且同方向图线要相互平行，平行于坐标轴图线的角度应和正等轴测图的轴间角的角度一致。

2）图形的缩放可借助等分线段和对角线来完成。

3）选择可见部分作为画图的起点，沿一个方向连续画出整个图形。

4）对于较复杂的形体，可先画出其包容长方体，再从长方体上进行切割或叠加，如图5-12所示；圆或椭圆轮廓可借助外接正方形和菱形画出。

5）注意不同方向椭圆的长短轴的方向。

6）利用轴测网格纸可以更快、更好地画出正等轴测草图。

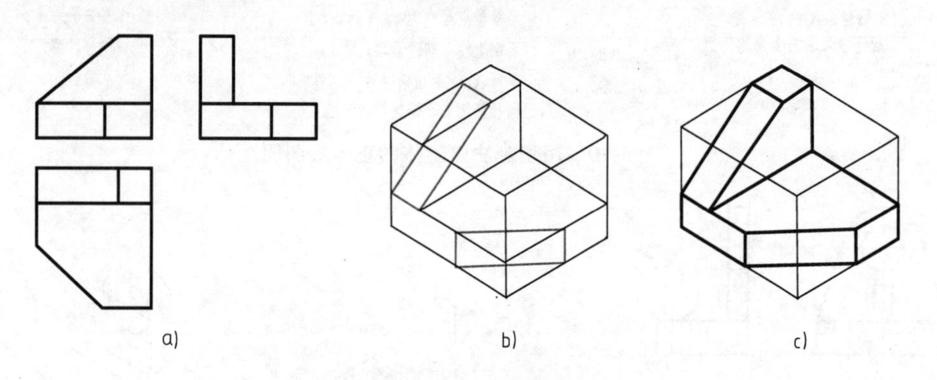

图5-12　利用外接长方体画正等轴测草图

第三节　斜二轴测图

一、轴间角和轴向伸缩系数

如图5-13a所示，将直角坐标轴 OZ 置于铅垂位置，并使坐标面 XOZ 平行于轴测投影面 P，且投影方向与三个坐标轴都不平行时得到红色图形所示的斜轴测图。在这种情况下，轴测轴 O_1X_1 和 O_1Z_1 仍为水平方向和铅垂方向，轴向伸缩系数 $p=r=1$，物体上平行于坐标面 XOZ 的直线、曲线和平面图形在这样的斜轴测图中都反映实长和实形；而轴测轴 O_1Y_1 的方向和轴向伸缩系数 q，可随投射方向的变化而变化，当取 $q\neq1$ 时，即为一种斜二轴测图。

图 5-13b 所示为本节所介绍的一种常用正面斜二轴测图。它的轴间角及各轴向伸缩系数为：$\angle X_1O_1Z_1=90°$，$\angle X_1O_1Y_1=\angle Y_1O_1Z_1=135°$；$p=r=1$，$q=0.5$。

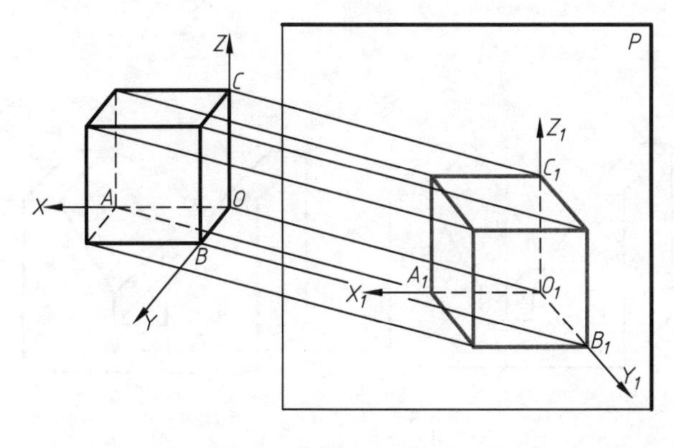

a) 斜二轴测图的形成

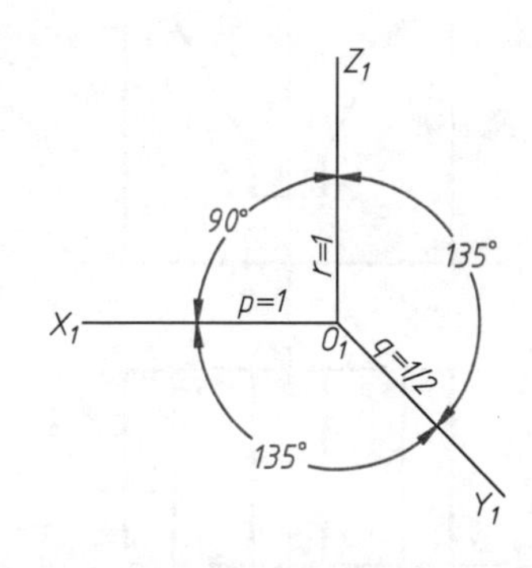

b) 轴间角和各轴向伸缩系数

图 5-13　斜二轴测图

二、画法举例

斜二轴测图的正面图形（平行于 XOZ 面的）能反映物体正面的真实形状。特别当物体正面有圆和圆弧时，投影仍是大小相同的圆，所以作图简单方便，这是它的最大优点。因此，斜二轴测图适用于物体在正面上多圆或多圆弧的情形。

【例 5-5】　根据图 5-14a 所示支座的视图，画出它的斜二轴测图。

分析　支座由底部带凹槽的四棱柱和一个"U"型柱经叠加而成，它们的厚度一致。支座的前、后上端面都是半圆柱，因此将前、后端面放成与坐标面 XOZ 平行的位置，作图较为方便。作图方法及步骤如图 5-14b、c、d 所示。

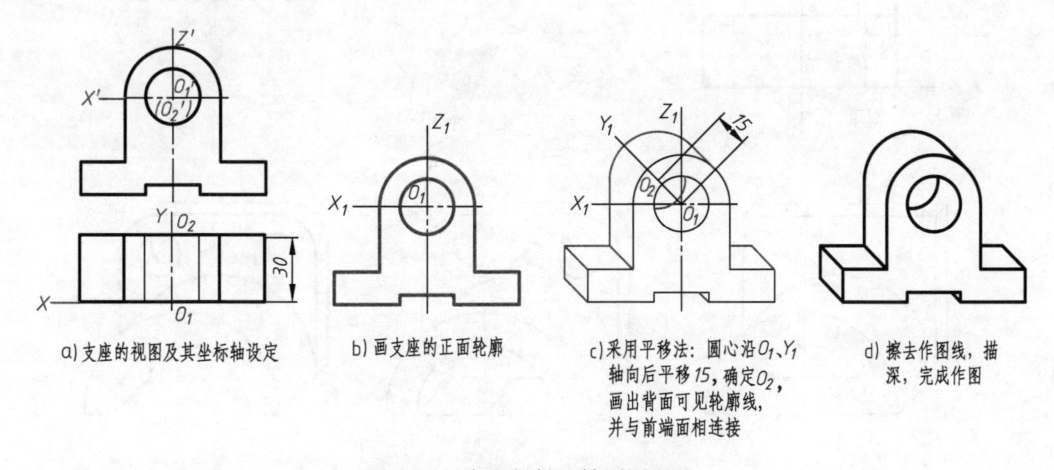

a) 支座的视图及其坐标轴设定　b) 画支座的正面轮廓　c) 采用平移法：圆心沿 O_1、Y_1 轴向后平移 15，确定 O_2，画出背面可见轮廓线，并与前端面相连接　d) 擦去作图线，描深，完成作图

图 5-14　支座的斜二轴测图画法

【例 5-6】　根据图 5-15a 所示 V 型垫块的视图，画出它的斜二轴测图。

分析　作图过程如图 5-15 所示：设置坐标轴，如图 5-15a 所示；画轴测轴，画 V 型垫块的正面轴测图，过正面各棱线的端点作直线与 Y 轴平行，并使其长度等于垫块宽度的一半，然后依次连接所得的各端点，如图 5-15b 所示；擦去多余图线，描深，完成作图，如图 5-15c 所示。

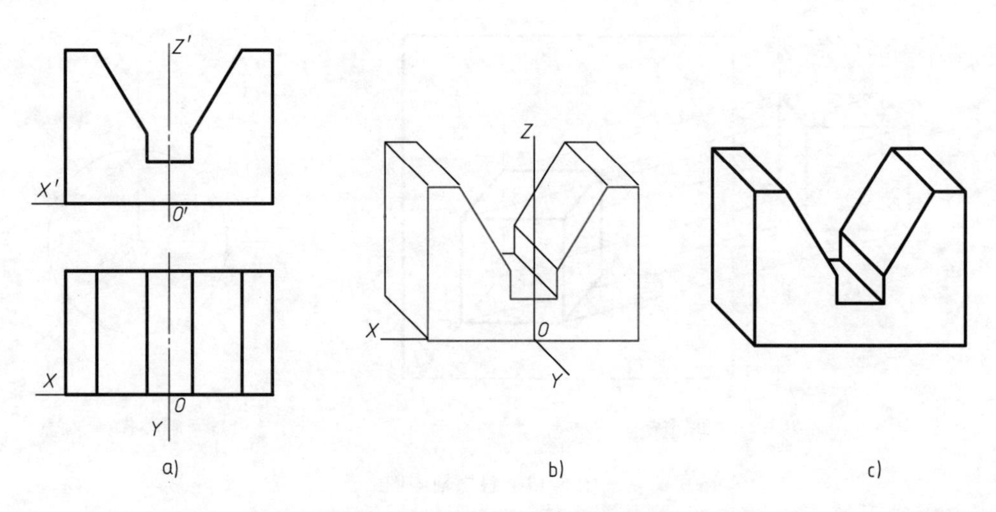

图 5-15　V 型垫块的斜二轴测图画法

【例 5-7】　根据图 5-16a 所示组合形体的视图，画出它的斜二轴测图。

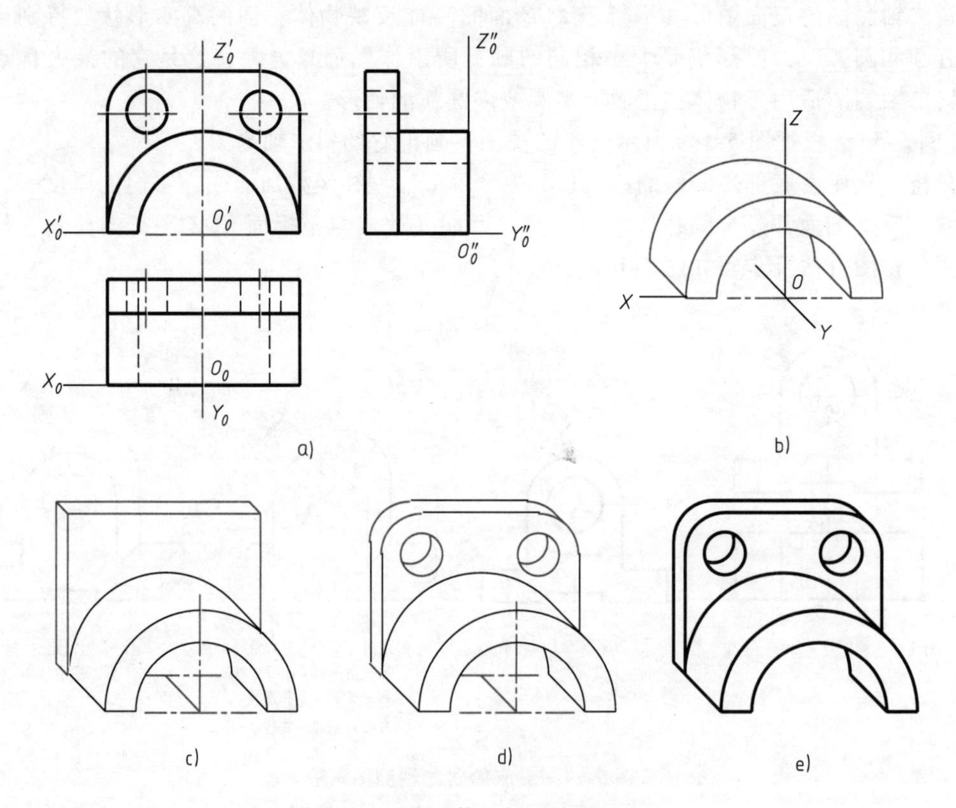

图 5-16　组合形体的斜二轴测图画法

分析　作图过程如图 5-16 所示：设置坐标轴，如图 5-16a 所示；画轴测轴及下部的空心半圆筒，如图 5-16b 所示；画立板长方体，如图 5-16c 所示；画立板的小孔和圆角，如图 5-16d 所示；擦去多余图线，注意可见性，描深，完成作图，如图 5-16e 所示。

第四节　轴测剖视图

为了表达物体的内部结构形状或装配体的工作原理及装配关系，可以假想用剖切平面将组合体或装配体剖开，用轴测剖视图来表达。这种以剖视图形式画出的轴测图，称为轴测剖视图。

一、剖切平面的位置

在轴测剖视图中，为了将组合体的内外形状或装配体的工作原理及装配关系表达明显、清晰，且尽量减少对物体完整性的影响，通常采用两个平行于坐标面的相交平面来剖切组合体或装配体的 1/4，如图 5-17a 所示，一般不采用切去一半的形式，如图 5-17b 所示，以免破坏组合体或装配体的完整性，也要避免选择不恰当的剖切位置，如图 5-17c 所示。

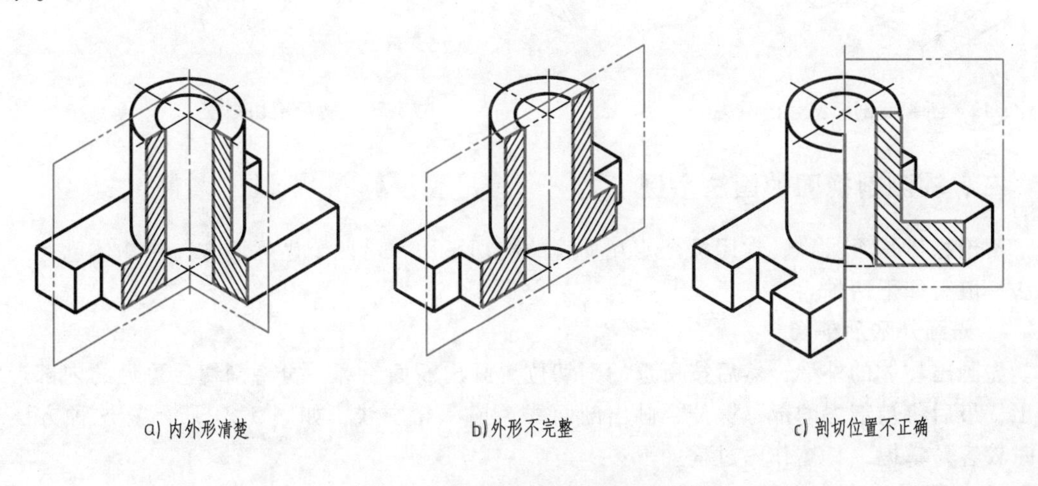

图 5-17　轴测剖视图的剖切位置

二、剖面线的画法

用剖切平面剖切组合体或装配体所得的断面要填充剖面符号以区别于未剖切到的区域。不论什么材料的剖面符号，一律画成等距、平行的细实线，称为剖面线。剖面线方向随不同的轴测图的轴测轴方向和轴向伸缩系数而有所不同，如图 5-18 所示。

表示零件中间折断或局部断裂时，断裂处的边界线应画波浪线，并在可见断裂面内加画细点以代替剖面线，如图 5-19 所示。

剖切平面通过零件的肋板或薄壁等结构的纵向对称平面时，这些结构不画剖面符号，而用粗实线将它与邻接部分分开，如图 5-20a 所示；在图中表现不够清晰时，也可以在肋板或薄壁部位用细点表示被剖切部分，如图 5-20b 所示。

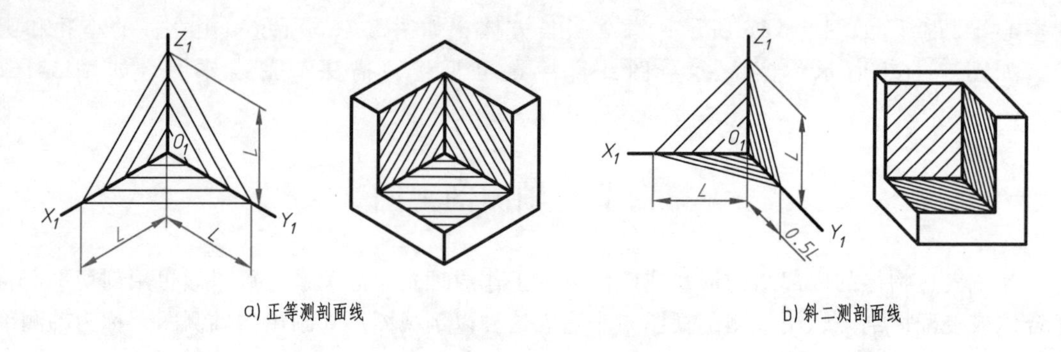

图 5-18　轴测剖视图中剖面线的画法

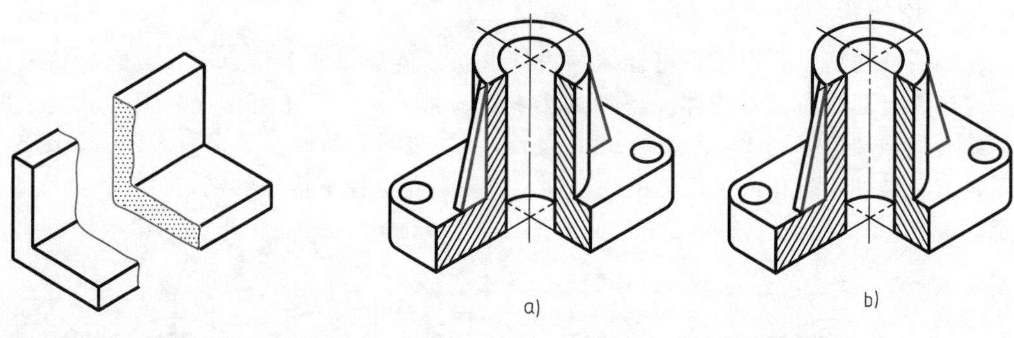

图 5-19　断裂面剖面符号的画法

图 5-20　肋板剖切画法

三、轴测剖视图的画法举例

不论物体是否对称，常用两个相互垂直的剖切平面，沿两个坐标面方向将物体剖开，其画法一般有如下两种。

1. 先画外形后剖切

先画出物体的外形，然后按所选的剖切位置画出断面轮廓，再将剖切后可见的内部形状画出，最后将被剖去的部分擦掉，画出剖面线，描深轮廓线，如图 5-21 所示。这种方法初学时较容易掌握，具体作图过程如下：

1）确定坐标轴的位置，如图 5-21a 所示。

2）画带阶梯孔圆筒的轴测图，如图 5-21b 所示。

3）用两个相互垂直的剖切平面沿坐标面 *XOZ* 和 *YOZ* 剖切，画出断面的形状和剖切后内形可见部分的投影，如图 5-21c 所示。

4）擦掉多余的线，在断面上画剖面线，描深图线，完成作图，如图 5-21d 所示。

2. 先画断面后画外形

先画出断面形状，然后画出与断面有联系的形状，再将其余剖切后可见形状画出并描深，如图 5-22 所示。这种画法可减少不必要的作图线，使作图相对简便，对于内、外形状比较复杂的物体较为适宜。具体作图过程如下：

1）确定坐标轴的位置，如图 5-22a 所示。

2）根据剖切位置，画出断面形状，并在断面上画剖面线，如图 5-22b 所示。

3）画出剖切平面后可见部分的投影，如图 5-22c 所示。

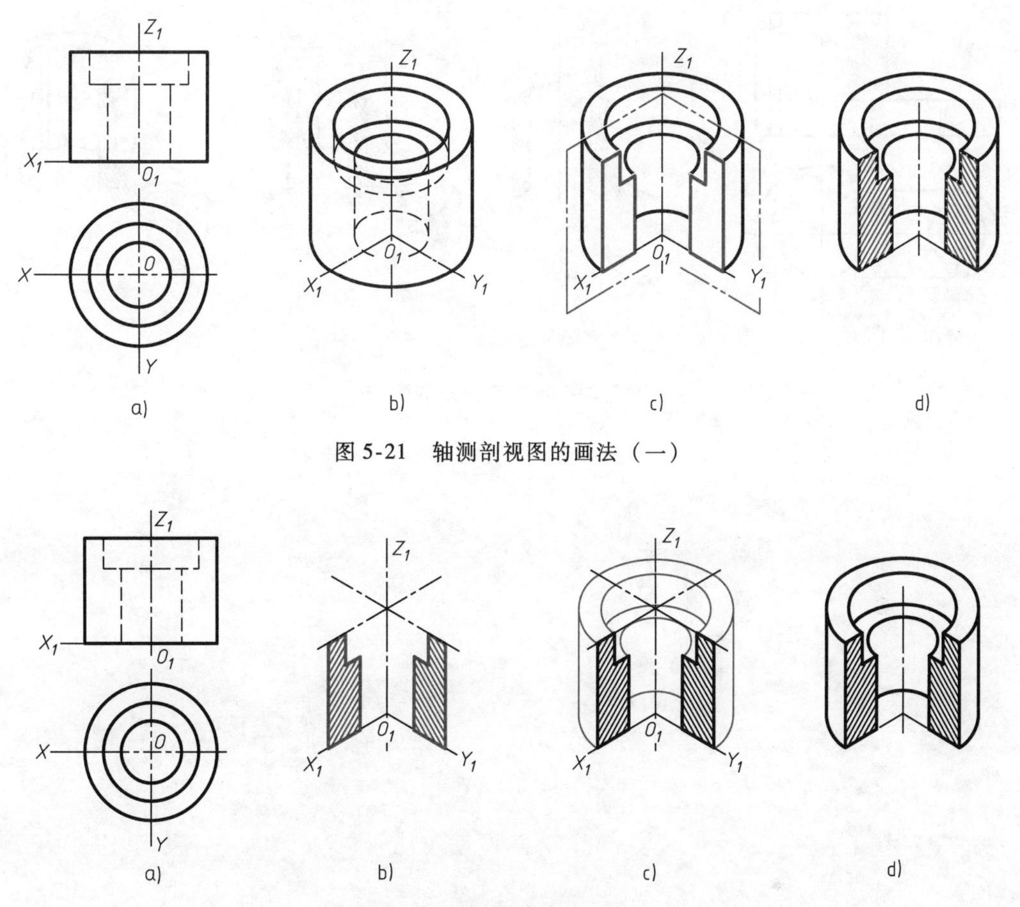

图 5-21 轴测剖视图的画法（一）

图 5-22 轴测剖视图的画法（二）

4）擦掉多余的线，描深图线，完成作图，如图 5-22d 所示。

【例 5-8】 根据图 5-23a 所示组合形体的视图，画出其正等轴测剖视图。

分析 作图过程如图 5-23 所示：画整体外形，如图 5-23b 所示；画断面形状及其剖切后可见部分，如图 5-23c 所示；擦去多余线，描深图线，如图 5-23d 所示。

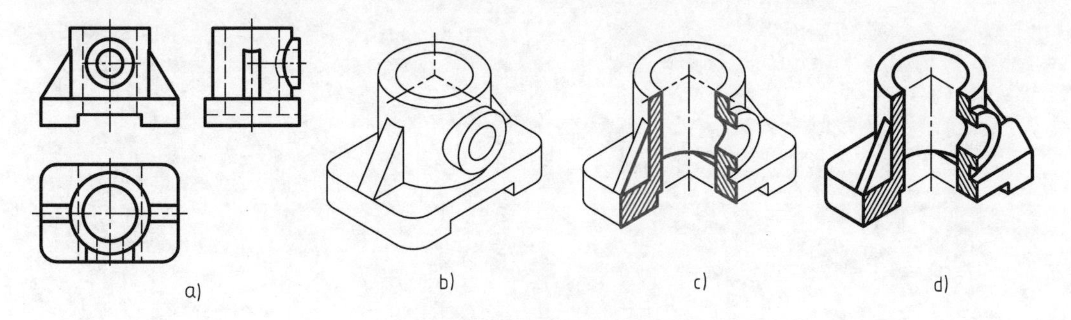

图 5-23 轴测剖视图的画法

【例 5-9】 根据图 5-24a 所示组合形体的视图，画出其正等轴测剖视图。

分析 作图过程如图 5-24 所示：画断面形状及其剖面线，如图 5-24b 所示；画剖切平面后可见部分的投影，如图 5-24c 所示；擦去多余线，描深图线，如图 5-24d 所示。

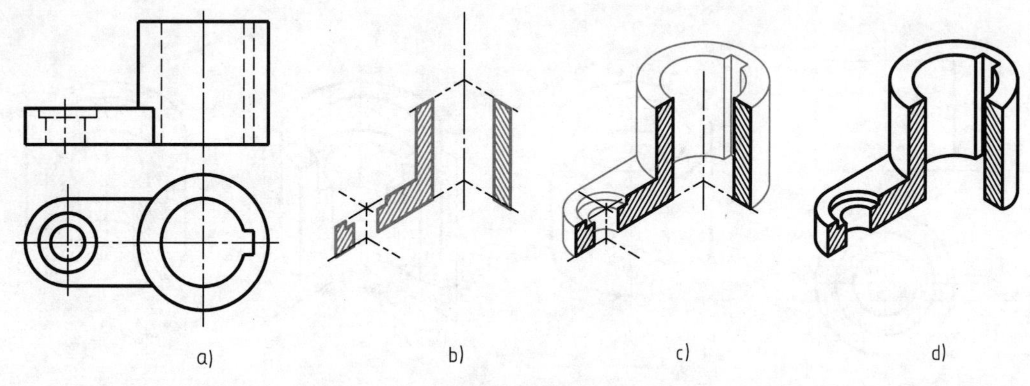

图 5-24　轴测剖视图的画法

第六章　机件常用表达方法

在生产实际中机件的结构形状是多种多样的，有些简单的机件只用一个或两个视图并注上尺寸就可以表达清楚了，而有些比较复杂的机件，仅用前面介绍的三视图难以表达清楚，还必须增加表达方法。因此要把机件的内外结构形状表达正确、完整、清晰、简练，必须根据机件的结构特点以及复杂程度，采用适当的表达方法。国家标准《技术制图　图样画法　视图》（GB/T 17451—1998）和《机械制图　图样画法　视图》（GB/T 4458.1—2002）规定了视图、剖视图、断面图等表达方法，供绘图时选用。本章将重点介绍视图、剖视图、断面图及局部放大图和图样简化画法等各种表达方法。

第一节　视　　图

视图是根据有关标准和规定，用正投影法绘制出物体的图形。机件外部结构形状用视图表达，一般只画出机件的可见部分，必要时才用虚线画出不可见部分。视图通常有基本视图、向视图、局部视图和斜视图四种。

一、基本视图

基本视图是机件向基本投影面投射所得的视图。前面已介绍了用主、俯、左三视图表达机件的结构形状。在原有三个基本投影面（正面 V、水平面 H 和右侧面 W）的基础上，再增加三个基本投影面构成一个正六面体，如图 6-1a 所示。将机件放置在正六面体中，分别向六个基本投影面投射，即可得到六个基本视图，如图 6-1b 所示。

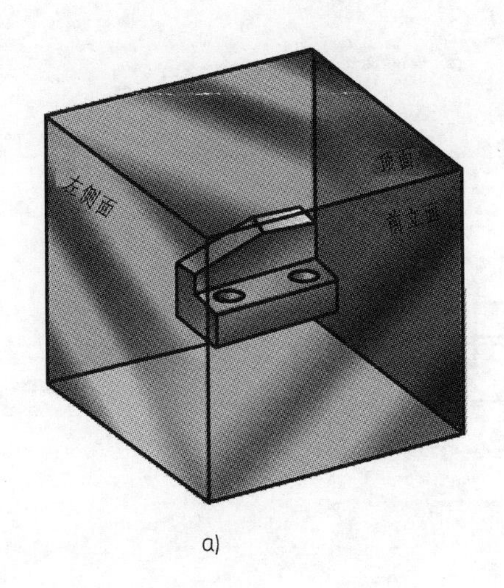

a)

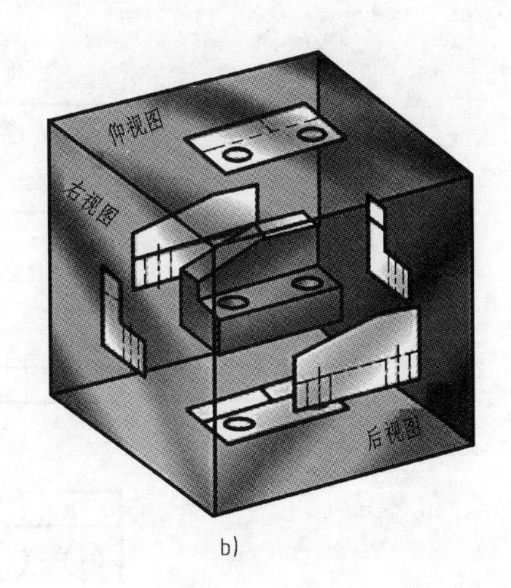

b)

图 6-1　基本视图的形成

基本视图分别是：

主视图——由前向后投射所得的视图；

俯视图——由上向下投射所得的视图；

左视图——由左向右投射所得的视图；

右视图——由右向左投射所得的视图；

仰视图——由下向上投射所得的视图；

后视图——由后向前投射所得的视图。

六个基本投影面的展开如图 6-2 所示。各基本投影面以正面 V 为基准展开成同一平面得到六个基本视图的分布位置，六个基本视图按图 6-3 所示配置时，一律不标注视图的名称。

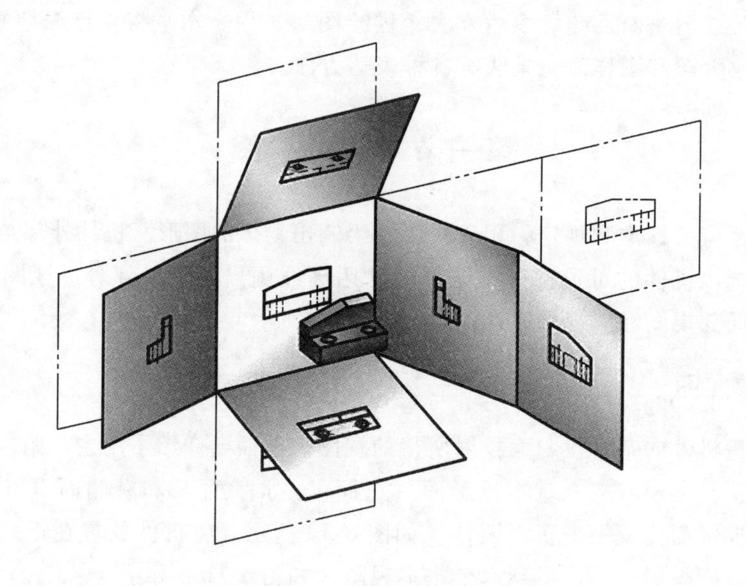

图 6-2　六个基本投影面的展开

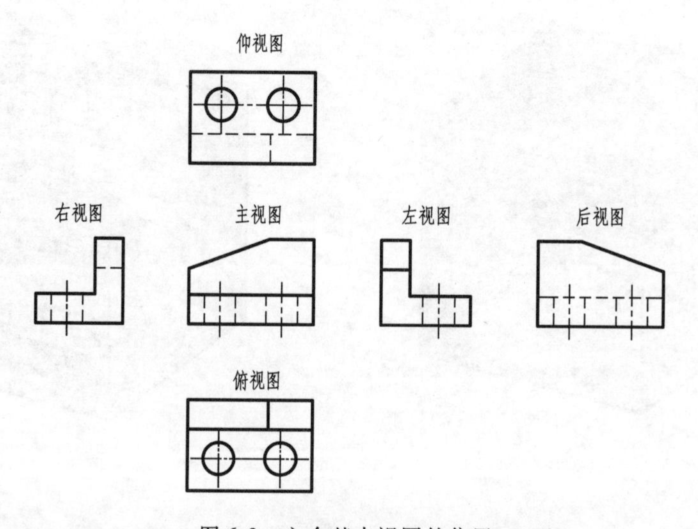

图 6-3　六个基本视图的位置

投影面展开之后，六个基本视图之间仍保持“长对正、高平齐、宽相等”的三等关系，各投影图遵循以下规律：

1）主、俯、仰视图“长对正”，后视图与主、俯、仰视图“长相等”。

2）主、左、右、后视图“高平齐”。

3）俯、左、仰、右视图“宽相等”。

六个基本视图的方位关系，除后视图外，其他视图远离主视图的一侧均表示机件的前方，靠近主视图的一侧均表示机件的后方，即“里后外前”。而后视图与主视图反映机件的上下方位是一致的，但左右方位则正好相反。

实际使用时，并非要将六个基本视图都画出来，而是根据机件形状的复杂程度和结构特点，选择需要的基本视图，在明确表达机件的前提下，应使视图（包括后面所讲的剖视图和断面图）数量为最少。

二、向视图

为了合理利用图面，基本视图不按图 6-3 所示位置关系配置，而是摆放在其他位置上，这种可以自由配置的基本视图，称为向视图。为便于读图，应在向视图的上方标注其名称“×”（×为大写的拉丁字母），在相应视图的附近用箭头指明投射方向，并注上相同的字母，如图 6-4 所示。

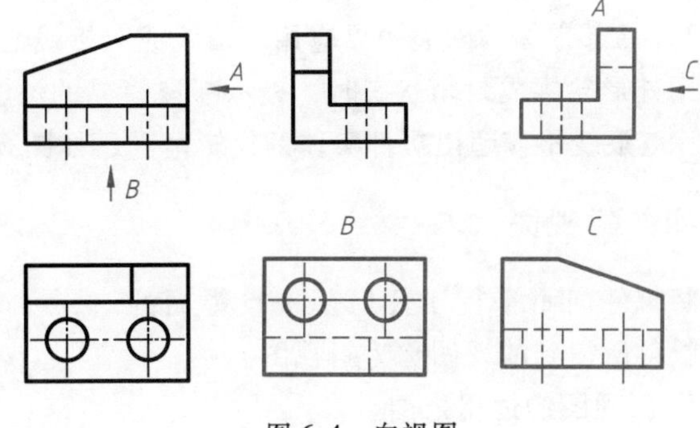

图 6-4　向视图

向视图的配置、画法及标注：

1）向视图的位置可自由配置，但应标注。

2）向视图与基本视图的配置有别，但视图的画法是相同的。

3）向视图的标注，表示名称的字母一律水平书写。

三、局部视图

将机件的某一部分向基本投影面投射所得的视图称为局部视图。

局部视图适用于当机件的主体形状已由一组基本视图表达清楚，而机件上仍有部分结构尚需表达，但又没有必要再画出完整的基本视图时的场合。如图 6-5a 所示的机件，用主、俯两个基本视图已清楚地表达了主体形状，但为了表达左、右两个凸缘形状，再增加左视图和右视图就显得繁琐和重复，此时可采用两个局部视图，只画出所需表达的左、右凸缘形状，则表达方案既简练又突出了重点。

局部视图的配置、画法及标注：

1）局部视图可按基本视图的形式配置，当局部视图按投影关系配置，中间又没有其他图形隔开时，可省略标注，如图 6-5b 所示局部视图 A。

2）局部视图也可按向视图的形式配置在适当的位置，但应在局部视图的上方标注其名称“×”（×为大写的拉丁字母），在相应视图附近用箭头指明投射方向，并注上相同的字

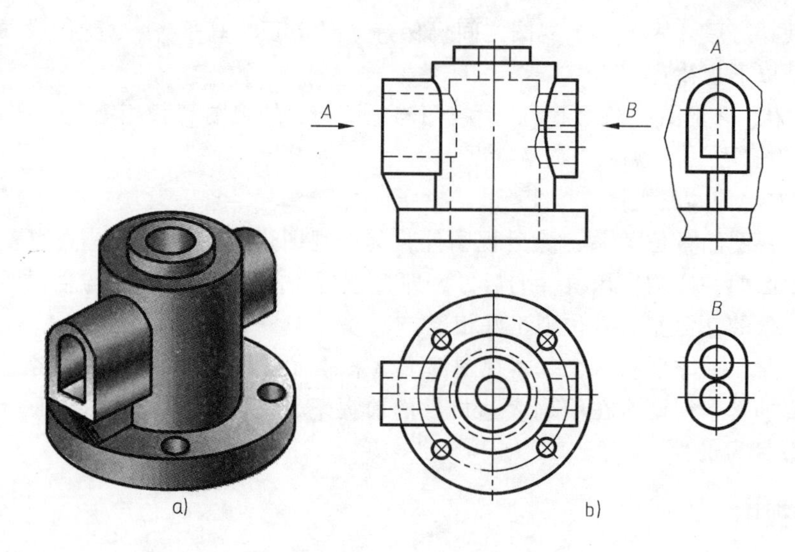

图 6-5　局部视图

母，如图 6-5b 所示局部视图 *B*。

3）局部视图的断裂边界应用波浪线或双折线绘制，如图 6-5b 所示局部视图 *A*。但当局部视图外形轮廓成封闭状态时，表示断裂边界的波浪线可省略不画，如图 6-5b 所示局部视图 *B*。波浪线不应超出机件实体的投影范围，如图 6-6 所示。

四、斜视图

将机件向不平行于任何基本投影面的平面投射所得到的视图称为斜视图。

1. 斜视图的适用范围

机件的某一部分结构形状是倾斜的，在基本投影面上的投影不反映实形，这样给绘图、读图、标注尺寸都造成不便。为了得到该部分的真实形状，可设置一个与机件倾斜部分平行的辅助投影面 *Q*（且垂直于某一个基本投影面），如图 6-7a 所示。将倾斜结构向 *Q* 面投射，再把 *Q* 面沿投射方向旋转到与 *V* 面共面的位置，可得到反映该部分实际形状的视图，即斜视图，如图 6-7b 所示。

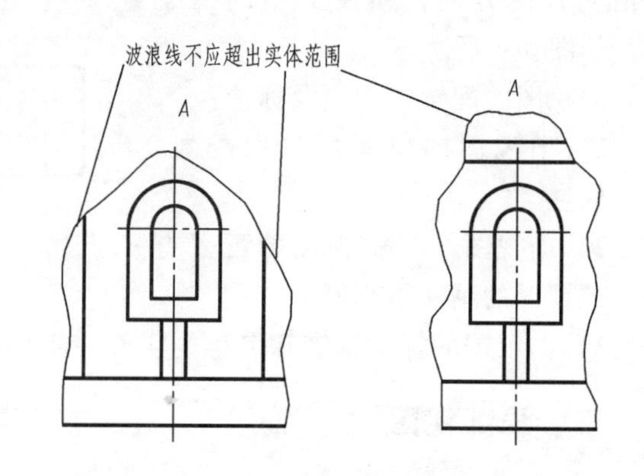

图 6-6　局部视图的错误画法

2. 斜视图的配置及标注

1）斜视图一般按向视图配置，必要时也可以配置在其他位置，在不致引起误解时，允许将图形旋转配置，如图 6-7b 所示。

2）斜视图是为了表示机件上倾斜结构的真实形状，所以画出了倾斜结构的投影之后，就应用波浪线或双折线将图形断开，不再画出其他部分的投影。

3）斜视图必须在视图上方用大写拉丁字母表示视图的名称，在相应的视图附近用箭头指明投射方向，并注上相同字母。

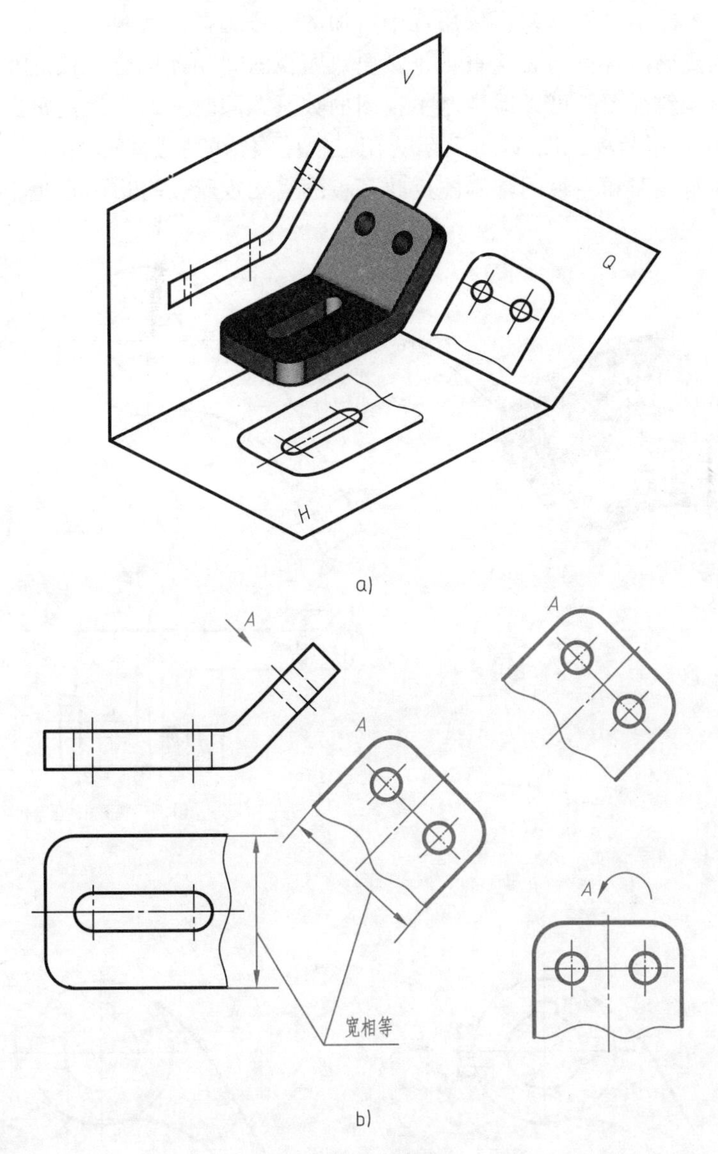

图 6-7　斜视图

斜视图旋转后要加注旋转符号。旋转符号表示图形的旋转方向，因此其箭头所指旋转方向要与图形旋转方向一致，且字母要写在箭头一侧，并与读图的方向相一致，如图 6-7b 所示。旋转符号的画法如图 6-8 所示。

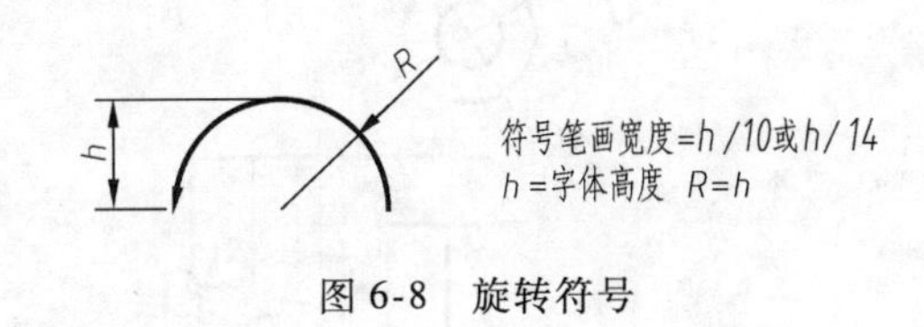

图 6-8　旋转符号

五、画图举例

前面学习了基本视图、向视图、局部视图、斜视图等各种机件外形的表达方法，为了清楚地表达机件，应根据机件的结构形状特点，综合应用各种表达方法，从中选择出一组合适的表达方案。

作图时，应先确定主视图，再采用逐个增加的方法选择其他视图，每个视图都有其特定的表达意义，既要突出各自的表达重点，又要兼顾视图间相互配合、彼此互补的关系。灵活地应用局部视图、斜视图既可以减少基本视图的数量，同时又突出表达重点。

如图 6-9a 所示压紧杆，图 6-9b 所示为用三视图表达的压紧杆，由于压紧杆的耳板是倾斜的，所以它的俯视图和左视图都不能反映耳板的真实现状，右边凸台也未表达清楚，可见

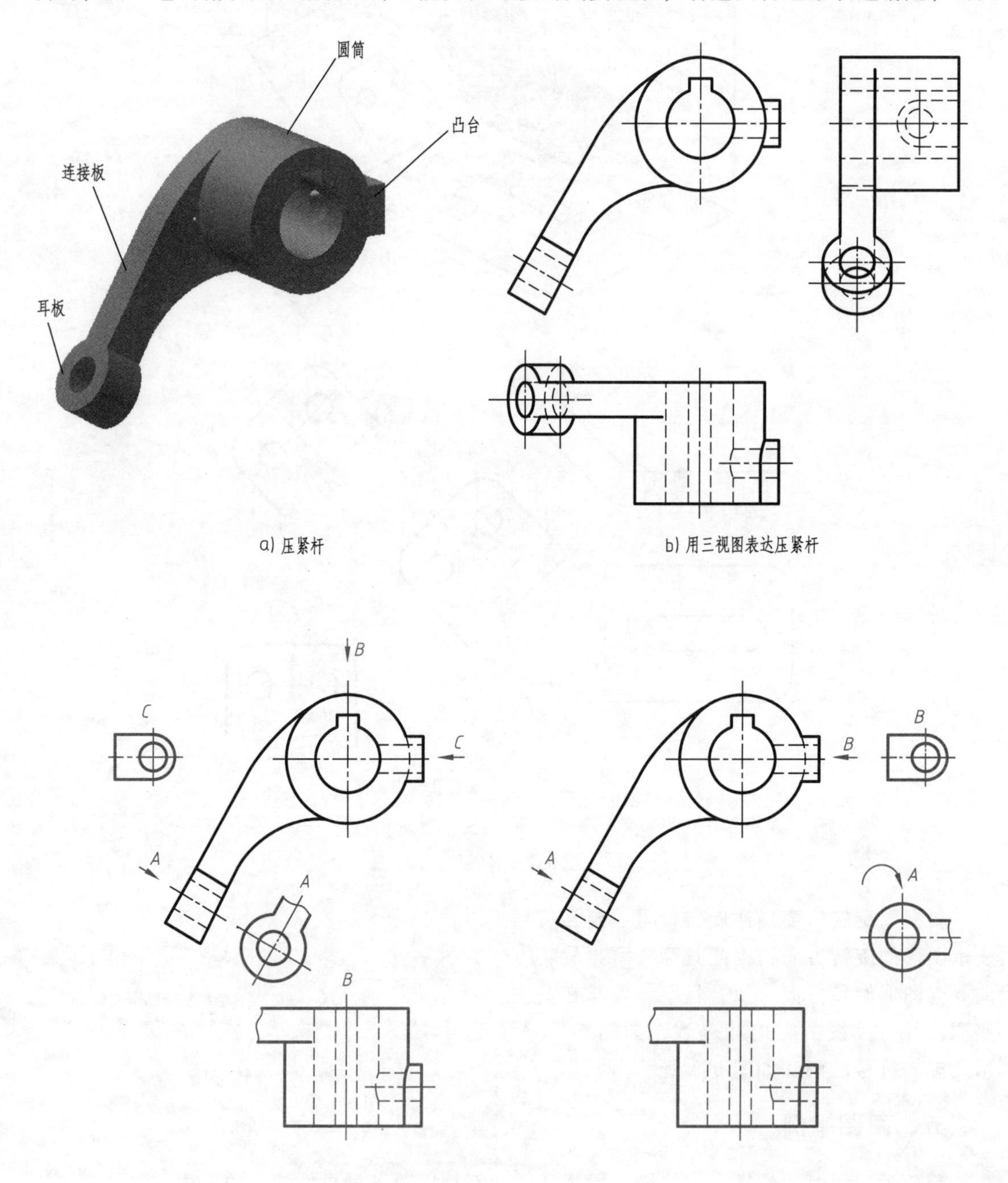

图 6-9　压紧杆视图表达方案选择

用三视图表达压紧杆不是好的表达方案。

如图6-9c、d所示，灵活使用两局部视图和一斜视图的方案来表达，既表达清楚了耳板的真实现状，也表达清楚了右边凸台的形状，是比较好的表达方案。

第二节 剖 视 图

机件的内部形状，如孔、槽等，因其不可见而用虚线表示，如图6-9所示。当机件内部的形状比较复杂时，视图中出现较多的虚线，且与视图外部轮廓线重叠交错，这样既不便于绘图和识图，也不便于标注尺寸。为此，国家标准（GB/T 4458.6—2002）中规定可用剖视图来表达机件的内部形状。

一、剖视图的概念、画法及标注

1. 剖视图的形成（图6-10）

假想用剖切面剖开机件，将处在观察者和剖切面之间的部分移开，而将剩余部分全部向投影面投射所得的图形，称为剖视图，简称剖视。如图6-10d所示主视图。

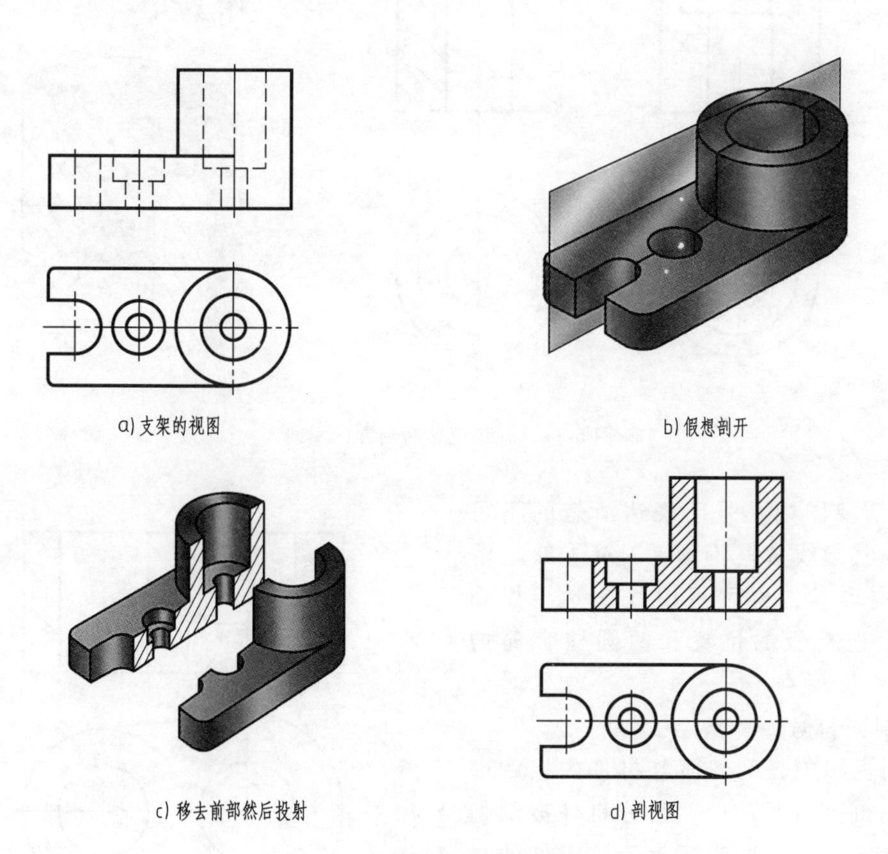

图6-10 支架剖视图的形成

2. 画剖视图应注意的问题

1）剖开机件是假想的，并不是真正把机件切掉一部分，因此，对每一次剖切而言，只对一个视图起作用——按规定画法绘制成剖视图，而不影响其他视图的完整性，如图 6-10d 所示俯视图应完整画出。

2）剖切面应尽量通过机件上孔、槽的中心线或对称平面，这样才能画出机件内部真实形状，避免剖切后出现不完整的结构要素。

3）机件剖切后留在剖切平面之后的部分应全部向投影面投射，并用粗实线画出所有可见部分的投影。如图 6-11 所示，箭头所指的图线是画剖视图时容易漏画的图线，画图时应特别注意。

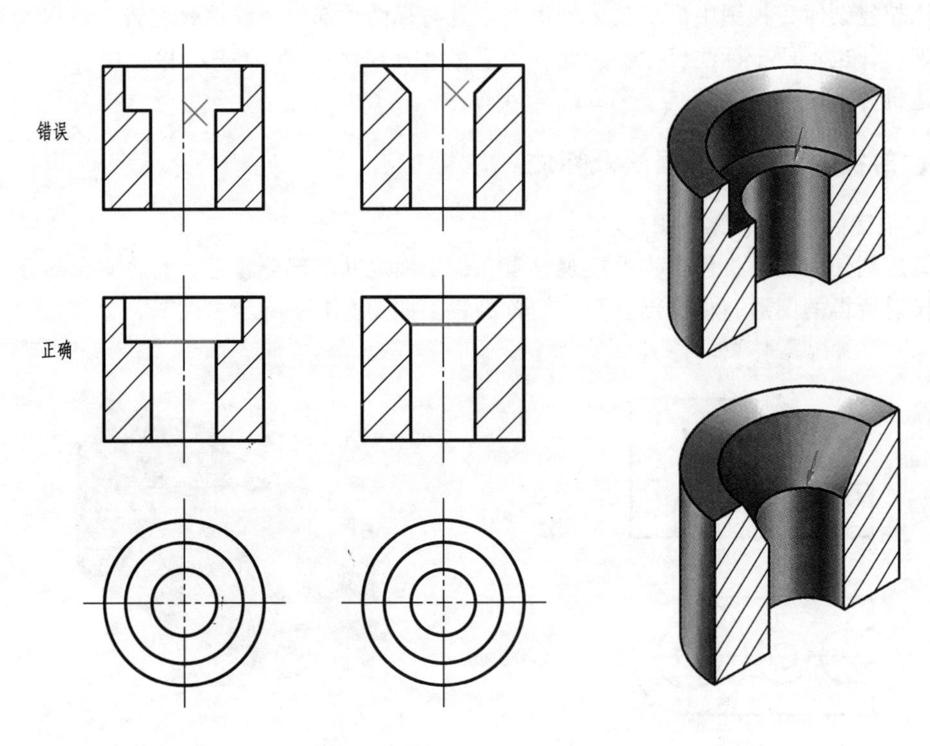

图 6-11　画剖视图时易漏的图线

4）剖视图中凡是已表达清楚的不可见结构，其虚线省略不画，对尚未表达清楚的结构形状，也可用虚线表达，如图 6-12所示连接板的位置和两圆柱套筒的交线。

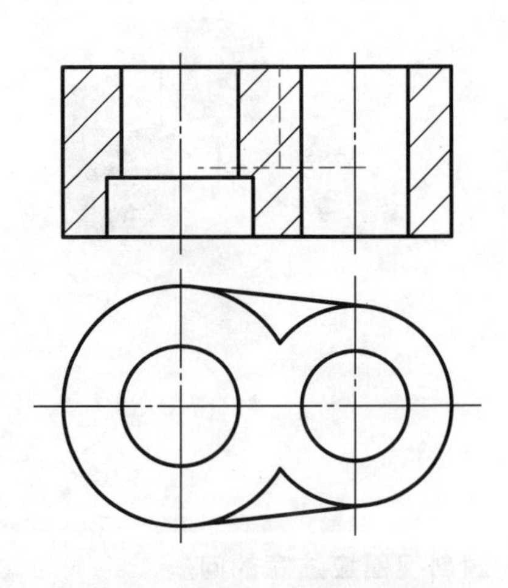

图 6-12　剖视图中画必要的虚线

3. 剖面符号

在剖视图中，剖切面与机件的接触部分应画出剖面符号，以便区分机件被剖切处是实心或空心，同时还表示该机件的材料类别。国家标准规定了各种材料的剖面符号，表 6-1 所列为常用材料的剖面符号。

表 6-1　常用材料剖面符号（摘自 GB/T 4457.5—1984）

材料名称		剖面符号	材料名称	剖面符号
金属材料（已有规定剖面符号者除外）			线圈绕组元件	
非金属材料（已有规定剖面符号者除外）			转子、变压器等的叠钢片	
型砂、粉末冶金、陶瓷、硬质合金等			玻璃及其他透明材料	
木质胶合板（不分层数）			格网（筛网、过滤网等）	
木材	纵断面		液体	
	横断面			

注：1. 剖面符号仅表示材料的类别，材料的代号和名称必须另行注明。
2. 叠钢片的剖面线方向应与束装中叠钢片的方向一致。
3. 液面用细实线绘制。

金属材料的剖面线应画成45°的等距细实线。对同一机件，在它的各个剖视图和断面图中，所有剖面线的倾斜方向、间隔应一致。当图样中倾斜部分的轮廓线与水平线成45°时，该图形的剖面线应画成与水平线成30°或60°，倾斜方向仍与其他主要图形的剖面线方向一致，如图 6-13 所示。

4. 剖视图的配置与标注

剖视图一般按投影关系配置，如图 6-10d 所示主视图与图 6-14 所示 *A—A* 剖视图；也可根据图面布局将剖视图配置在其他适当位置，如图 6-14 所示 *B—B* 剖视图。

为了读图时便于找出投影关系，剖视图一般需要剖视图名称，并用剖切符号标注剖切面的位置和投射方向。

（1）剖切符号　在剖切平面的起、止和转折处画上粗短画（1.5 倍的粗实线的线宽）表示剖切面位置。

（2）投射方向　在表示剖切面起、止的粗短画两端，垂直地画出箭头表示剖切后的投射方向。

（3）剖视图名称　在所画剖视图上方用大写字母标注剖视图名称，如图 6-14 所示*A—A*、*B—B* 剖视图，并在剖切符号的起、止和转折处注上相同字母，如图 6-14 所示主视图。

在下列两种情况下，可省略或部分省略标注：

1）当剖视图按投影关系配置，且中间又没有其他图形隔开时，可省略箭头，如图 6-14

所示 A—A 剖视图。

2）当单一剖切平面通过机件的对称面或基本对称面，且剖视图按投影关系配置，中间又没有其他图形隔开时，可省去全部标注，如图 6-10d 所示主视图。

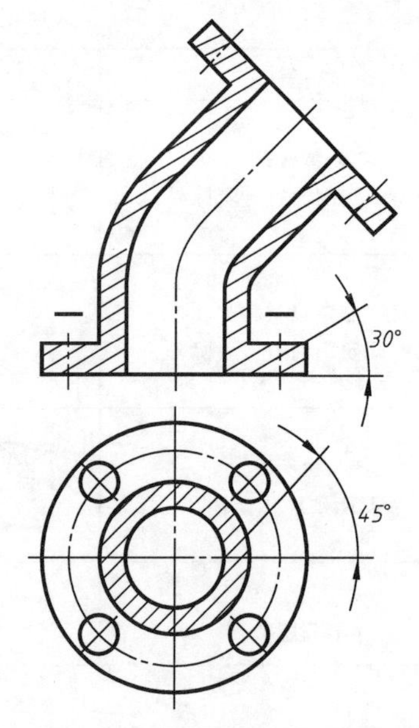

图 6-13　特殊角度的剖面线画法

二、剖视图的种类

按机件被剖切范围的大小，剖视图可分为全剖视图、半剖视图和局部剖视图三种。

1. 全剖视图

用剖切面完全剖开机件所获得的剖视图，称为全剖视图。前述的各剖视图例均为全剖视图。由于全剖视图是将机件完全剖开，机件外形的投影受影响，因此全剖视图主要用于表达内部形状复杂的不对称机件或外形简单的对称机件，如图 6-15、图 6-16所示。

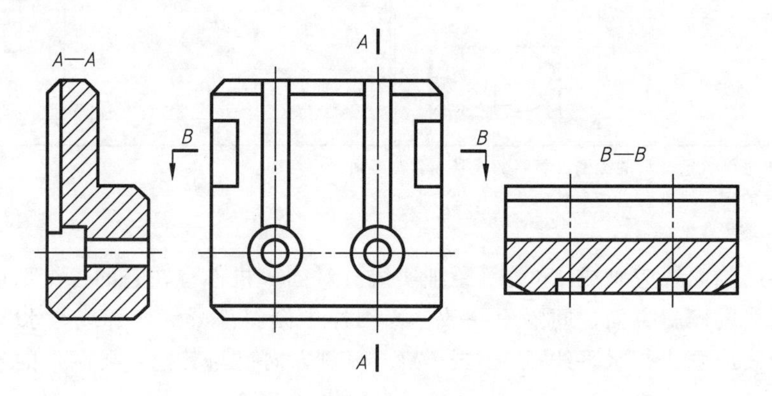

图 6-14　剖视图的配置与标注

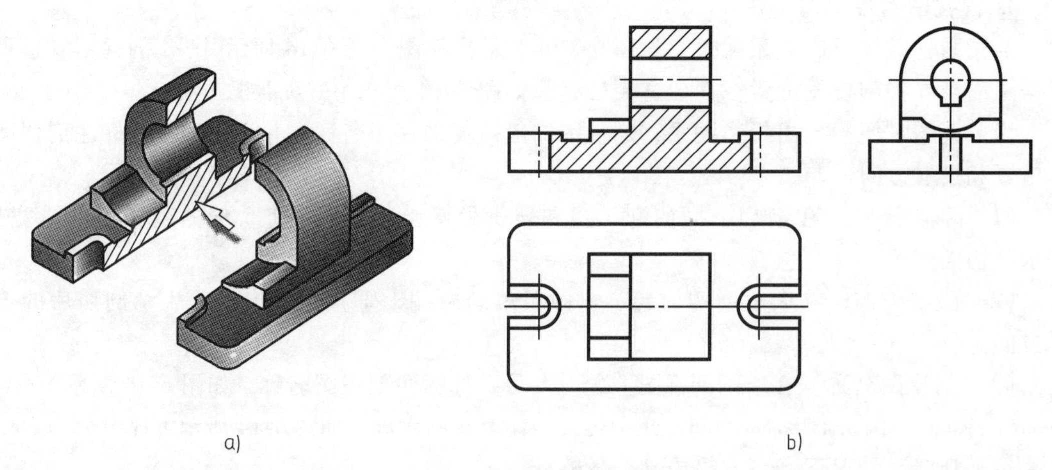

图 6-15　全剖视图（一）

2. 半剖视图

当机件具有对称平面时，向垂直于对称平面的投影面上投射所得的图形，允许以对称中心线为界，一半画成剖视图，另一半画成视图，这样获得的剖视图称为半剖视图。半剖视图主要用于内外形状都需要表达且结构对称的机件，如图 6-17 所示，机件左右对称，前后也对称，所以主、俯视图都可以画成半剖视图。

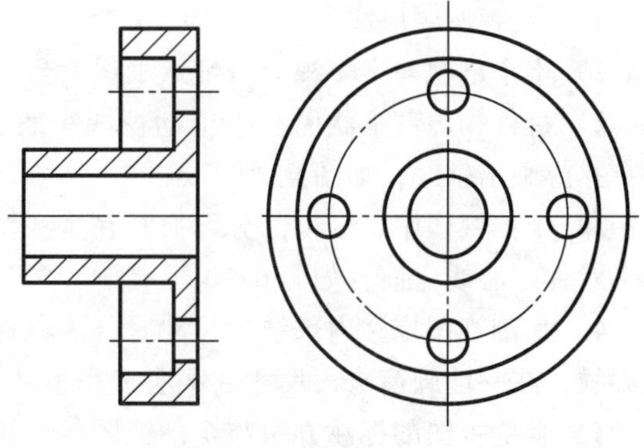

图 6-16　全剖视图（二）

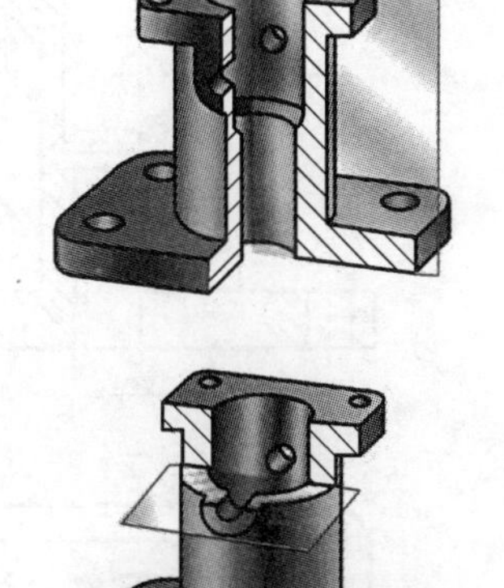

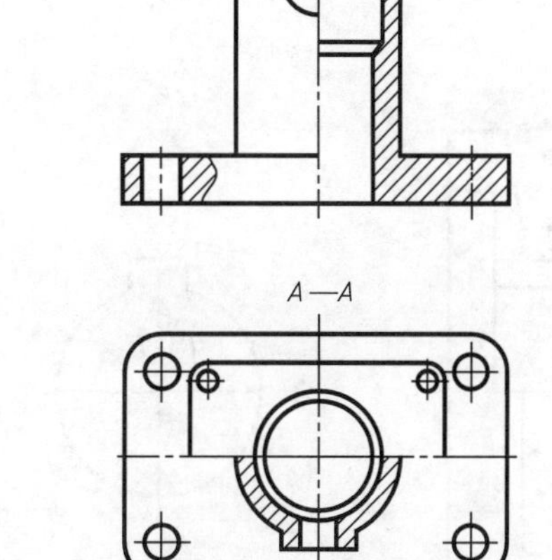

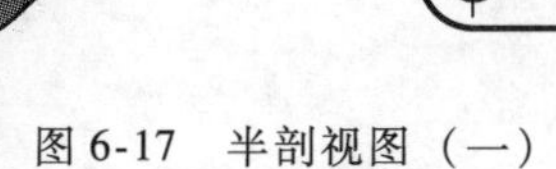

图 6-17　半剖视图（一）

当机件的形状接近于对称，且不对称部分已另有图形表达清楚时，也可以画成半剖视图，如图 6-18、图 6-19 所示。

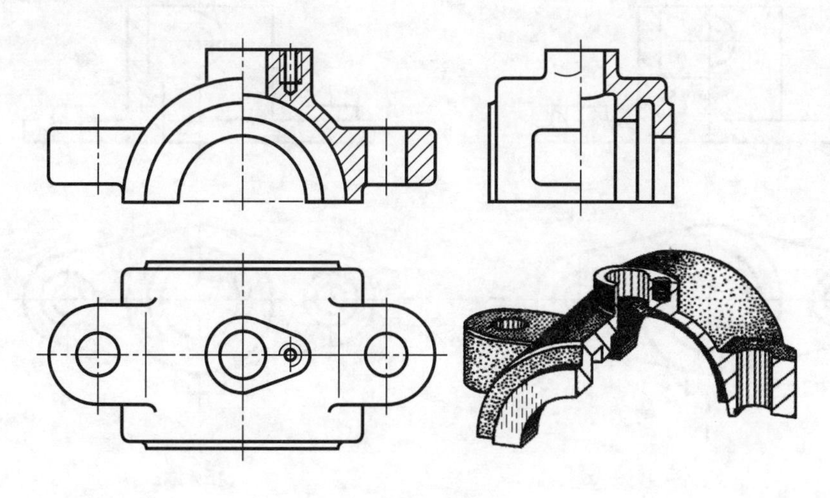

图 6-18　半剖视图（二）

画半剖视图时应注意以下几点：

1）半个剖视与半个视图以细点画线为界，不能用粗实线分界，如图6-20所示。

2）机件的内部形状已在半个剖视图中表达清楚，在另半个视图中其虚线应省略不画，若有孔应画出轴线，如图6-20所示。

3）半剖视图中，剖视部分习惯画在主视图的竖直对称中心线之右，左视图、俯视图的水平对称中心线之前，如图6-20所示。

4）半剖视图标注内部结构尺寸时，因机件内部结构只画了一半，其尺寸线略超过对称中心线，在一端画箭头，尺寸数字应按完整结构标注，如图6-20所示。

5）半剖视图的标注方法与全剖视图的标注相同，如图6-21所示。

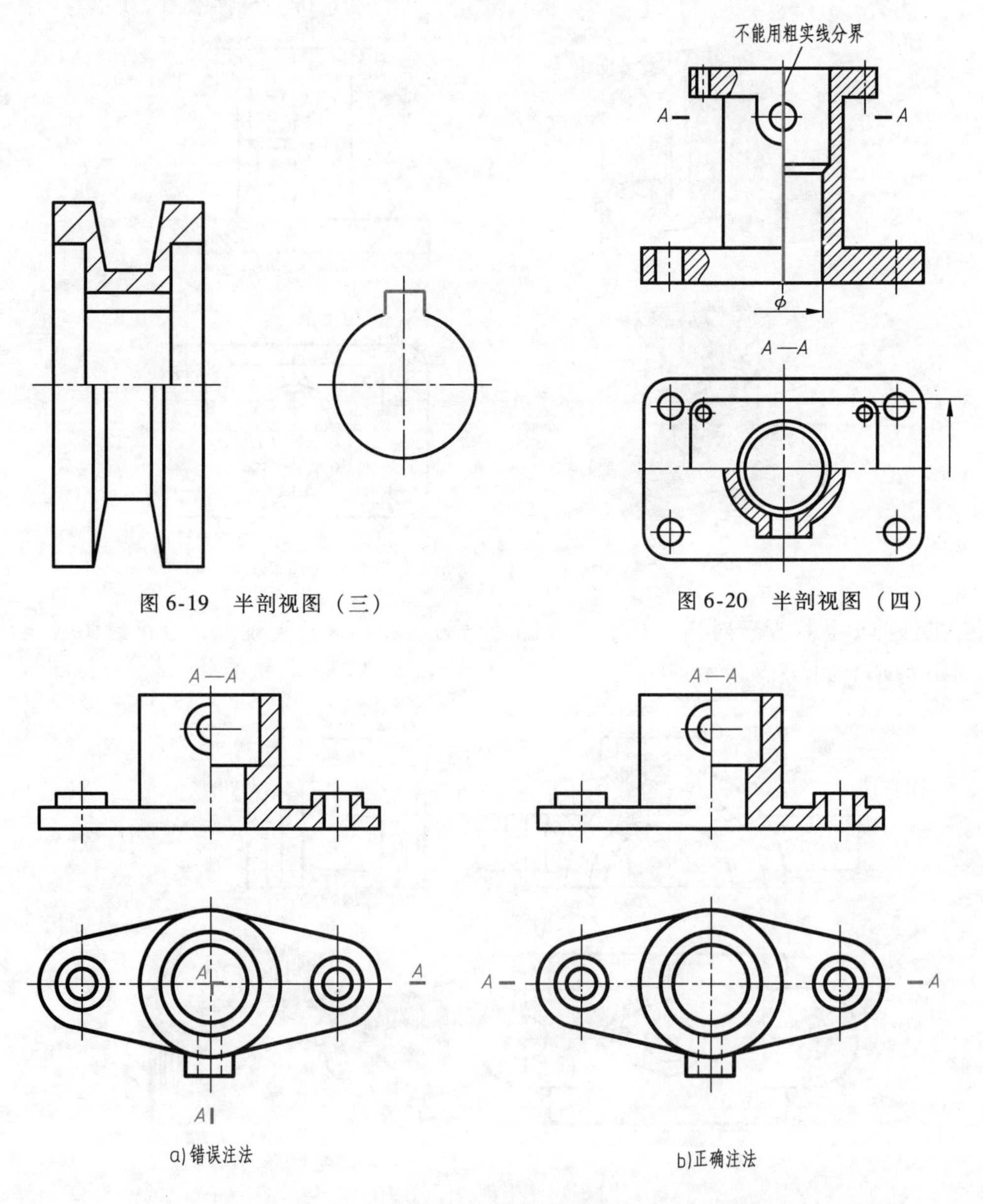

图6-19　半剖视图（三）

图6-20　半剖视图（四）

图6-21　半剖视图标注

3. 局部剖视图

用剖切面局部地剖开机件所获得的剖视图称为局部剖视图。局部剖视图的剖切范围用波浪线表示，如图 6-22 所示。

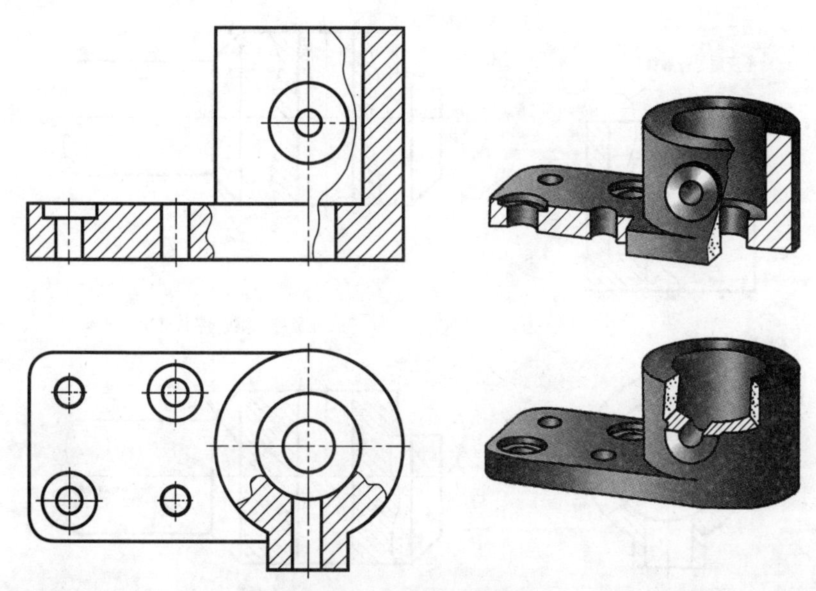

图 6-22　局部剖视图（一）

局部剖视图主要用于表达机件的局部内部结构形状。局部剖视图是一种较灵活的表达方法，其剖切位置、范围均可根据实际需要确定，所以应用比较广泛，常适用于以下情况：

1）不对称机件既需要表达内部形状又需要保留外部形状时，如图 6-22 所示。

2）当对称机件的轮廓线与对称中心线重合，不宜采用半剖表达时，如图 6-23 所示。

3）对于轴、连杆等实心机件上的孔、槽等结构的表达，宜采用局部剖视图，以避免在不需要剖切的实心部分画过多的剖面线，如图 6-24 所示。

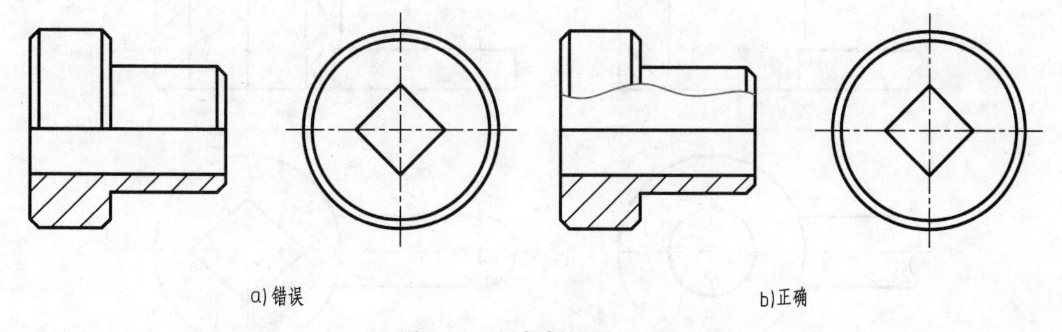

图 6-23　局部剖视图（二）

画局部剖视图时应注意以下几点：

1）局部剖视图用波浪线（或双折线）分界，波浪线应画在机件的实体上，不能穿空而过或超出实体轮廓线之外，如图 6-25a所示。

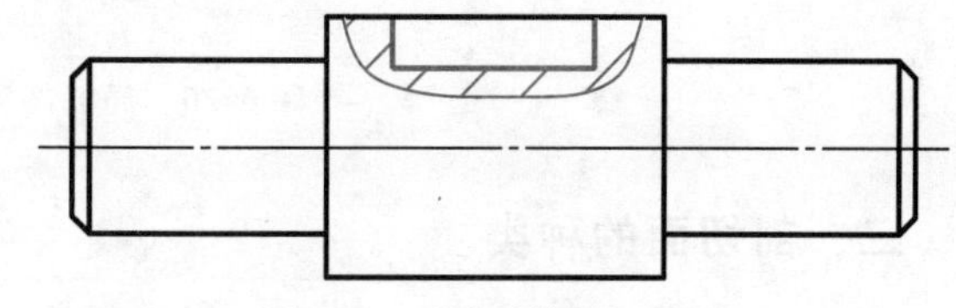

图 6-24　局部剖视图（三）

2）波浪线不能与机件轮廓线重合或画在轮廓线的延长线上，如图 6-25b 所示。

3）当被剖结构为回转体时，允许将该结构的轴线作为局部剖视与视图的分界线，如图 6-26a所示，否则，应以波浪线分界，如图 6-26b 所示。

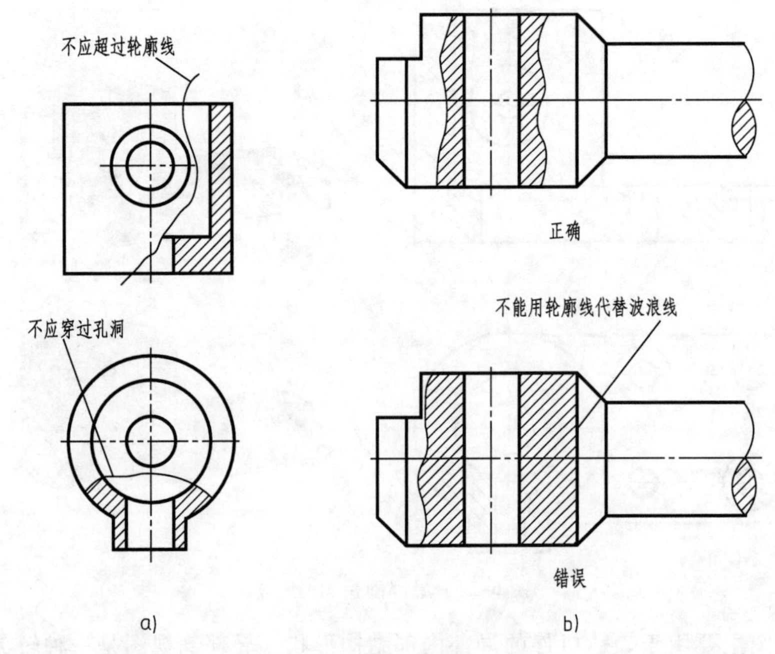

图 6-25　局部剖视图（四）

4）一个视图中，局部剖视的数量不宜过多，以免使图形显得过于零乱而不清晰。

5）局部剖视图的标注方法与全剖视图基本相同；若为单一剖切平面，且剖切位置明显时，一般省略标注，如图 6-22 所示。

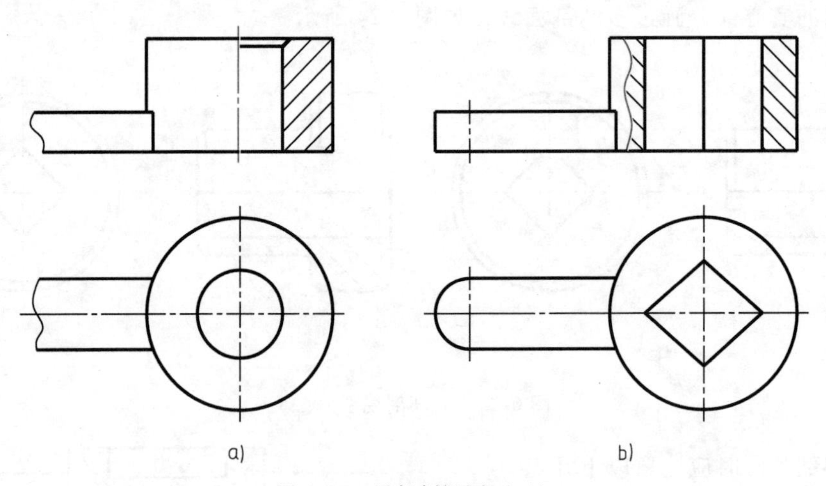

图 6-26　局部剖视图（五）

三、剖切面的种类

由于机件内部结构多种多样，常需选用不同数量、位置的剖切面来剖开机件，才能把机件的内部形状表达清楚。因此，画剖视图时剖切面的选择很重要。剖切面分为单一剖切面、几个平行的剖切平面和几个相交的剖切面三种，运用其中任何一种都可以得到全剖视图、半剖视图和局部剖视图。

1. 单一剖切面

单一剖切面包括单一剖切平面和单一剖切柱面。单一剖切平面有平行和不平行于基本投影面两种。

（1）平行于某一基本投影面的单一剖切平面　前面所述的全剖视、半剖视、局部剖视都是用平行于基本投影面的单一剖切平面剖开机件而得到的剖视图，如图 6-13 ~ 图 6-26所示。这种剖切方法用于表达机件内部分布在同一平面上且平行于基本投影面的结构形状。

（2）不平行于任何基本投影面的单一剖切平面　如图 6-27 所示，*A—A* 是用不平行于基本投影面的单一剖切平面剖开机件而得到的全剖视图，这种剖切方法用于表达机件上倾斜部分的内部结构形状。

用不平行于任何基本投影面的单一剖切平面剖切时，应注意以下几个问题：

1）假想增设一个与剖切平面平行的辅助投影面并向该面投射。

2）剖视图一般按箭头所指的方向配置并与倾斜部分保持投影关系，但也可配置在其他位置。

3）采用这种剖切方法得到的剖视图必须标注（剖切位置、投射方向、剖视图名称）。当剖视图是旋转配置时，剖视图名称要加注旋转符号“⌒”（剖视图名称应靠箭头端）。

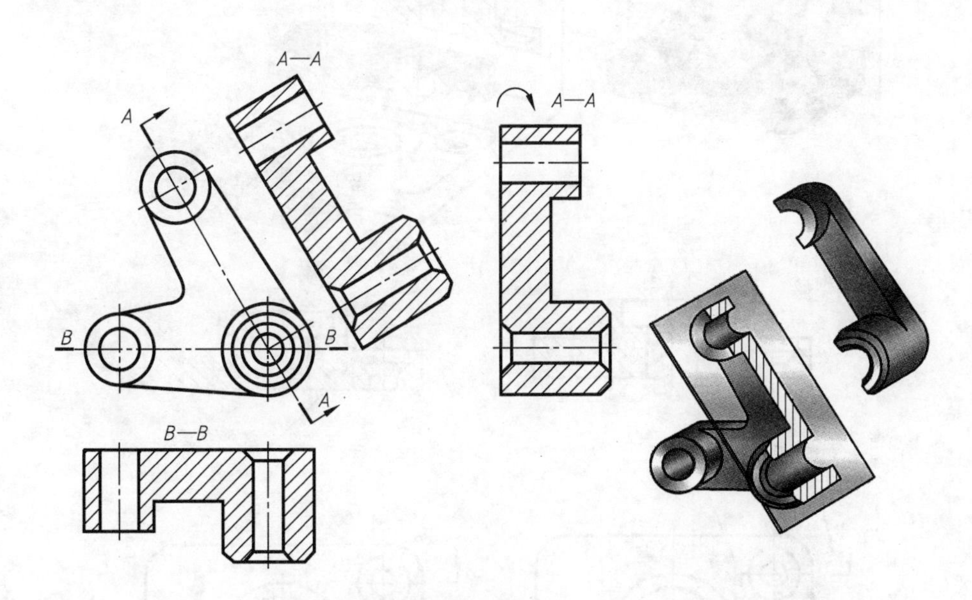

图 6-27　不平行于任何基本投影面的单一剖切平面产生的剖视图

（3）单一剖切柱面　为了准确表达处于圆周分布的某些结构，有时也采用柱面剖切表示。画这种剖视图时，通常采用展开画法，并仅画出剖面展开图，剖切平面后面的有关结构省略不画。

图 6-28 和图 6-29 所示分别为采用单一剖切柱面获得的全剖视图和半剖视图。

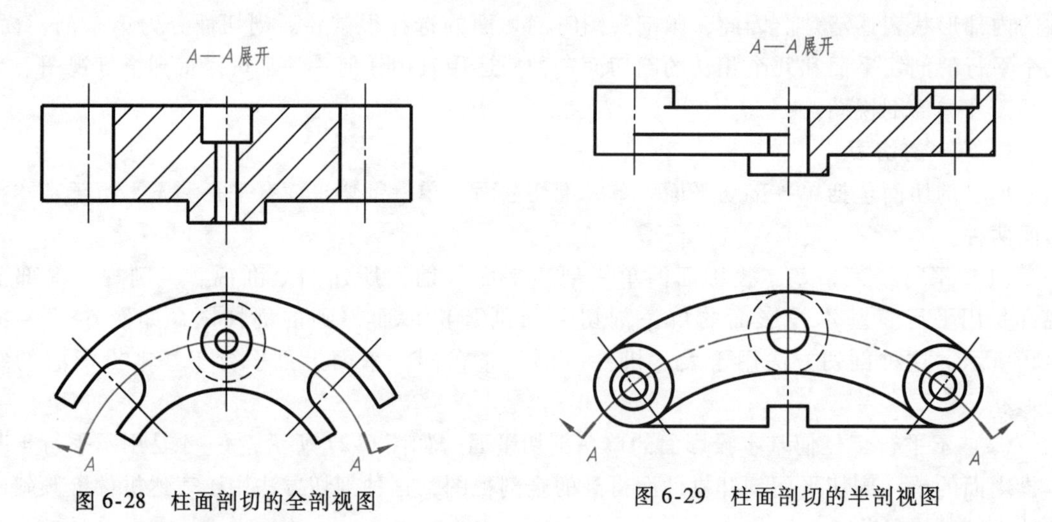

图 6-28　柱面剖切的全剖视图　　图 6-29　柱面剖切的半剖视图

2. 几个平行的剖切平面

几个平行的剖切平面，可以是两个或两个以上互相平行的剖切平面。这种剖切方法用于表达机件内部呈阶梯分布在几个互相平行的剖切平面上且平行于基本投影面的结构形状。图 6-30a、图 6-31a 所示为用几个平行的剖切平面剖切获得的全剖视图。

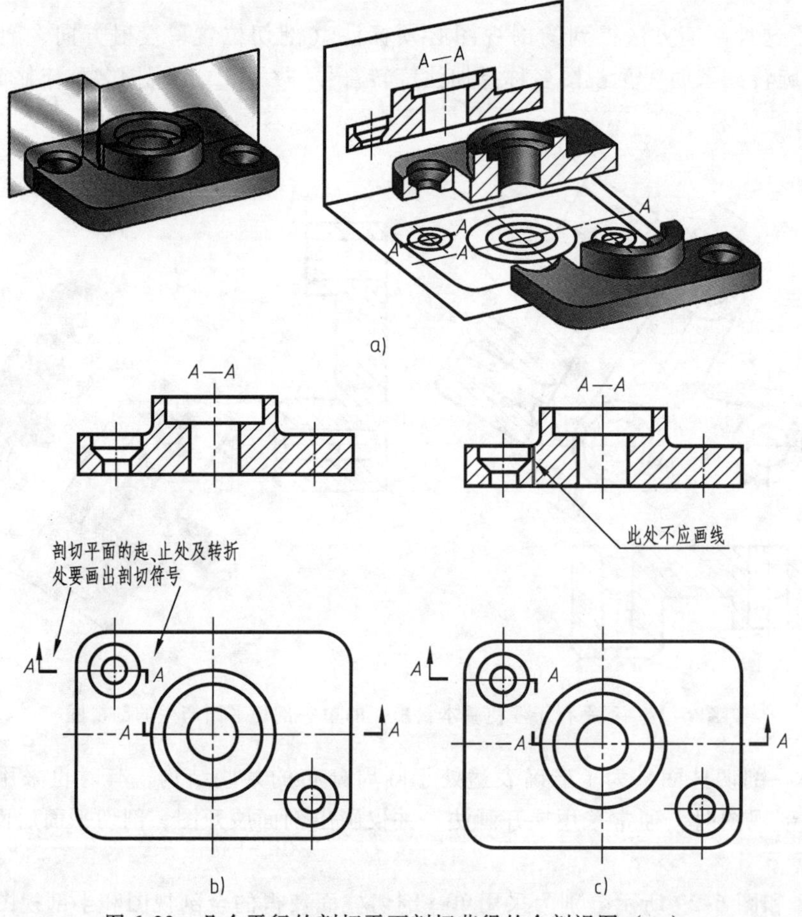

图 6-30　几个平行的剖切平面剖切获得的全剖视图（一）

采用几个平行的剖切平面剖切时，应注意以下几个问题：

1）各剖切平面必须互相平行，不能重叠；各剖切平面的转折应是直角。

2）剖视图中不应画出剖切平面转折处产生的轮廓，如图 6-30c、图 6-31c 所示。

3）剖切平面的转折处不应与视图中的轮廓线重合。

4）在剖视图上不应出现不完整的结构要素，如图 6-31c 所示 *B—B* 剖视图。

5）当两个结构要素在图形上具有公共对称中心线或轴线时，可以对称中心线或轴线为界各画一半，如图 6-32 所示。

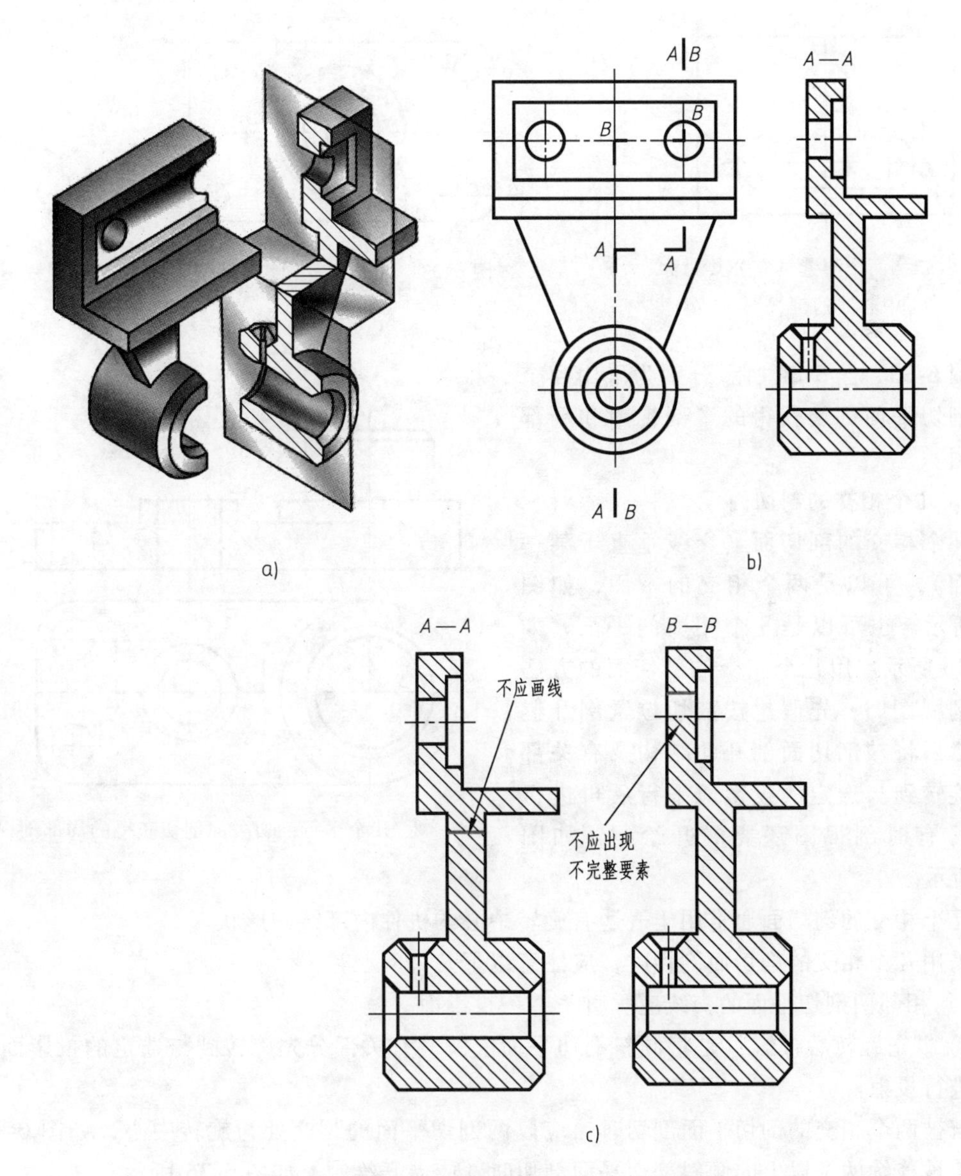

图 6-31　几个平行的剖切平面剖切获得的全剖视图（二）

6）采用几个平行的剖切平面剖切时，必须标注。在相应视图上用剖切符号表示剖切位置，在剖切平面的起、止和转折处写上相同字母（转折处地方狭小，字母可省略），同时用箭头标明投射方向，如图 6-30b 所示。当剖视图按投影关系配置，中间无其他图形隔开时，可省略投射方向的箭头，如图6-31b所示。

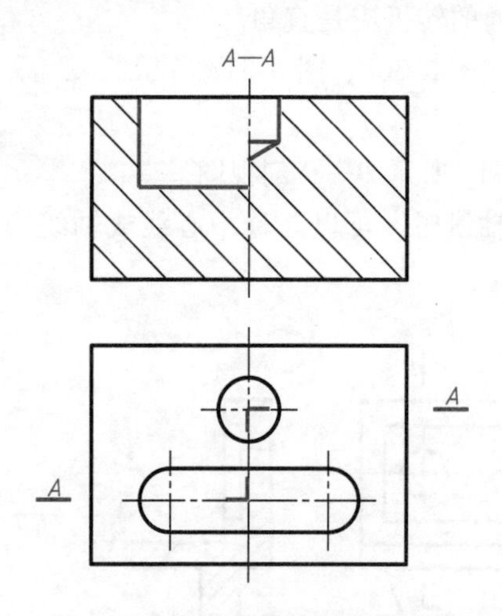

图6-32 两个要素具有公共对称中心线的剖视图

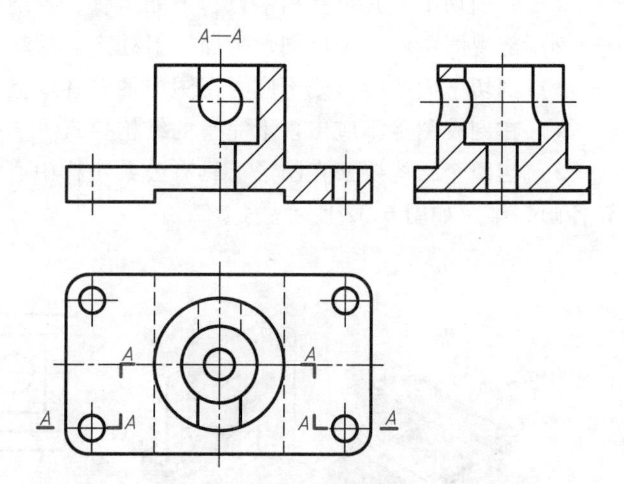

图6-33 几个平行剖切平面剖切获得的半剖视图

图6-33、图6-34所示分别为采用几个平行剖切平面剖切获得的半剖视图和局部剖视图。

3. 几个相交的剖切面

几个相交的剖切面（交线垂直于某一投影面），可以是两个相交的平面，如图6-35所示，也可以是几个相交的平面，如图6-36所示。用几个相交的剖切面的方法绘制剖视图时，先假想按剖切位置剖开机件，然后将被剖切面剖开的结构及有关部分，旋转到与选定的投影面平行后再进行投射。有时剖视图还要展开绘制，如图6-36所示。

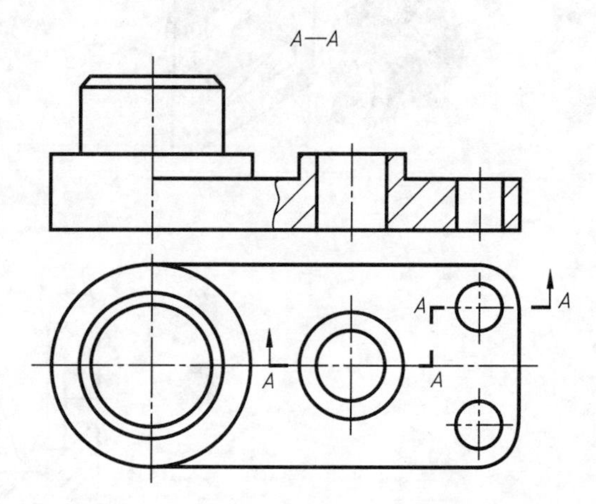

图6-34 几个平行剖切平面剖切获得的局部剖视图

几个相交的剖切面通常用于表达有旋转中心的机件内部结构形状。

采用几个相交的剖切面剖切时，应注意以下几个问题：

1）相邻两剖切平面的交线应垂直于某一投影面。

2）“先旋转后投影”是将倾斜剖切平面上及其有关部分先旋转到与选定的投影面平行后再进行投射。

若被两个相交的剖切平面剖切时，应以两剖切平面的相交处为旋转中心，如图6-35所示。若被连续两个以上的倾斜剖切平面剖切时，应展开绘制，如图6-36所示。

采用这种“先旋转后投影”画出的剖视图，往往有些部分图形会伸长，如图6-37a所示是正确画法。

3）在剖切平面后的其他结构，一般仍按原来位置投射，如图6-35中的油孔。

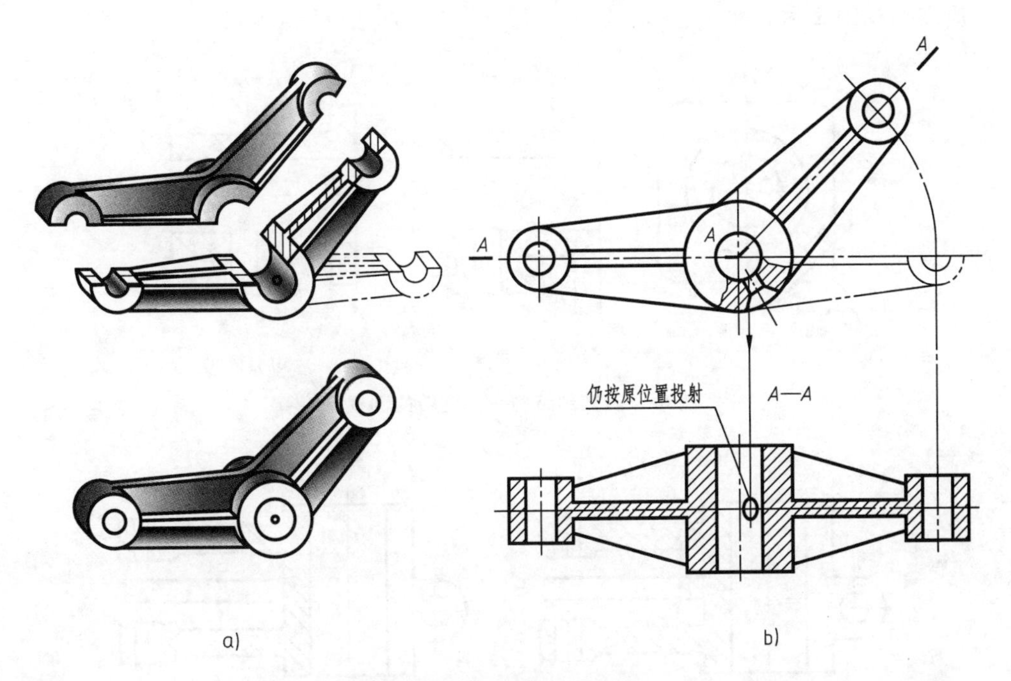

图 6-35　几个相交的剖切平面（一）

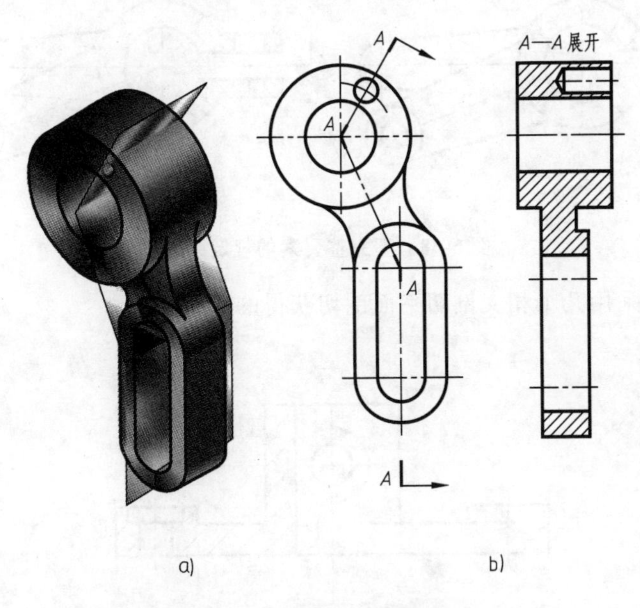

图 6-36　几个相交的剖切平面（二）

4）当剖切后产生不完整要素时，应将此部分按不剖绘制，如图 6-38 所示。

5）采用几个相交的剖切平面剖切时，必须标注。在相应视图上用剖切符号表示剖切位置，在剖切平面的起、止和转折处写上相同的字母（转折处地方狭小，字母可省略），同时用箭头标明投射方向，注意箭头与剖切符号垂直，如图 6-36b 所示。当剖视图按投影关系配置，中间无其他图形隔开时，可省略投射方向的箭头，如图 6-35b 所示。当剖视图为展开绘制时，应在剖视图表示名称的字母后加注“展开”二字，如图 6-36b 所示。

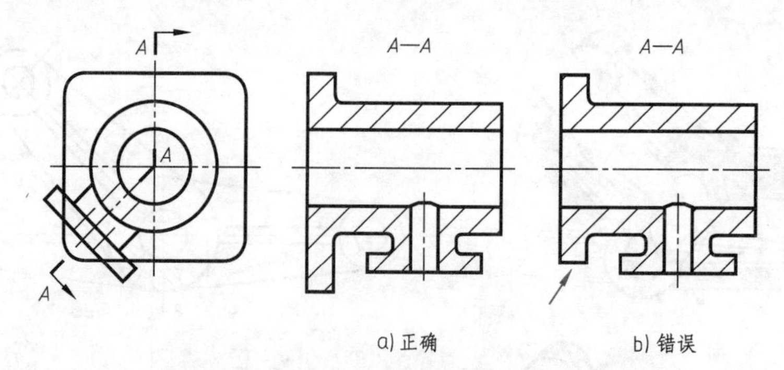

图 6-37 被剖结构一同旋转的剖视图

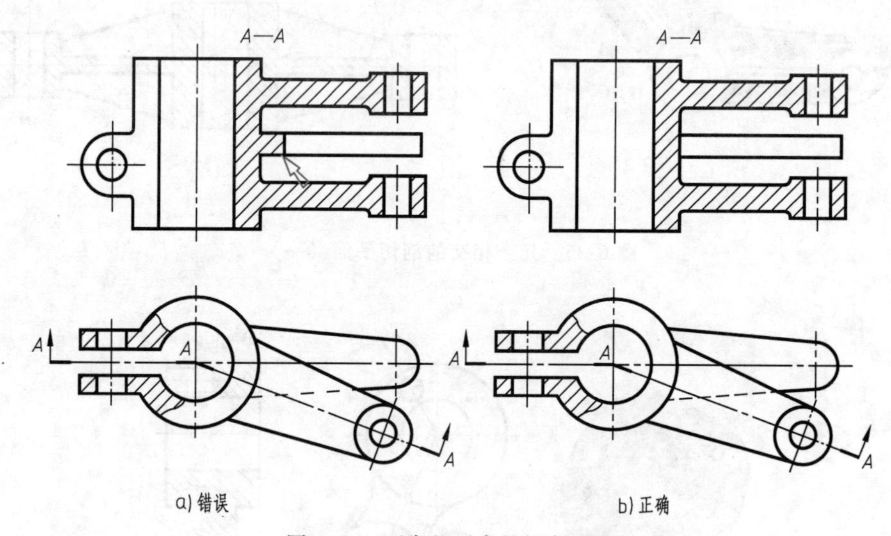

图 6-38 不完整要素的规定画法

图 6-39 所示为采用几个相交剖切平面剖切获得的半剖视图。

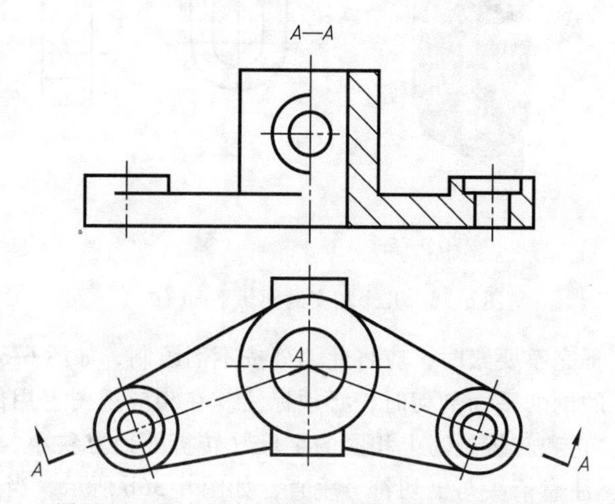

图 6-39 几个相交剖切平面剖切获得的半剖视图

第三节　断　面　图

一、断面图的概念

根据国家标准 GB/T 4656—2008 规定，假想用剖切面将机件的某处切断，仅画出断面的图形，称为断面图，简称断面。如图 6-40a 所示轴，为了表示键槽的深度和宽度，假想在键槽处用垂直于轴线的剖切平面将轴切断，只画出断面的形状，并在断面上画出剖面线，如图 6-40b 所示。断面图实际上就是使剖切平面垂直于机件结构要素的中心线（轴线或主要轮廓线）进行剖切，然后将断面图形沿箭头方向旋转 90°与纸面共面而得到的。

断面图和剖视图的区别是：断面图仅画出机件被剖切断面的形状，而剖视图除了画出断面形状外，还必须画出断面后的可见轮廓线，如图 6-40b 所示。

断面图常用于表达机件上某一局部的断面形状。如机件上的肋板、轮辐、键槽、小孔及连接板横断面和各种型材的断面形状等。

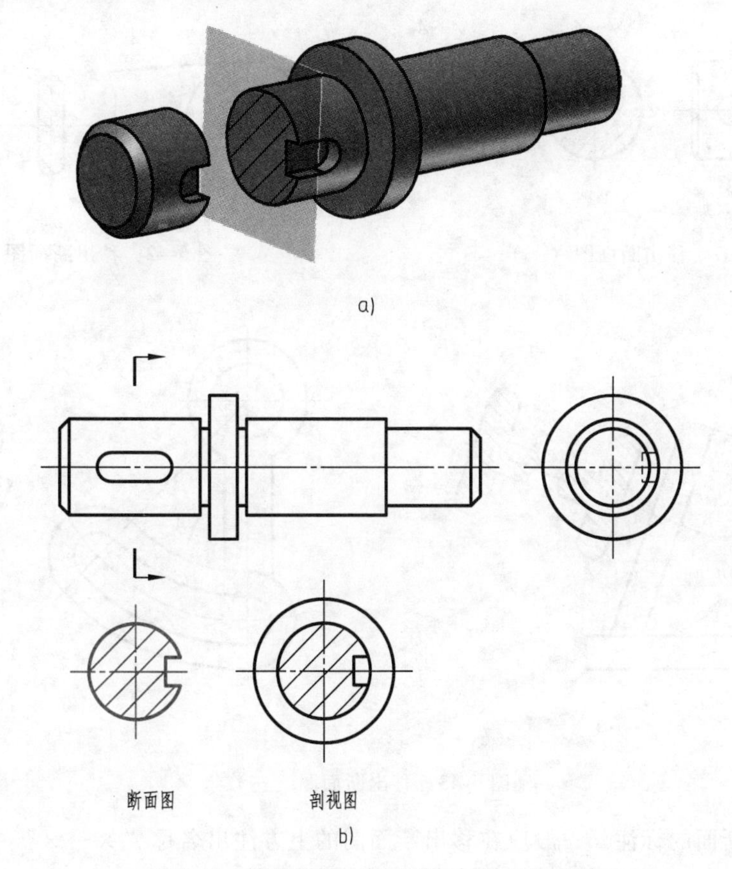

图 6-40　轴的断面，断面图与剖视图的区别

二、断面图的种类

断面图分为移出断面和重合断面两种。

1. 移出断面

画在视图轮廓之外的断面，称为移出断面图。

（1）移出断面的画法与配置

1）移出断面的轮廓线用粗实线绘制。绘图大小从相应视图上量取。

2）移出断面图通常配置在剖切符号的延长线上，如图 6-40b 所示，或其他适当位置，如图 6-41 所示。

3）断面图形对称时，移出断面可画在视图的中断处，如图 6-42 所示。

4）当剖切平面通过回转面形成的孔或凹坑的轴线时，这些结构按剖视绘制，如图 6-41 所示的锥孔。

5）由两个或多个相交的剖切平面剖切得到的移出断面图，中间一般应断开，如图6-43a 所示。

6）当剖切平面通过非圆孔，会导致出现完全分离的两个断面时，则这些结构应按剖视绘制，如图 6-43b 所示。

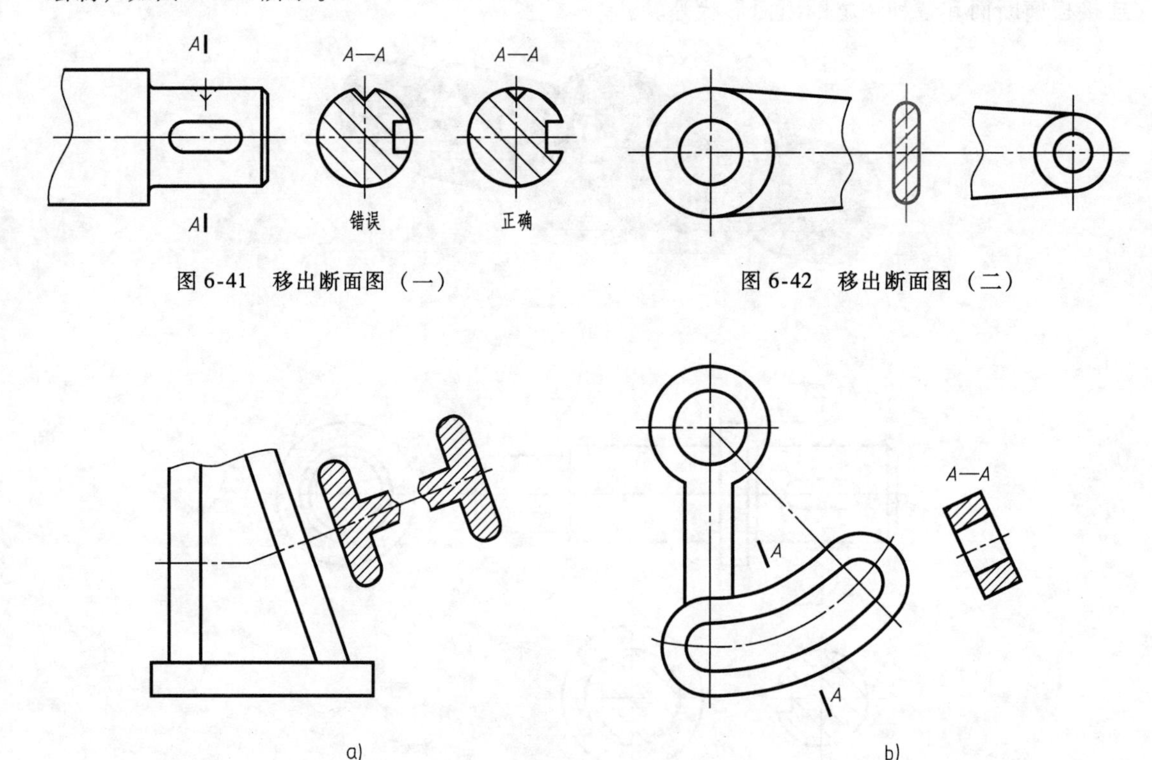

图 6-41　移出断面图（一）

图 6-42　移出断面图（二）

图 6-43　移出断面图（三）

（2）移出断面的标注　一般应在移出断面图的上方注出名称“×—×”（×为大写的拉丁字母），在相应的视图上用剖切符号表示剖切位置，用箭头表示投射方向，并注上相同的字母。

以下情况可省略标注：

1）凡配置在剖切符号延长线上的移出断面，可省略字母，如图 6-44b、c 所示。

2）不配置在剖切符号延长线上的对称移出断面，如图 6-44a 所示，以及按投影关系配置的移出断面，如图 6-41 所示，均可省略箭头。

3）配置在剖切平面迹线延长线上的对称移出断面，如图 6-44c 所示，以及配置在视图中断处的对称移出断面图，如图 6-42 所示，均不必标注。

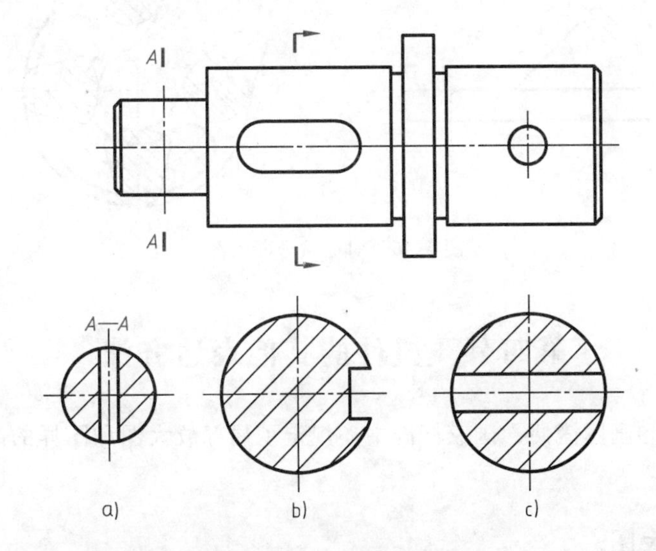

图 6-44　移出断面图的标注

2. 重合断面

画在视图轮廓之内的断面，称为重合断面图，如图 6-45 所示。

（1）重合断面的画法

1）重合断面的轮廓线用细实线绘制。

2）当视图中的轮廓线与重合断面的图线重叠时，视图中的轮廓线仍应连续画出，不可间断，如图 6-45 所示。

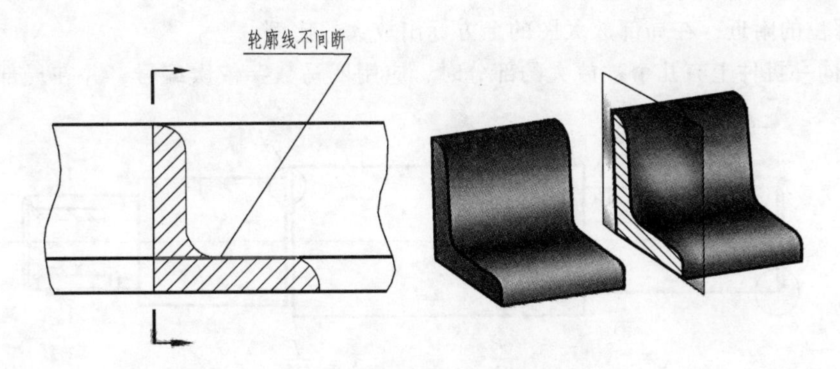

图 6-45　不对称重合断面图

（2）重合断面的标注　不对称重合断面的标注，只需画出剖切符号及箭头，如图 6-45 所示。在不致引起误解时，不对称重合断面也可以省略标注。对称的重合断面不必标注，只用对称中心线（细点画线）作为剖切平面迹线，如图 6-46 所示。

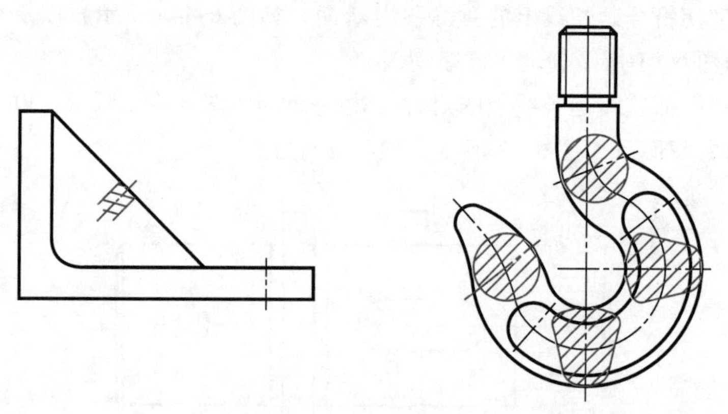

图 6-46　对称重合断面图

第四节　机件的其他表达方法

为使图形清晰和画图简便，国家标准中还规定了局部放大图和图样的简化画法，供画图时选用。

一、局部放大图

将机件上的局部细小结构，用大于原图形所采用的比例画出的图形，称为局部放大图，如图 6-47 所示。当机件上的细小结构在视图中表达不清楚或不便于标注尺寸和技术要求时，可采用局部放大图。

画局部放大图时应注意以下几点：

1）局部放大图可画成视图、剖视或断面，它与被放大部分的表达方式无关，如图 6-47 所示。

2）绘制局部放大图时，应在原图上用细实线圈出被放大的部位，并将局部放大图配置在被放大部位的附近，在局部放大图的上方标出放大的比例。

3）当同一机件上有几个被放大的部分时，应用罗马数字依次编号，并在局部放大图的

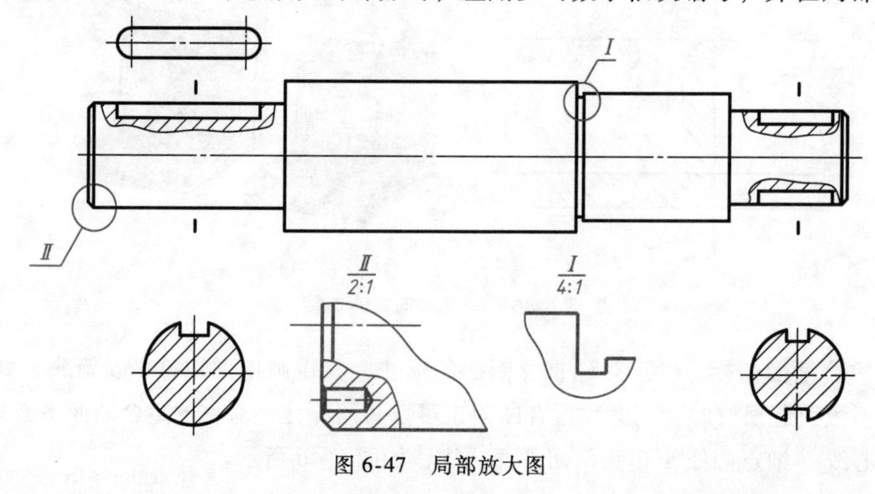

图 6-47　局部放大图

上方注出相应的罗马数字和所采用的比例，如图 6-47 所示。

4）同一机件上不同部位的局部放大图，当图形相同或对称时，只需画出一个，如图 6-48所示。

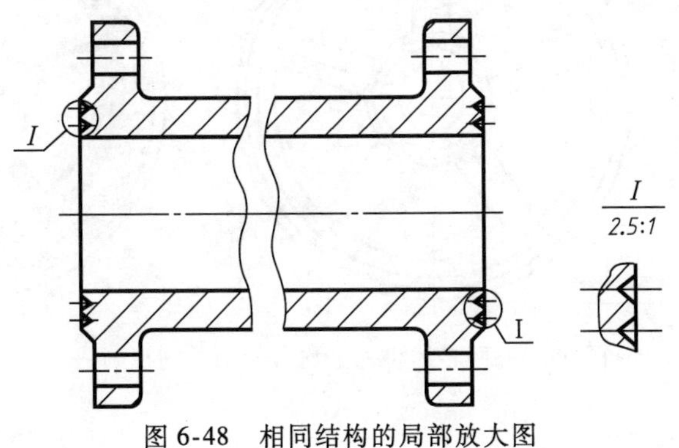

图 6-48　相同结构的局部放大图

二、简化画法

简化画法包括规定画法、省略画法和示意画法等图示方法。

1. 机件上的肋板、轮辐等的规定画法

1）对于机件上的肋板、轮辐及薄壁等结构，如按纵向剖切（指剖切平面通过这些结构的对称平面），这些结构都不画剖面符号，而用粗实线将它与其邻接部分分开，如图 6-49 所示左视图；如按横向剖切，则应画剖面符号，如图 6-49 所示俯视图。

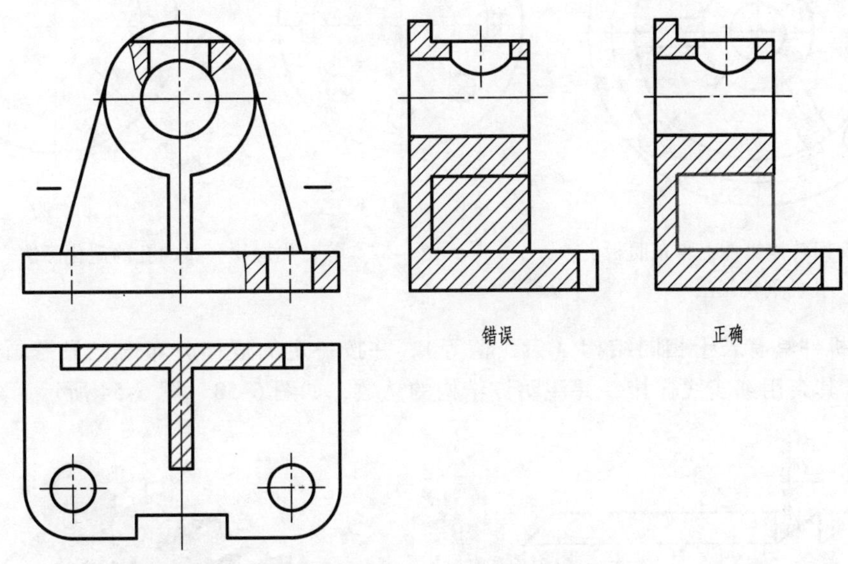

图 6-49　机件上肋板的剖切画法

2）当回转体机件上均匀分布的肋板、轮辐、孔等结构不处于剖切平面上时，可将这些结构旋转到剖切平面上画出，如图 6-50、图 6-51 所示。

2. 相同结构的简化画法

1）当机件具有若干直径相同且成规律分布的孔（圆孔、螺纹孔、沉孔等）时，可以仅画出一个或几个，其余只需用细点画线表示其中心位置，并在图中注明孔的总数，如图6-52所示。

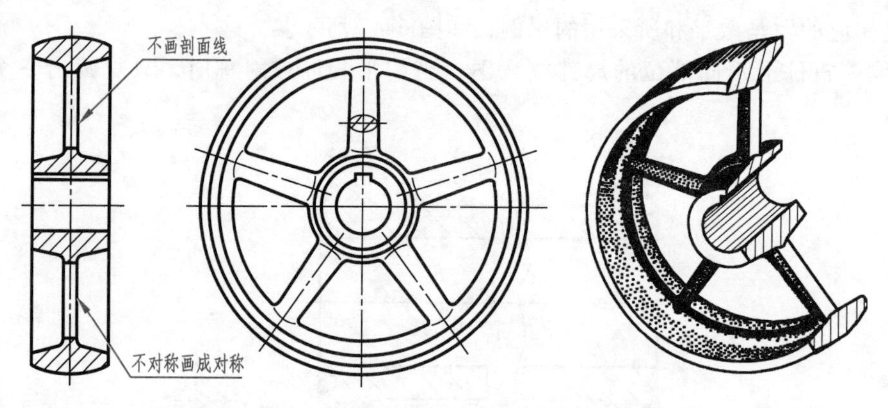

图 6-50　回转体机件上均布轮辐的剖视画法

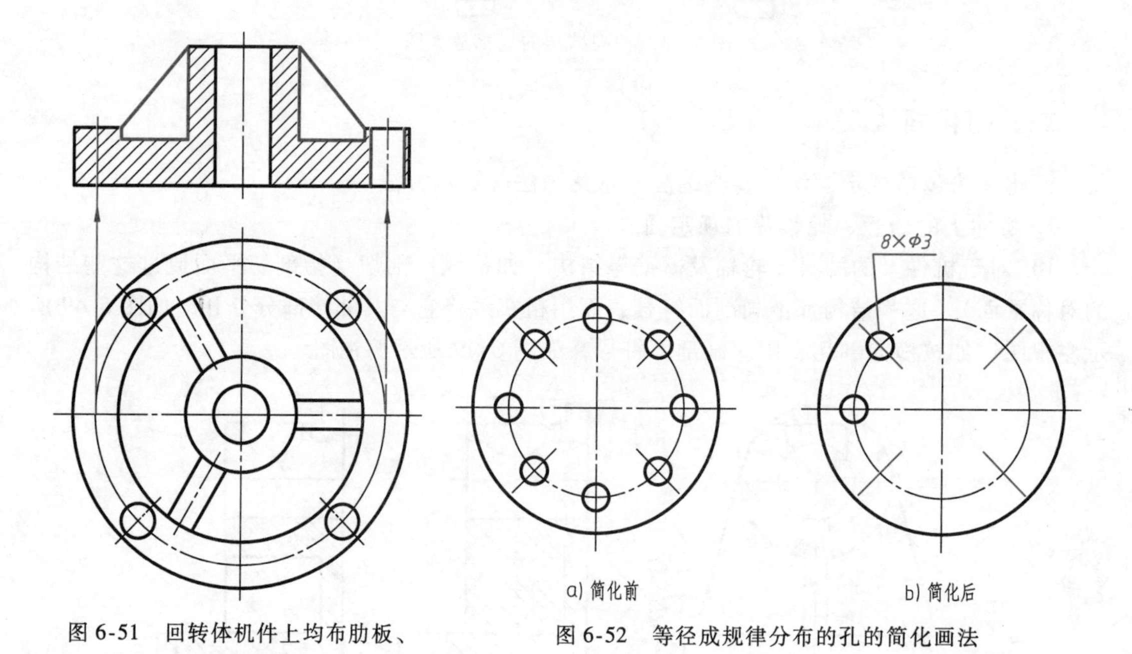

图 6-51　回转体机件上均布肋板、孔的剖视画法

图 6-52　等径成规律分布的孔的简化画法

2）当机件具有若干相同结构（齿、槽等），并按一定的规律分布时，只需画出几个完整的结构，其余用细实线连接，并注明该结构的总数，如图 6-53、图 6-54 所示。

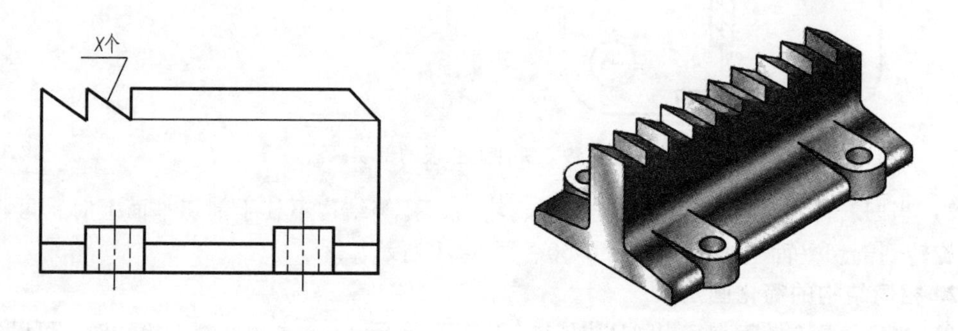

图 6-53　相同结构的简化画法（一）

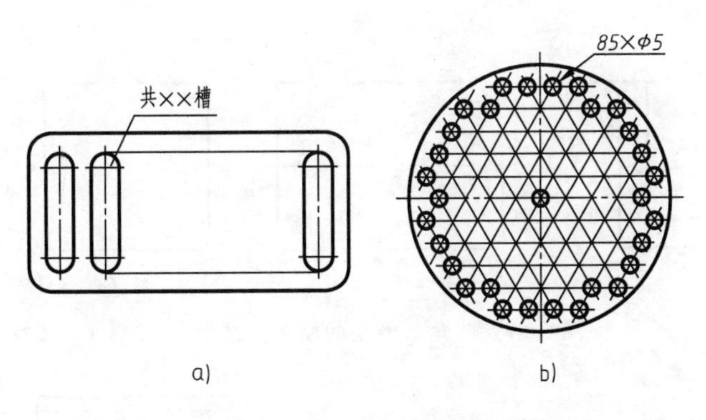

图 6-54　相同结构的简化画法（二）

3）网状物、编织物或机件上的滚花部分，可在轮廓线附近用粗实线局部画出的方法表示，还可不画出这些网状结构，只需按规定标注，如图 6-55 所示。

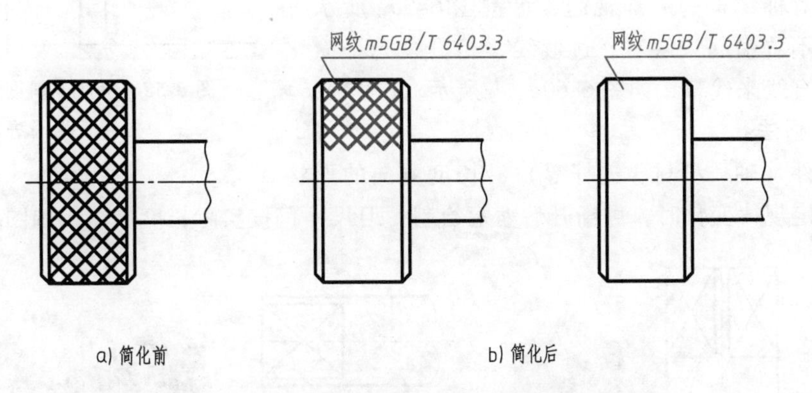

图 6-55　机件上滚花的简化画法

3. 局部视图的特殊画法

在不致引起误解的前提下，对称机件的视图可只画一半或四分之一，但需在对称中心线的两端分别画出两条与之垂直的平行短细实线，如图 6-56 所示。

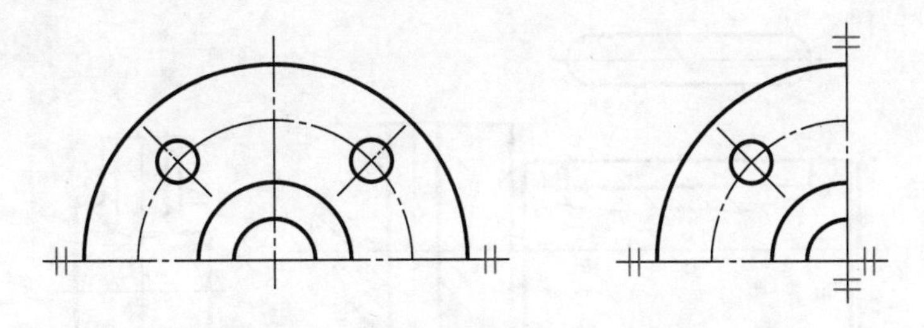

图 6-56　对称机件画 1/2 或 1/4 视图

4. 较小结构的简化画法

1）在不致引起误解时，零件图中的小圆角、锐边的小倒圆或 45°小倒角允许省略不画，但必须在视图中注明尺寸或在技术要求中加以说明，如图 6-57 所示。（*C*1 表示倒角1 ×45°）

2）机件上斜度不大的结构，当在一个视图中已表达清楚时，其他视图可按小端画出，如图 6-58 所示。

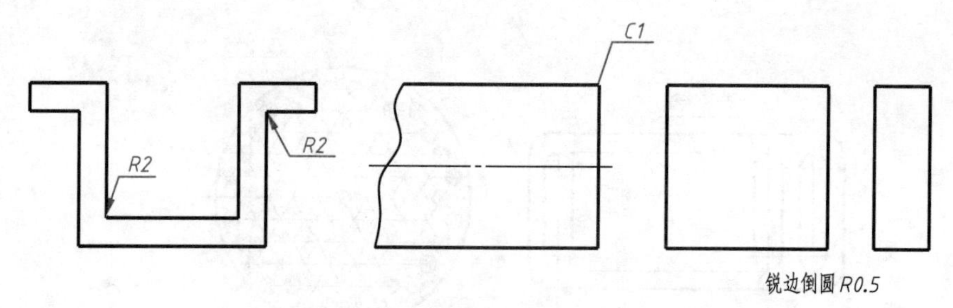

图 6-57 圆角、倒角的简化画法

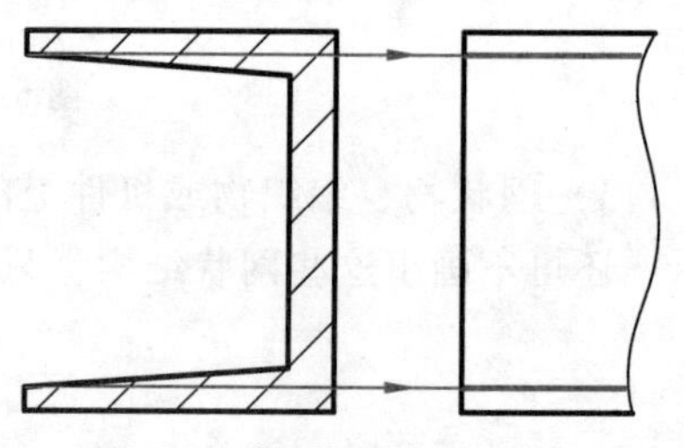

图 6-58 机件上斜度不大结构的简化画法

5. 平面表示法

当回转体机件上的平面在图形中不能充分表达时，可用两条相交的细实线表示这些平面，如图 6-59 所示。

6. 局部视图和过渡线、相贯线的简化画法

机件上对称结构的局部视图，可按图 6-60a 所示方法绘制。在不致引起误解时，过渡线、相贯线允许简化成用圆弧或直线来代替，如图 6-60a、b 所示。

7. 缩短画法

较长机件（轴、型材、连杆等）沿长度方向的形状一致或按一定规律变化时，可断开后缩短绘制，但尺寸仍按实际长度标注，如图 6-61 所示。

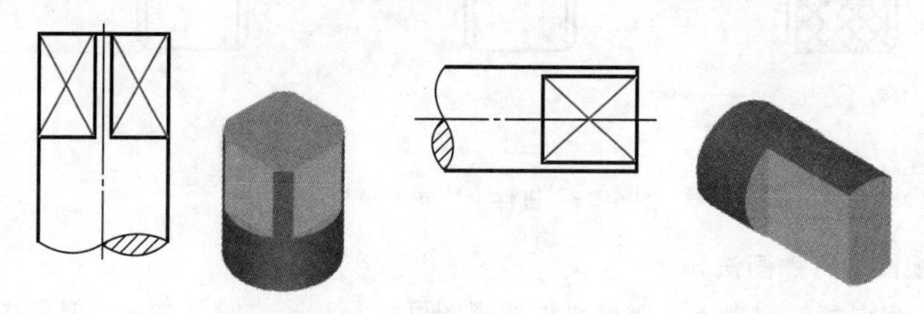

图 6-59 回转体上平面的表示法

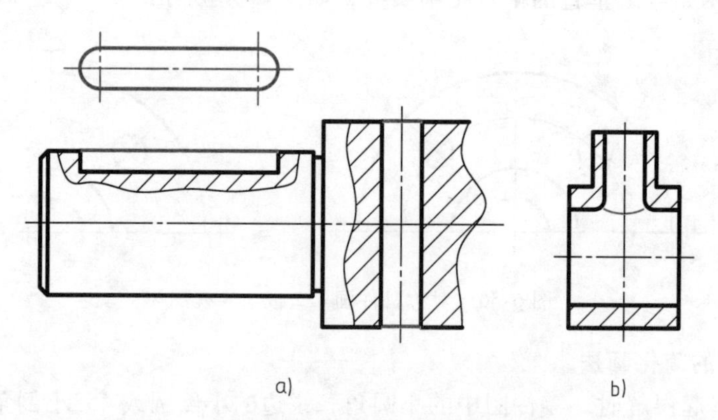

图 6-60 局部视图和过渡线、相贯线的简化画法

8. 剖面符号的简化画法

在不致引起误解的情况下，图样中的剖面符号可省略不画，但剖切位置和断面图的标注

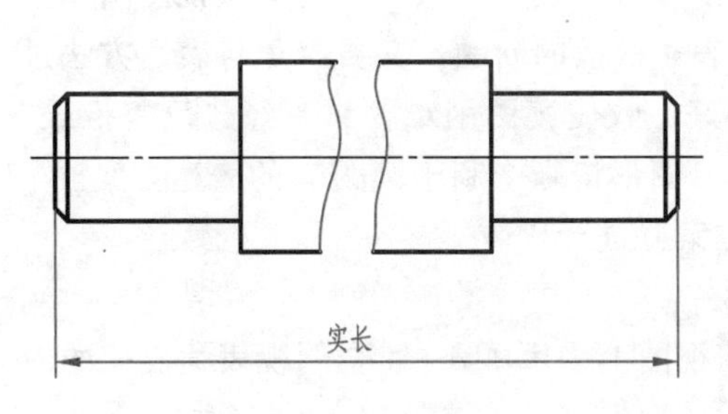

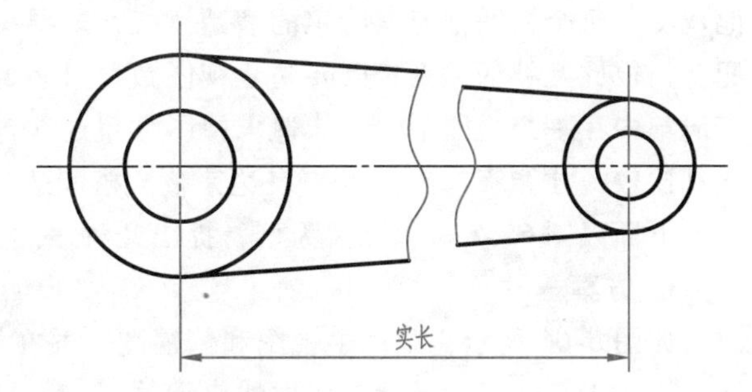

图 6-61　较长机件的缩短画法

必须按原来的规定标注，如图 6-62 所示。

9. 斜面上圆或圆弧投影的简化画法

与投影面倾斜角度小于或等于 30°的圆或圆弧，其投影可用圆或圆弧代替真实投影的椭圆或椭圆弧，如图 6-63 所示。

10. 圆柱形法兰均布孔的简化画法

圆柱形法兰和类似机件上均匀分布的孔，可按图 6-64 所示方法绘制（由机件外向该法兰端面方向投射）。

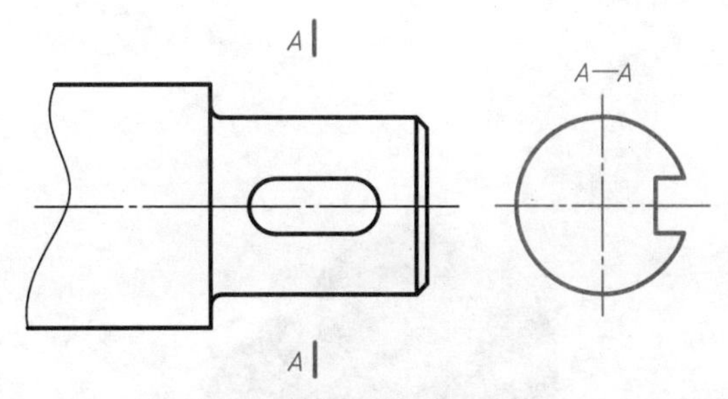

图 6-62　剖面符号的简化画法

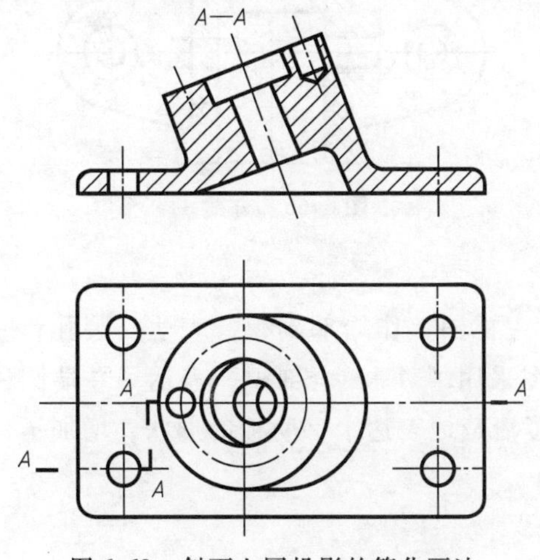

图 6-63　斜面上圆投影的简化画法

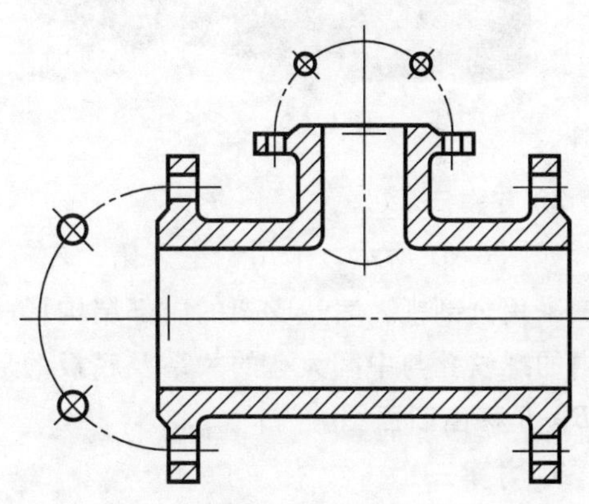

图 6-64　圆柱形法兰均布孔的简化画法

第五节　表达方法综合应用举例

前面介绍了机件在图样上的各种表达方法，有以基本视图为主的各种视图；以全剖、半剖、局部剖为主的各种剖视图和断面图，以及其他画法等。

在表达一个机件时，应根据零件的具体形状和结构，以完整、清晰为目的，以读图方便、绘图简便为原则，综合应用各种表达方法，从中选用一组适当的表达方案。

选用时，应在对机件进行分析的基础上，先确定主视图，再采用逐个增加的方法选择其他视图。每个视图都有其特定的表达意义，既要突出各自的表达重点，又要兼顾视图间相互配合、彼此互补的关系；既要防止视图数量过多、表达松散的问题，又要避免将表达方法过多地集中在一个视图上，一味追求视图数量越少越好、致使读图困难。只有经过反复推敲、认真比较，才能筛选出一组“表达完整、搭配适当、图形清晰、利于读图”的表达方案。

下面以图 6-65 所示支架为例，提出几种表达方案并进行比较。

1. 方案一

如图 6-66 所示，采用主视图和俯视图，并在俯视图上采用了 *A—A* 全剖视表达支架的内部结构，十字肋板的形状是用虚线表示的。

图 6-65　支架

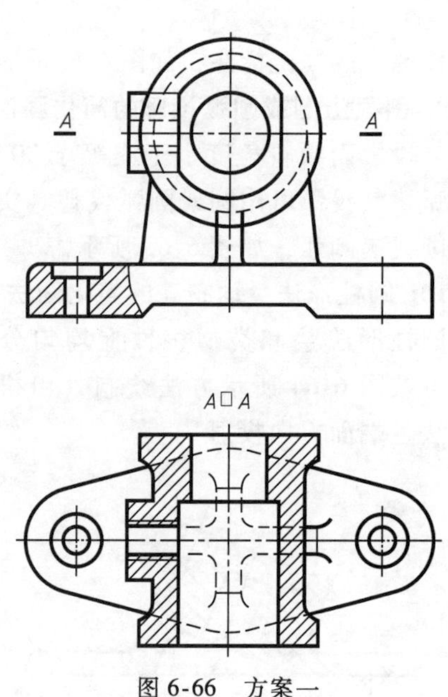

图 6-66　方案一

2. 方案二

如图 6-67 所示，采用了主、俯、左三个视图。主视图上作局部剖视，表达安装孔；左视图采用全剖视，表达支架的内部结构形状；俯视图采用了 *A—A* 全剖视，表达了左端圆柱台内的螺纹孔与中间大孔的关系及底板的形状。为了清楚地表达十字肋板的形状，增加了一个 *B—B* 移出断面图。

3. 方案三

如图 6-68 所示，主视图和左视图作了局部剖视，使支架上部内部、外部结构形状表达得比较清楚，俯视图采用了 *B—B* 全剖视表达十字肋板与底板的相对位置及实形。

以上三个表达方案中，方案一虽然视图数量较少，但因虚线较多图形不够清晰；各部分的相对位置表达不够明显，给读图带来一定困难，所以方案一不可取。

方案二和方案三，都能完整地表达支架的内外部结构形状，方案二的俯、左视图均为全剖视图，表达支架的内部结构；方案三的主、左视图均为局部剖视图，不仅把支架的内部结构表达清楚，而且保留了部分外部结构，使得外部形状及其相对位置的表达优于方案二。再比较俯视图，两方案对底板的形状均已表达清楚。但因剖切平面的位置不同，方案二的 *A—A* 剖视仍在表达支架内部结构和螺纹孔；方案三的 *B—B* 剖切的是十字肋板，使俯视图突出

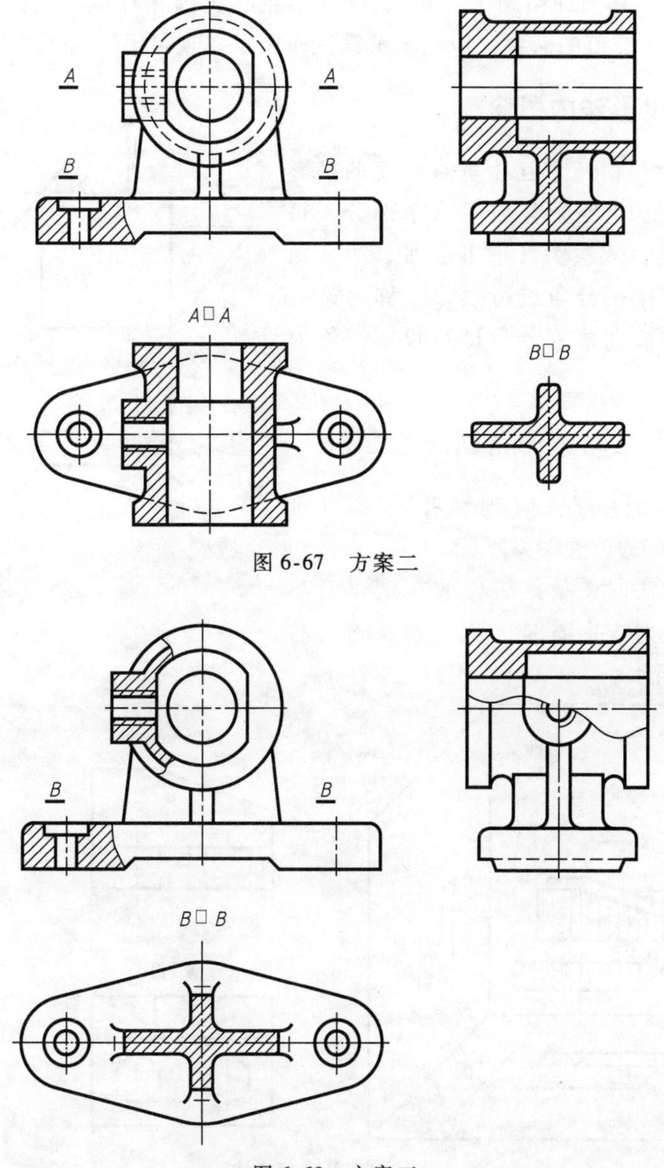

图 6-67　方案二

图 6-68　方案三

表现了十字肋板与底板的形状及两者的位置关系，从而避免重复表达支架的内部结构，并省去一个断面图。

综合以上分析，方案三的各视图表达意图清楚，剖切位置选择合理，支架内、外部形状表达完整，层次清晰，图形数量适当，便于作图和读图。因此，方案三是一个较好的表达方案。

第六节　第三角画法简介

在国家标准 GB/T 14692—2008 中规定："应按第一角画法布置六个基本视图，必要时

（如按合同规定等），才允许使用第三角画法”。目前，美国和日本等国仍采用第三角画法。为适应国际科学技术交流的需要，应当了解第三角画法。现将第三角画法的特点简介如下。

一、第三角投影法的概念

如图 6-69 所示，由三个互相垂直相交的投影面组成的投影体系，把空间分成了八个部分，每一部分为一个分角，依次为Ⅰ、Ⅱ、Ⅲ、…、Ⅷ分角。将机件放在第一分角进行投影，称为第一角画法。而将机件放在第三分角进行投影，称为第三角画法。

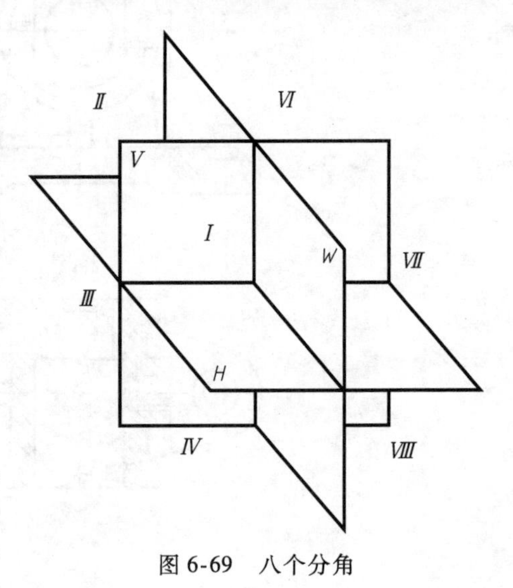

图 6-69　八个分角

二、第三角画法与第一角画法的区别

两种画法的区别在于人（观察者）、物（机件）、图（投影面）的位置关系不同。

采用第一角画法时，是把机件放在观察者与投影面之间，从投射方向看是“人、物、图”的关系，如图 6-70 所示。

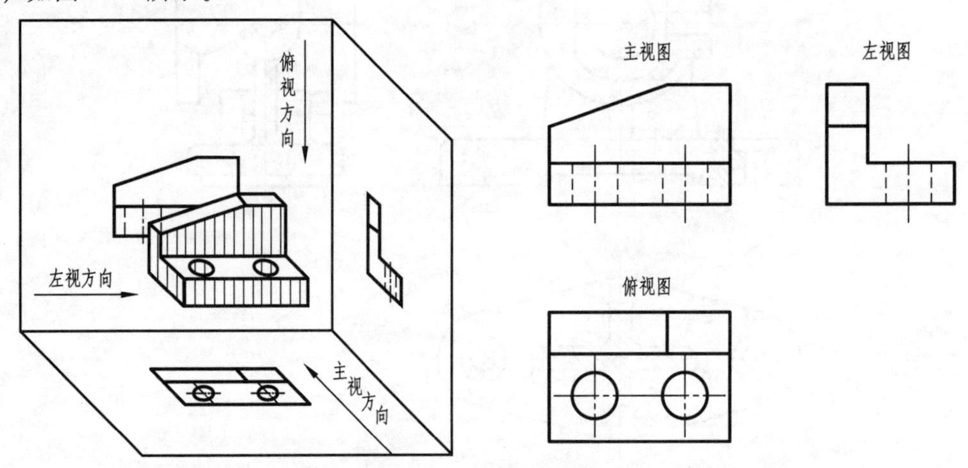

图 6-70　第一角画法

采用第三角画法时，是把投射面放在观察者与机件之间，从投射方向看是“人、图、物”的关系，如图 6-71 所示。投影时就好像隔着“玻璃”看物体，将物体的轮廓形状印在“玻璃”（投影面）上。

采用第三角画法时，从前面观察物体在 V 面上得到的视图称为主视图；从上面观察物体在 H 面上得到的视图称为俯视图；从右面观察物体在 W 面上得到的视图称为右视图。各投影面的展开方法是：V 面不动，H 面向上旋转 90°，W 面向右旋转 90°，使三投影面处于同一平面内，如图 6-72 所示。

采用第三角画法时，也可以将物体放在正六面体中，分别从物体的六个方向向各投影面进行投影，得到六个基本视图，即在三视图的基础上增加了后视图（从后往前看）、左视图（从左往右看）、仰视图（从下往上看）。它们的主要区别在于：视图位置的配置不同。第三

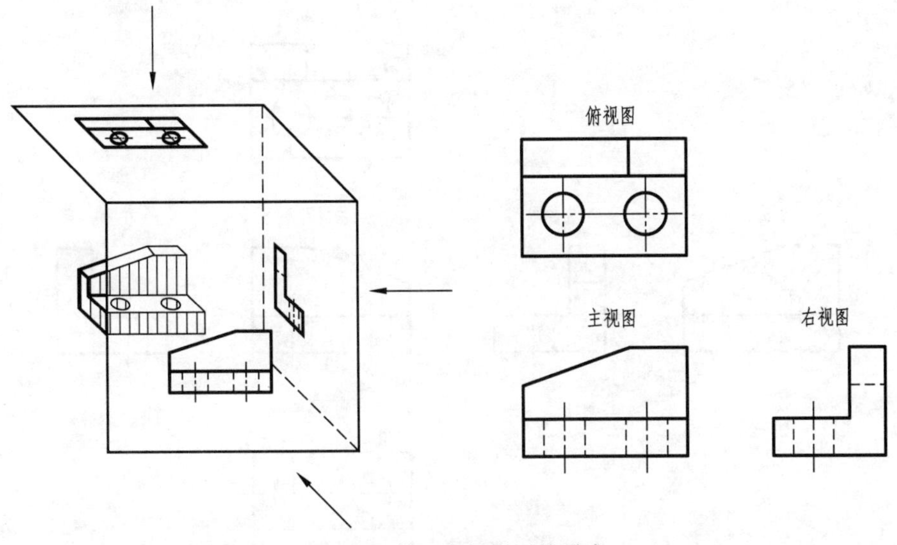

图 6-71　第三角投影图的形成

角画法视图的配置如图 6-73 所示。

由于视图的配置关系不同，所以第三角画法的俯视图、仰视图、左视图、右视图靠近主视图的一边，均表示物体的前面；远离主视图的一边，均表示物体的后面。这与第一角画法的前后方位正好相反。

第三角画法与第一角画法的六个基本视图及其名称都是相同的，相应视图之间仍保持“长对正、高平齐、宽相等”的对应关系。

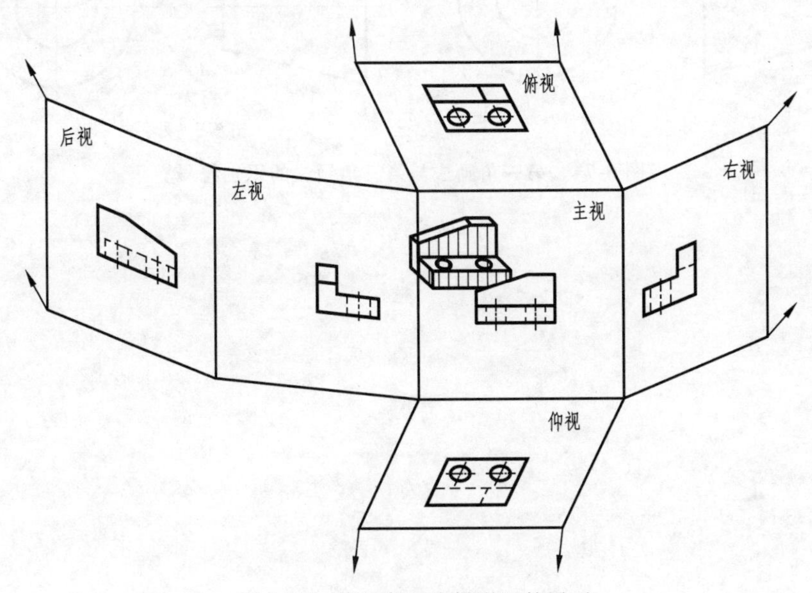

图 6-72　第三角画法投影面的展开

三、第一角画法和第三角画法的识别符号

在国际标准中规定，可以采用第一角画法，也可以采用第三角画法。为了区别这两种画

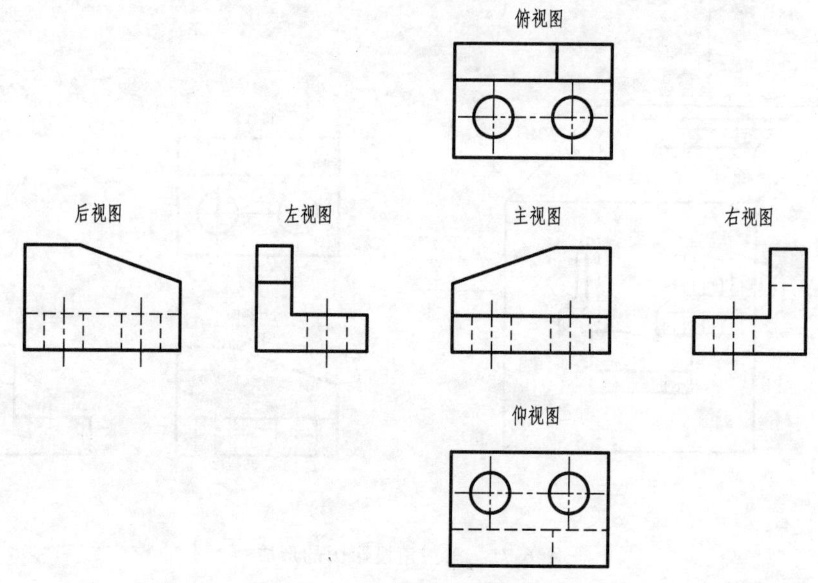

图 6-73　第三角画法视图的配置

法，规定在标题栏中专设的格内用规定的识别符号表示，如图 6-74 所示。由于我国仍采用第一角画法，所以无需画出识别符号。当采用第三角画法时，则必须画出识别符号。

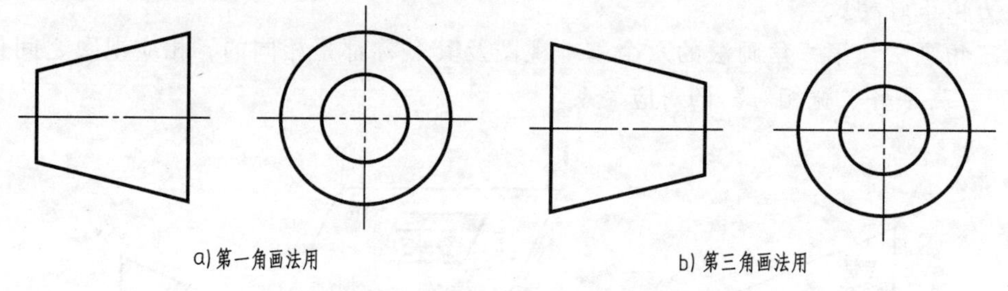

图 6-74　第一角画法与第三角画法的识别符号

第七章　标准件与常用件

各种机器或部件都是由若干零件组装而成的。其中包含螺栓、螺柱、螺钉、螺母、垫圈、键、销和轴承等零件，其结构、尺寸等都已标准化，故称为标准件；还有如齿轮、弹簧等机件，其结构、尺寸部分标准化，故称为常用件。在工程图样中，这些零件不需要画出其真实结构的投影，只需按国家标准的规定画法绘制，并按国家标准的规定代号或标记方法进行标注即可。本书附录摘录了部分标准件和常用件的国家标准，供读者查阅参考。

第一节　螺纹及螺纹紧固件

一、螺纹的形成

螺纹是在圆柱或圆锥表面上沿着螺旋线所形成的、具有相同轴向断面的连续凸起和沟槽。在圆柱或圆锥外表面上形成的螺纹称为外螺纹，在圆柱或圆锥内表面上形成的螺纹称为内螺纹。

图 7-1 所示为内、外螺纹常见的加工方法。

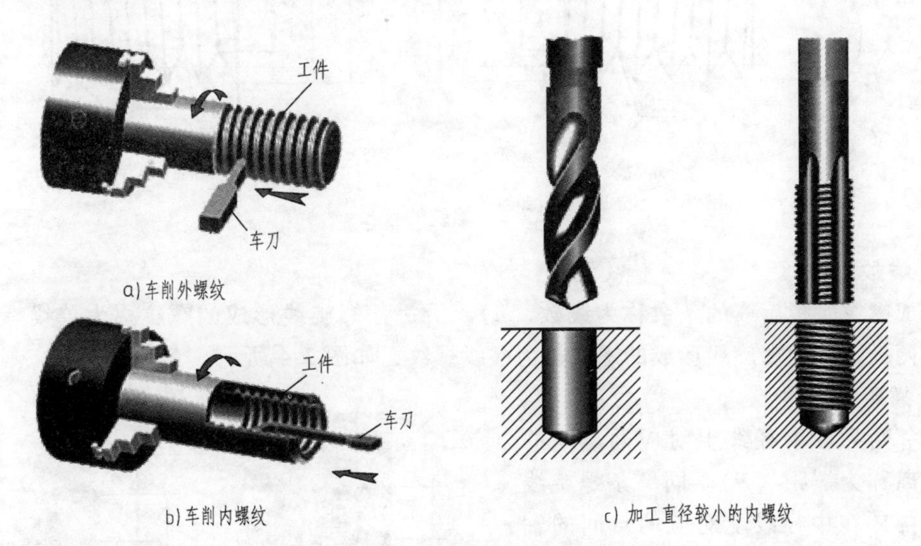

图 7-1　螺纹的加工方法

二、螺纹的要素

1. 牙型

螺纹的牙型是指螺纹轴向断面的形状。常用的牙型有三角形、梯形、锯齿形、矩形等，如图 7-2 所示。不同的螺纹牙型有不同的用途。

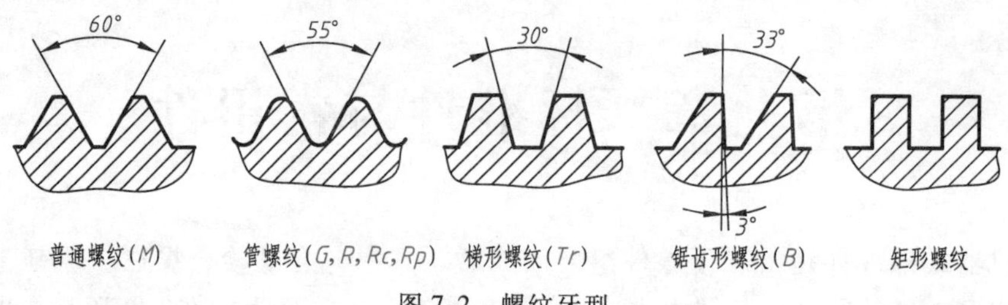

图 7-2　螺纹牙型

2. 直径

螺纹的直径有三个：大径、小径、中径（图 7-3）。

1）大径，与外螺纹牙顶或内螺纹牙底相切的假想圆柱的直径（d 或 D）。

2）小径，与外螺纹牙底或内螺纹牙顶相切的假想圆柱的直径（d_1 或 D_1）。

3）中径，一个假想圆柱的直径，该圆柱的母线通过牙型上沟槽和凸起宽度相等处的直径（d_2 或 D_2）。

代表螺纹尺寸的直径称为公称直径，除管螺纹外，公称直径均指螺纹的大径。

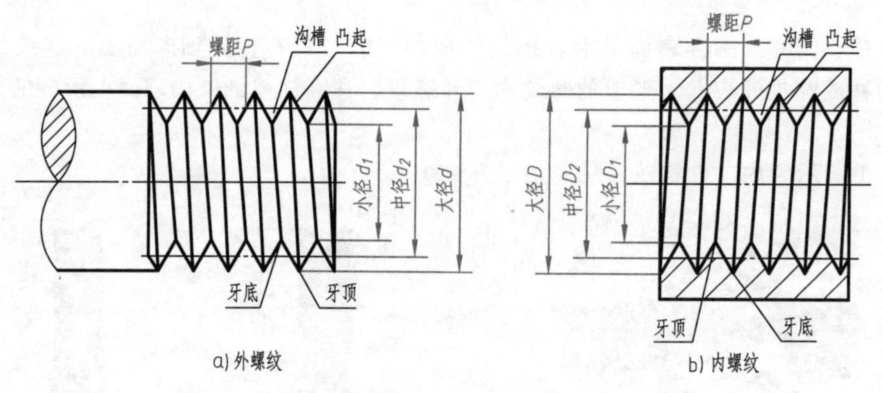

图 7-3　螺纹的直径

3. 线数

形成螺纹时螺旋线的条数称为线数（n）。沿一条螺旋线形成的螺纹称为单线螺纹，沿两条或两条以上的螺旋线形成的螺纹称为多线螺纹，如图 7-4 所示。

4. 螺距和导程

相邻两牙在中径线上对应两点间的轴向距离称为螺距（P）。同一条螺旋线上相邻两牙在中径线上对应两点间的轴向距离称为导程（P_h）（图 7-4）。导程、螺距和线数的关系为：$P_h = nP$。

5. 旋向

螺纹有左旋和右旋之分。螺纹按顺时针方向旋进的，称为右旋螺纹；螺纹按逆时针方向旋进的，称为左旋螺纹，如图 7-5 所示。

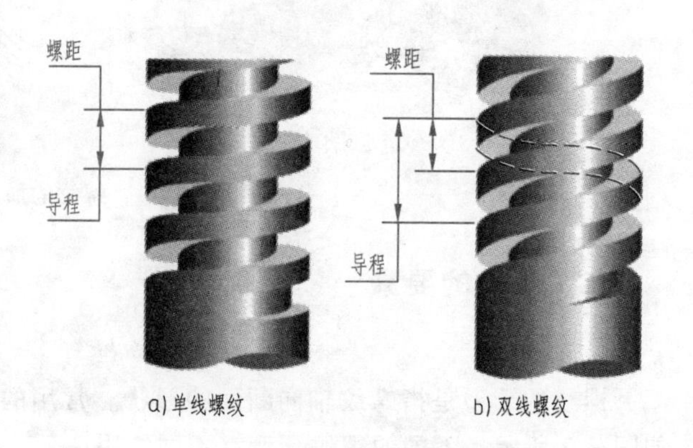

图 7-4　螺纹的线数、螺距和导程

三、螺纹的画法

为了作图方便，国家标准规定了螺纹的规定画法。

1. 外螺纹的画法

如图 7-6a 所示，在投影为非圆视图中，牙顶线（大径）用粗实线表示，牙底线（小径）用细实线表示，并画入倒角为止，其大小约为大径的 0.85，螺纹终止线用粗实线画出。在投影为圆的视图中，牙顶线（大径）用粗实线圆表示，牙底线（小径）用约 3/4 圈细实线圆表示，倒角圆省略不画。

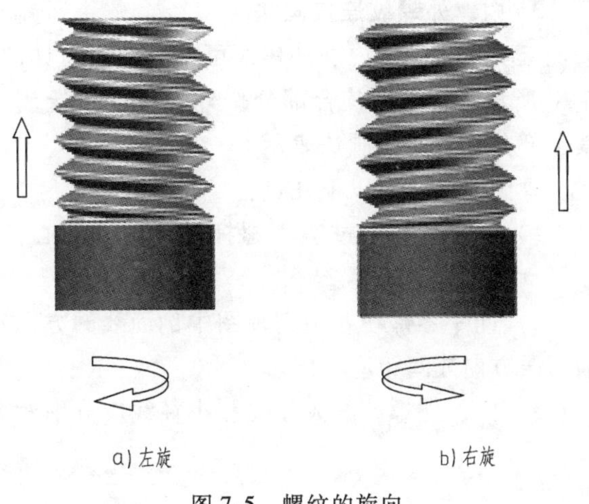

图 7-5　螺纹的旋向

如图 7-6b 所示外螺纹剖视图中，螺纹终止线只画出牙底到牙顶的一小段粗实线，剖面线画到粗实线为止。

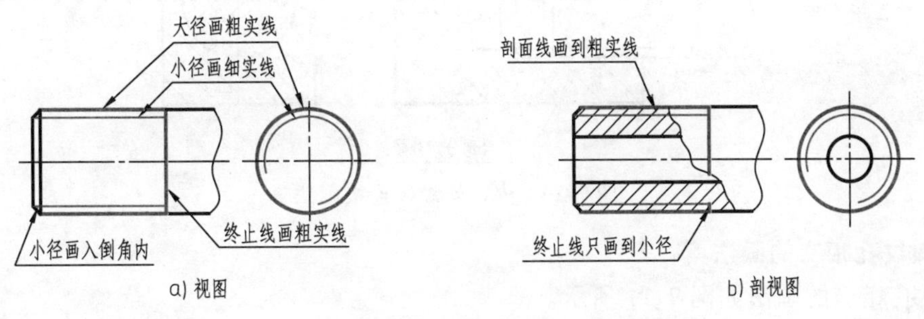

图 7-6　外螺纹的画法

2. 内螺纹的画法

如图 7-7 所示，在投影为非圆剖视图中，牙底线（大径）用细实线表示；牙顶线（小径）和螺纹终止线用粗实线表示。在投影为圆的视图中，牙顶线（小径）用粗实线圆表示，牙底线（大径）用约 3/4 圈细实线圆表示，倒角圆省略不画，剖面线画到粗实线为止。

图 7-8 所示为螺纹不通孔画法，钻头头部形成的锥顶角画成 120°。内螺纹不剖时，与轴线平行的视图上，所有图线均用虚线表示，如图 7-9 所示。

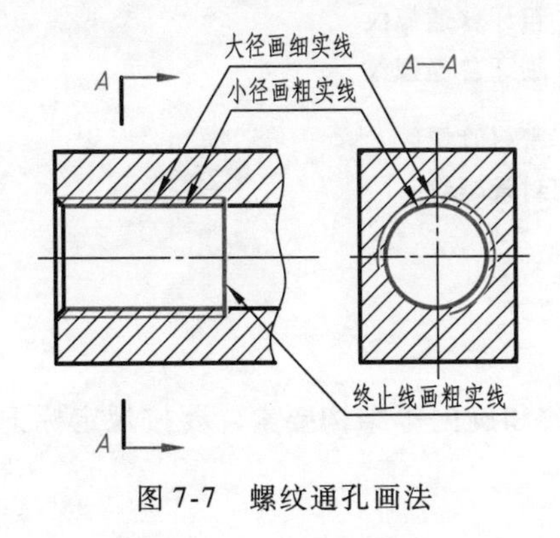

图 7-7　螺纹通孔画法

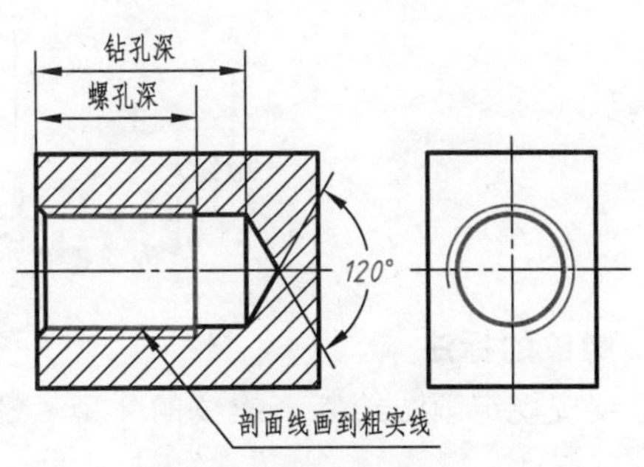

图 7-8　螺纹不通孔画法

3. 内、外螺纹连接画法

五要素相同的内、外螺纹可旋合使用。如图7-10所示，在螺纹旋合部分按外螺纹画法绘制，其余部分按各自的画法表示。

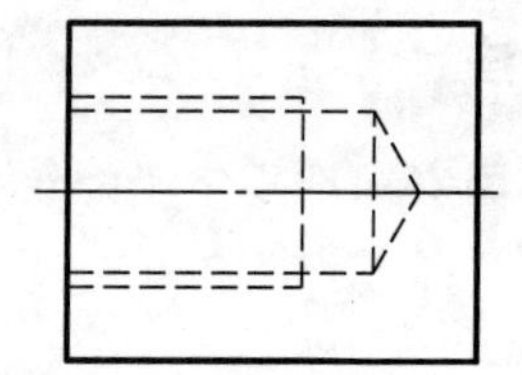
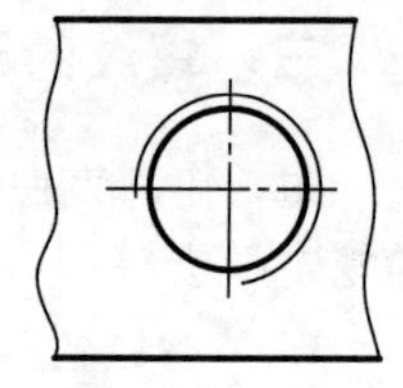

图7-9　螺纹不通孔不剖的画法

画图时应注意以下几点：

1）当剖切面通过实心螺杆轴线时，实心杆按不剖绘制。

2）同一零件在各个剖视图中剖面线的方向和间距应一致；在同一剖视图中相邻零件的剖面线方向或间距应不同。

3）内、外螺纹的大径线和小径线应分别对齐。

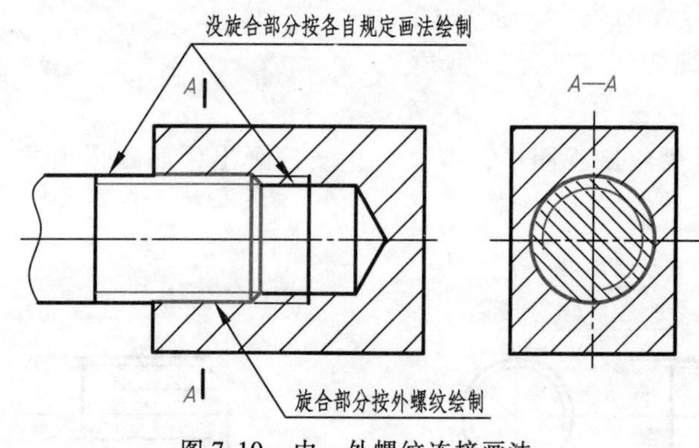

图7-10　内、外螺纹连接画法

4. 螺纹孔相交的画法

螺纹孔相交的画法如图7-11所示。

四、螺纹的种类及其标注

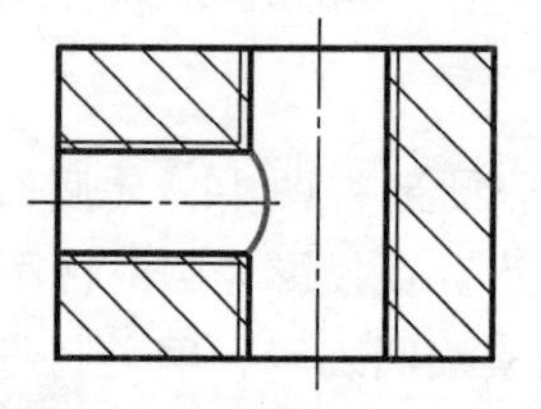
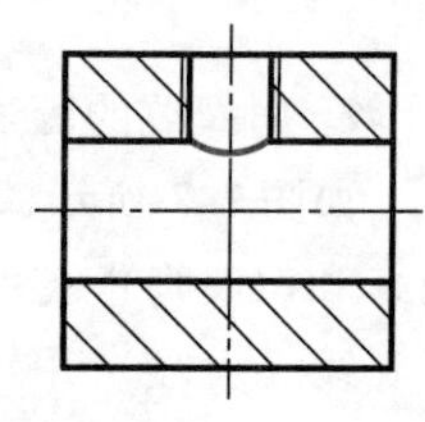

图7-11　螺纹孔相交的画法

1. 螺纹的种类

螺纹按用途分为连接螺纹和传动螺纹两大类。连接螺纹起连接作用，传动螺纹用于传递运动和动力。常用螺纹分类如下：

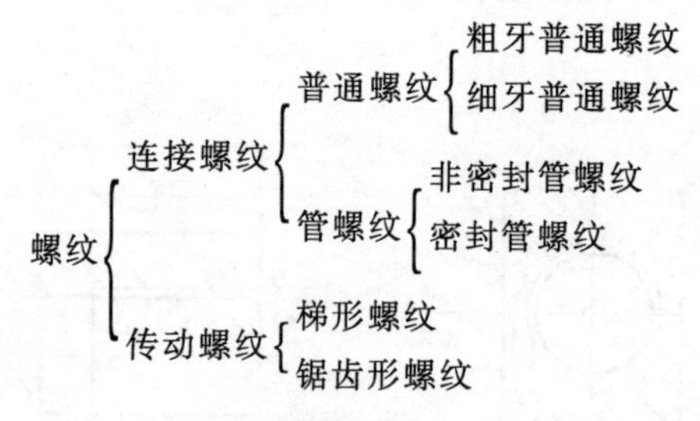

2. 螺纹的标注

螺纹按规定画法绘制，螺纹的牙型、螺距、线数和旋向等结构要素，要按规定标记在图样中进行标注。

（1）螺纹的标记规定

1）普通螺纹的标记内容及格式：

特征代号　公称直径×细牙螺距 - 中径公差带代号、顶径公差带代号 - 旋合长度代号 - 旋向代号

例如：

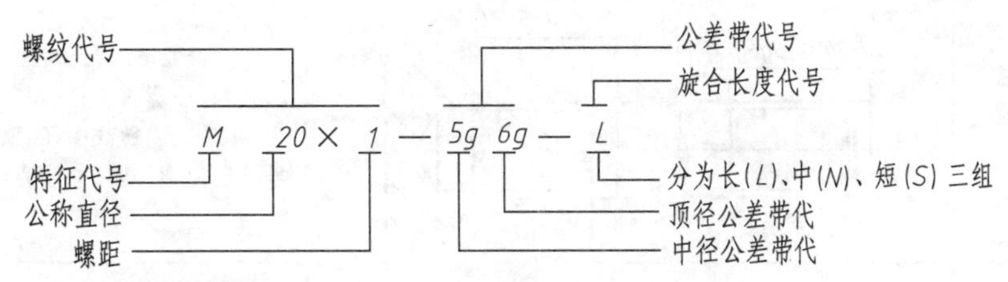

2）梯形螺纹、锯齿形螺纹的标记内容及格式：

特征代号　公称直径×导程（P 螺距） 旋向代号 - 中径公差带代号 - 旋合长度代号

3）管螺纹的标记内容及格式：

特征代号　尺寸代号　公差等级代号 - 旋向代号

例如：

G　1/2　A
特征代号
公差等级代号
尺寸代号

注意：螺纹密封的管螺纹（55°密封管螺纹）不需要标注公差等级。非螺纹密封的内管螺纹（55°非密封管螺纹）公差等级只有一种，不需要标注，而外管螺纹公差等级有 A、B 两种，需要标注。

（2）螺纹的标注说明

1）关于公称直径：普通螺纹、梯形螺纹和锯齿形螺纹的公称直径均为螺纹的大径。管螺纹的尺寸代号为管子的孔径，单位为英寸，管螺纹的直径通过查国家标准确定。

2）关于螺距：粗牙普通螺纹和管螺纹不必标螺距。细牙普通螺纹、梯形螺纹和锯齿形螺纹必须标螺距。多线螺纹应标注“导程（P 螺距）”。

3）关于旋向：右旋螺纹省略标注，左旋螺纹标注“LH”。

4）关于旋合长度：中等旋合长度省略标注。

（3）常见螺纹的标注示例　标准螺纹的种类和标注见表 7-1。

表 7-1　标准螺纹的种类和标注

螺纹类别及特征代号		标注示例	说　明
连接螺纹	粗牙普通螺纹（M）	M20−5g6g−L　M20−5G6G−L	粗牙普通螺纹，右旋，公称直径为 20，外螺纹中径、顶径的公差带代号分别为 5g、6g。内螺纹中径、顶径的公差带代号分别为 5G、6G，长的旋合长度

（续）

螺纹类别及特征代号		标注示例	说明
连接螺纹	细牙普通螺纹（M）	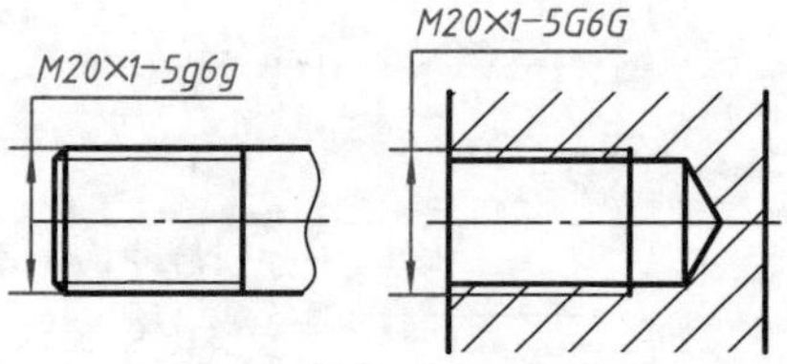 M20×1-5g6g　M20×1-5G6G	细牙普通螺纹，公称直径为20，螺距为1，右旋，外螺纹中径、顶径的公差带代号为5g、6g。内螺纹中径、顶径的公差带代号分别为5G、6G，中等旋合长度
	55°非密封管螺纹（G）	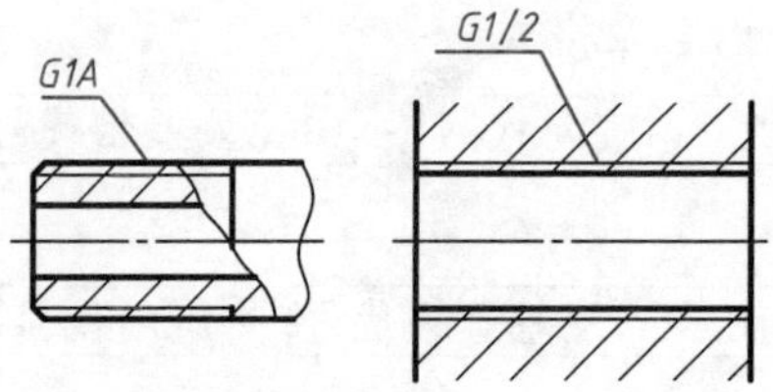 G1A　G1/2	55°非密封管螺纹，外管螺纹的尺寸代号为1英寸，公差等级为A级；内管螺纹的尺寸代号为1/2英寸
	55°密封管螺纹（R_1，R_2，Rc，Rp）	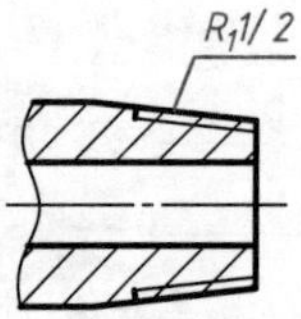 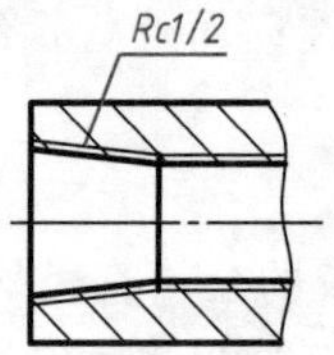 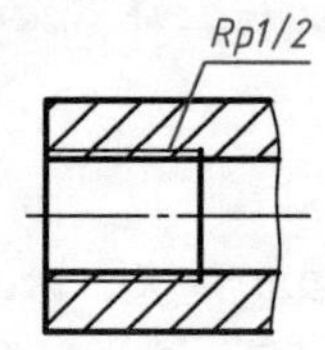 $R_1$1/2　Rc1/2　Rp1/2	55°密封管螺纹，尺寸代号为1/2英寸 注：R_1表示圆锥外螺纹（与Rp旋合） R_2表示圆锥外螺纹（与Rc旋合） Rc表示圆锥内螺纹 Rp表示圆柱内螺纹
传动螺纹	梯形螺纹（Tr）	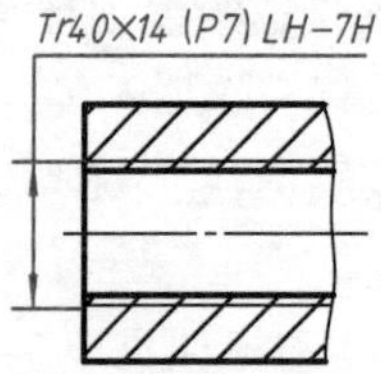 Tr40×14（P7）LH-7H	梯形螺纹，公称直径为40，导程为14，螺距为7，双线，左旋梯形内螺纹，中径公称带代号为7H，中等旋合长度
	锯齿形螺纹（B）	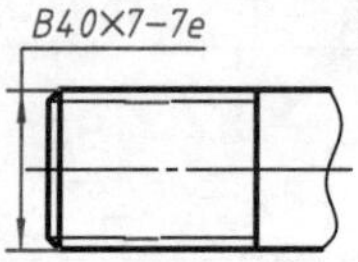 B40×7-7e	锯齿形螺纹，公称直径为40，螺距为7，中径公称带代号为7e，右旋，中等旋合长度

五、螺纹紧固件

1. 常用螺纹紧固件及其标记

常用螺纹紧固件有螺栓、螺柱、螺钉、螺母和垫圈等，如图7-12所示。它们属于标准件，其结构尺寸都已标准化，使用时可以从相应的标准中查出所需的结构尺寸，常用螺纹紧固件的结构形式和标记示例见表 7-2。

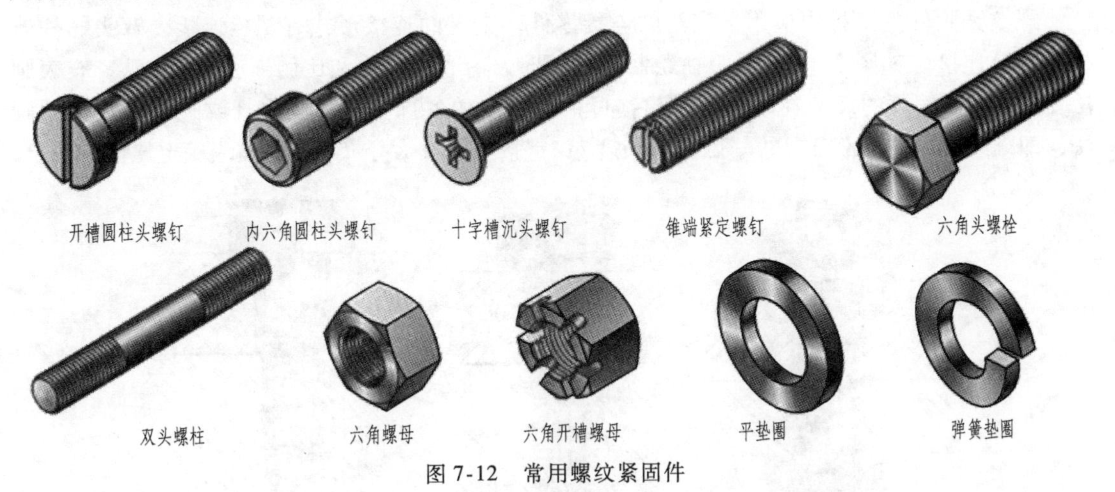

图 7-12　常用螺纹紧固件

表 7-2　常用螺纹紧固件的结构形式和标记示例

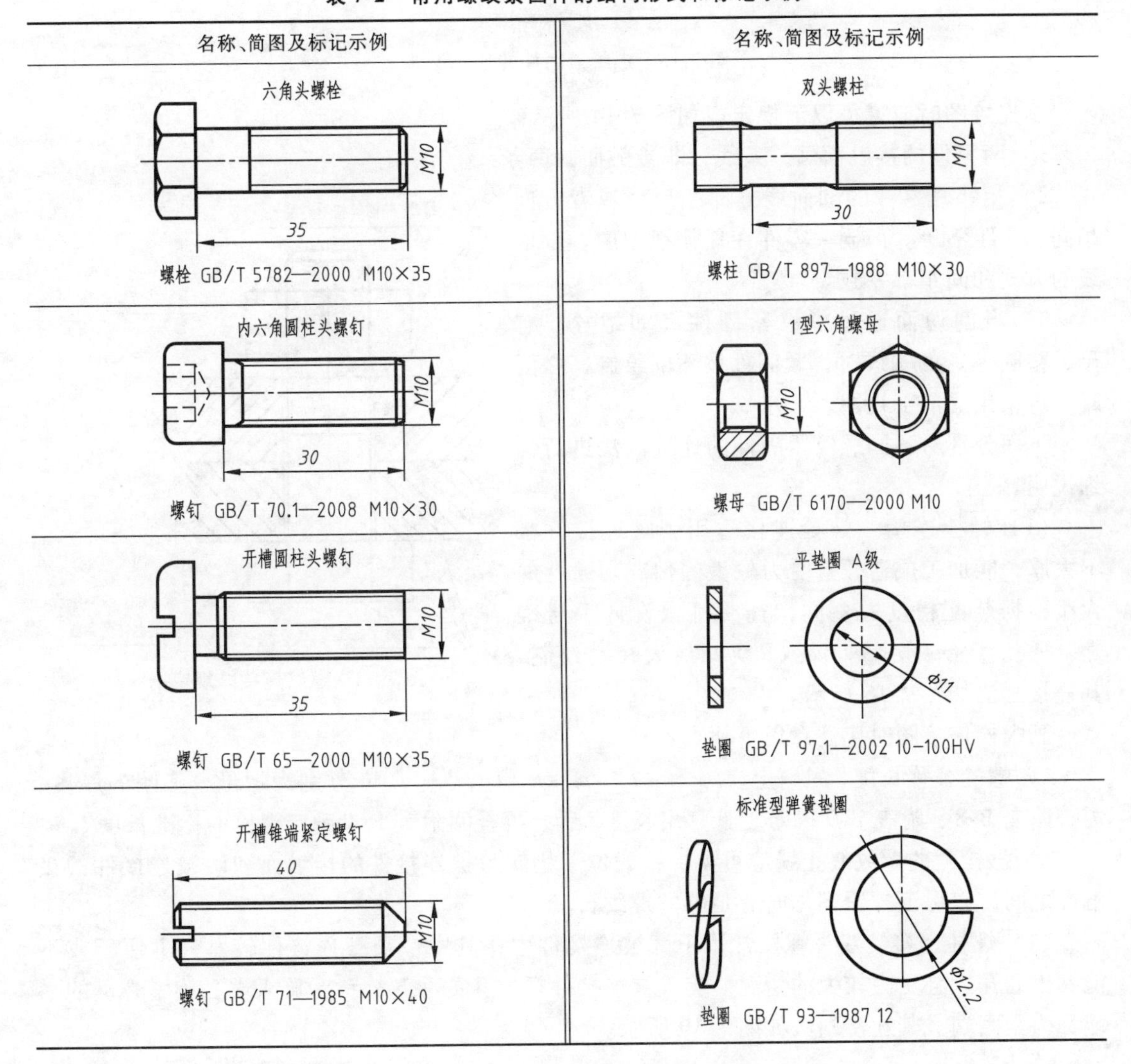

名称、简图及标记示例	名称、简图及标记示例
六角头螺栓 螺栓 GB/T 5782—2000 M10×35	双头螺柱 螺柱 GB/T 897—1988 M10×30
内六角圆柱头螺钉 螺钉 GB/T 70.1—2008 M10×30	1型六角螺母 螺母 GB/T 6170—2000 M10
开槽圆柱头螺钉 螺钉 GB/T 65—2000 M10×35	平垫圈 A级 垫圈 GB/T 97.1—2002 10-100HV
开槽锥端紧定螺钉 螺钉 GB/T 71—1985 M10×40	标准型弹簧垫圈 垫圈 GB/T 93—1987 12

2. 螺纹紧固件的连接画法

螺纹紧固件是工程中应用最广泛的连接零件。常见的连接形式有螺栓连接、双头螺柱连接和螺钉连接，如图 7-13 所示。在绘制连接图时，有查表画法和比例画法两种方法，查表画法要求对各紧固件的尺寸在附表中查出，再根据查出的各部分尺寸画出螺纹连接图。比例画法，即螺纹紧固件各部分尺寸（除公称长度 l）都按与螺纹大径 d（或 D）成一定比例来确定。

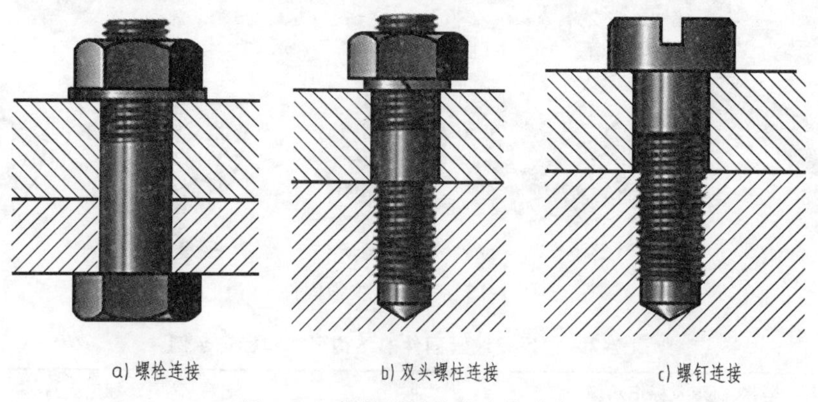

图 7-13　螺纹紧固件的连接形式

画连接图时应遵循以下规定，如图 7-14 所示：

1）两零件的接触面画一条线，非接触面画两条线。

2）相邻两零件的剖面线方向相反，或者方向相同、间距不等。但同一零件在任何视图中，剖面线的方向和间距都一致。

3）当剖切面通过螺纹紧固件（如螺栓、螺母、垫圈等）的轴线时，紧固件按不剖绘制，必要时，可采用局部剖视图。

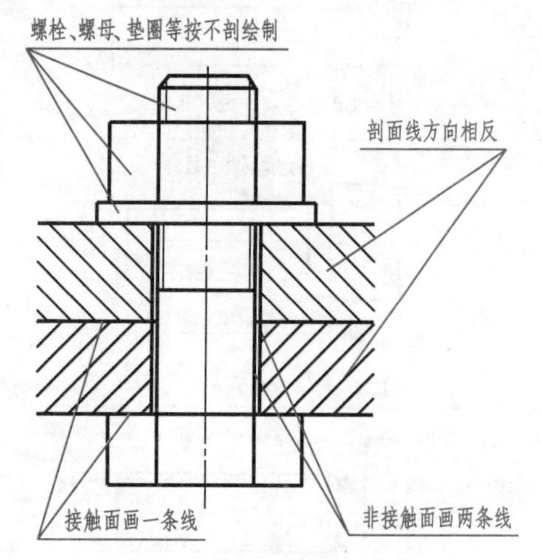

图 7-14　螺纹连接的规定画法

下面分别对不同螺纹紧固件的连接画法进行详细说明。

（1）螺栓连接　螺栓连接适用于被连接件都不太厚，能加工成通孔且受力较大的情况。通孔的大小根据装配精度的不同，查阅机械设计手册确定，通孔直径一般按 $1.1d$（d 为螺纹大径）绘制，其连接画法如图 7-15 所示。

画螺栓连接图时应注意以下两点：

1）螺栓公称长度 l 的确定。$l \geqslant t_1 + t_2 + m + h + 0.3d$，$m$、$h$ 分别为螺母、垫圈的厚度，需查附表 B-8、附表 B-9 确定，计算出长度 l 后，再查阅附表 B-1 确定螺栓的标准长度 l。

2）螺栓上的螺纹终止线应可见，一般位于垫圈与被连接件的接触面和两被连接件的接触面之间，以保证拧紧螺母时有足够的螺纹长度。

（2）螺柱连接　双头螺柱常用于两被连接件中，其中一个被连接件较厚，不便于或不能钻出通孔，且受力较大的情况。旋入被连接件螺纹孔的一端，称为旋入端，旋紧螺母的一端称为紧固端。其连接画法如图 7-16 所示。

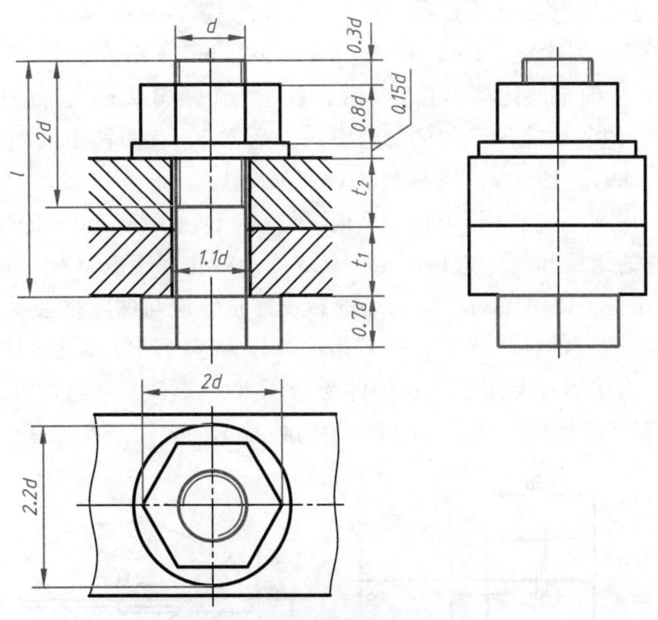

图 7-15　螺栓连接的比例画法

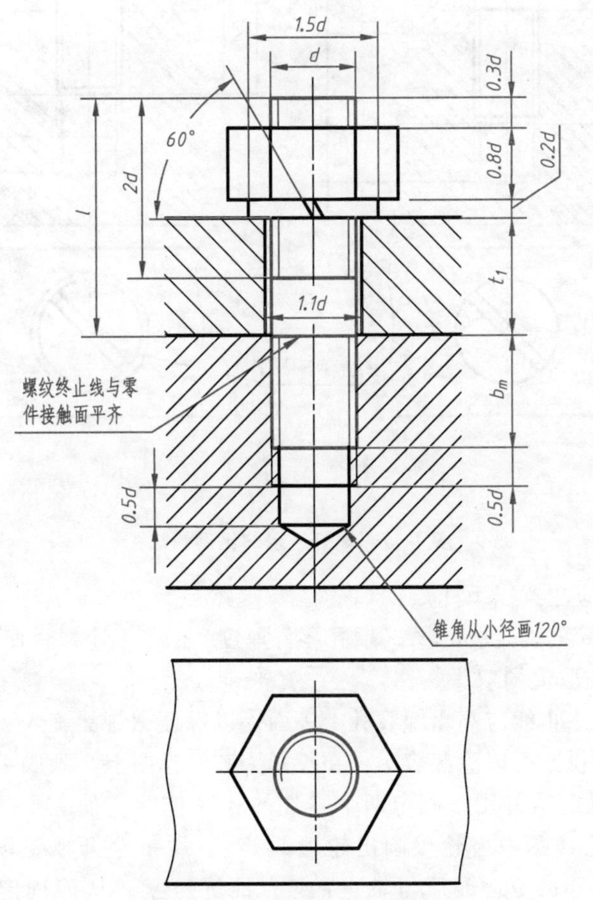

图 7-16　螺柱连接的比例画法

画螺柱连接图时应注意以下几点：

1）螺柱公称长度 l 的确定。$l \geqslant t_1 + m + h + 0.3d$，$m$、$h$ 分别为螺母、垫圈的厚度，需查附表 B-8、附表 B-9 确定，计算出长度 l 后，再查阅附表 B-2 确定螺柱的标准长度 l。

2）旋入长度 b_m 值与被旋入工件的材料有关，通常 b_m 有四种不同的取值：当材料为钢时，$b_m = 1d$（GB/T 897—1988）；当材料为铸铁或铜时，$b_m = 1.25d \sim 1.5d$（GB/T 898—1998 或 GB/T 899—1998）；当材料为铝合金时，$b_m = 2d$（GB/T 900—1988）。

3）被旋入零件的螺纹孔深一般取（$b_m + 0.5d$），钻孔深度取（$b_m + d$）。双头螺柱的旋入端全部旋入螺纹孔里，即绘图时，旋入端的螺纹终止线应与两零件接触面平齐。

（3）螺钉连接　螺钉的种类很多，按其用途可分为连接螺钉和紧定螺钉两种。

1）连接螺钉。连接螺钉常用于被连接件受力不大，又不需要经常拆卸的场合。螺钉因其头部形状不同而有多种形式，图 7-17 所示为两种常见的螺钉连接画法。

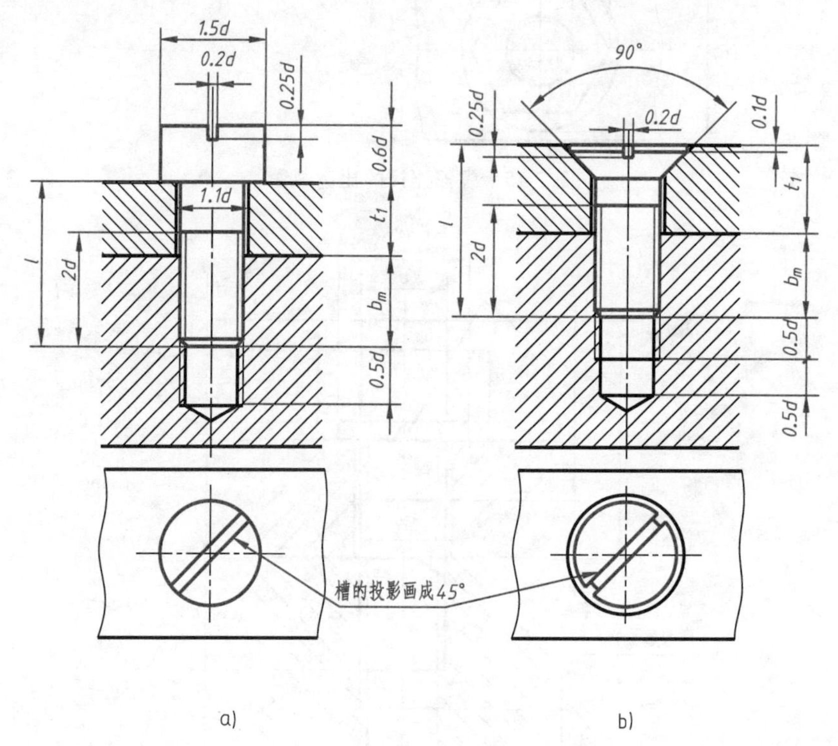

图 7-17　螺钉连接的比例画法

画螺钉连接图时应注意以下几点：

① 螺钉公称长度 l 的确定。$l \geqslant t_1$（通孔零件厚度）$+ b_m$（计算后查附表确定标准长度）。

② b_m 和螺纹孔的取值同双头螺柱。

③ 螺钉上的螺纹终止线应高出螺纹孔上表面，以保证螺钉能旋入和压紧。

④ 螺钉头部槽的投影可以涂黑表示，在投影为圆的视图上，画成 45°方向。

2）紧定螺钉。紧定螺钉用来固定两个零件的相对位置，使它们不产生相对运动。如图 7-18 中的轴和齿轮（图中齿轮仅画出轮毂部分），用一个开槽锥端紧定螺钉旋入轮毂的螺纹孔，使螺钉端部的 90°锥顶与轴上的 90°锥坑压紧，从而固定了轴和齿轮的相对位置。

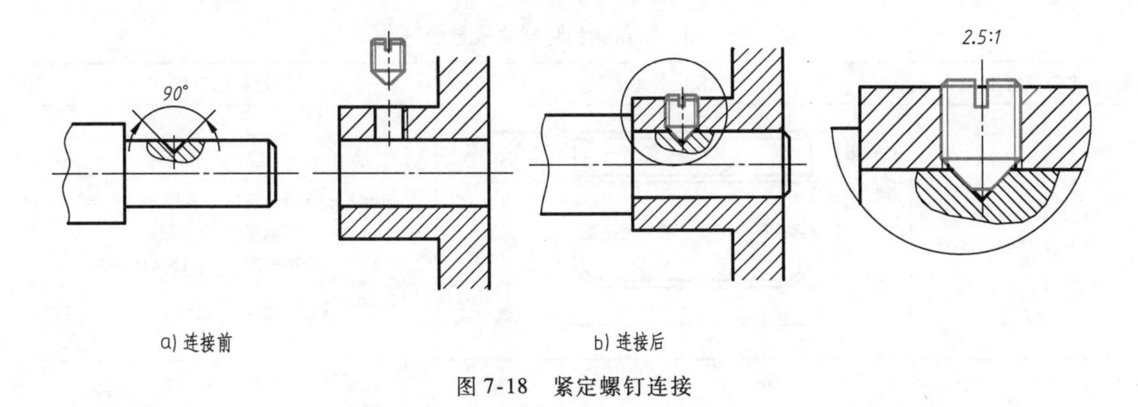

图 7-18　紧定螺钉连接

第二节　键、销连接

一、键连接

键是标准件，它通常用来连接轴及轴上的传动零件（如齿轮、带轮等），以传递转矩，如图 7-19 所示。

1. 键的种类及标记

常用的键有普通平键、半圆键、钩头楔键等，如图 7-20 所示。

常用键的种类和规定标记见表 7-3。

图 7-19　键连接

图 7-20　常用键的类型

表 7-3　常用键的种类和规定标记

名称及标准代号	图　　例	规定标记示例
普通平键 GB/T 1096—2003		宽度 $b=16$mm，高度 $h=10$mm，长度 $L=80$mm 的 A 型普通平键的标记： GB/T 1096—2003 键 16×10×80
普通型半圆键 GB/T 1099.1—2003		宽度 $b=10$mm，高度 $h=13$mm，直径 $d=32$mm 的普通型半圆键的标记： GB/T 1099.1—2003 键 10×13×32
钩头型楔键 GB/T 1565—2003		宽度 $b=16$mm，长度 $L=100$mm 的钩头型楔键的标记： GB/T 1565—2003 键 16×100

2. 普通平键键槽的画法及尺寸标注

普通平键键槽的画法及尺寸标注如图 7-21 所示。键槽的宽度 b 可根据轴的直径 d 查表确定，轴上的槽深和轮毂上的槽深可从键的标准中查得（见附表 B-14），键的长度 L 由设计确定，应小于或等于键槽的长度。

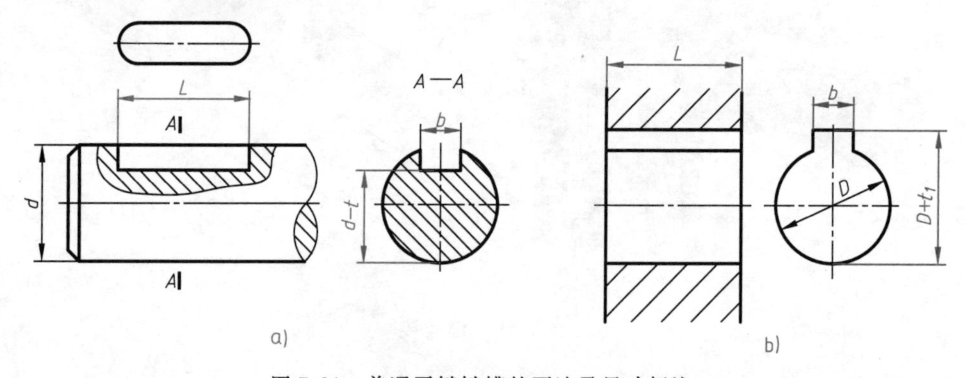

图 7-21　普通平键键槽的画法及尺寸标注

3. 键连接的画法

如图 7-22、图 7-23、图 7-24 所示，分别为普通平键、半圆键、钩头楔键的连接画法。绘图时注意以下几个问题：

1）当剖切平面沿着键的纵向剖切时，键按不剖绘制；沿其他方向剖切时，则要按剖视图绘制。通常用局部剖视表达键与轴及轴上零件之间的连接关系。

2）普通平键和半圆键的工作面是键的两侧面，钩头楔键的工作面是键的斜面，只画一条线；非接触面应画两条线，如图 7-24 所示。

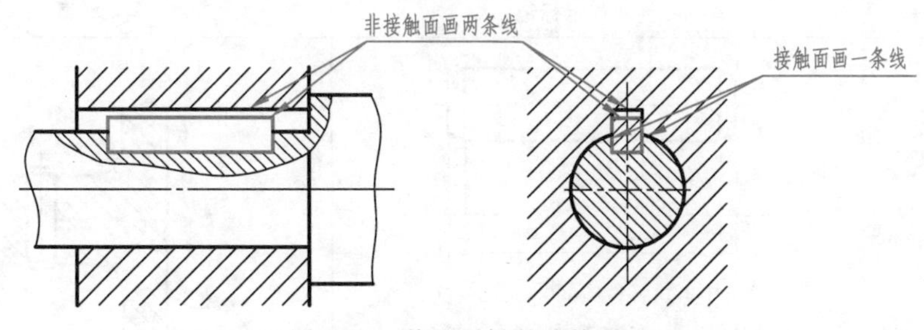

图 7-22　普通平键的连接画法

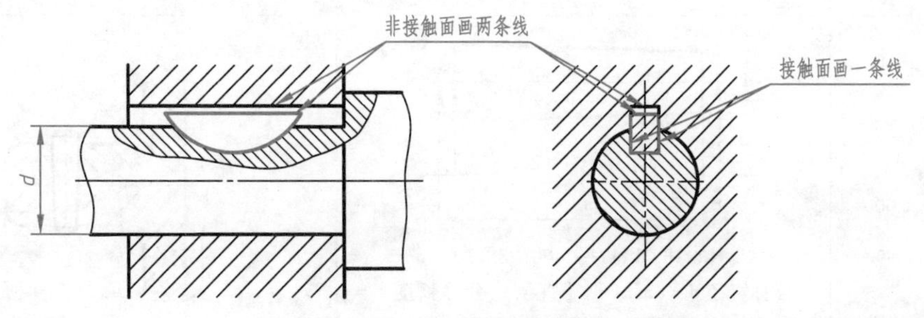

图 7-23　半圆键的连接画法

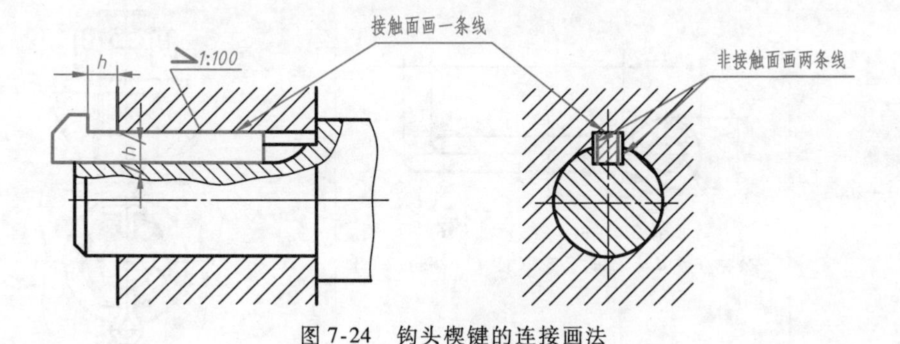

图 7-24　钩头楔键的连接画法

二、销连接

销主要用于两零件之间的连接或定位。常用的销有圆柱销、圆锥销和开口销，如图7-25 所示。销是标准件，使用时按相关标准选用。其标准摘录见附表 B-11 ~ 附表 B-13。

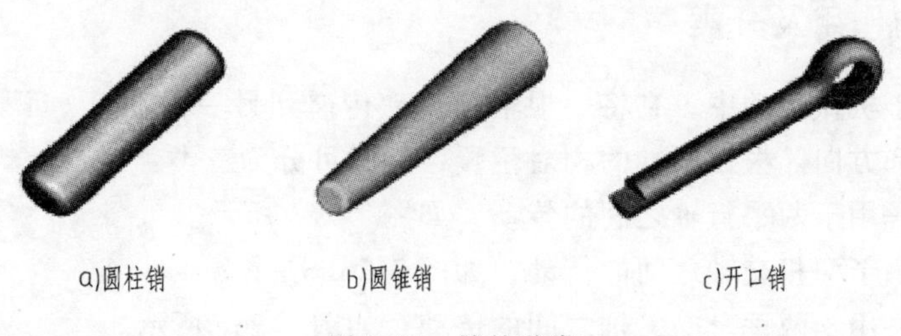

图 7-25　销的种类

销的规定标记和连接画法见表 7-4。

表 7-4　销的规定标记和连接画法

名称及标准代号	图例和规定标记	连接画法
圆柱销 GB/T 119.1—2000	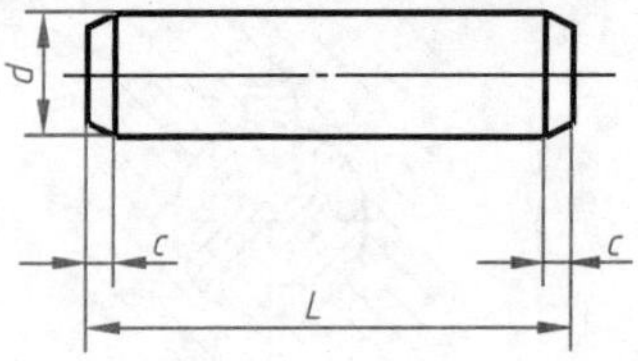 销 GB/T 119.1—2000　8m6 × 30 公称直径 d = 8mm、公差为 m6、公称长度 L = 30mm 的圆柱销	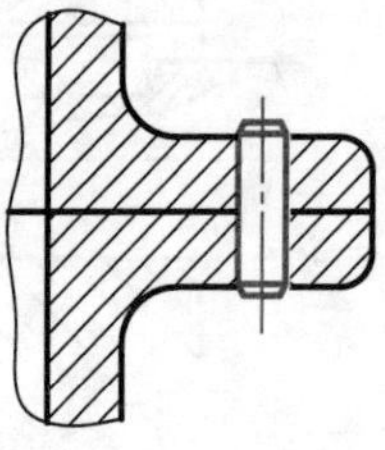
圆锥销 GB/T 117—2000	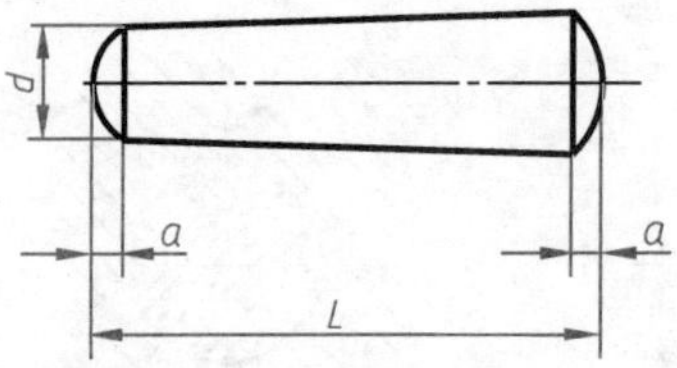 销 GB/T 117—2000　8 × 30 公称直径 d = 8mm（小端直径）、公称长度 L = 30mm 的 A 型圆锥销	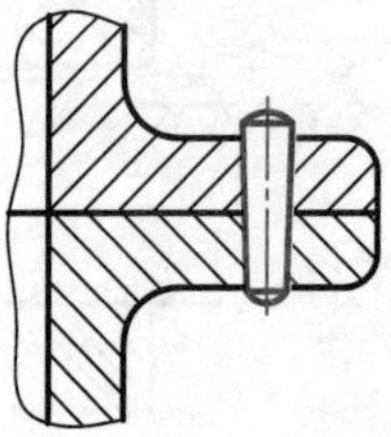
开口销 GB/T 91—2000	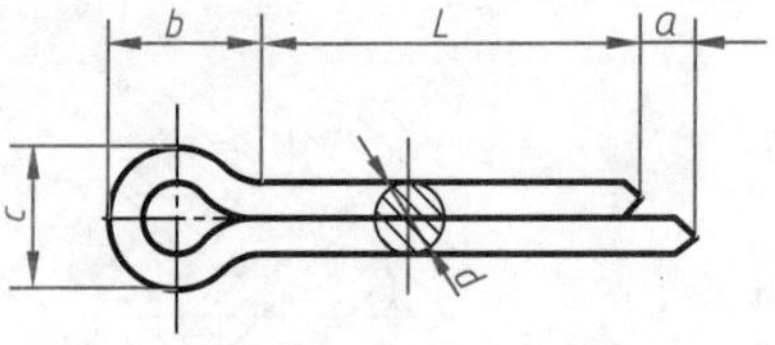 销 GB/T 91—2000　5 × 26 公称直径 d = 5mm、公称长度 L = 26mm 的开口销	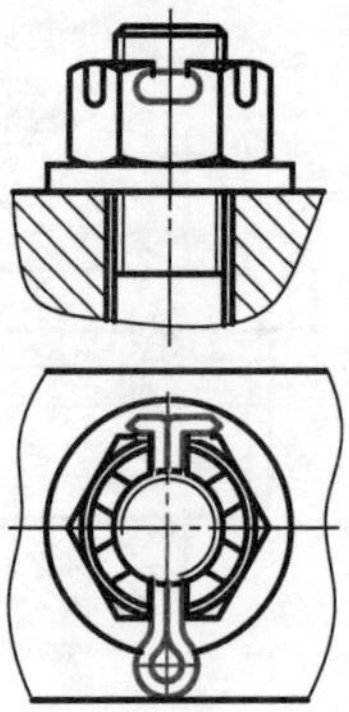

第三节　齿　　轮

一、齿轮的作用及分类

齿轮广泛用于机械传动中，它将一根轴的运动传递到另一根轴上，不仅可以传递动力，还可以改变转速和方向。根据两轴的相对位置，齿轮可分为三类：

圆柱齿轮——用于两平行轴之间的传动，如图 7-26a 所示。

锥齿轮——用于两相交轴之间的传动，如图 7-26b 所示。

蜗杆蜗轮——用于两垂直交叉轴之间的传动，如图 7-26c 所示。

其中圆柱齿轮是常用的，其轮齿有直齿、斜齿和人字齿，如图 7-27 所示。这里主要介绍直齿圆柱齿轮的几何要素和规定画法。

a)圆柱齿轮

b)锥齿轮

c)蜗杆蜗轮

图 7-26　常见的齿轮传动

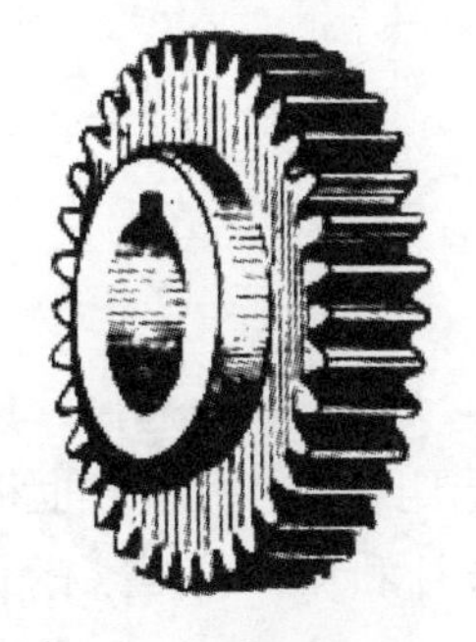

a)直齿轮

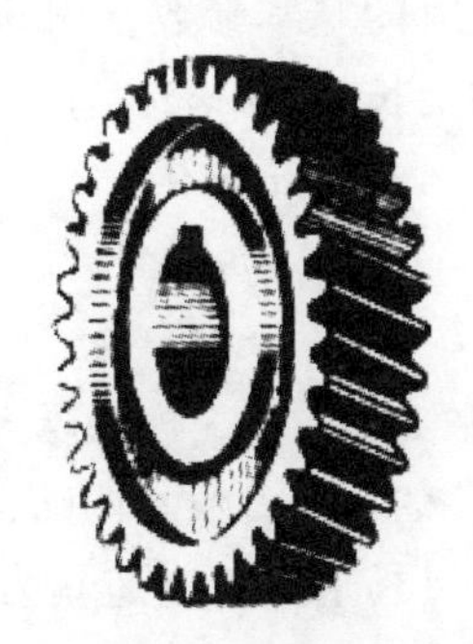

b)斜齿轮

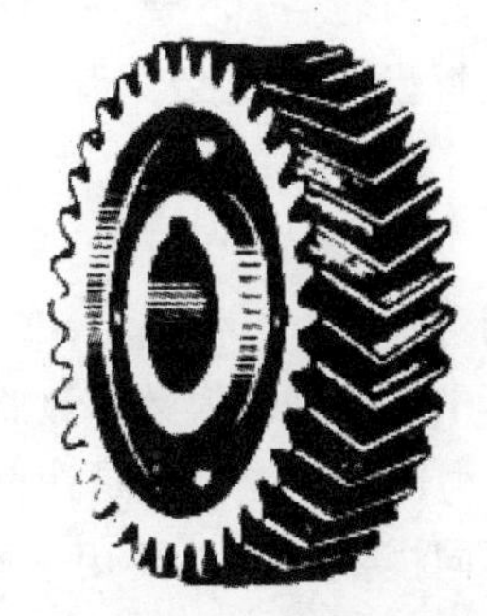

c)人字齿轮

图 7-27　圆柱齿轮

二、直齿圆柱齿轮各部分名称及尺寸计算

齿轮各部分的名称、代号及基本参数如图 7-28 所示。

1. 齿顶圆

通过轮齿顶部的圆称为齿顶圆，其直径用 d_a 表示。

2. 齿根圆

通过轮齿根部的圆称为齿根圆，其直径用 d_f 表示。

3. 分度圆

对于标准齿轮，分度圆是齿厚与齿槽宽相等位置的假想圆，它是设计、制造齿轮时计算各部分尺寸的基准圆。其直径用 d 表示。

4. 节圆

过两齿轮啮合接触点 C（节点）的假想圆称为节圆，其直径用 d' 表示。对于标准齿轮分度圆就是节圆，即 $d'=d$。

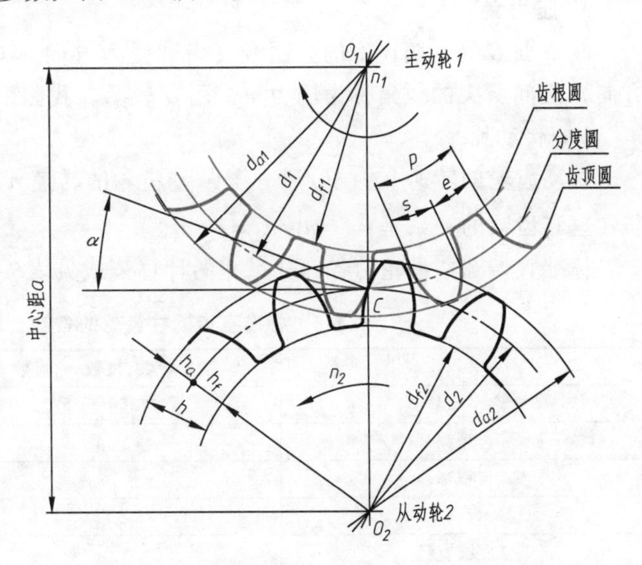

图 7-28　齿轮各部分的名称、代号及基本参数

5. 齿距、齿厚、齿槽宽

在分度圆上，相邻两齿对应点之间的弧长称齿距，用 p 表示；一个轮齿齿廓间的弧长称齿厚，用 s 表示；轮齿之间的弧长称为齿槽宽，用 e 表示。有 $p=s+e$。

6. 齿高、齿顶高、齿根高

齿顶圆与齿根圆间的径向距离称为齿高，用 h 表示；齿顶圆与分度圆间的径向距离称为齿顶高，用 h_a 表示；齿根圆与分度圆间的径向距离称为齿根高，用 h_f 表示。有 $h=h_a+h_f$。

7. 齿数

齿轮上轮齿的个数称为齿数，用 z 表示。

8. 模数

计算齿轮各部分尺寸和加工齿轮时的基本参数，用 m 表示。

根据齿距的定义，齿轮分度圆的周长为 $\pi d=zp$，所以

$$d=p/\pi \times z$$

令

$$m=p/\pi$$

则

$$d=m\times z$$

其中，m 称为模数，显然，当齿数 z 相同时，模数越大，齿距越大，轮齿也越厚，齿轮的承载能力也越强。模数是计算齿轮尺寸的重要参数。两啮合齿轮的齿距相等，故模数也相等。

不同模数的齿轮要用不同模数的刀具来加工制造。为了便于设计和加工，国家标准规定了标准模数系列，见表 7-5。

表 7-5　标准模数系列　　（单位：mm）

第一系列	1,1.25,1.5,2,2.5,3,4,5,6,8,10,12,16,20,25,32,40,50
第二系列	1.125,1.375,1.75,2.25,2.75,3.5,4.5,5.5,(6.5),7,9,11,14,18,22,28,36,45

注：优先选用第一系列，其次选用第二系列，括号内的模数尽可能不选。

9. 压力角

在节点 C 处，两齿廓的公法线（齿廓受力方向）与两节圆的公切线（节点处瞬时速度方向）之间所夹的锐角称为压力角，用 α 表示。我国采用的渐开线齿形，一般采用 $\alpha=20°$。

10. 传动比

主动齿轮的转速 n_1（转/秒）与从动齿轮的转速 n_2（转/秒）之比称为传动比。传动比与转速和齿数的关系是：$i=n_1/n_2=z_2/z_1$。

标准直齿圆柱齿轮的各部分尺寸的计算公式见表 7-6。

表 7-6　标准直齿圆柱齿轮的各部分尺寸的计算公式

基本参数：模数 m，齿数 z		
名　称	代　号	计 算 公 式
齿顶高	h_a	$h_a=m$
齿根高	h_f	$h_f=1.25m$
齿高	h	$h=2.25m$
分度圆直径	d	$d=mz$
齿顶圆直径	d_a	$d_a=d+2h_a=m(z+2)$
齿根圆直径	d_f	$d_f=d-2h_f=m(z-2.5)$
中心距	a	$a=1/2(d_1+d_2)=m(z_1+z_2)/2$

三、标准直齿圆柱齿轮的画法

1. 单个齿轮的画法

如图 7-29 所示，齿轮轮齿应按以下规定绘制：

1）在投影为圆的视图上，分度圆画点画线，齿顶圆画粗实线，齿根圆画细实线或省略不画。

2）在投影为非圆的视图上，视图表达中，齿顶线画粗实线，齿根线省略不画；剖视表达中，齿顶线和齿根线均画粗实线，轮齿部分按不剖绘制；分度线在视图或剖视表达中均画点画线（超出轮廓线 2～3mm）。

3）当需要表达轮齿的形状时，可采用半剖表达，用三条细实线表示齿线的方向。

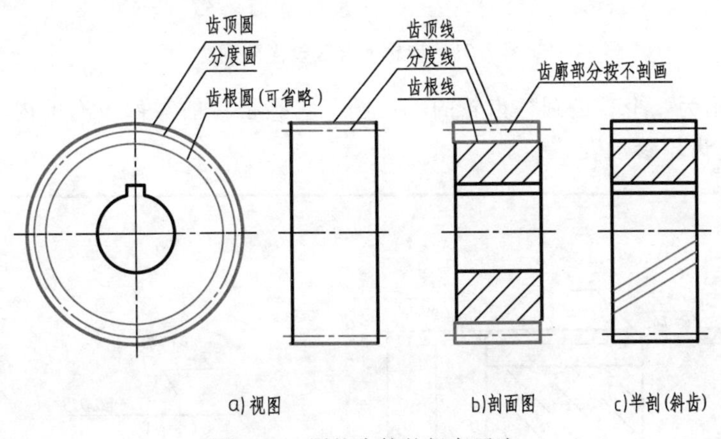

图 7-29　圆柱齿轮的规定画法

2. 两圆柱齿轮啮合的画法

如图 7-30 所示，两圆柱齿轮啮合画法规定如下：

1）在投影为圆的视图上，啮合部分两分度圆（点画线）相切，啮合区齿顶圆均画粗实线（图 7-30a），也可以省略不画，齿根圆（细实线）一般省略不画，如图 7-30b 所示。

2）在投影为非圆的视图上，剖视表达中，啮合部分两分度线重合，只画一条分度线（点画线），齿顶线在一个齿轮上画粗实线而在另一个齿轮上画虚线，齿根线画粗实线，如图 7-30a 所示；视图表达中，啮合区齿顶线和齿根线均省略不画，节线画成粗实线，如图7-30c 所示。

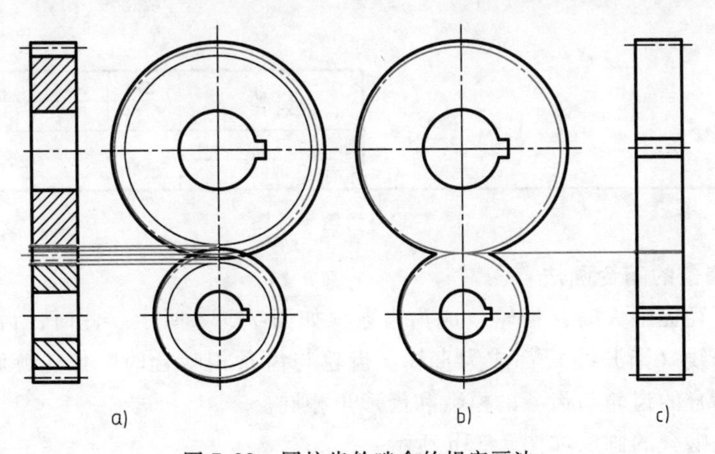

图 7-30　圆柱齿轮啮合的规定画法

注意：两齿轮啮合时，一个齿轮的齿顶与另一个齿轮的齿根有 0.25m 的间隙，故在剖视表达中，齿顶线和齿根线之间应有 0.25m 的间隙，如图 7-31 所示。

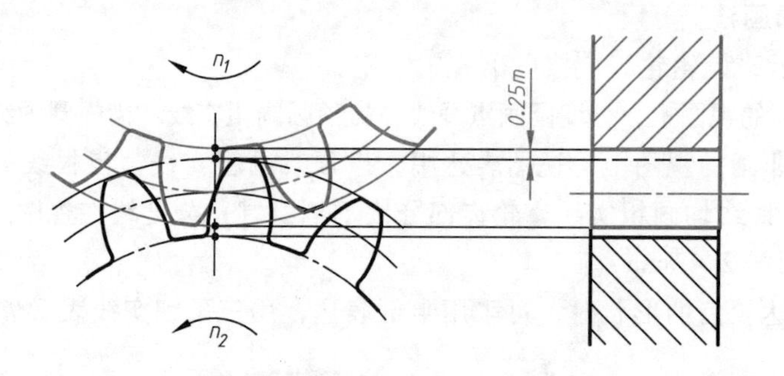

图 7-31　齿轮啮合区投影的画法

图 7-32 所示为一个直齿圆柱齿轮的零件图，它除了一般零件应有的内容外，还应在图纸的右上角画出齿轮参数表。

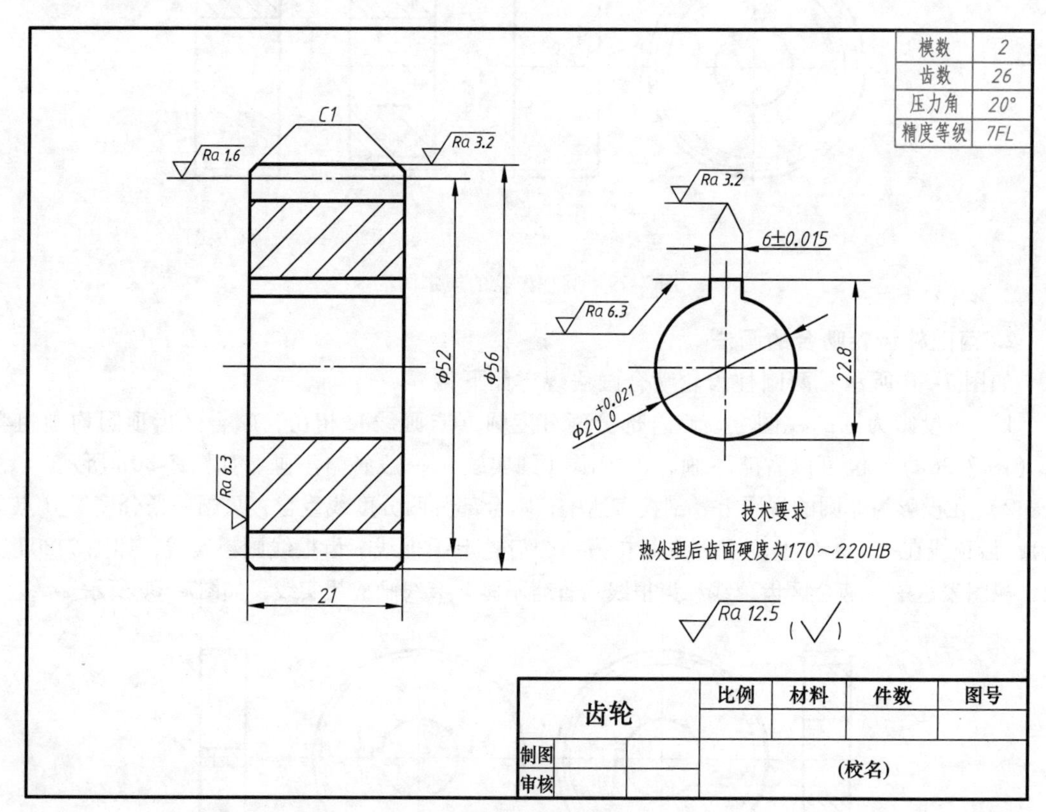

图 7-32　齿轮零件图

3. 齿轮与齿条的啮合画法

当齿轮的直径无限大时，齿轮就成为齿条，如图 7-33a 所示。此时，齿顶圆、分度圆、齿根圆和齿廓曲线（渐开线）都成为直线。齿轮与齿条相啮合时，齿轮旋转，齿条则作直线运动。一对啮合的齿轮与齿条的模数和齿形角相同。

齿轮与齿条啮合的画法如图 7-33b 所示。

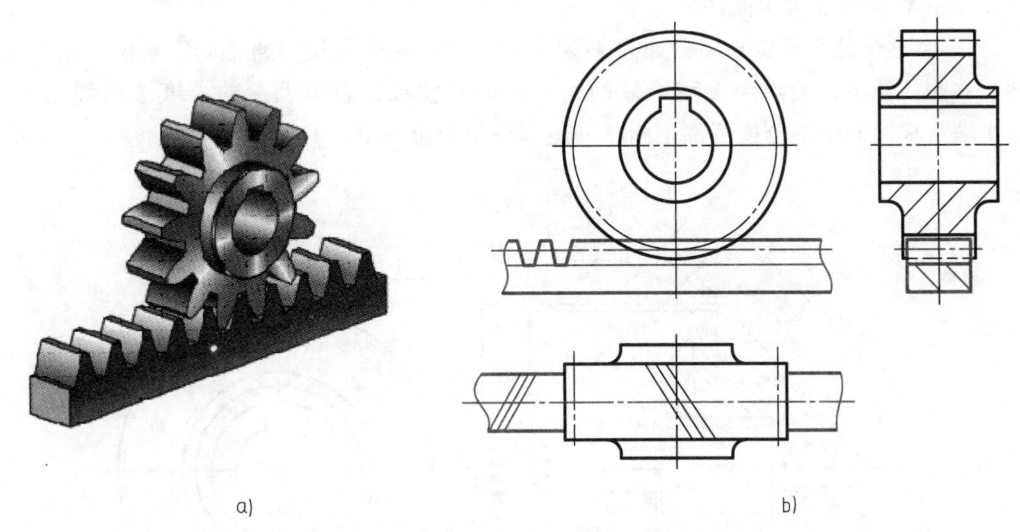

图 7-33　齿轮与齿条啮合的画法

四、直齿锥齿轮

1. 直齿锥齿轮各部分尺寸关系

锥齿轮的轮齿是在圆锥面上制出的，所以轮齿的一端大，另一端小，齿厚是逐渐变化的，直径和模数也随着齿厚的变化而变化。为了计算和制造方便，规定锥齿轮的大端模数为标准模数。锥齿轮上其他尺寸，如分度圆直径 d、齿顶圆直径 d_a 等也都是指锥齿轮大端。与分度圆锥相垂直的一个圆锥称为背锥，齿顶高和齿根高是从背锥上量取的。直齿锥齿轮各部分尺寸计算公式见表 7-7。

表 7-7　直齿锥齿轮各部分尺寸计算公式

基本参数：模数 m，齿数 z		
名　称	代　号	计算公式
分度圆直径	d	$d = mz$
分度圆锥角	δ	$\delta_1 = \arctan\frac{z_1}{z_2}$　$\delta_2 = 90° - \delta_1$
齿顶高	h_a	$h_a = m$
齿根高	h_f	$h_f = 1.2m$
齿高	h	$h = h_a + h_f$
齿顶圆直径	d_a	$d_a = d + 2h_a\cos\delta = m(z + 2\cos\delta)$
齿根圆直径	d_f	$d_f = d - 2h_f\cos\delta = m(z - 2.5\cos\delta)$
齿顶角	θ_a	$\tan\theta_a = 2\sin\delta/z$
齿根角	θ_f	$\tan\theta_f = 2.4\sin\delta/z$
顶锥角	δ_a	$\delta_a = \delta + \theta_a$
根锥角(背锥角)	δ_f	$\delta_f = \delta - \theta_f$
外锥距	R	$R = mz/2\sin\delta$
齿宽	b	$b = (0.2 \sim 0.35)R$

2. 直齿锥齿轮的规定画法

1）单个锥齿轮的规定画法：如图 7-34 所示，锥齿轮的主视图通常画剖视图，轮齿按不剖画。在左视图中，表示大端和小端的齿顶圆画粗实线，表示大端的分度圆画细点画线。大、小端齿根圆和小端分度圆都不画，其他部分按投影画出。

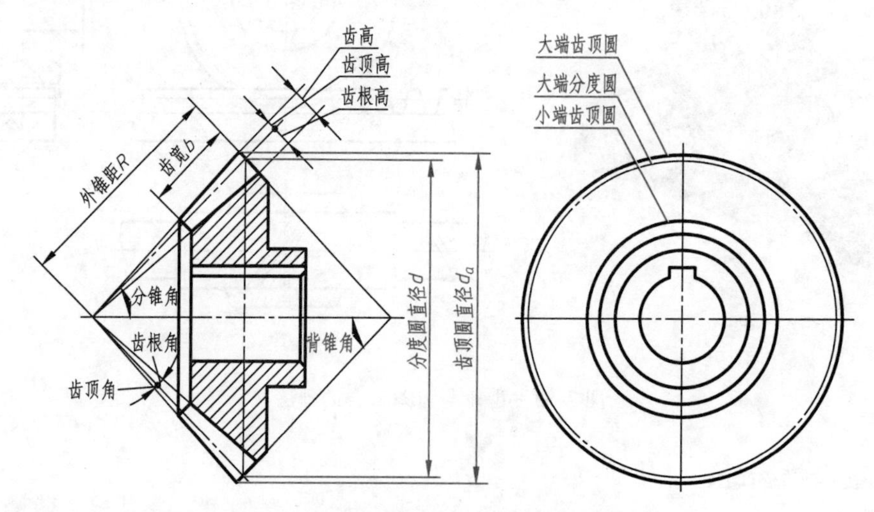

图 7-34　锥齿轮的画法及各部分名称

2）锥齿轮啮合画法：锥齿轮啮合区的画法与直齿圆柱齿轮相同。锥齿轮啮合的剖视图画法如图 7-35a 所示，外形视图画法如图 7-35b 所示。在此不作详述。

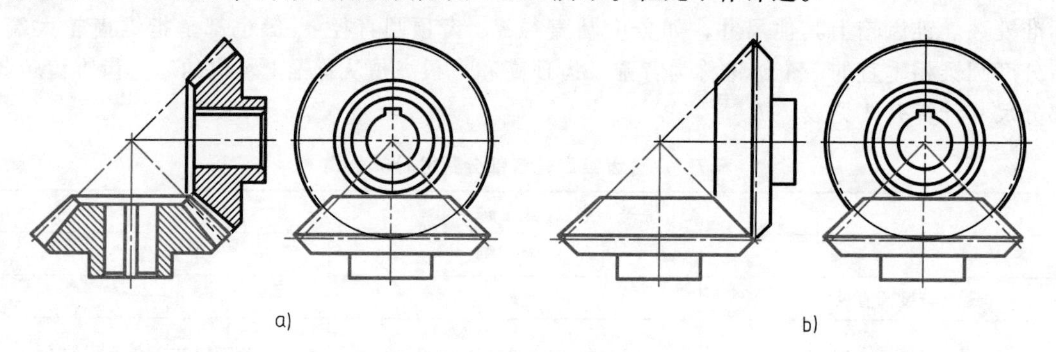

图 7-35　锥齿轮的啮合画法

第四节　弹　　簧

弹簧是一种储存能量的机件，在机械中广泛用来减振、测力、夹紧、复位等。

弹簧的种类很多，常用的有螺旋弹簧，按其受力情况可分为压缩弹簧、拉伸弹簧和扭转弹簧，如图 7-36 所示。本节主要介绍圆柱螺旋压缩弹簧的画法。

一、圆柱螺旋压缩弹簧各部分的名称及尺寸关系

圆柱螺旋压缩弹簧各部分的名称如图 7-37 所示。

1）弹簧丝直径 d：弹簧钢丝的直径。

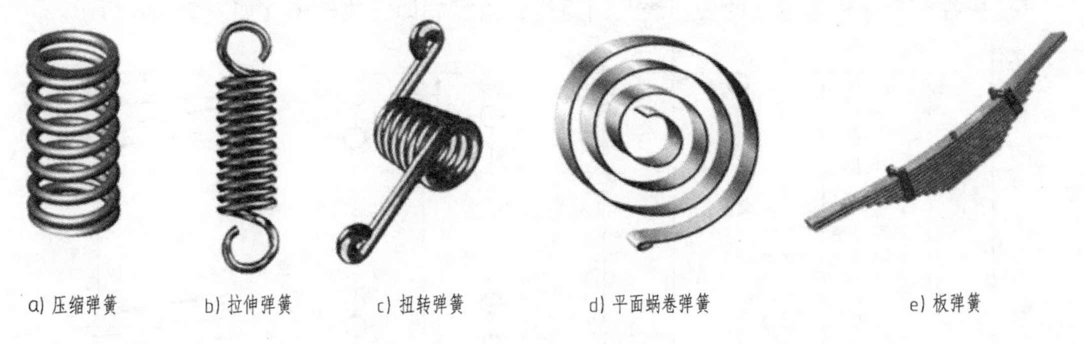

图 7-36　弹簧

2）弹簧中径 D：弹簧的平均直径。

3）弹簧内径 D_1：弹簧的最小直径，$D_1 = D - d$。

4）弹簧外径 D_2：弹簧的最大直径，$D_2 = D + d$。

5）弹簧节距 t：两相邻有效圈截面中心线的轴向距离。

6）支承圈数 n_2、有效圈数 n、总圈数 n_1：为了使压缩弹簧工作中受力均匀，在制造时将两端并紧并磨平，仅起支承或固定作用，称为支承圈。两端的支承圈总数有 1.5 圈、2 圈及 2.5 圈三种，常见为 2.5 圈。除支承圈外，中间保持相等节距的圈数称为有效圈数，有效圈数与支承圈数之和为总圈数，即 $n_1 = n_2 + n$。

7）自由高度 H_0：弹簧无负荷时的高度（或长度），$H_0 = nt + (n_2 - 0.5)d$。

8）展开长度 L：制造弹簧时坯料的长度，$L \approx n_1\sqrt{(\pi D^2) + t^2}$。

二、圆柱螺旋压缩弹簧的画法

1. 弹簧的规定画法

1）在平行弹簧轴线的投影面上的视图中，各圈的轮廓均画成直线，如图 7-37 所示。

2）弹簧有左旋和右旋，画图时均可画成右旋，其旋向应在“技术要求”中注明。

3）有效圈数在 4 圈以上的，中间部分可以省略不画，用通过中径的细点画线连接起来，且图形的长度可以缩短，但应注明弹簧的自由高度。

4）不论支承圈数多少，均可按 2.5 圈绘制，如图 7-37 所示。

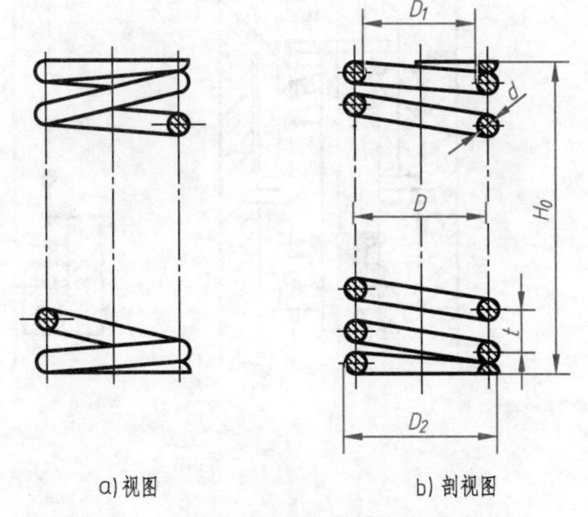

图 7-37　圆柱螺旋压缩弹簧各部分的名称

2. 圆柱螺旋压缩弹簧的作图步骤

若已知弹簧丝直径 d，弹簧中径 D，节距 t，有效圈数 n，支承圈数 n_2，其作图步骤如图 7-38 所示。

1）根据自由高度 H_0 和中径 D 画出长方形 $ABCE$，如图 7-38a 所示。

2）根据弹簧丝的直径 d 画出支承圈部分的圆和半圆，如图 7-38b 所示。

3）根据节距 t 画出有效圈部分的圆，如图 7-38c 所示。

4）按右旋方向作相应圆的公切线及剖面线，描深，即完成作图，如图 7-38d 所示。

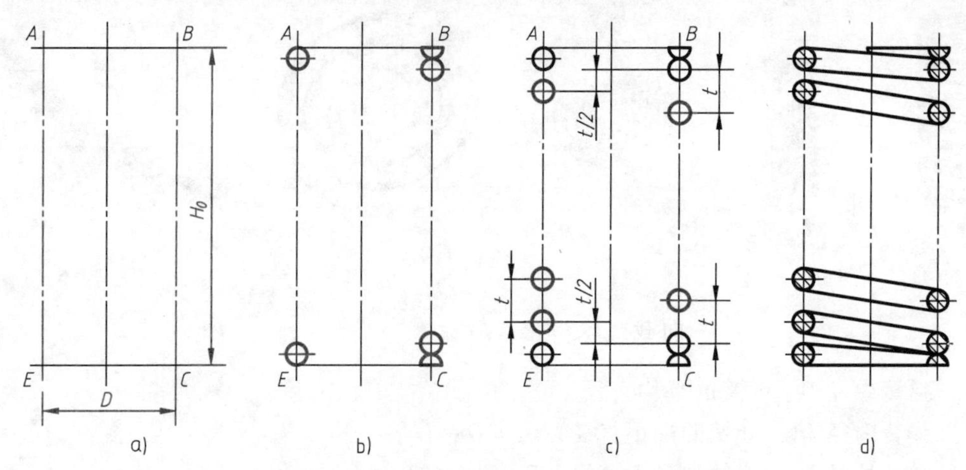

图 7-38　圆柱螺旋压缩弹簧的作图步骤

3. 圆柱螺旋压缩弹簧在装配图中的画法

圆柱螺旋压缩弹簧在装配图中的画法应注意以下几点：

1）弹簧中间有效圈采取简化画法后，被弹簧挡住的结构一般不画出，可见部分只画到弹簧钢丝的断面轮廓或中心线处，如图 7-39a、b 所示。

2）当弹簧丝直径小于 2mm 时，弹簧可采用示意画法，如图 7-39c 所示，其断面也可以涂黑表示，如图 7-39b 所示。

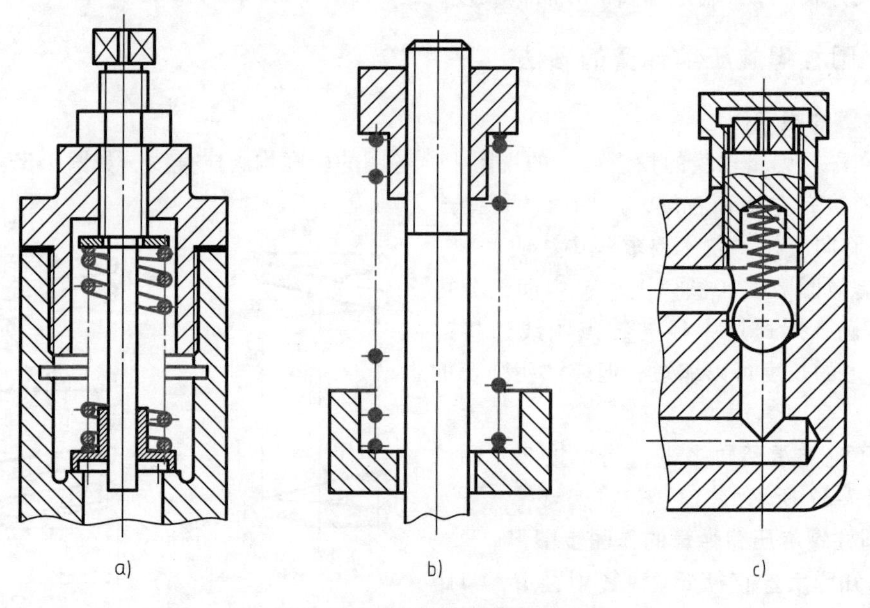

图 7-39　装配图中弹簧的画法

第五节　滚动轴承

轴承分滑动轴承和滚动轴承，它们是支承轴的组件。滚动轴承因具有摩擦力小、结构紧凑的特点而被广泛应用。

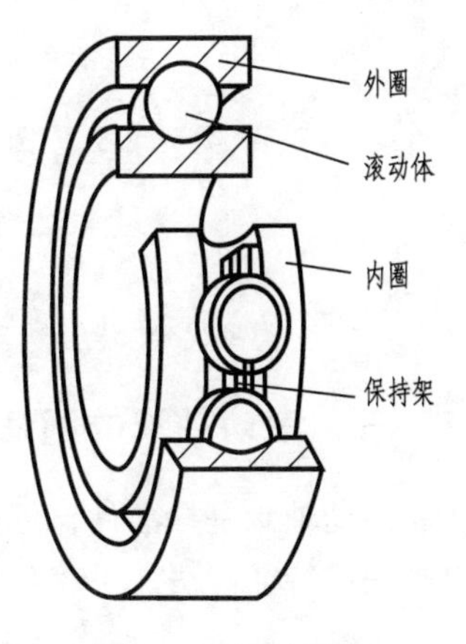

图 7-40　滚动轴承

一、滚动轴承的结构及类型代号

滚动轴承由外圈、内圈、滚动体和保持架组成，其规格和形式很多。使用时，一般外圈安装在轴承座的孔内固定不动，而内圈套在轴颈上随轴转动，如图 7-40 所示。

滚动轴承按其承受载荷的方向不同分为三类：

1）向心轴承，主要承受径向载荷，如深沟球轴承。

2）推力轴承，只承受轴向载荷，如推力球轴承。

3）向心推力轴承，能同时承受径向载荷和轴向载荷，如圆锥滚子轴承。

二、滚动轴承的标记

滚动轴承的结构、尺寸、公差等级、技术性能等特性是由滚动轴承的代号表示的。代号包括前置代号、基本代号和后置代号。前置代号和后置代号是轴承在结构形状、尺寸、公差、技术要求等有特殊要求时，才需要给出的补充代号。下面重点介绍基本代号。

1. 基本代号的组成

基本代号由类型代号、尺寸系列代号和内径代号组成。它表示滚动轴承的基本类型、结构和尺寸，是滚动轴承代号的基础。一般常用的轴承代号仅用基本代号表示。

1）类型代号：由数字或大写拉丁字母表示，见表 7-8。

表 7-8　滚动轴承的类型代号

代　号	轴承类型	代　号	轴承类型
0	双列角接触球轴承	6	深沟球轴承
1	调心球轴承	7	角接触球轴承
2	调心滚子轴承和推力调心滚子轴承	8	推力圆柱滚子轴承
3	圆锥滚子轴承	N	圆柱滚子轴承
4	双列深沟球轴承	U	外球面球轴承
5	推力球轴承	QJ	四点接触球轴承

2）尺寸系列代号：由轴承的宽（高）度系列代号和直径系列代号组合而成，一般用两位数字表示。它表示同一种轴承在内径相同时，其内、外圈的宽度和厚度不同，其承载能力也不同。除圆锥滚子轴承外，其余各类轴承宽度系列代号“0”均省略。

3）内径代号：表示滚动轴承的公称内径，一般由两位数字组成。当代号为 00、01、02、03 时，分别表示轴承内径为 10mm、12mm、15mm、17mm；当代号为 04～99 时，代号数字乘以 5，即为轴承内径。当内径大于 500 及内径为 22mm、28mm、32mm 时，用内径直接表示，在它与尺寸系列代号之间用“/”分开。

2. 滚动轴承标记示例

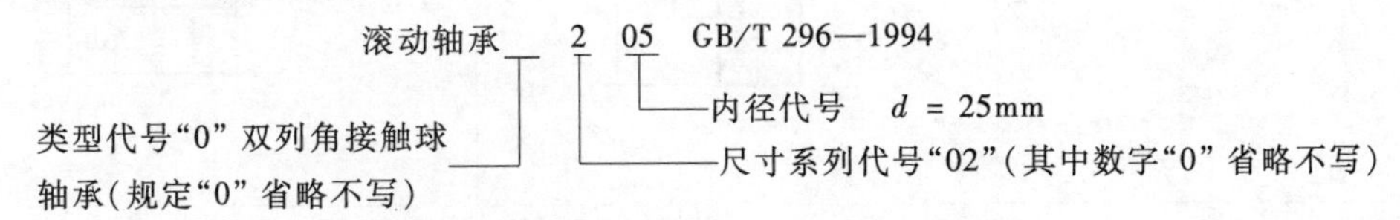

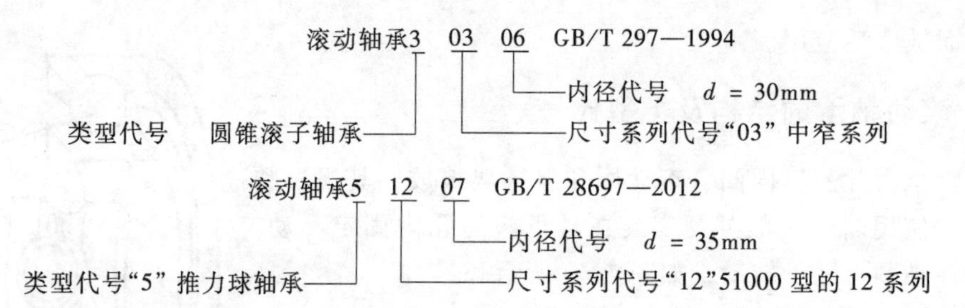

三、滚动轴承的画法

滚动轴承是标准件，可按设计要求选购，不必画出它的零件图。在装配图中，可采用规定画法或特征画法，见表 7-9。

表 7-9 常用滚动轴承的规定画法和特征画法

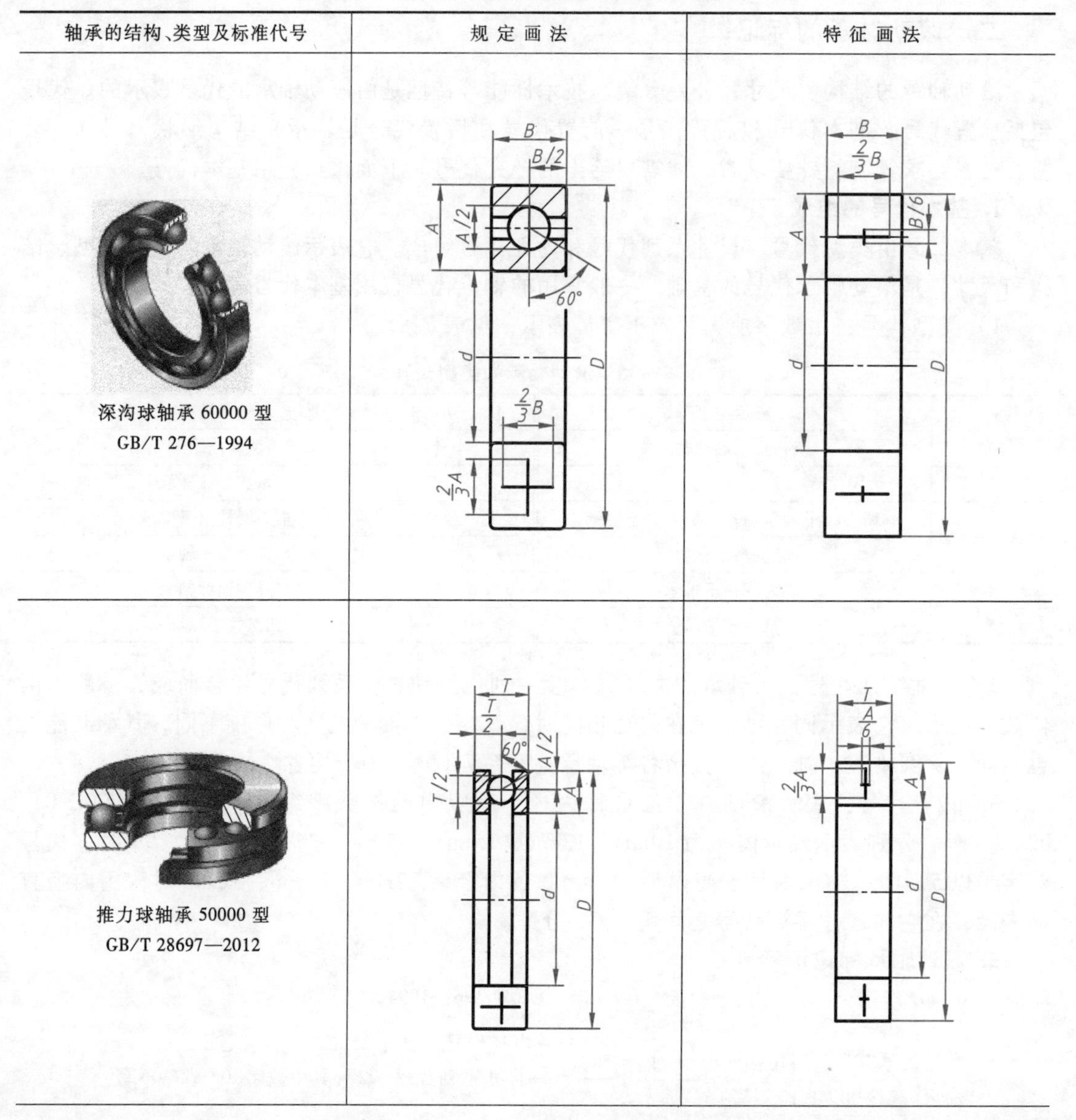

轴承的结构、类型及标准代号	规 定 画 法	特 征 画 法
深沟球轴承 60000 型 GB/T 276—1994		
推力球轴承 50000 型 GB/T 28697—2012		

（续）

轴承的结构、类型及标准代号	规 定 画 法	特 征 画 法
圆锥滚子轴承 30000 型 GB/T 297—1994		

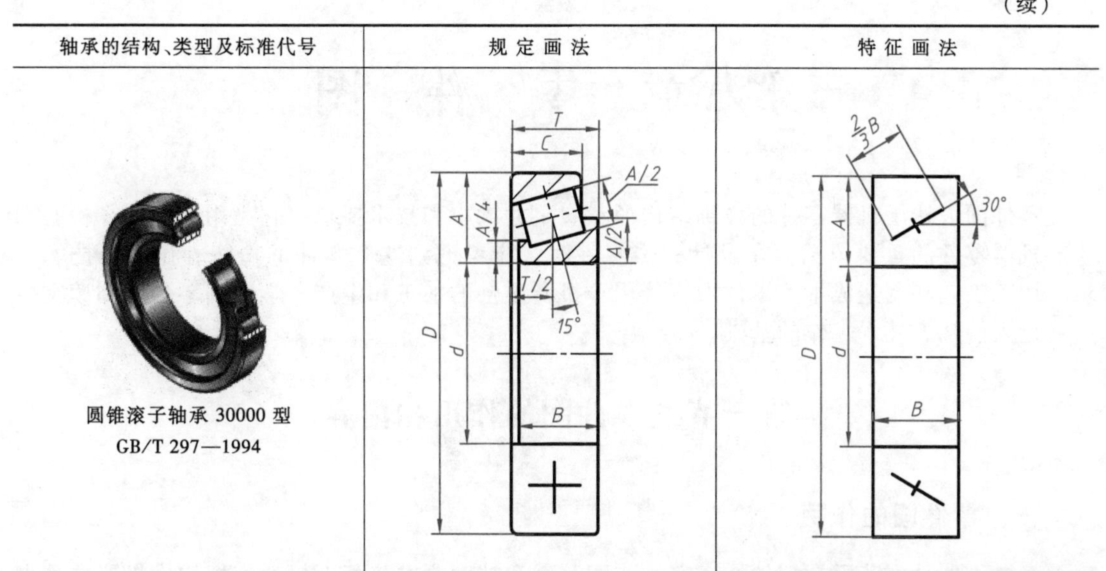

第八章　零　件　图

零件图表达了机器零件的详细结构形状、尺寸大小和技术要求，它是用于加工、检验和生产机器零件的重要依据。在设计一个零件时，应考虑到这个零件的功能、作用、技术要求、加工工艺和制造成本。零件图直接用于机器零件的加工和生产，学会画零件图和读零件图，是人们从事技术工作的基础。

第一节　零件图的作用和内容

一、零件图的作用

一台机器是由若干个零件按一定的装配关系和技术要求装配而成的，把构成机器的最小单元称为零件。表达零件的结构形状、尺寸大小和技术要求的图样称为零件图，如图 8-1 所示。零件图是制造和检验零件的依据，是设计和生产部门的重要技术文件。

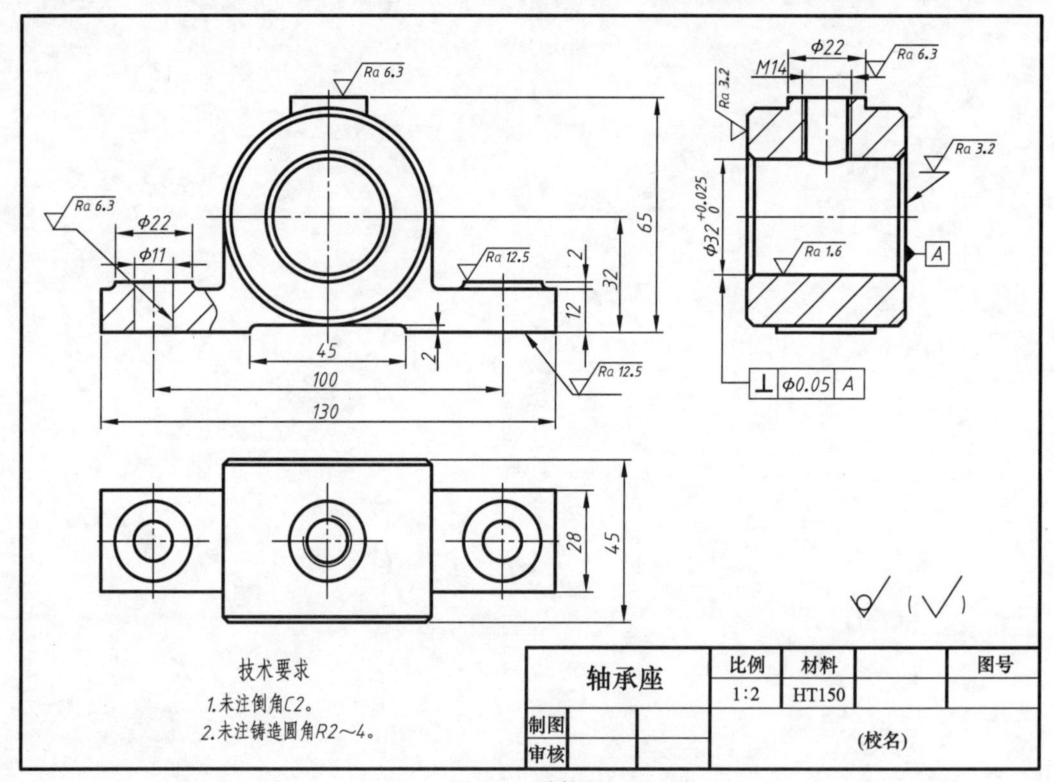

图 8-1　零件图

二、零件图的内容

由图 8-1 的轴承座零件图可见，一张零件图包括下列内容：

1. 一组视图

用恰当的视图、剖视图、断面图等，完整、清晰地表达零件各部分的结构形状。

2. 完整的尺寸

零件制造和检验所需的全部尺寸。所标尺寸必须正确、完整、清晰、合理。

3. 技术要求

零件制造和检验应达到的技术指标。除用文字在图纸空白处书写出技术要求外，还有用符号表示的技术要求，如零件的表面粗糙度、尺寸公差、几何公差等。

4. 标题栏

在图纸右下角的标题栏中填写零件的名称、材料、数量、比例、图号以及设计人员的签名等。

第二节　零件图的视图选择及尺寸注法

一、零件图的视图选择

零件图的视图选择，要综合运用前面所学的知识。首先要了解零件的用途及主要加工方法，才能合理地选择视图。对于较复杂的零件，可拟订几种不同的表达方案进行对比，最后确定合理的表达方案。

图 8-2　零件主视图的选择

1. 选择主视图

主视图是一组图形的核心，主视图在表达零件结构形状、画图和读图中起主导作用，因此应把选择主视图放在首位，选择时应考虑以下几个方面：

（1）加工位置原则　为便于工人生产，主视图所表示的零件位置应和零件在主要工序中的装夹位置保持一致。

（2）工作位置原则　主视图的表达应尽量与零件的工作位置一致。

（3）形状特征原则　应能清楚地反映零件的结构形状特征。

一个零件的主视图并不一定完全符合以上原则，而是根据零件的结构特征，各有侧重。如图 8-2 所示的轴承座，其主视图的投射方向有 *A*、*B*、*C*、*D* 四个方向可供选择。由于零件对称，*A* 和 *C* 方向视图相同，*D* 和 *B* 方向视图相同，若选 *D* 作为主视图的投射方向，只能表达轴承座侧面的形状，不能反映轴承座的形状特征，且各形体的层次也不明显。经过比较，沿 A 方向投射能较好地反映零件的形状特征，所以确定 A 向为主视图投射方向。

2. 选择其他视图

对于结构形状较复杂的零件，主视图还不能完全地反映其结构形状，必须选择其他视图，包括剖视图、断面图、局部放大图和简化画法等各种表达方法。选择其他视图的原则是：在完整、清晰地表达零件内、外结构形状的前提下，尽量减少图形个数，以方便画图和读图。如图 8-3 所示的轴，除主视图外，又采用了断面图、局部剖视图和局部放大图来表达销孔、键槽和退刀槽等局部结构。

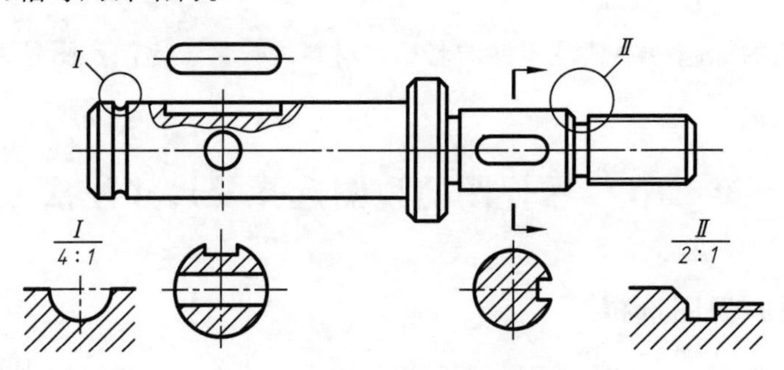

图 8-3　零件其他视图的选择

二、零件图的尺寸标注

零件图的尺寸是加工和检验零件的重要依据。标注零件图的尺寸，除满足正确、完整、清晰的要求外，还必须使标注的尺寸合理，符合设计、加工、检验和装配的要求。以下主要介绍一些合理标注尺寸的基本知识。

1. 零件图的尺寸基准

尺寸基准是确定零件上尺寸位置的几何元素，是测量或标注尺寸的起点。通常将零件上的一些面（主要加工面、两零件的结合面、对称面）和线（轴、孔的轴线，对称中心线等）作为尺寸基准。

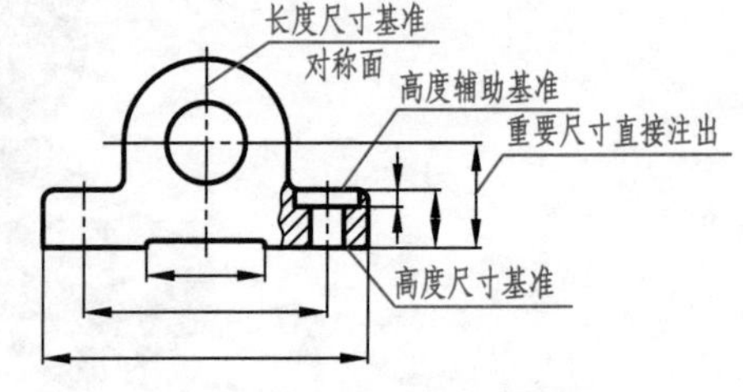

图 8-4　零件图的尺寸基准

零件的长、宽、高三个方向上都各有一个主要基准，还可有辅助基准，如图 8-4 所示。主要基准和辅助基准之间必须有尺寸联系，基准选定后，主要尺寸应从主要基准出发进行标注。

2. 尺寸标注方法

1）零件的重要尺寸必须从基准直接注出。加工好的零件尺寸存在误差，为使零件的重要尺寸不受其他尺寸的影响，应在零件图中把重要尺寸直接注出，如图 8-4 中轴承座轴线的高度尺寸。

2）避免注成封闭尺寸链。如图 8-5a 所示，尺寸是同一方向串联并首尾相接组成封闭的图形，称为封闭尺寸链。若尺寸 a 比较重要，则尺寸 a 将受到尺寸 b、c 的影响而难以保证，所以不能注成封闭尺寸链。若注成图 8-5b 所示的

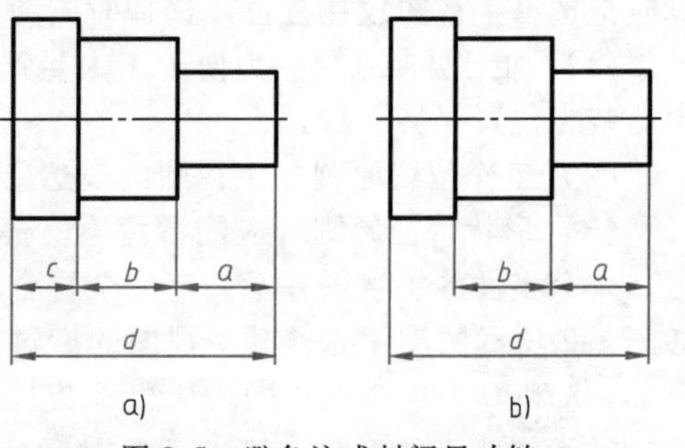

图 8-5　避免注成封闭尺寸链

形式，不标注不重要的尺寸 c，尺寸 a 就不受其他尺寸的影响，尺寸 a 和 b 的误差都可积累到不重要的尺寸 c 上。

3）标注尺寸要便于测量，并尽量使用通用量具，如图 8-6 所示。

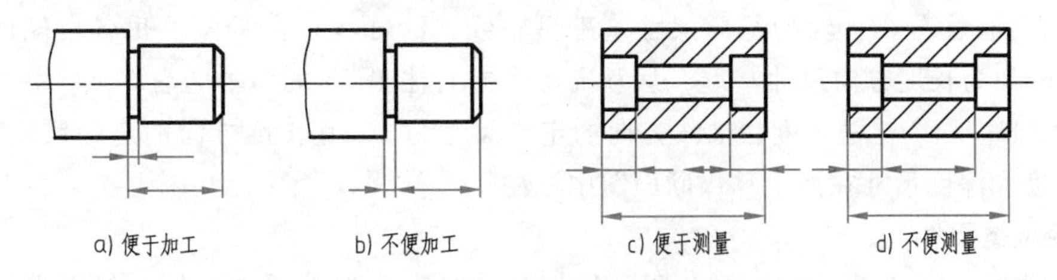

图 8-6 标注尺寸应便于测量和加工

三、典型零件分析

由于零件的用途不同，其结构形状也是多种多样的，为了便于了解、研究零件，根据零件的结构形状，大致可分为四类，即轴套类零件、轮盘类零件、叉架类零件和箱体类零件。下面对其表达方法和尺寸标注作简要分析。

1. 轴套类零件

1）结构与用途分析：如图 8-7 所示的轴，属于轴套类零件。轴主要用来支承传动零件和传递动力。轴套类零件的基本形状是回转体，轴向尺寸大，径向尺寸小，沿轴线方向通常有轴肩、倒角、退刀槽、键槽、中心孔等结构要素。

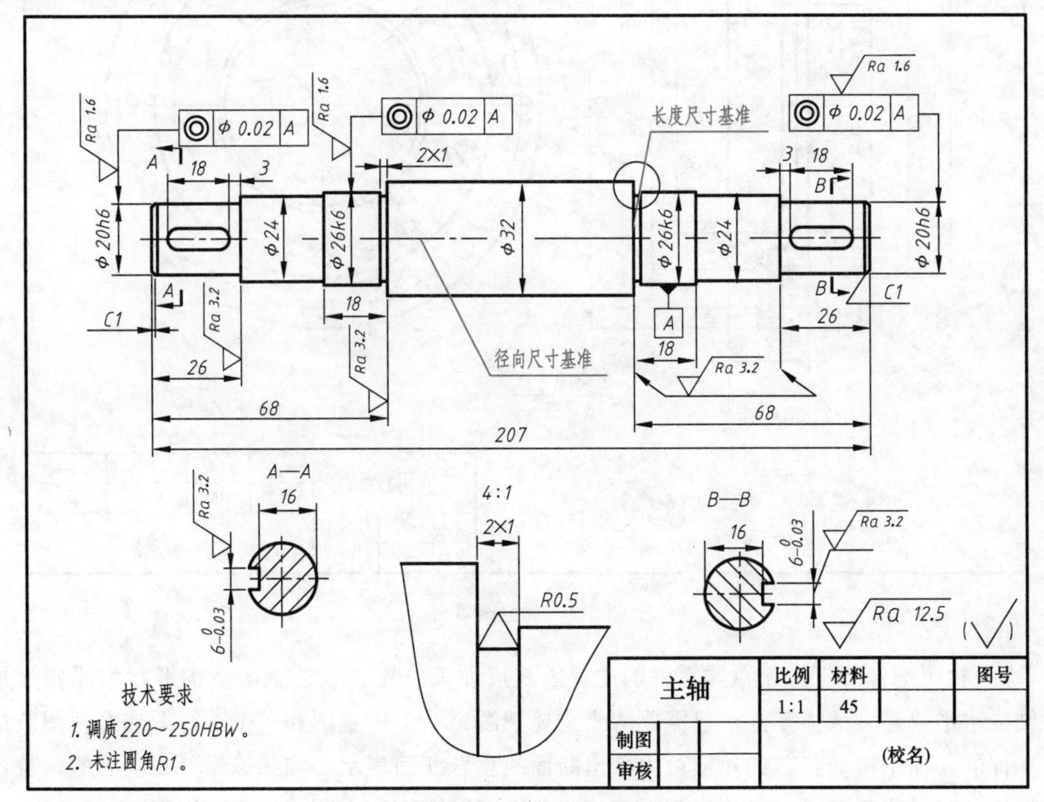

图 8-7 轴套类零件

2）视图选择分析：这类零件一般是在车床或磨床上加工的，因此它们一般只有一个主视图，按加工位置和反映轴向特征原则，将其轴线水平放置，再根据各部分结构特点，选用断面图或局部放大图。

3）尺寸标注分析：轴的径向尺寸基准是轴线，沿轴线方向分别注出各段轴的直径尺寸。$\phi32$ 轴肩为长度方向尺寸基准，从基准出发向右注出 68 则为轴的右端面，并注出轴的总长尺寸 207。两个键槽长度在轴线方向的定位尺寸为 3，其长度方向的定形尺寸均为 18，其键槽宽度和深度尺寸在两个移出断面图中标注。

2. 轮盘类零件

1）结构与用途分析：如图 8-8 所示的端盖，属于轮盘类零件。轮一般用来传递动力和转矩，盘主要起支承、轴向定位及密封等作用。轮盘类零件的结构形状特点是轴向尺寸小而径向尺寸较大，零件的主体多数是由同轴回转体构成，也有主体形状是矩形，并在径向分布有螺纹孔或光孔、销孔、轮辐等结构，如各种端盖、齿轮、带轮、手轮、链轮、箱盖等。

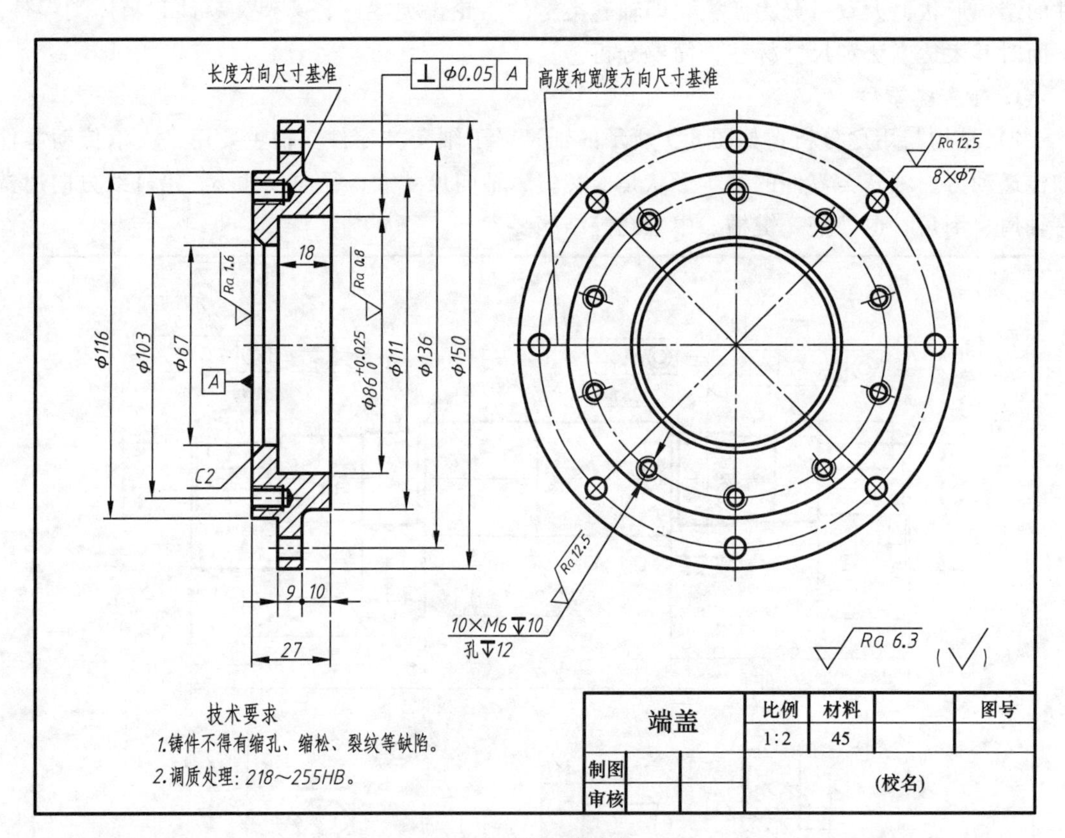

图 8-8　轮盘类零件

2）视图选择分析：轮盘类零件的主视图是按加工位置和表达轴向结构形状为原则选取的轴线水平放置。该类零件一般需要两个主要视图，一个主视图和一个左视图或右视图。这类零件的其他结构形状，如轮辐可用移出断面或重合断面表示。如果该零件是空心的，且各视图均具有对称平面时，可作半剖；若无对称平面时，可作全剖或局部剖视图。

3）尺寸标注分析：轮盘类零件的宽度和高度方向的基准都是回转轴线，长度方向的主要基准是经过加工的较大端面。圆周上均匀分布的小孔的定位圆直径是这类零件的典型定位尺寸。

3. 叉架类零件

1）结构与用途分析：如图 8-9 所示的支架，属于叉架类零件。这类零件包括各种用途的拨叉和支架。拨叉主要用在机床、内燃机等各种机器的操纵机构上，操纵机器、调节速度。

2）视图选择分析：因叉架类零件一般都是锻件或铸件，需要在多种机床上加工，各工序的加工位置不尽相同。所以在选择主视图时，主要按形状特征和工作位置确定。这类零件的结构形状较为复杂且不太规则，一般都需要两个以上视图。某些不平行于投影面的结构形状，常采用斜视图、斜剖视图和断面图表达；对一些内部结构形状可采用局部剖视；也可采用局部放大图表达其较小结构。

3）尺寸标注分析：叉架类零件在长、宽、高三个方向的主要基准一般为孔的中心线（或轴线）、对称平面和较大的加工面。定位尺寸较多，孔的中心线_（或轴线）之间、孔的中心线（或轴线）到平面或平面到平面间的距离一般都要注出。

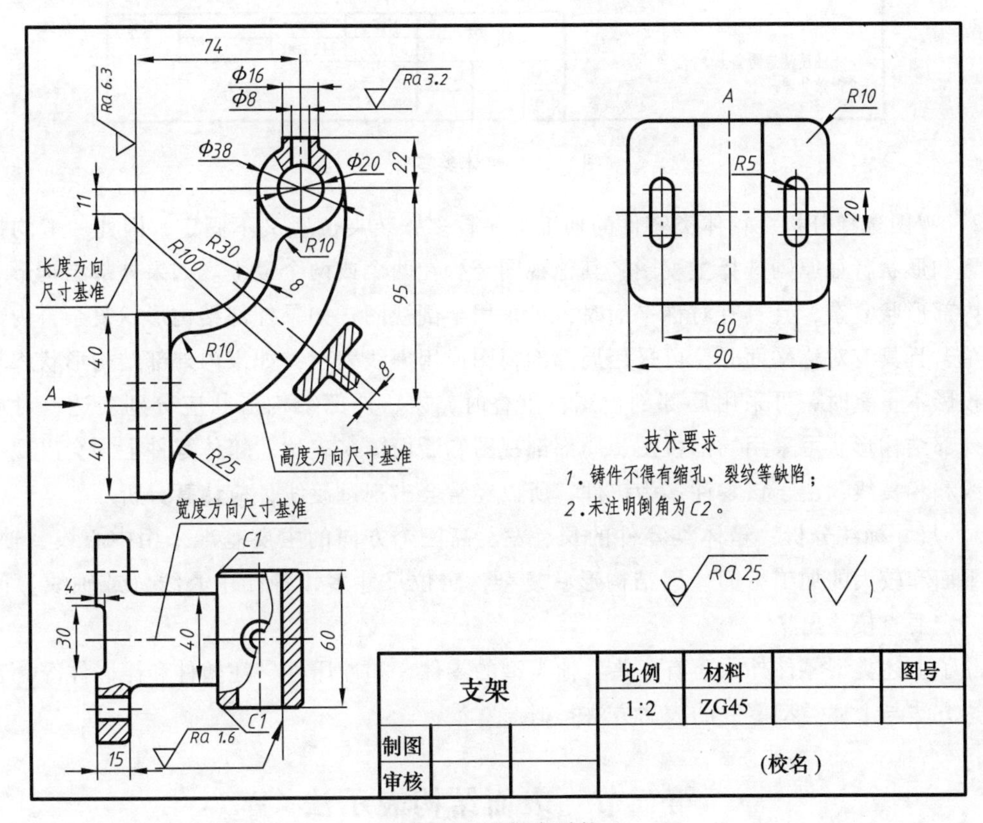

图 8-9 叉架类零件

4. 箱体类零件

1）结构与用途分析：如图 8-10 所示，箱体类零件一般是机器或部件的主体部分，它起着支承、包容其他零件的作用，因此多为中空的壳体，其周围一般分布有连接螺纹孔等，结构形状复杂，一般多为铸件。

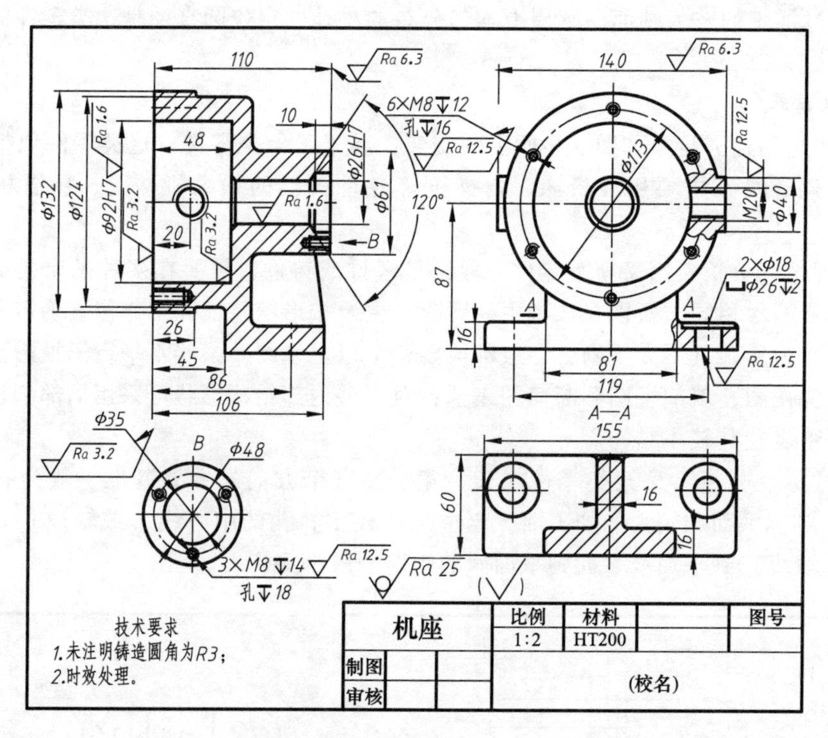

图 8-10　箱体类零件

2）视图选择分析：箱体类零件的加工工序较多，装夹位置又不固定，因此一般均按工作位置和形状特征原则选择主视图，其他视图至少在两个或两个以上。如果外部结构形状简单，内部形状复杂，且具有对称平面时，可采用半剖视图；如果外部结构形状复杂，内部形状简单，且具有对称平面时，可采用局部剖视图或用虚线表示；如果内外部结构形状都较复杂，投影不重叠时，可采用局部剖视图；重叠时，内、外部结构形状应分别表达；对局部内、外部结构形状可采用局部视图、局部剖视图和断面图来表达。箱体零件上常会出现一些截交线和相贯线；由于该零件多为铸件，所以经常会出现过渡线，应认真分析。

3）尺寸标注分析：箱体类零件的长、宽、高三个方向的主要基准采用中心线、轴线、对称平面和较大的加工平面。因结构形状复杂，定位尺寸多，各孔中心线（或轴线）间的距离一定要直接注出来。

除了上述类型零件外，还有一些其他类型的零件，如冲压件、注塑件和镶嵌件等。它们的表达方法与上述类型零件的表达方法类似。

第三节　表面结构表示法

零件图中除了视图和尺寸外，还应具备制造和检验零件的技术要求，技术要求主要包括零件的表面结构、尺寸公差、几何公差、对零件的材料、热处理和表面修饰的说明、对于特殊加工和检验的说明。

一、表面粗糙度的基本概念

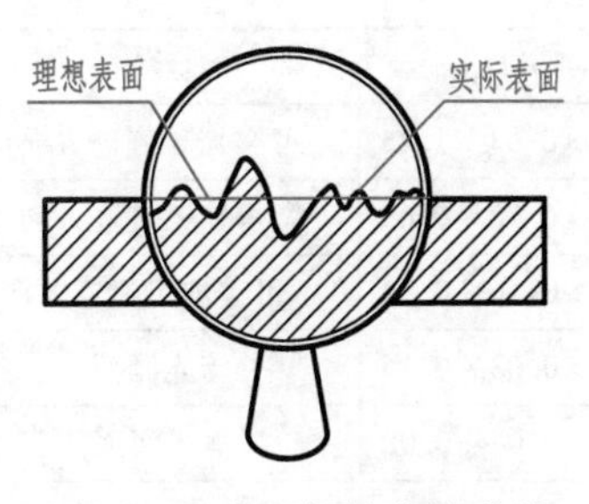

图 8-11　表面粗糙度的形成

表面结构参数分为三类，即三种轮廓（R、W、P），R 轮廓采用的是粗糙度参数，W 轮廓采用的是波纹度参数，P 轮廓采用的是原始轮廓参数。其中，评价零件的表面质量最常用的是 R 轮廓。不论采用何种加工所获得的零件表面，都不是绝对平整和光滑的，零件表面存在的微观凹凸不平的轮廓峰谷，这种表示零件表面具有较小间距和峰谷所形成的微观几何形状特征，称为表面粗糙度，如图 8-11 所示。

表面粗糙度的高度评定参数有轮廓算术平均偏差 *Ra* 和轮廓最大高度 *Rz*。*Ra* 应用范围最为广泛。*Ra* 是指在取样长度 l_r 范围内，被测轮廓线上各点至基准线距离的算术平均值，如图 8-12 所示，可用下式来表示

$$Ra = \frac{1}{l_r}\int_0^{l_r} |Z(x)| \mathrm{d}x = \frac{1}{m}\sum_{i=1}^{n} Z_i$$

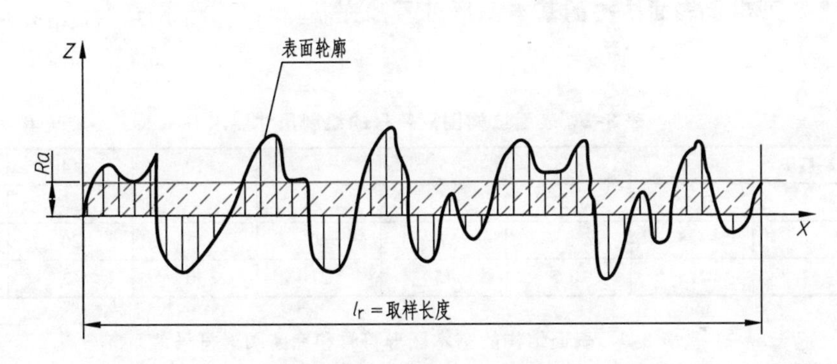

图 8-12　轮廓算术平均偏差

轮廓算术平均偏差 *Ra* 值的选用，既要满足零件表面的功能要求，又要考虑经济合理性。具体选用时，可参照已有的类似零件图，用类比法确定。零件的工作表面、配合表面、密封表面、摩擦表面和精度要求高的表面等，*Ra* 值应取小一些。非工作表面、非配合表面和尺寸精度低的表面，*Ra* 值应取大一些。表 8-1 列出了 *Ra* 值与加工方法的关系及其应用实例，可供选用时参考。

表 8-1　表面粗糙度 *Ra* 值应用举例

Ra/μm	表面特征	主要加工方法	应用举例
>40～80	明显可见刀痕	粗车、粗铣、粗刨、钻、粗纹锉刀和粗砂轮加工	表面质量最差的加工面，一般很少应用
>20～40	可见刀痕		
>10～20	微见刀痕	粗车、刨、立铣、平铣、钻等	不接触表面、不重要的接触面、如螺钉孔、倒角、机座底面等
>5～10	可见加工痕迹	精车、精铣、精刨、铰、镗、粗磨等	没有相对运动的零件接触面，如箱、盖、套筒要求紧贴的表面、键和键槽工作表面；相对运动速度不高的接触面，如支架孔、衬套、带轮轴孔的工作表面
>2.5～5	微见加工痕迹		
>1.25～2.5	看不见加工痕迹		

（续）

Ra/μm	表面特征	主要加工方法	应用举例
>0.63～1.25	可辨加工痕迹方向	精车、精铰、精拉、精镗、精磨等	要求很好密合的接触面，如与滚动轴承配合的表面、销孔等；相对运动速度较高的接触面，如滑动轴承的配合表面、齿轮的工作表面
>0.32～0.63	微辨加工痕迹方向		
>0.16～0.32	不可辨加工痕迹方向		
>0.08～0.16	暗光泽面	研磨、抛光、超级精细研磨等	精密量具表面、极重要零件的摩擦面，如气缸的内表面、精密机床的主轴颈、坐标镗床的主轴颈等
>0.04～0.08	亮光泽面		
>0.02～0.04	镜状光泽面		
>0.01～0.02	雾状镜面		
≤0.01	镜面		

二、表面结构符号的表示

表面结构基本图形符号的画法如图 8-13 所示，符号的各部分尺寸与字体大小有关，并有多种规格，见表 8-2。表 8-3 列出了表面结构的基本图形符号和完整图形符号。

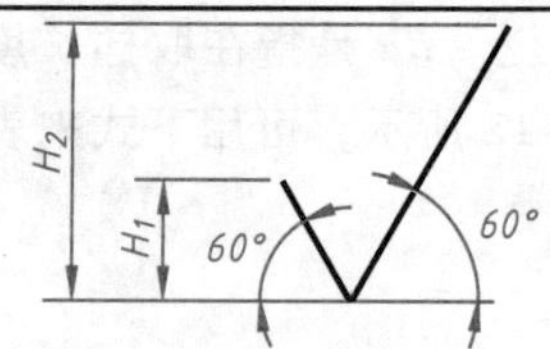

图 8-13　表面结构基本图形符号的画法

表 8-2　表面结构图形符号的绘制尺寸要求　（单位：mm）

数字及字母高度 h	2.5	3.5	5	7	10	14	20
符号线宽	0.25	0.35	0.5	0.7	1	1.4	2
高度 H_1	3.5	5	7	10	14	20	28
高度 H_2	7.5	10.5	15	21	30	42	60

表 8-3　表面结构的基本图形符号和完整图形符号

序号	符　号	意义及说明
1		基本图形符号，未指定工艺方法的表面，当通过一个注释解释时可单独使用
2		扩展图形符号，用去除材料方法获得的表面；仅当其含义是“被加工表面”时可单独使用
3		扩展图形符号，不去除材料的表面，也可用于表示保持上道工序形成的表面，不管这种状况是通过去除材料或不去除材料形成的
4		完整图形符号，在以上各种符号的长边上加一横线，以便注写对表面结构的各种要求

在完整图形符号中，对表面结构的单一要求和补充要求应注写在图 8-14 所示的指定位置。

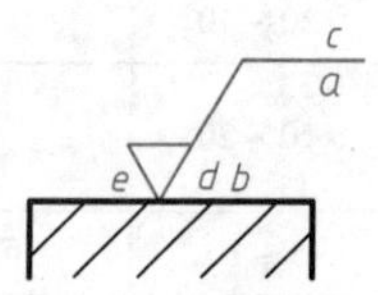

图 8-14　补充要求的注写位置

位置 *a*——注写表面结构的单一要求，格式为传输带或取样长度/表面结构参数代号极限值如 0.025-0.8/*Ra*6.3。

位置 *b*——注写第二个表面结构要求，内容和格式与 a 相同。

位置 *c*——注写加工方法、表面处理、涂层或其他加工工艺要求等。

如车、磨、镀等加工表面。

位置 d——注写表面纹理方向，如“＝”“X”“M”。

位置 e——注写加工余量，以毫米为单位给出数值。

表 8-4 列出了几种表面结构符号及意义。

表 8-4　表面结构符号及意义

序号	符　号	意义/说明
1	Ra 1.6	表示去除材料，单向上限值，默认传输带，R 轮廓，粗糙度算术平均偏差 1.6μm，评定长度为 5 个取样长度（默认），“16% 规则”（默认）
2	Rz max 3.2	表示去除材料，单向上限值，默认传输带，R 轮廓，粗糙度最大高度的最大值 3.2μm，评定长度为 5 个取样长度（默认），“最大规则”
3	U Ra max 3.2 L Ra0.8	表示不允许去除材料，双向极限值，两极限值均使用默认传输带，R 轮廓，上限值：算术平均偏差 3.2μm，评定长度为 5 个取样长度（默认），“最大规则”，下限值：算术平均偏差 0.8μm，评定长度为 5 个取样长度（默认），“16% 规则”（默认）
4	0.8-25/Wz3 10	表示去除材料，单向上限值，传输带 0.8-25mm，W 轮廓，波纹度最大高度 10μm，评定长度包含 3 个取样长度，“16% 规则”（默认）

注：16% 规则是所有表面结构要求标注的默认规则。最大规则应用于表面结构要求时，参数代号中应加上“max”。

三、表面结构要求在图样中的注法

1）表面结构要求对每一表面一般只标注一次，并尽可能注在相应的尺寸及其公差的同一视图上。

2）表面结构的注写和读取方向与尺寸的注写和读取方向一致，如图 8-15 所示。

3）表面结构要求可标注在轮廓线上，其符号应从材料外部指向零件表面。必要时，表面结构符号也可用带箭头或黑点的指引线引出标注，如图 8-16 所示。

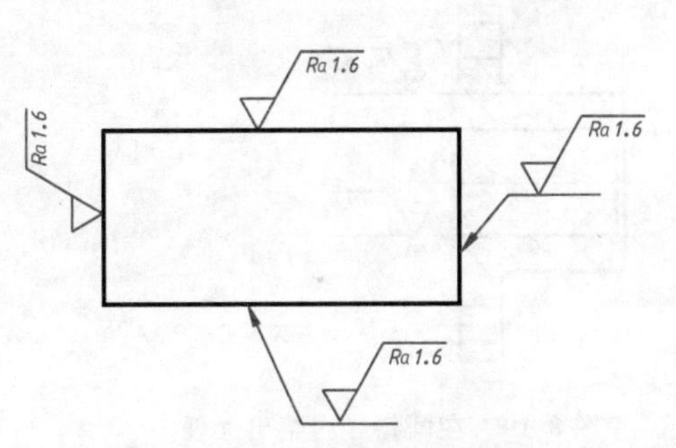

图 8-15　表面结构的注写和读取方向与尺寸方向一致

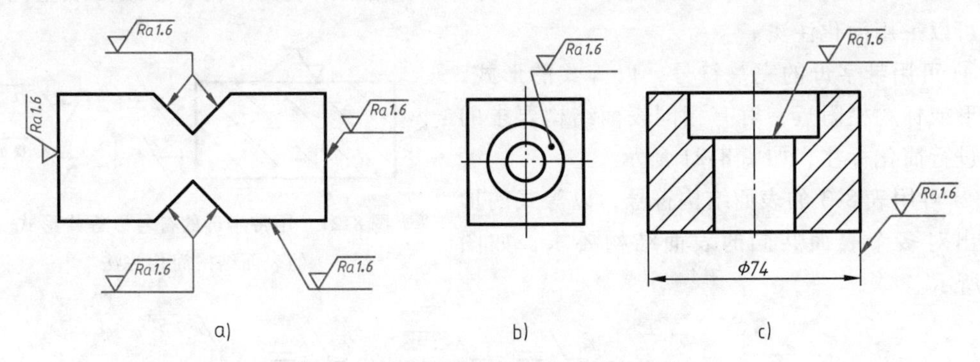

图 8-16　表面结构要求可标注在轮廓线上

4）在不致引起误解时，表面结构要求可以标注在给定的尺寸线上或几何公差框格的上方，如图 8-17 所示。

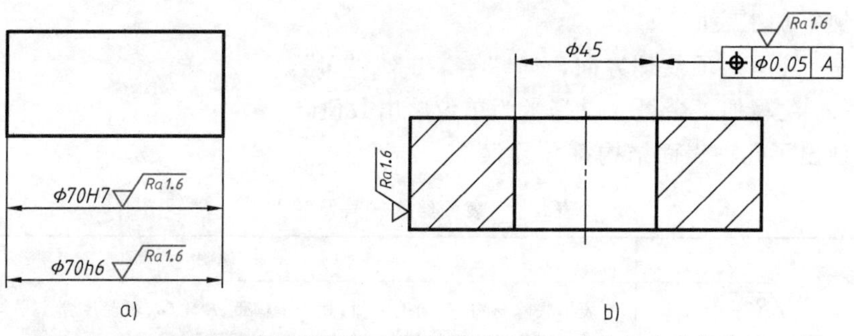

图 8-17　表面结构要求可以标注在给定的尺寸线上或几何公差框格的上方

5）圆柱和棱柱表面的表面结构要求只标注一次，如图 8-18 所示，如果每个棱柱表面有不同的表面结构要求，则应分别单独标注。

6）有相同表面结构要求的简化注法。如果在工件的多数（包括全部）表面有相同的表面结构要求，则其表面结构要求可统一标注在图样的标题栏附近。表面结构要求的符号后面应有以下两种情况：在圆括号内给出无任何其他标注的基本符号，如图 8-19 所示；在圆括号内给出不同的表面结构要求，如图 8-20 所示。

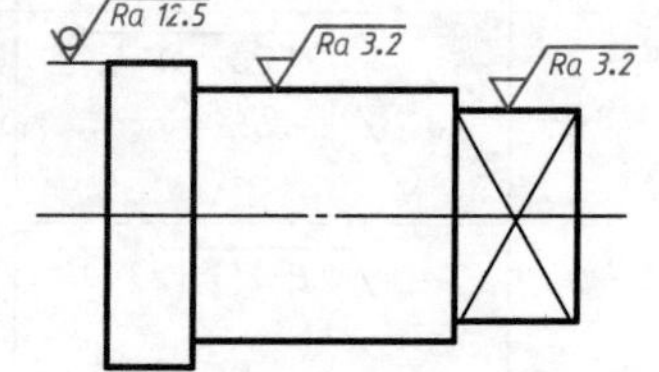

图 8-18　圆柱和棱柱表面的表面结构要求只标注一次

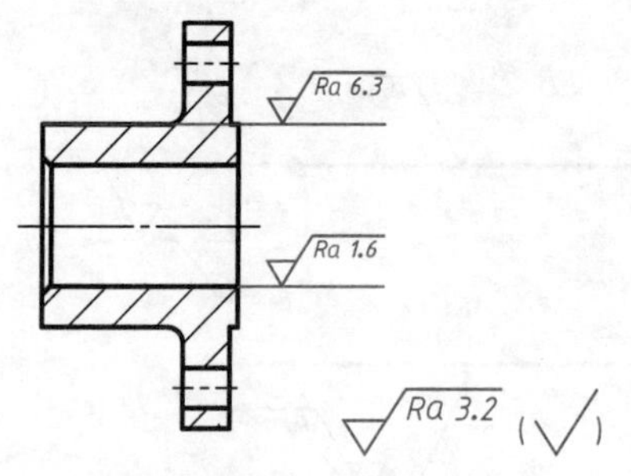

图 8-19　在圆括号内给出无任何其他标注的基本符号

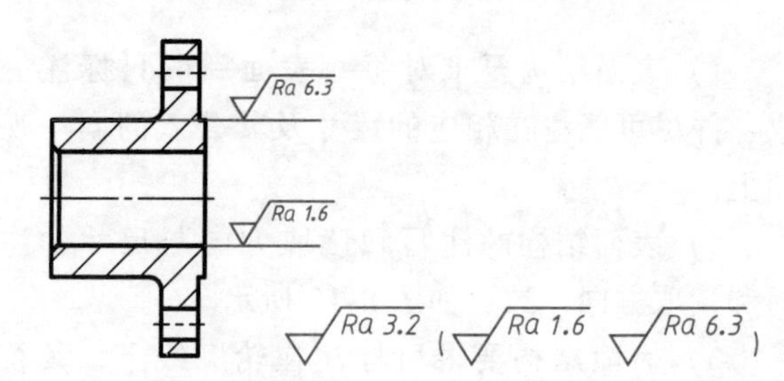

图 8-20　在圆括号内给出不同的表面结构要求

7）多个表面有共同要求的注法。当多个表面具有相同的表面结构要求或图纸空间有限时，可以采用简化注法。

① 可用带字母的完整符号，以等式的形式，在图形或标题栏附近，对有相同表面结构要求的表面进行简化标注，如图 8-21 所示。

② 可用表 8-3 的表面结构符号，以等式的形式给出对多个表面共同的表面结构要求，如图 8-22所示。

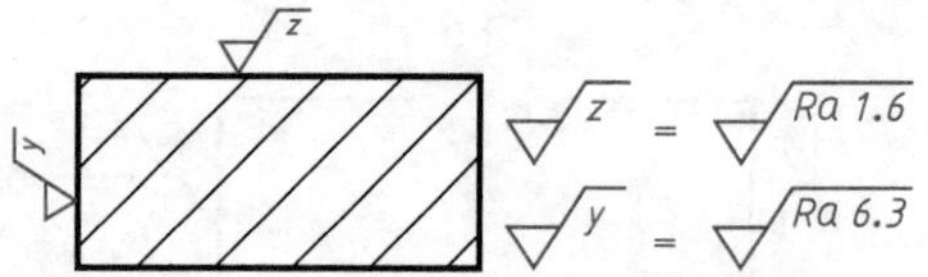

图 8-21　用带字母的符号以等式形式的表面结构简化注法

Ra 1.6　　Ra 1.6　　Ra 50

a)　　b)　　c)

图 8-22　只用表面结构符号的简化注法

第四节　极限与配合、几何公差

一、极限与配合的基本概念

1. 互换性和公差

在一批相同规格和型号的零件中，不须选择，也不经过任何修配，任取一件就能装到机器上，并能保证使用性能的要求，零件的这种性质，称为互换性。零件具有互换性，对于机械工业现代化协作生产、专业化生产、提高劳动效率，提供了重要条件。

零件的尺寸是保证零件互换性的重要几何参数，为了使零件具有互换性、满足零件的加工工艺性或经济性的需要，并不要求零件的尺寸加工得绝对准确，而是要求在保证零件的机械性能和互换性的前提下，允许零件尺寸有一个变动量，这个尺寸的允许变动量称为公差。

2. 基本术语

关于尺寸公差的一些名词术语，下面以图 8-23 所示的圆孔尺寸为例来加以说明。

(1) 公称尺寸　由图样规范确定的理想形状要素的尺寸称为公称尺寸，如 $\phi50$。

(2) 极限尺寸　尺寸要素允许尺寸的两个极端称为极限尺寸。尺寸要素允许的最大尺寸称为上极限尺寸，尺寸要素允许的最小尺寸称为下极限尺寸。

上极限尺寸：50mm + 0.007mm = 50.007mm

下极限尺寸：50mm − 0.018mm = 49.982mm

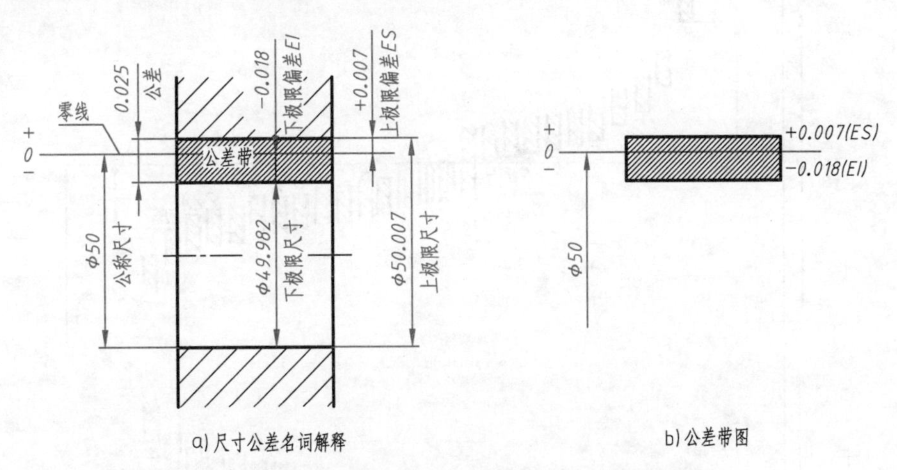

图 8-23　极限与配合的基本术语及名词解释

(3) 极限偏差　极限尺寸减其公称尺寸所得的代数差，分别称为上极限偏差和下极限偏差。孔的上极限偏差用 ES、下极限偏差用 EI 表示；轴的上极限偏差用 es、下极限偏差用 ei 表示，上、下极限偏差可以是正值、负值或零。

ES = 50.007mm − 50mm = +0.007mm

EI = 49.982mm − 50mm = −0.018mm

(4) 尺寸公差　允许尺寸的变动量。公差等于上极限尺寸减下极限尺寸，也等于上极限偏差减下极限偏差。

公差 = 上极限尺寸 − 下极限尺寸 = 50.007mm − 49.982mm = 0.025mm

公差 = 上极限偏差 − 下极限偏差 = 0.007mm − (−0.018) mm = 0.025mm

（5）零线　偏差值为零的一条基准直线，零线常用公称尺寸的尺寸界线表示。

（6）公差带图　在零线区域内，由孔或轴的上、下极限偏差围成的方框简图称为公差带图，如图 8-23b 所示。

（7）尺寸公差带　在公差带图中，由代表上、下极限偏差的两条直线所限定的一个区域称为尺寸公差带。

3. 标准公差与基本偏差

国家标准 GB/T 1800.1—2009 中规定，公差带是由标准公差和基本偏差组成的。标准公差确定公差带的大小，基本偏差确定公差带的位置。

（1）标准公差　由国家标准所列的，用以确定公差带大小的公差值。标准公差用公差符号“IT”表示，分为 20 个等级，即 IT01、IT0、IT1、IT2、…、IT18。IT01 公差值最小，IT18 公差值最大，标准公差反映了尺寸的精确程度。其值可在附表 C-1 中查得。

（2）基本偏差　公差带图中离零线最近的那个极限偏差称为基本偏差。

（3）基本偏差系列　为了便于制造业的管理，国家标准对孔和轴各规定了 28 个基本偏差，该 28 个基本偏差就构成了基本偏差系列。基本偏差的代号用拉丁字母表示，大写字母表示孔、小写字母表示轴，如图 8-24 所示。由图中可知，孔的基本偏差从 A ~ H 为下极限

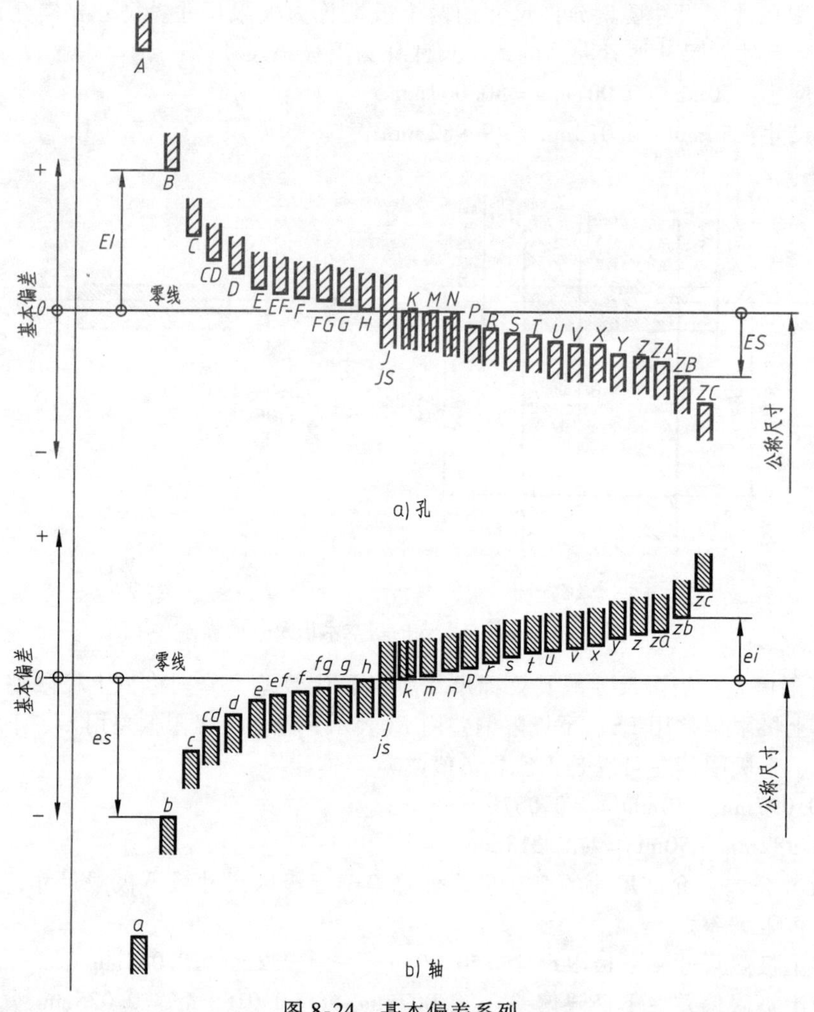

图 8-24　基本偏差系列

偏差，从 J ~ ZC 为上极限偏差。而轴的基本偏差则相反，从 a ~ h 为上极限偏差，从 j ~ zc 为下极限偏差。图中 h 和 H 的基本偏差为零，它们分别代表基准轴和基准孔。JS 和 js 对称于零线，其上、下极限偏差分别为 + IT/2 和 − IT/2。其值可从附表 C-2 和附表 C-3 中查得。

4. 配合

公称尺寸相同的并且相互结合的孔和轴公差带之间的关系，称为配合。根据使用要求不同，国家标准规定配合分三类，即间隙配合、过盈配合、过渡配合。

(1) 间隙配合　孔与轴配合时，孔的公差带在轴的公差带之上，具有间隙（包括最小间隙等于零）的配合，如图 8-25a 所示。

(2) 过盈配合　孔与轴配合时，孔的公差带在轴的公差带之下，具有过盈（包括最小过盈等于零）的配合，如图 8-25b 所示。

(3) 过渡配合　孔与轴配合时，孔的公差带与轴的公差带相互交叠，可能具有间隙或过盈的配合，如图 8-25c 所示。

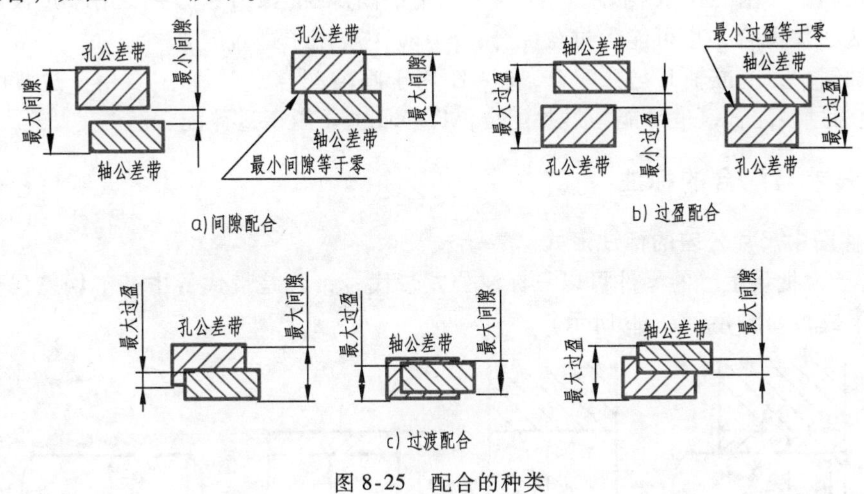

图 8-25　配合的种类

5. 配合制度

为了便于选择配合，减少零件加工的专用刀具和量具，国家标准对配合规定了两种基准制。

(1) 基孔制配合　基本偏差为一定的孔的公差带，与不同基本偏差的轴的公差带形成各种配合的一种制度，如图 8-26 所示。基孔制配合中的孔称为基准孔，基准孔的下极限偏差为零，并用代号 H 表示。

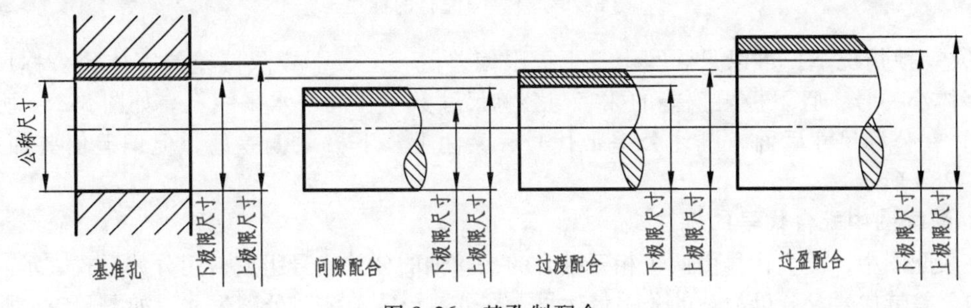

图 8-26　基孔制配合

(2) 基轴制配合　基本偏差为一定的轴的公差带，与不同基本偏差的孔的公差带形成各种配合的一种制度，如图 8-27 所示。基轴制中的轴称为基准轴，基准轴的上极限偏差为零，并用代号 h 表示。

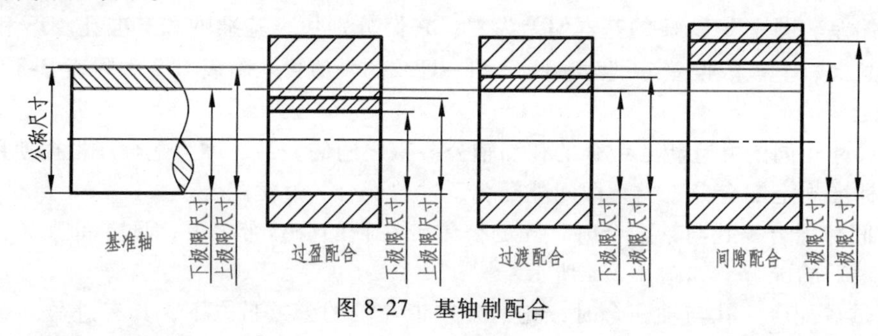

图 8-27　基轴制配合

由于孔的加工比轴的加工难度大，国家标准中规定，优先选用基孔制配合。同时，采用基孔制可以减少加工孔所需要的定制刀具的品种和数量，降低生产成本。

在基孔制中，基准孔 H 与轴配合，a ~ h 用于间隙配合；j ~ n 主要用于过渡配合；n、p、r 可能为过渡配合，也可能为过盈配合；p ~ zc 主要用于过盈配合。

在基轴制中，基准轴 h 与孔配合，A ~ H 用于间隙配合；J ~ N 主要用于过渡配合；N、P、R 可能为过渡配合，也可能为过盈配合；P ~ ZC 主要用于过盈配合。

二、公差与配合的标注

1. 零件图中尺寸公差的标注形式

1）对于大批量生产的零件可以只标注公差带代号，公差带代号由基本偏差代号与标准公差等级组成，如图 8-28a、b 所示。

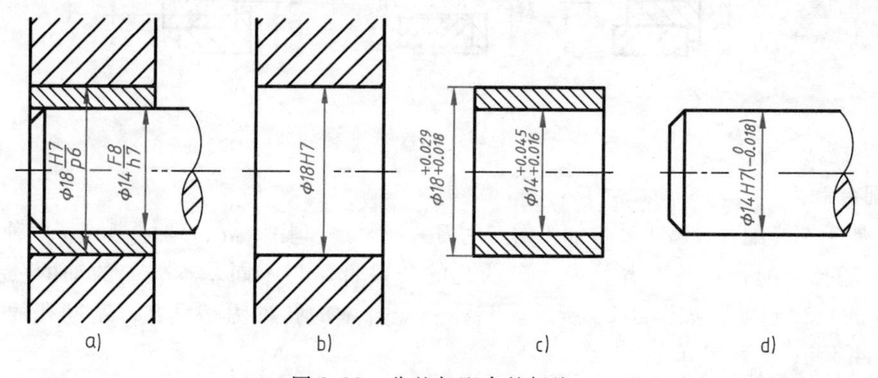

图 8-28　公差与配合的标注

2）一般情况下，可以只注写上、下极限偏差值。上、下极限偏差的字体比公称尺寸数字的字体小一号，且下极限偏差的数字与公称尺寸数字在同一水平线上。如图 8-28c 所示。

3）在公称尺寸后面，既注公差带代号，又注上、下极限偏差值，但偏差值要加括号。如图 8-28d 所示。

2. 装配图中配合代号的标注

在装配图中，配合代号由两个相互结合的孔和轴的公差代号组成，用分数形式表示。分子为孔的公差带代号，分母为轴的公差带代号，在分数形式前注写公称尺寸，如图 8-28a 所示。

ϕ30H8/f7——公称尺寸为 30，8 级基准孔与 7 级 f 轴的间隙配合。

ϕ40H7/n6——公称尺寸为 40，7 级基准孔与 6 级 n 轴的过渡配合。

ϕ18P7/h6——公称尺寸为 30，6 级基准轴与 7 级 P 孔的过盈配合。

三、几何公差简介

一个合格的精度要求较高的零件，除了要达到零件尺寸公差的要求外，还要保证对零件几何公差的要求。《产品几何技术规范（GPS）　几何公差　形状、方向、位置和跳动公差标注》GB/T 1182—2008 中，对零件的几何公差标注规定了基本的要求和方法。几何公差是指零件各部分形状、方向、位置和跳动误差所允许的最大变动量，它反映了零件各部分的实际要素对理想要素的误差程度。合理确定零件的几何公差，才能满足零件的使用性能与装配要求，它与零件的尺寸公差、表面结构一样，是评定零件质量的一项重要指标。

如图 8-29a 所示的圆柱体，由于加工误差的原因，应该是直线的母线实际加工成了曲线，这就形成了圆柱体母线的直线度形状误差。此外，平面、圆、轮廓线和轮廓面偏离理想形状的情况，也形成形状误差。

如图 8-29b 所示的阶梯轴，由于加工误差的原因，出现了两段圆柱体的轴线不在一条直线上的情况，这就形成了轴线的实际位置与理想位置的位置误差。此外，零件上各几何要素的相互垂直、平行、倾斜等对理想位置的偏离情况，也形成方向误差。

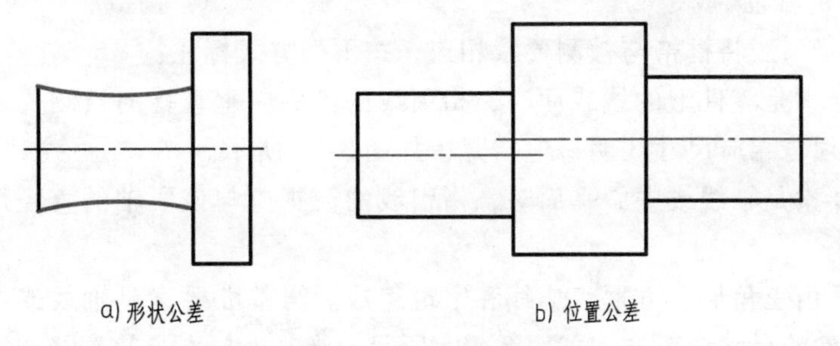

a) 形状公差　　b) 位置公差

图 8-29　几何公差的形成

1. 几何公差符号、基准符号

几何公差特征符号见表 8-5。

表 8-5　几何公差特征符号

公差类型	特征项目	符　号	有无基准要求
形状公差	直线度	—	无
	平面度	▱	无
	圆　度	○	无
	圆柱度	⌭	无
	线轮廓度	⌒	无
	面轮廓度	⌓	无
跳动公差	圆跳动	↗	有
	全跳动	⌰	有

公差类型	特征项目	符　号	有无基准要求
方向公差	平行度	//	有
	垂直度	⊥	有
	倾斜度	∠	有
	线轮廓度	⌒	有
	面轮廓度	⌓	有
位置公差	位置度	⌖	有或无
	同心度（用于中心点）	◎	有
	同轴度（用于轴线）	◎	有
	对称度	⌯	有
	线轮廓度	⌒	有
	面轮廓度	⌓	有

几何公差用长方形框格和指引线表示，框格用细实线绘制，可分两格或多格，一般水平放置或垂直放置，第一格填写几何公差符号，其长度应等于框格的高度；第二格填写公差数值及有关公差带符号，其长度应与标注内容的长度相适应；第三格及其以后的框格，填写基准符号及其他符号，其长度应与有关字母的宽度相适应。图 8-30 所示为几何公差符号和基准符号，其中 h 为字高。

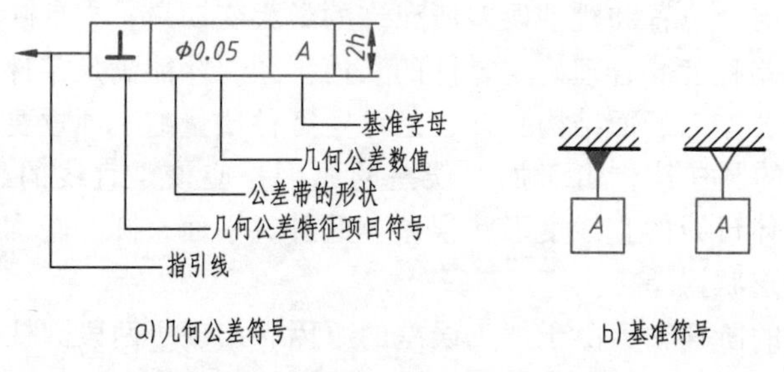

图 8-30　几何公差符号和基准符号

2. 几何公差的标注

用带箭头的指引线将框格与被测要素相连，按下列方式标注：

1） 当被测要素是零件上的线或面时，指引线的箭头应垂直指向被测要素的轮廓线或其延长线上，但必须与相应尺寸线明显地错开，如图 8-31 所示。

2） 当被测要素是轴线或中心平面时，指引线的箭头应与该段轴的直径尺寸线对齐，如图 8-32a 所示。

3） 基准符号由三角形、方框、连线和字母组成。当基准要素是轴线或中心平面时，基准符号应与该要素的尺寸线对齐，如图 8-32a 所示；当基准要素是轮廓线或表面时，基准符号应画在轮廓线外侧或其延长线上，如图 8-32b 所示，并与尺寸线明显地错开。代表基准符号的三角形可以用连线与几何公差框格的另一端相连，如图 8-32c 所示。

图 8-33 所示为气门阀杆的几何公差标注示例。

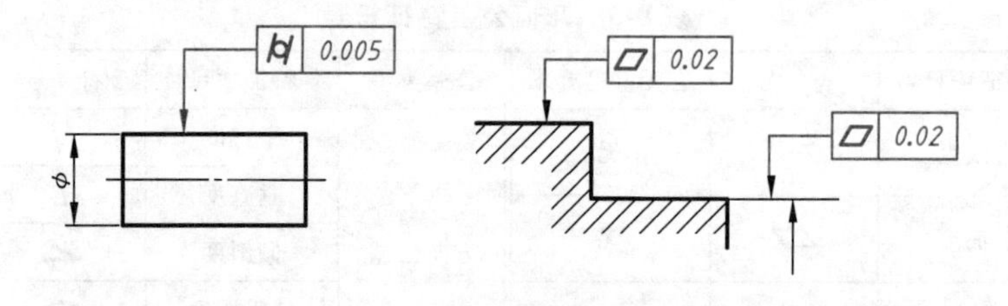

图 8-31　几何公差的标注（一）

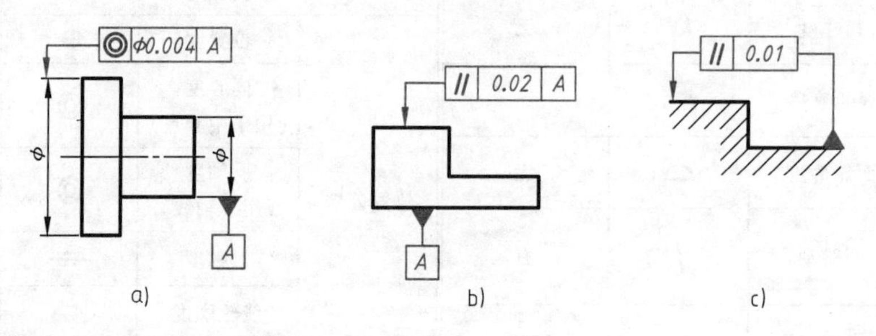

图 8-32　几何公差的标注（二）

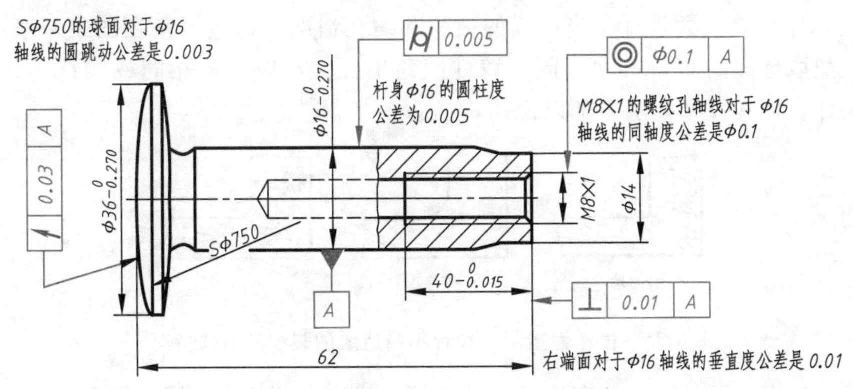

图 8-33 气门阀杆几何公差标注示例

第五节 零件上常见的工艺结构及尺寸标注

零件的结构形状，不仅要满足零件在机器中使用的要求，而且在制造零件时还要符合制造工艺的要求。所以，在设计和绘制一个零件时，应考虑到它的可加工性，在现有的设备和工艺条件下能够方便地制造出这个零件。下面介绍零件的一些常见的工艺结构。

一、铸造零件的工艺结构

在铸造零件时，一般先用木材或其他容易加工制作的材料制成模型，将模样放置于型砂中，当型砂压紧后，取出模型，再在型腔内浇注金属液，待冷却后取出铸件毛坯。对零件上有配合关系的接触表面，还应进行切削加工，才能使零件达到最后的技术要求。

1. 起模斜度

在铸件造型时为了便于起出模型，在模型的内、外壁沿起模方向做成 1∶10～1∶20 的斜度，称为起模斜度。在画零件图时，起模斜度可不画出、不标注，必要时在技术要求中用文字加以说明，如图 8-34a 所示。

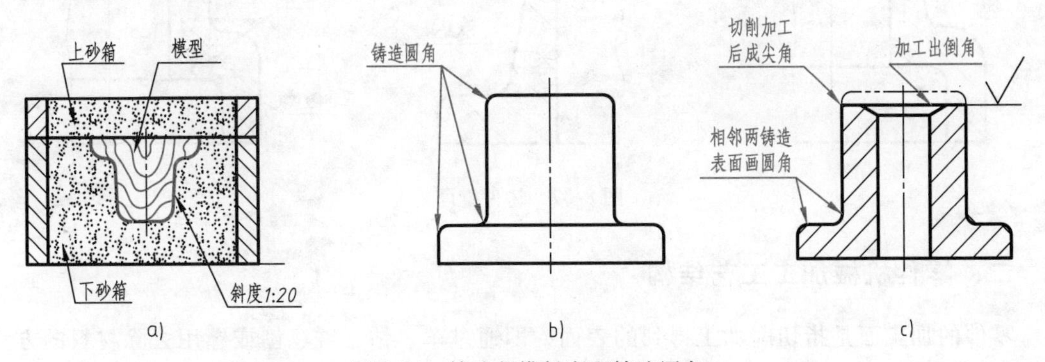

图 8-34 铸造起模斜度和铸造圆角

2. 铸造圆角及过渡线

为了便于铸件造型时起模，防止金属液冲坏转角处，防止冷却时产生缩孔和裂纹，将铸件的转角处制成圆角，这种圆角称为铸造圆角，如图 8-34b 所示。画图时应注意毛坯面的转角处都应有圆角；若为加工面，由于圆被加工掉了，因此要画成尖角，如图 8-34c 所示。图

8-35 所示为由于铸造圆角设计不当造成的裂纹和缩孔情况。铸造圆角在图中一般应该画出，圆角半径一般取壁厚的 0.2～0.4，同一铸件圆角半径大小应尽量相同或接近。铸造圆角可以不标注尺寸，而在技术要求中加以说明。

图 8-35　由于铸造圆角设计不当造成的裂纹和缩孔情况

由于铸件毛坯表面的转角处有圆角，其表面交线模糊不清，为了读图和区分不同的表面仍然要画出交线，但交线两端空出不与轮廓线的圆角相交，这种交线称为过渡线，过渡线为细实线，图 8-36 所示为常见过渡线的画法。

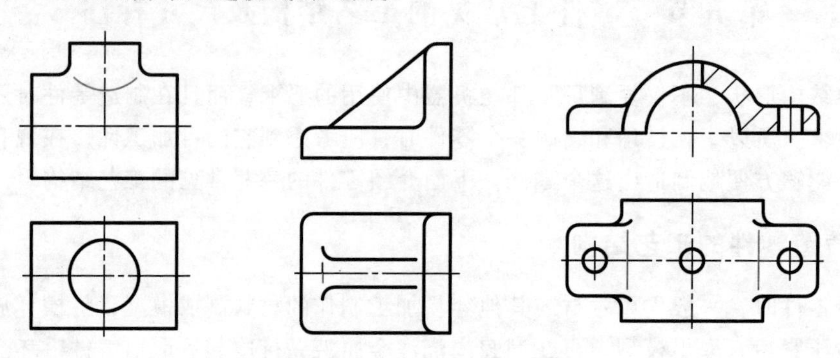

图 8-36　常见过渡线的画法

3. 铸件壁厚

铸件的壁厚要尽量做到基本均匀，如果壁厚不均匀，就会使铁液冷却速度不同，导致铸件内部产生缩孔和裂纹，在壁厚不同的地方可逐渐过渡，如图 8-37 所示。

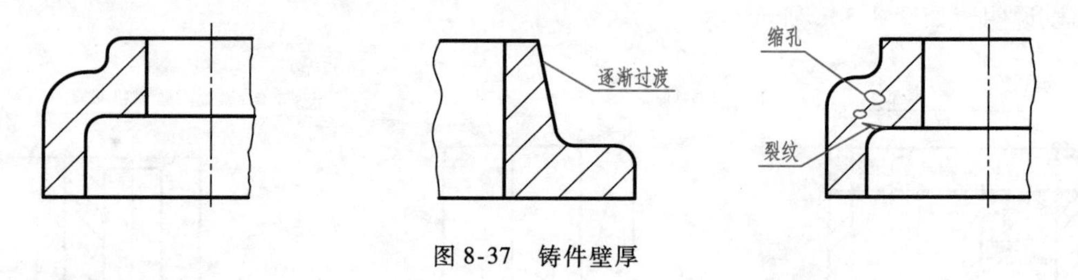

图 8-37　铸件壁厚

二、零件机械加工工艺结构

零件的加工面是指切削加工得到的表面，即通过车、钻、铣、刨或镗用去除材料的方法加工形成的表面。

1. 倒角和倒圆

为了便于装配及去除零件的毛刺和锐边，常在轴、孔的端部加工出倒角。常见倒角为 45°，也有 30°或 60°的倒角。为避免阶梯轴轴肩的根部因应力集中而容易断裂，故在轴肩根部加工成圆角过渡，称为倒圆。倒角和倒圆的尺寸标注方法如图 8-38 所示，45°倒角可用

Cx 表示。倒角和倒圆的大小可根据轴（孔）直径查阅《机械零件设计手册》。

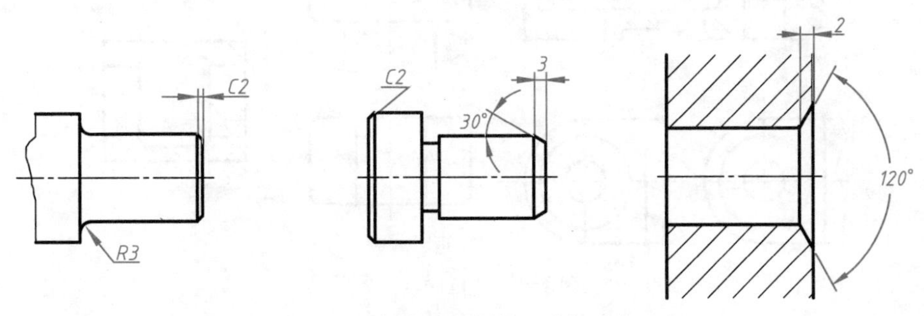

图 8-38　倒角和倒圆的尺寸标注方法

2. 退刀槽和砂轮越程槽

在车削螺纹时，为了便于退出刀具，常在零件的待加工表面的末端车出螺纹退刀槽，退刀槽的尺寸一般按“槽宽 × 直径”的形式标注，如图 8-39 所示。在磨削加工时，为了使砂轮能稍微超过磨削部位，常在被加工部位的终端加工出砂轮越程槽，如图 8-40 所示，其结构和尺寸可根据轴（孔）直径查阅《机械零件设计手册》。其尺寸可按“槽宽 × 槽深”或“槽宽 × 直径”的形式注出。

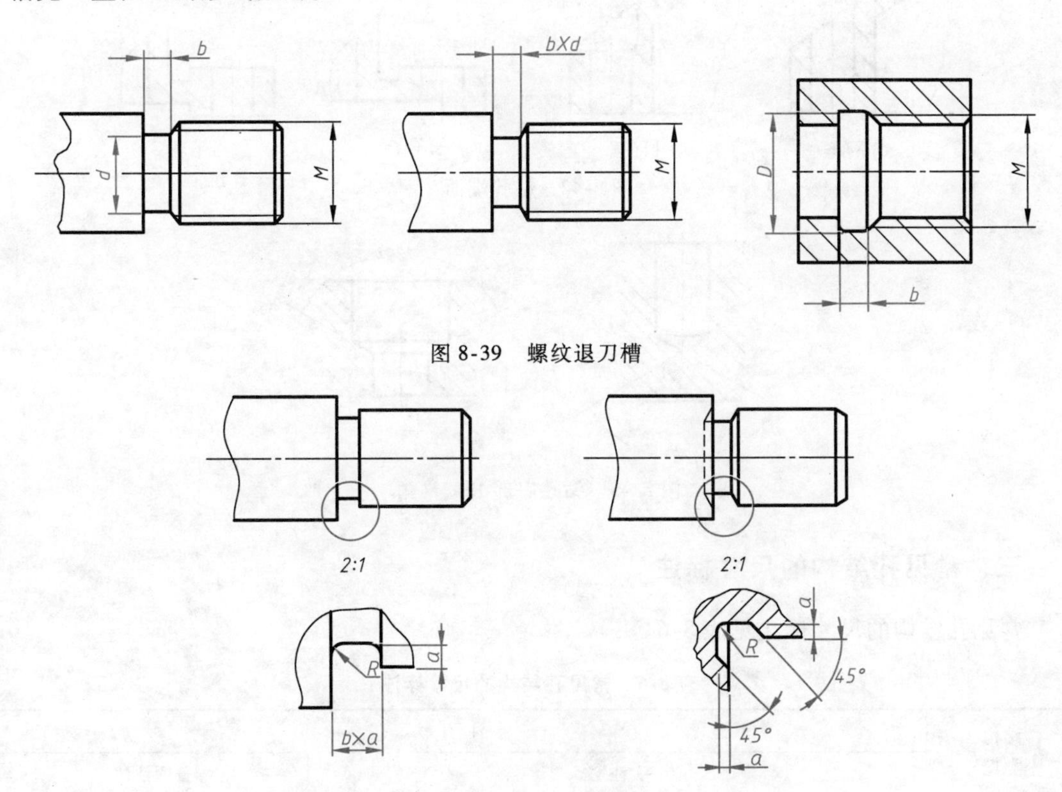

图 8-39　螺纹退刀槽

图 8-40　砂轮越程槽

3. 凸台与凹坑

零件上与其他零件接触的表面，一般都要经过机械加工，为保证零件表面接触良好和减少加工面积，可在接触处做出凸台或锪平成凹坑，如图 8-41 所示。

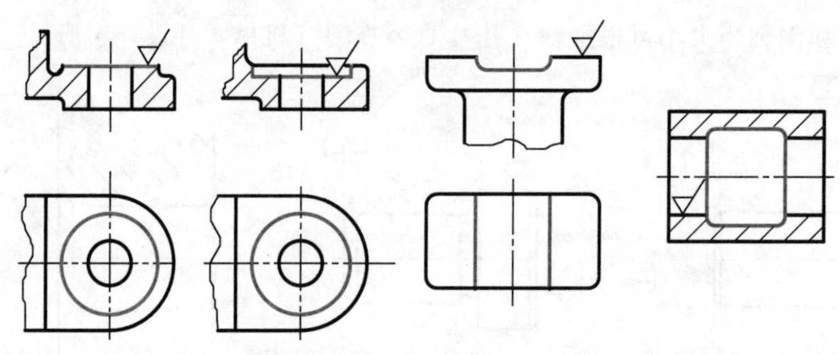

图 8-41　凸台与凹坑

4. 钻孔结构

钻孔时，要求钻头尽量垂直于孔的端面，以保证钻孔准确和避免钻头折断，对斜孔、曲面上的孔，应先制成与钻头垂直的凸台或凹坑，如图 8-42 所示。钻削加工的不通孔（也称“盲孔”），在孔的底部有 120°锥角，钻孔深度尺寸不包括锥角；在钻阶梯孔的过渡处也存在 120°锥角的圆台，其圆台孔深也不包括锥角，如图 8-43 所示。

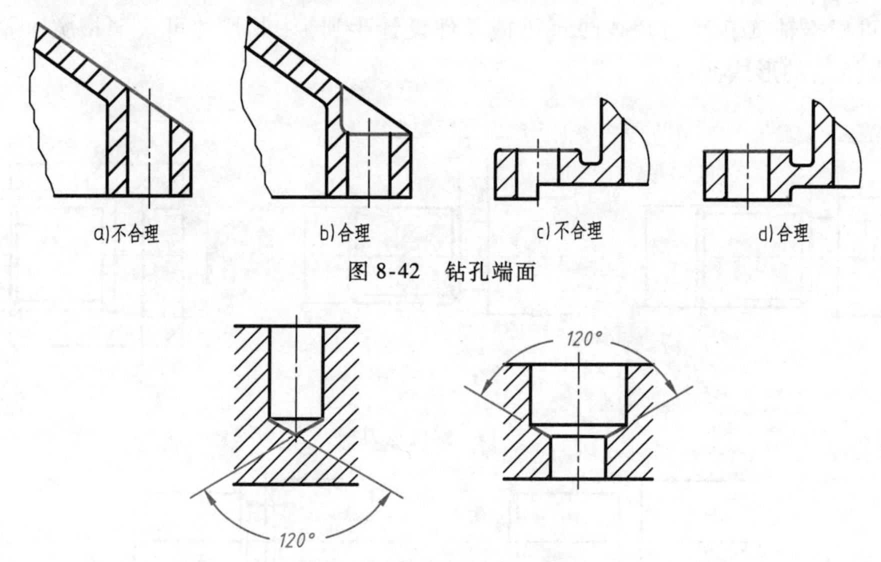

图 8-42　钻孔端面

图 8-43　钻孔底部 120°锥角

三、常见孔结构的尺寸标注

常见孔结构的尺寸标注见表 8-6。

表 8-6　常见孔结构的尺寸标注

结构类型	标注方法		
	旁注法		普通注法
光孔	4×φ5↧10	4×φ5↧10	4×φ5　10

（续）

结构类型	标注方法		
	旁注法		普通注法
螺纹孔	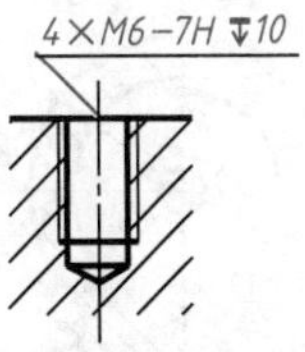 4×M6-7H ↧10	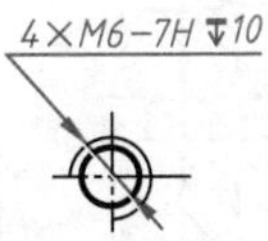 4×M6-7H ↧10	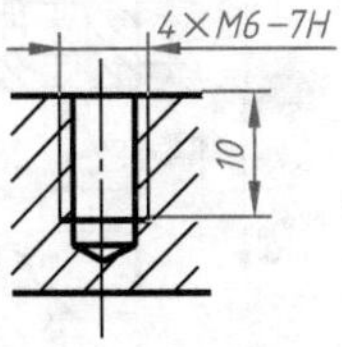 4×M6-7H 10
柱形沉孔	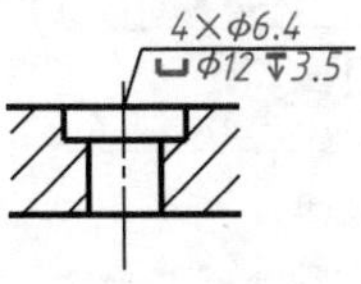 4×φ6.4 ⌴φ12 ↧3.5	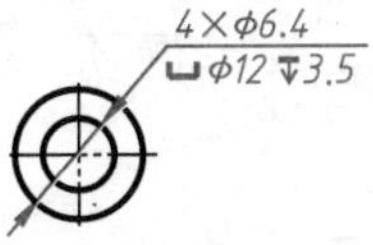 4×φ6.4 ⌴φ12 ↧3.5	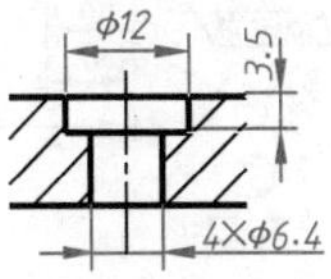 φ12 3.5 4×φ6.4
锥形沉孔	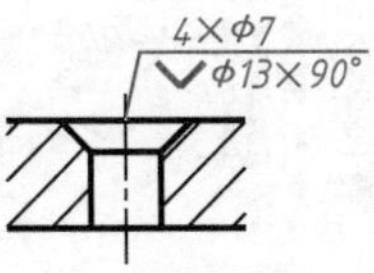 4×φ7 ⌵φ13×90°	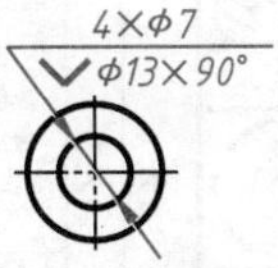 4×φ7 ⌵φ13×90°	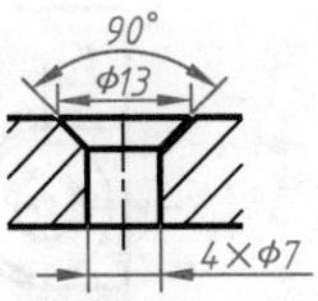 90° φ13 4×φ7
锪形沉孔	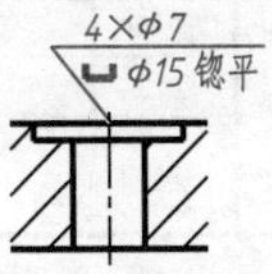 4×φ7 ⌴φ15锪平	 4×φ7 ⌴φ15锪平	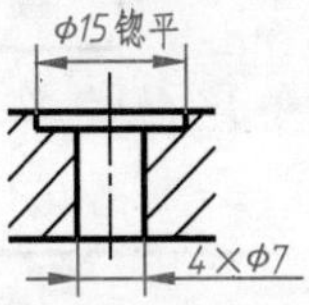 φ15锪平 4×φ7

第六节　读零件图

在设计、生产及学习等活动中，读零件图是一项经常和十分重要的工作。读零件图就是根据零件图的各视图，分析和想象该零件的结构形状，弄清全部尺寸及各项技术要求等，根据零件的作用及相关工艺知识，对零件进行结构分析。读组合体视图的方法，是读零件图的重要基础。下面以图 8-44 为例说明读零件图的方法步骤。

一、概括了解

图 8-44 所示为液压缸的缸体零件图，从标题栏中可以知道零件的名称、材料、件数和图样的比例等。即零件名称为缸体，材料为 HT200，它用来安装活塞、缸盖和活塞杆等零件，它属于箱体类零件。

二、读视图，想象结构形状

读图时，首先要找出主视图，然后看用了多少个图形，各采用了什么表达方法，以及各视图间的关系。

分析表达方案时，可按下列顺序进行：

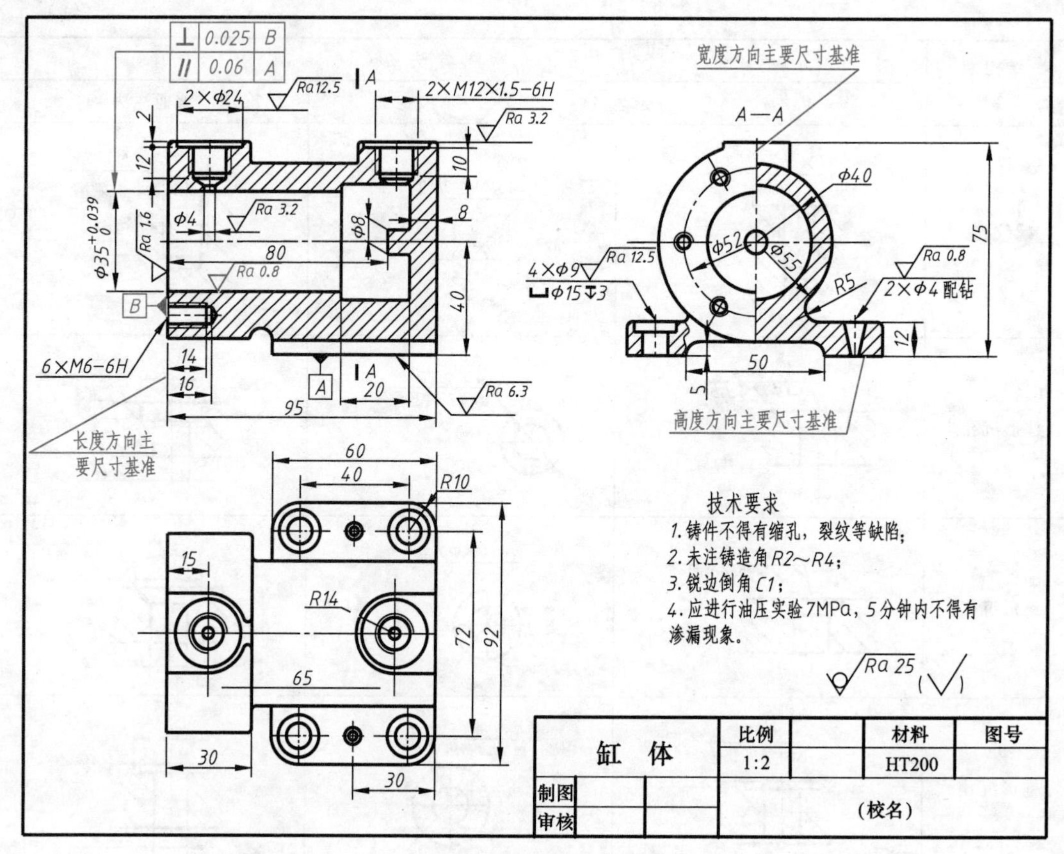

图 8-44　缸体零件图

1）找出主视图。

2）有多少个视图、剖视、剖面等。同时找出它们的名称、相互位置和投影关系。

3）有剖视、剖面的地方要找到剖切平面的位置。

4）有局部视图、斜视图的地方，必须找到投影部位的字母和表示投射方向的箭头。

5）有无局部放大图及简化画法。

想象零件的结构形状，必须进行形体及结构分析，其顺序如下：

1）先看大致轮廓，再分几个较大的部分进行分析，逐个看懂。

2）对外部结构进行分析，逐个看懂。

3）对内部结构进行分析，逐个看懂。

4）对于零件的个别部分进行形体分析时还要结合线面分析同时进行，搞清投影关系，最后分析细节。

5）综合分析结果，想象出整个零件形状和结构。

缸体零件图采用了三个基本视图。主视图是全剖视图，表达缸体内腔结构形状，内腔的右端是空刀部分，$\phi8$ 的凸台起到限定活塞工作位置的作用，上部左右两个螺纹孔用于连接油管。俯视图表达了底板形状和四个沉头孔、两个圆锥销孔的分布情况，以及两个螺纹孔所在凸台的形状。左视图采用 A—A 半剖视图和局部剖视图，它们表达了圆柱形缸体与底板的连接情况、连接缸盖螺纹孔的分布和底板上的沉头孔。通过以上分析，想象出缸体的完整形状，如图 8-45 所示。

三、分析尺寸

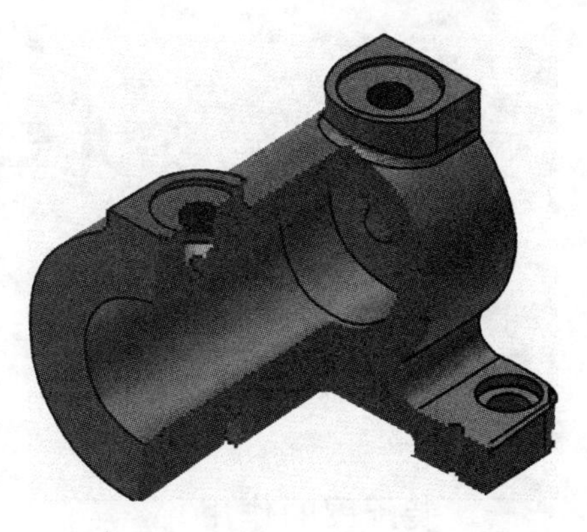
图　8-45

尺寸分析可按下列顺序进行：

1）根据零件的结构特点，了解基准及尺寸标注形式。

2）根据形体和结构分析，了解定形尺寸和定位尺寸。

3）确定零件的总体尺寸。

缸体长度方向的尺寸基准是左端面，从基准出发标注定位尺寸 80、15，定形尺寸 95、30 等，并以辅助基准标注了缸体底板上的定位尺寸 20、40、65，定形尺寸 60、R10。宽度方向尺寸基准是缸体前后对称面的中心线，并注出底板上的定位尺寸 72 和定形尺寸 92、50。高度方向的尺寸基准是缸体底面，并注出定位尺寸 40，定形尺寸 5、12、75。以 $\phi35^{+0.039}_{0}$ 的轴线为辅助基准标注径向尺寸 $\phi55$、$\phi52$、$\phi40$ 等。

四、读技术要求

缸体活塞孔 $\phi35^{+0.039}_{0}$ 和圆锥销孔，前者是工作面并要求防止泄漏，后者是定位面，所以表面粗糙度 Ra 的最大允许值为 0.8μm；其次是安装缸盖的左端面，为密封平面，Ra 值为 1.6μm。$\phi35^{+0.039}_{0}$ 的轴线与底板安装面 A 的平行度公差为 0.06；左端面与 $\phi35^{+0.039}_{0}$ 的轴线垂直度公差为 0.025。因为液压缸的介质是压力油，所以缸体不应有缩孔，加工后还要进行保压试验。

五、综合分析

总结上述内容并进行综合分析，对缸体的结构形状特点、尺寸标注和技术要求等，有比较全面地了解。

第九章　装　配　图

第一节　装配图的作用和内容

一、装配图的作用

机器或部件是由若干个零件按一定的位置关系和技术要求组装而成的，表达机器或部件的图样称为装配图。表示一台完整机器的装配图，称为总装图。表示机器中某个部件或组件的装配图，称为部件装配图。通常总图只表示各部件间的相对位置和机器的整体情况，而把整台机器按各部件分别画出装配图。

在设计新产品或改进原有产品时，一般都要画出它的装配图，然后根据装配图画出零件

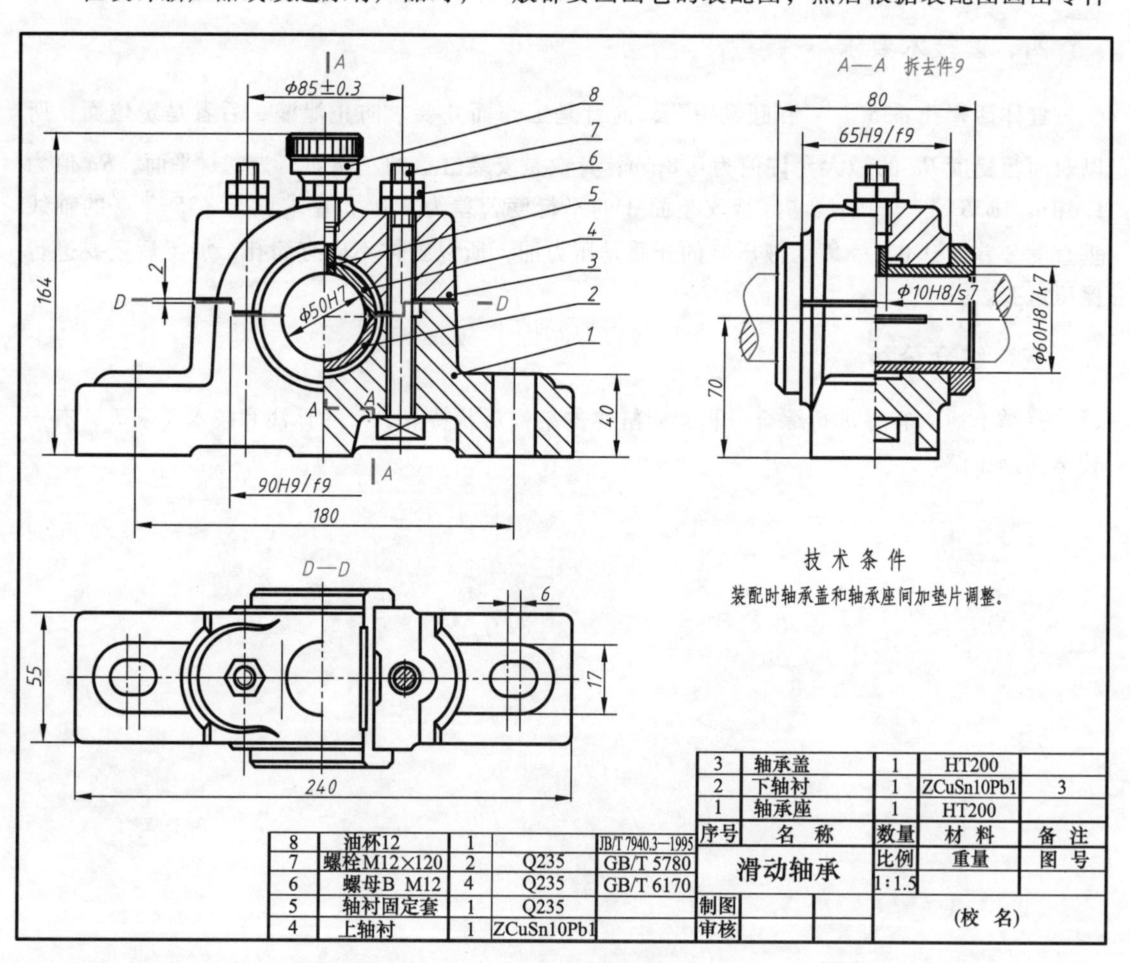

序号	名　称	数量	材　料	备　注
8	油杯12	1		JB/T 7940.3—1995
7	螺栓M12×120	2	Q235	GB/T 5780
6	螺母B M12	4	Q235	GB/T 6170
5	轴衬固定套	1	Q235	
4	上轴衬	1	ZCuSn10Pb1	
3	轴承盖	1	HT200	
2	下轴衬	1	ZCuSn10Pb1	3
1	轴承座	1	HT200	

滑动轴承	比例	重量	图　号
	1:1.5		
制图			
审核		(校　名)	

图 9-1　滑动轴承装配图

图，零件制成后，再按装配图装配成机器或部件。因此装配图是表达设计意图，表达部件或机器的工作原理、零件间的装配关系以及检验、安装和维修时的重要技术文件。

二、装配图的内容

图 9-1 所示为滑动轴承装配图，从图中可以看出，一张完整的装配图，包括以下四个方面的内容：

1. 一组视图

表示各零件间的相对位置关系、相互连接方式和装配关系，表达主要零件的结构特征以及机器或部件的工作原理。

2. 必要的尺寸

表示机器或部件的规格性能、装配、安装尺寸、总体尺寸和一些重要尺寸。

3. 技术要求

用符号或文字说明装配、检验时必须满足的条件。

4. 零件序号、明细栏和标题栏

说明零件的序号、名称、数量和材料等有关事项。

第二节　装配图的特殊表达方法

装配图的表达方法与零件图的表达方法基本相同，前面学过的各种表达方法，如视图、剖视图、断面图等，在装配图的表达中也同样适用。但机器或部件是由若干个零件组装而成的，装配图表达的重点在于反映机器或部件的工作原理、零件间的装配连接关系和主要零件的结构特征，所以装配图还有一些特殊的表达方法。

一、画装配图的一般规定

1）零件的接触面或配合面，规定只画一条线。对于非接触面、非配合表面，即使间隙再小，也必须画两条线，如图 9-2 所示。在图 9-1 中件 6 所示的两个螺母的接触面只画一条线，螺母与轴承盖 3 之间的接触面也只画一条线。而螺栓 7 与轴承盖上光孔的公称尺寸不一样，画了两条线。

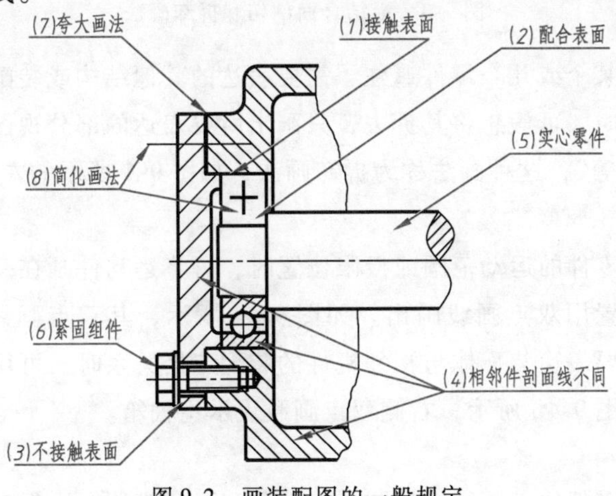

图 9-2　画装配图的一般规定

2）相邻两零件的剖面线倾斜方向应相反，如图 9-1 中轴承盖与轴承座。若相邻零件多于两个时，则应以间隔不同与相邻零件相区别。同一零件在各个视图上的剖面线方向和间隔应一致。

3）当剖切平面通过标准件和实心零件的轴线时，如螺纹紧固件、键、销、轴、杆等，这些零件按不剖绘制。如图 9-1 中的螺柱、螺母等。

对于以上三条规定，图 9-2 也作了较为详尽的说明。

二、装配图的特殊表达方法

前面学过的零件的表达方法和选用原则，在装配图中均可采用。除此以外，装配图还有一些特殊的表达方法。

1. 沿结合面剖切和拆卸画法

绘制装配图时，根据需要可沿某些零件的结合面选取剖切平面，这时在结合面上不应画出剖面线，但被横向剖切的螺钉和定位销等应画剖面线，如图 9-3 中 *A*—*A* 所示。同时，在装配图中，为表达某个零件的形状，可另外单独画出该零件的形状，如图 9-3 中的 *B* 向视图是专门表达转子油泵泵盖形状的一个视图。

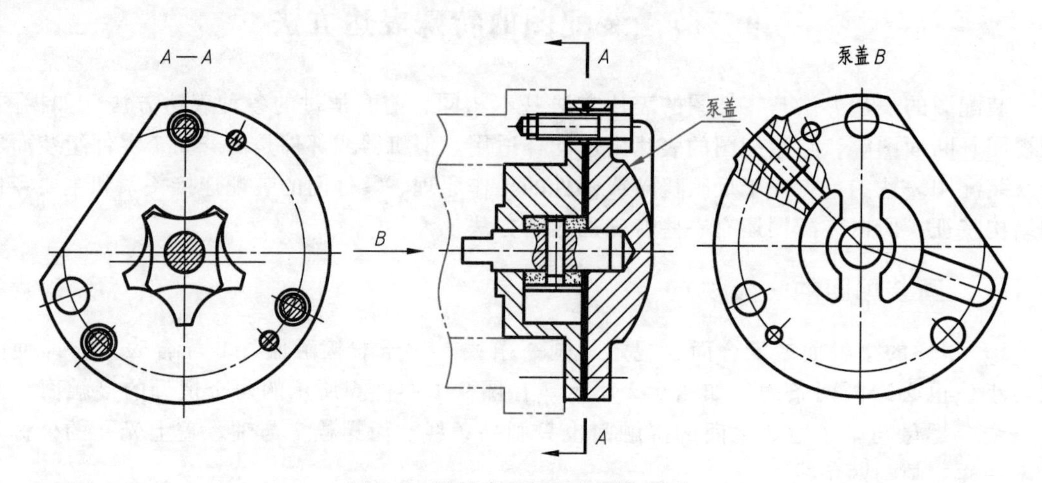

图 9-3　沿结合面剖切和拆卸画法

在装配图中，当某个或几个零件遮住了需要表达的其他结构或装配关系，而该结构在其他视图中已表示清楚时，可假想将其拆去，只画出所要表达的部分视图，此时应在该视图的上方加注“拆去 × ×等”，这种画法称为拆卸画法，如图 9-1 所示的左视图。

2. 假想画法

当需要表达运动零件的运动范围或极限位置时，可将运动件画在一个极限位置或中间位置上，另一个极限位置用双点画线画出。如图 9-4a 所示，其双点画线表示运动部位的左、右侧极限位置。当需要表达装配体与相邻机件的装配连接关系时，可用双点画线表示出相邻机件的外形轮廓，如图 9-4b 所示，右侧双点画线表示主轴箱。

3. 简化画法

在装配图中，对零件的工艺结构如圆角、倒角和退刀槽等允许省略不画。对于螺纹连接

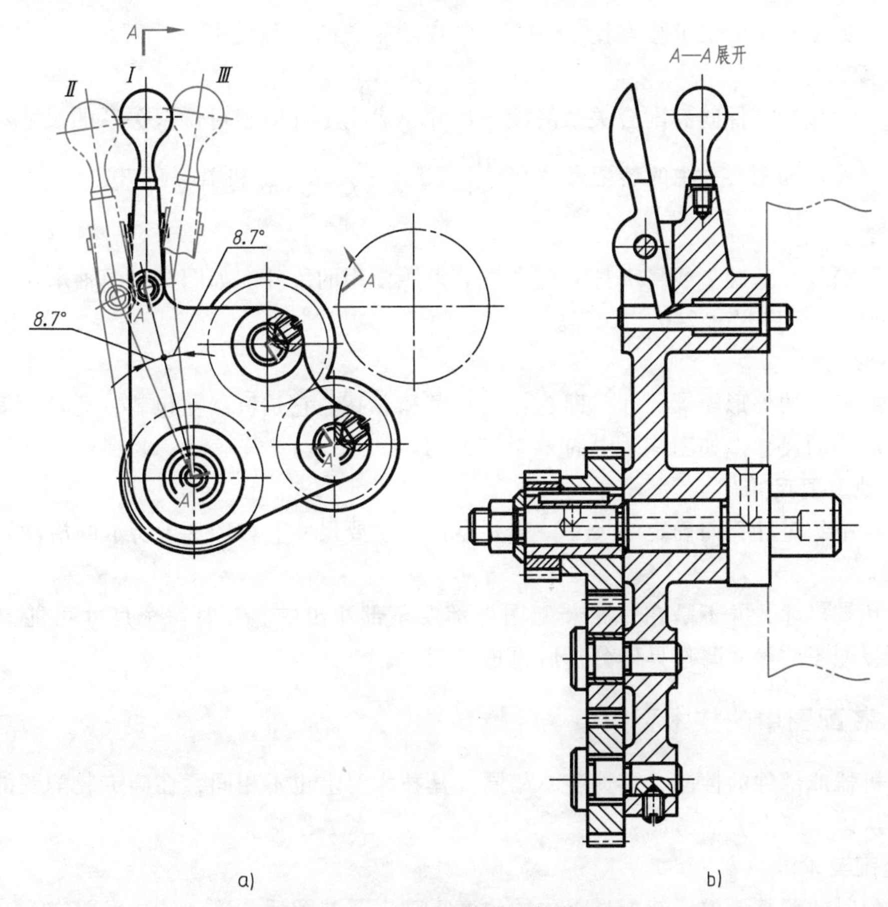

图 9-4 三星齿轮传动机构装配图

件等若干相同零件组，允许详细地画出一处或几处，其余则以中心线或轴线表示其位置。滚动轴承也可采用简化画法，如图 9-2 所示。

4. 展开画法

在装配图中，为了表达传动机构的传动路线和装配关系，可以假想沿传动路线上各轴线顺序剖切，然后展开在一个平面上，画出其剖视图，如图 9-4 所示。

5. 夸大画法

对于装配图中较小的间隙、垫片和弹簧等细小部位，允许将其涂黑代替剖面符号或适当加大尺寸画出，如图 9-2 所示。

第三节 装配图的尺寸标注和技术要求

一、装配图的尺寸标注

装配图的作用不同于零件图，它不是用来制造零件的依据，所以在装配图中不需注出每个零件的全部尺寸，而只需标注出一些必要的尺寸，这些尺寸按其作用不同，可分为以下几类。

1. 性能尺寸

性能尺寸是表示产品或部件的性能、规格的重要尺寸，是设计机器、了解和使用机器的重要参数。如图 9-1 中轴承孔直径 ϕ50H7，它反映轴承的直径大小。

2. 装配尺寸

装配尺寸包括零件间有配合关系的配合尺寸，表示零件间相对位置关系的尺寸和装配需要加工的尺寸。如图 9-1 中的装配尺寸 $90\frac{H9}{f9}$、$\phi60\frac{H8}{k7}$、$65\frac{H9}{f9}$和中心高 70。

3. 安装尺寸

将机器安装在基础上或将部件装配在机器上所使用的尺寸。如图 9-1 中轴承座底板上的安装尺寸 180、底座尺寸 240、55 等。

4. 外形尺寸

机器或部件的外形轮廓尺寸，即总长、总宽和总高。它是机器在包装、运输、安装和厂房设计所需要的尺寸。如图 9-1 中的 240、80、164。

5. 其他重要尺寸

在设计中经过计算而确定的尺寸，主要零件的主要尺寸。如图 9-1 所示的滑动轴承上的中心高 70。

以上几类尺寸，并不是在每张装配图上都要全部注出的。有时一个尺寸可能有几种含义，故对装配图的尺寸要作具体分析后再进行标注。

二、装配图中的技术要求

由于机器或部件的性能、用途各不相同，其技术要求也不相同，在确定装配图的技术要求时，应从以下三个方面考虑：

1. 装配要求

指装配时的调整要求，装配过程中的注意事项以及装配后要达到的技术要求。

2. 检验要求

指对机器或部件基本性能的检验、试验、验收方法的说明。

3. 使用要求

对机器或部件的性能、维护、保养、使用注意事项的说明。

第四节　装配图的零件序号和明细栏

为了便于读图和装配工作，必须对装配图中的所有零部件进行编号，同时要编制相应的明细栏。

一、零件序号的编排方法和规定

1）装配图中的序号由横线（或圆圈）、指引线、圆点和数字四个部分组成。指引线应自零件的可见轮廓线内引出，并在末端画一圆点，在另一端横线上（或圆内）填写零件的序号。指引线和横线都用细实线画出。指引线之间不允许相交，避免与剖面线平行。序号的数字要比装配图上尺寸数字大一号或两号。如图 9-5 所示。

2）每种不同的零件编写一个序号，规格相同的零件只编一个序号。标准化组件，如油杯、滚动轴承和电动机等，可看成是一个整体，只编注一个序号，如图 9-1 所示。

3）零件的序号应沿水平或垂直方向，按顺时针或逆时针方向排列，并尽量使序号间隔相等，如图 9-1 所示。

4）对紧固件或装配关系清楚的零件组，允许采用公共指引线。如指引线所指部位较薄小不便画圆点时，可在指引线末端画出箭头，并指向该部位的轮廓线，如图 9-6 所示。

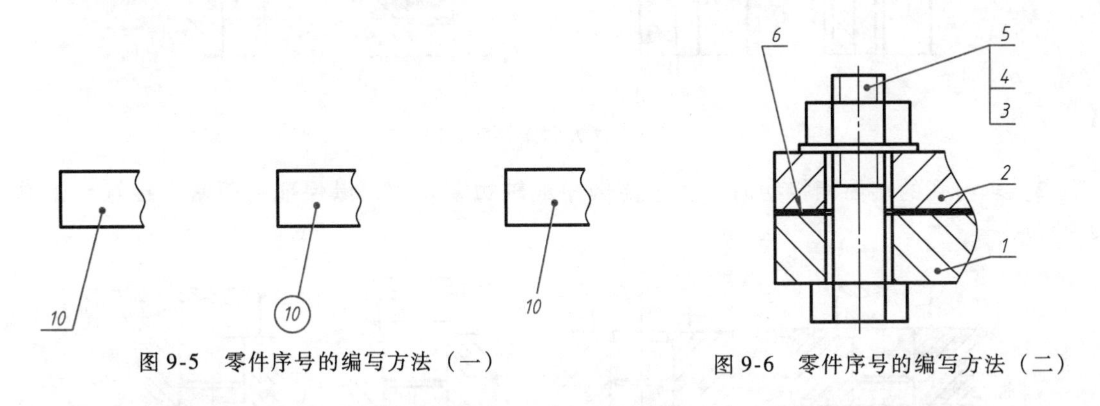

图 9-5　零件序号的编写方法（一）　　图 9-6　零件序号的编写方法（二）

二、明细栏

明细栏是装配图中全部零件的详细目录，一般绘制在标题栏上方。零件的序号自下而上填写。如果位置不够，可将明细栏分段画在标题栏的左方，若零件过多，在图面上画不下时，可在另一张图纸上单独编写。

明细栏外框及竖线为粗实线，其余为细实线，其下边线与标题栏上边线重合，长度相同。明细栏的基本内容如图 9-7 所示。

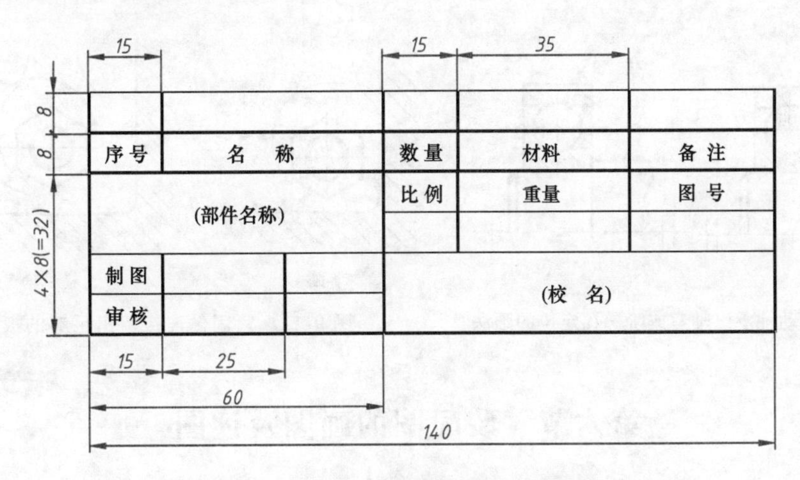

图 9-7　学生用装配图标题栏和明细栏

第五节　机器上常见的装配结构

为了保证机器或部件能顺利装配，画装配图时，须根据装配工艺的要求考虑部件结构的合理性。不合理的结构将造成部件装拆困难，达不到设计要求。

1）两零件接触时，在同一方向上的接触表面应只有一组，如图 9-8 所示。

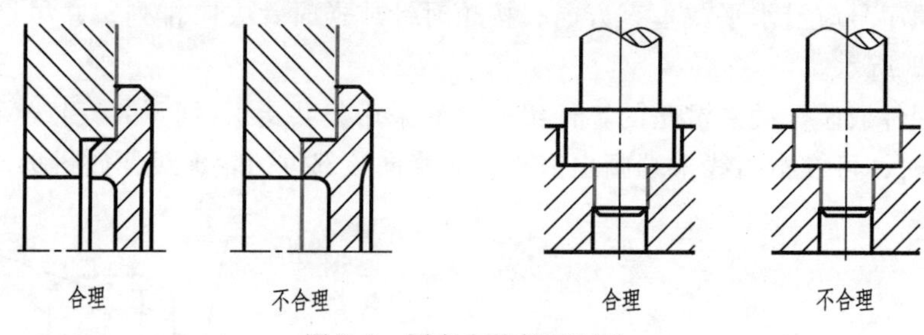

图 9-8　同方向接触面画法

2）轴与孔的端面相接触时，孔边要倒角或轴边要切槽，以保证端面紧密接触，如图9-9所示。

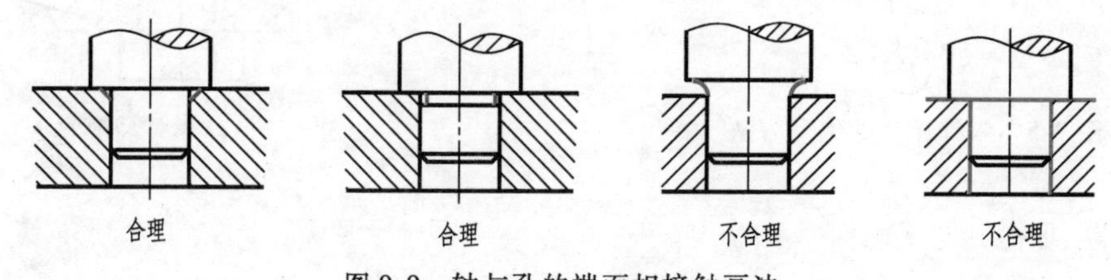

图 9-9　轴与孔的端面相接触画法

3）滚动轴承如以轴肩或阶梯孔定位，要考虑维修时拆装方便，如图 9-10 所示。

4）当零件用螺纹紧固件连接时，应考虑到螺纹紧固件装拆的方便，留出足够的扳手空间，如图 9-11 所示。

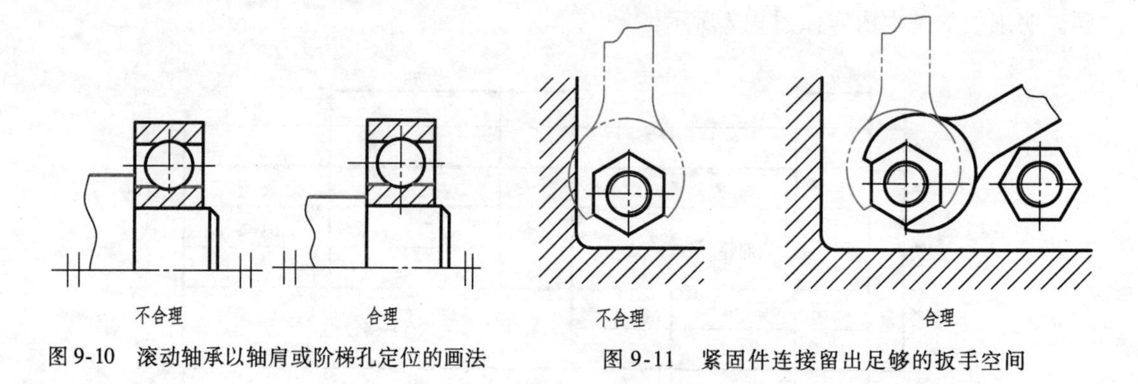

图 9-10　滚动轴承以轴肩或阶梯孔定位的画法

图 9-11　紧固件连接留出足够的扳手空间

第六节　装配图的画图及读图

一、装配图的画法与步骤

1. 视图选择

画机器或部件的装配图，必须做到清楚地表达部件的工作原理，表达各零件的相对位置关系和装配连接关系。在选择表达方案时，要了解部件的工作原理和结构情况，首先选好主视图，然后根据需要选择其他视图。

（1）主视图的选择　主视图的选择应满足以下要求：

1）按机器或部件的工作位置放置。工作位置倾斜时，可将其放正。

2）清楚地表达机器或部件的工作原理和形状特征。

3）清楚地表达各零件的相对位置关系和装配连接关系。

（2）其他视图的选择　分析部件中还有哪些工作原理、装配关系和主要零件的结构没有表达清楚，然后确定选用适当的其他视图。至于各视图采用何种表达方法，应根据需要来确定，但每个零件至少应在某个视图中出现一次。

以齿轮泵为例，为了清楚地表达齿轮泵的工作原理、传动路线和装配关系，选择垂直于传动轴的轴线方向作为主视图的投射方向，并将主视图画成全剖视图，中间用局部剖表达齿轮、轴与销连接的情况。左视图沿泵体与泵盖的结合面剖切，表达泵体内部两齿轮啮合及装配关系，左视方向再取一局部视图表达泵体进出油口结构，右下方的另一局部剖表达安装孔结构，俯视图表达齿轮泵外形，如图 9-15 所示。

2. 画图步骤

根据零件草图画装配图时，装配图的画图步骤如下：

1）选比例，定图幅。画出各视图的主要基准线，如轴线、中心线、泵体的主要轮廓线。根据装配体的大小和复杂程度合理布局各视图的位置。同时还应考虑尺寸标注、编注序号和明细栏所占的位置，如图 9-12 所示。

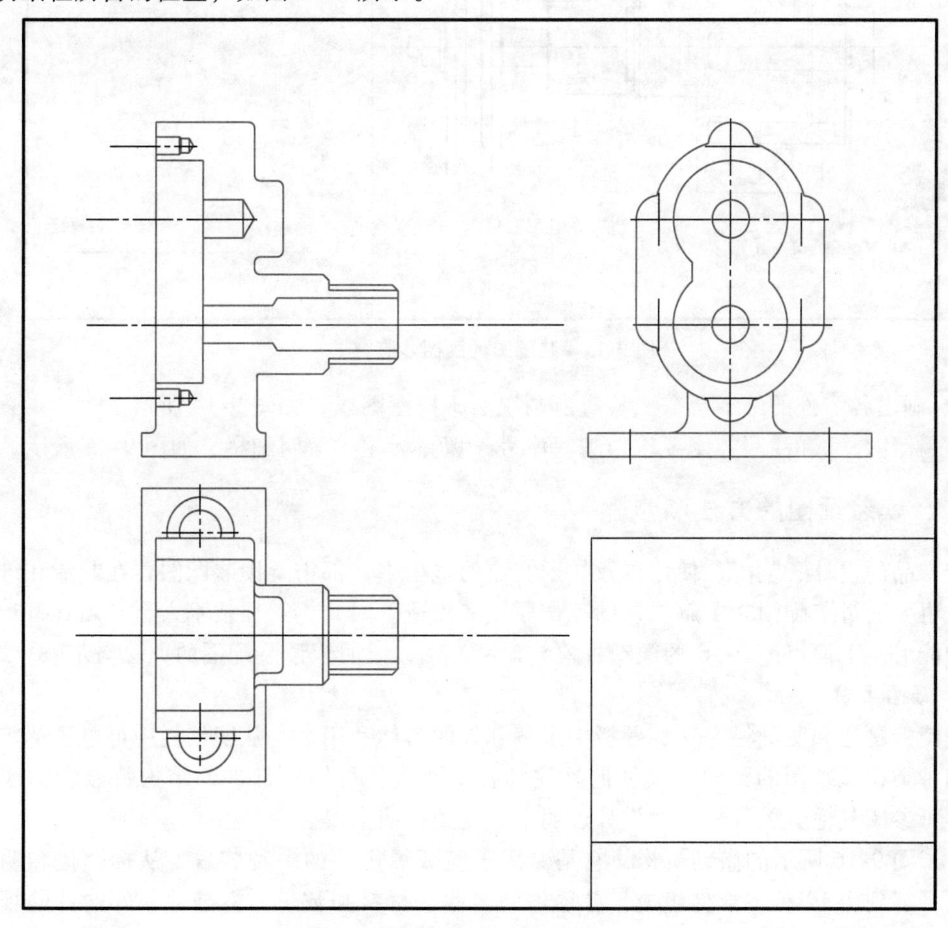

图 9-12　装配图的画图步骤（一）

2）根据装配关系，沿装配干线逐一画出各零件的投影：泵盖、齿轮、销、压盖、压盖螺母、带轮、垫圈和螺母等，如图 9-13 所示。

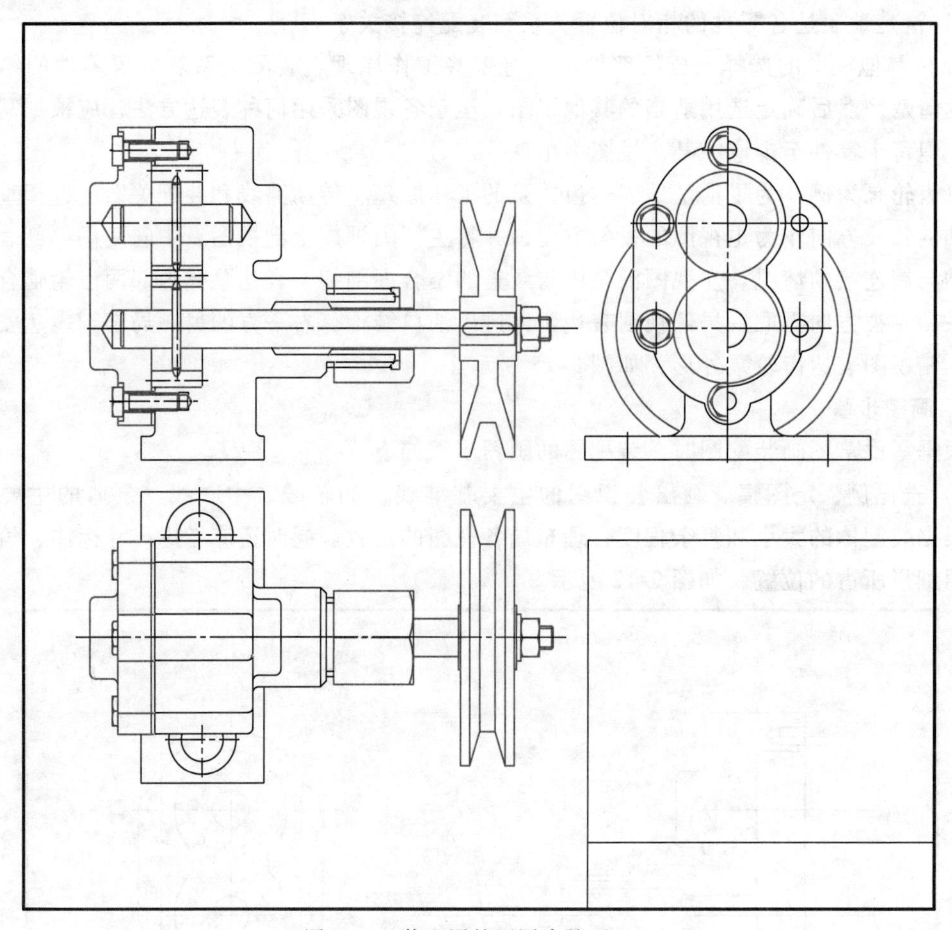

图 9-13　装配图的画图步骤（二）

3）画出各零件的细节部分，检查所画视图，描深图线，如图 9-14 所示。

4）标注尺寸和注写技术要求，编写序号，填写标题栏、明细栏，如图 9-15 所示。

二、读装配图的方法和步骤

在产品的设计、装配、使用以及技术交流的过程中，都需要读装配图，在制造和维修机器时，也要通过装配图来了解机器的工作原理和构造。因此，工程技术人员必须具备识读装配图的能力。下面以图 9-16 的微动机构装配图为例，说明识读装配图的方法与步骤。

1. 概括了解

先读标题栏和明细栏，从标题栏中了解部件的名称和用途，从明细栏中可以了解零件的数量和种类，从视图的配置、尺寸的标注和技术要求，可知该部件的结构特点和大小。同时，还可参阅其他有关资料，如设计说明书、使用说明书等。

对于图 9-16 所示的微动机构，它是专用于氩弧焊机上的一种装置，从标题栏和明细栏中可以了解到由 12 种零部件组成，各零件的名称、材料和数量，标准件、外购件的规格和数量等。该装配图选用了主视图、左视图、*C* 向视图和 *B*—*B* 断面图表达。主视图采用了通

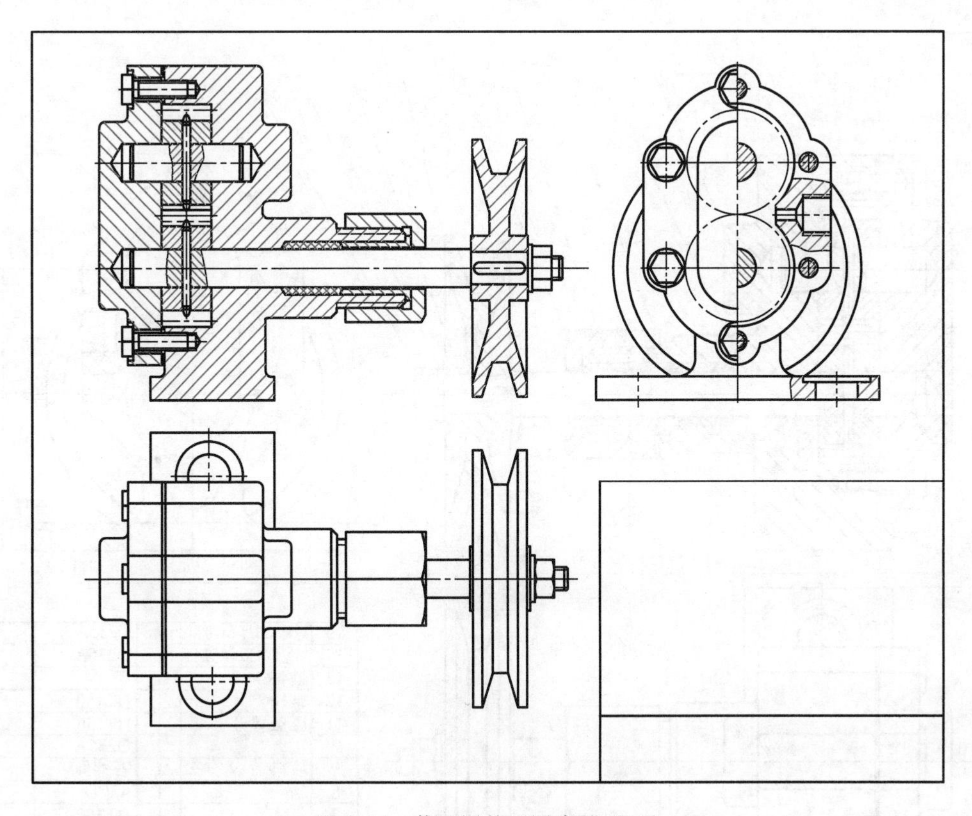

图 9-14 装配图的画图步骤（三）

过微动机构的轴线所在平面进行的全剖，其导杆 12 的右侧部分为局部剖。主视图主要表达微动机构内相邻零件间的装配关系和内部连接关系。左视图采用了半剖，表达微动机构的外形和内部结构。*C* 向视图表达了支座的底板形状和 4 个安装孔的位置。*B—B* 断面图表达了导套与导杆的连接关系和平键的安装关系。

2. 了解装配关系和工作原理

根据装配图的主要装配干线，弄清相关零件间的装配连接关系，并分析其传动路线和工作原理。

该部件为氩弧焊机的微调装置，是一种螺纹传动机构。

从主视图中可以看出，沿主视图所表达的装配干线上，手轮 1 通过紧定螺钉 2 连接在螺杆 6 上，轴套 5 与导套 9 通过紧定螺钉 4 来连接，在手轮和轴套之间装有垫圈 3，支座承受了整个微调装置的重量。导杆 12 的右端头有一个螺纹孔 M10，这个螺纹孔用于固定焊枪。当转动手轮 1 时，螺杆 6 做旋转运动，导杆 12 在导套 9 内做轴向移动进行微调。导杆 12 上装有平键 11，它在导套 9 的槽内起导向作用。由于导套 9 用紧定螺钉 7 固定，所以导杆 12 只作轴向移动。轴套 5 对螺杆 6 起支承和轴向定位的作用，在安装时，应调整好位置，然后用紧定螺钉 M3 ×8 固定。手轮 1 的轮毂部分嵌装一个铜套，热压成型后加工。

3. 分析零件的结构形状

读懂装配图中主要零件的结构形状，是读装配图的重要环节。以零件支座为例，在主视图中找出支座 8 的投影，根据投影关系和同一零件在各视图中的剖面线方向、间隔相同的规定，从其他视图中找出相应投影，分离出支座，综合分析各投影，想象其主要结构形状。

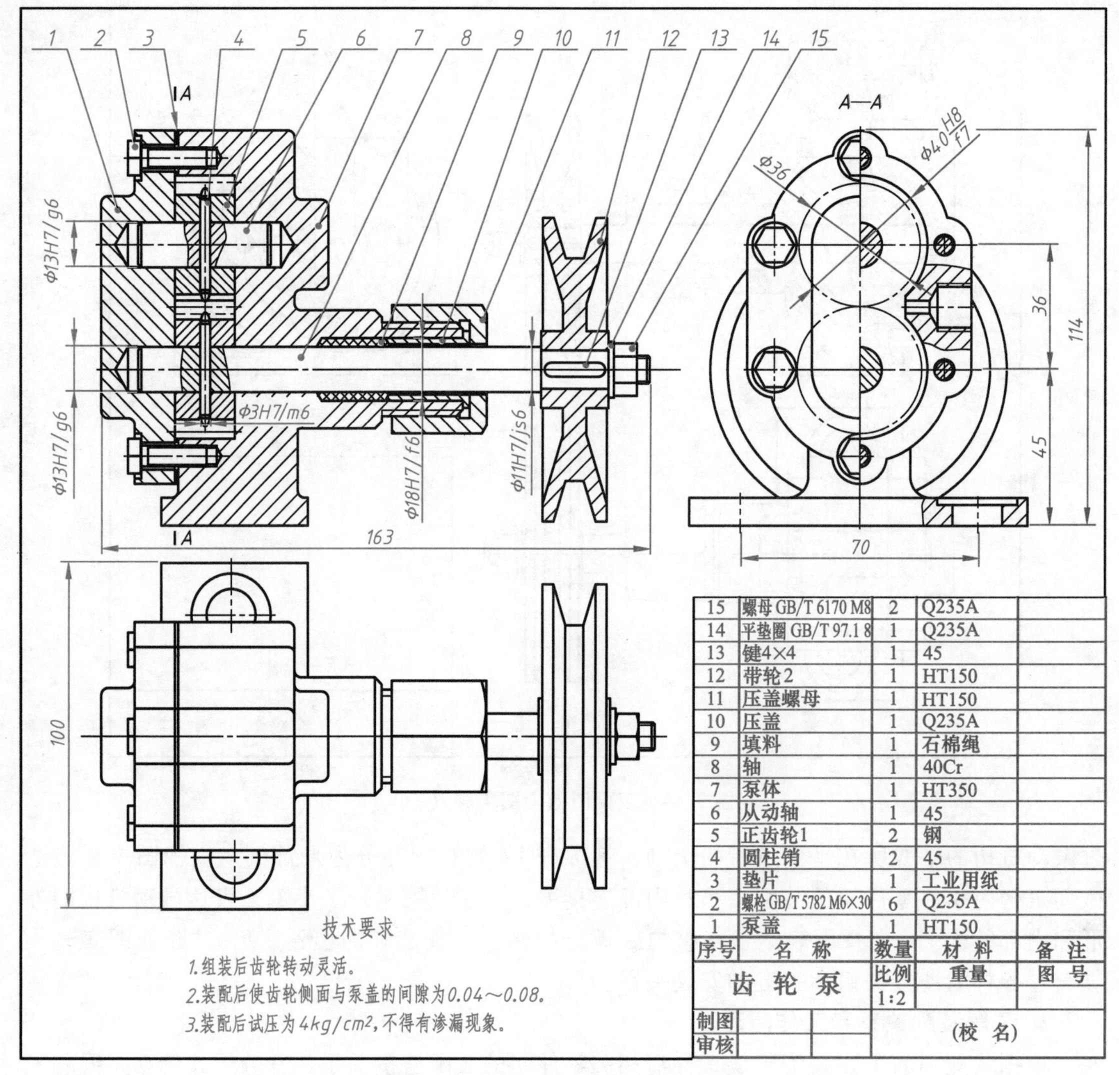

图 9-15　装配图的画图步骤（四）

支座在装配体中起着包容和支承整条装配干线的作用。其中间有 $\phi30$ 的内孔，可构思为空心圆柱体，从左视图中看出该部位的内外形均是圆柱体。从 C 向视图中可以看出，底部的安装部位是圆盘，沿圆周均匀分布了 4 个安装孔，中间的支柱部分是空心圆柱体，如图 9-16 所示。

4. 分析尺寸

按装配图中标注尺寸的功用分类，分析了解各类尺寸。导杆与导套的配合尺寸 $\phi20$H8/f7，导套与支座的配合尺寸 $\phi30$H8/k7，导杆中心高 45，安装底盘直径 $\phi92$ 和安装尺寸 $\phi74$ 等。

微调机构的多处配合尺寸，是保证微调装置工作性能的重要技术要求，应分析理解它们的配合制是基孔制或基轴制；配合种类为何选用间隙、过盈或过渡配合。

5. 归纳总结

综合归纳上述读图内容，把它们有机地联系起来，系统地理解工作原理和结构特点；各零件的功能形状和装配关系；分析出装配干线的装拆顺序等。

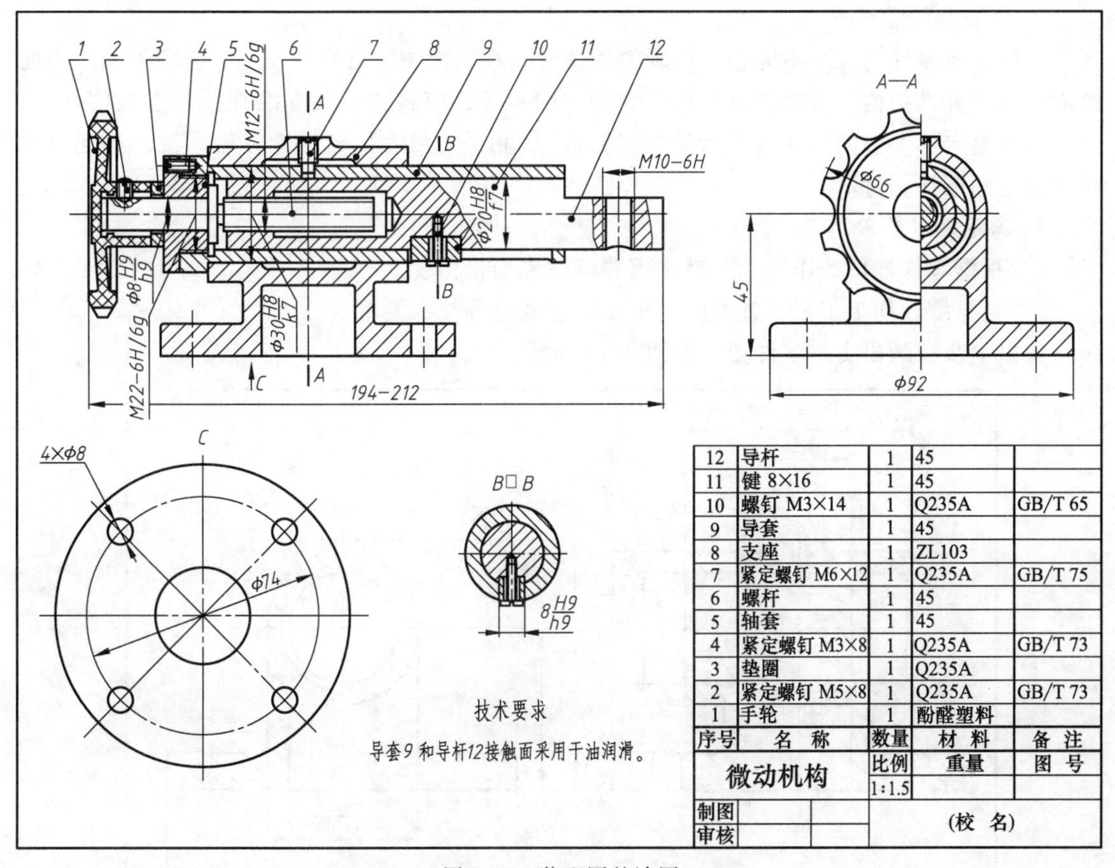

12	导杆	1	45	
11	键 8×16	1	45	
10	螺钉 M3×14	1	Q235A	GB/T 65
9	导套	1	45	
8	支座	1	ZL103	
7	紧定螺钉 M6×12	1	Q235A	GB/T 75
6	螺杆	1	45	
5	轴套	1	45	
4	紧定螺钉 M3×8	1	Q235A	GB/T 73
3	垫圈	1	Q235A	
2	紧定螺钉 M5×8	1	Q235A	GB/T 73
1	手轮	1	酚醛塑料	
序号	名 称	数量	材 料	备 注
微动机构		比例	重量	图 号
		1∶1.5		
制图		(校 名)		
审核				

图 9-16 装配图的读图

三、由装配图拆画零件图

在机器或部件的设计过程中，根据已设计出的装配图绘制零件图简称为拆画零件图。以拆画支座零件为例讨论拆画过程。

1. 分离零件

如前述在读装配图时分离支座的投影，补齐装配图中被遮挡的轮廓线和投影线，对装配图中未表达清楚的结构进行补充设计。分析零件的加工工艺，补充被省略简化了的工艺结构。

2. 确定表达方案并绘图

因零件图与装配图的表达重点不同，拆画时的表达方案不一定照搬装配图；而应针对零件的形状特征分析选择表达方案；重新选择的方案可能与装配图基本相同或完全不同。

由于装配图的主视图能反映泵体的主要形体特征，零件图的主视图就可借鉴该图。对于剖开的结构，其内部形状已经表达清楚，要省略虚线。对于外部形状不复杂的零件，可以采用全剖，如主视图的表达，而左视图采用了半剖视图。省略了俯视图，而是用了 *A* 向的局部视图来表达支座底盘的形状，这样使零件的整个结构形状表达得简明且清晰。

零件上的细小工艺结构，如倒角、退刀槽和圆角等在装配图中往往省略不画，在拆画零件图时应将其补充完整。装配图中的螺纹连接是按外螺纹画法绘制的，拆画零件图时要特别注意内螺纹结构要改用内螺纹画法。

3. 标注零件图尺寸

装配图上零件的尺寸不完整，拆画零件图时，在装配图中已有的尺寸，在零件图上不能改动；对于标准结构，如螺钉沉头孔、键槽、倒角等，应根据有关标准查阅其参数值确定；明细栏中给定了参数的零件（如齿轮、弹簧等），相关的尺寸要经过计算后标注；其他尺寸可由装配图按比例量取。

4. 确定技术要求

1）根据零件部位的作用，合理选用并标注表面粗糙度。

2）根据零件加工工艺，查阅资料提出工艺规范等技术要求。

按以上步骤画出支座零件图，如图 9-17 所示。

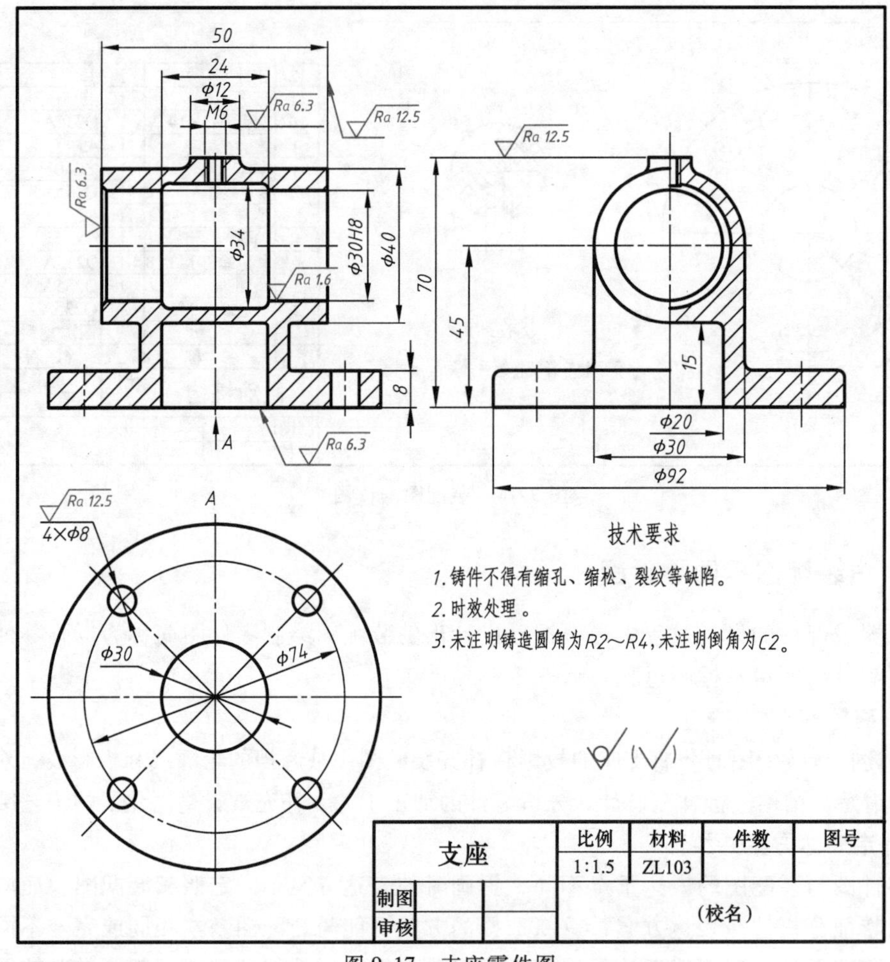

图 9-17　支座零件图

第七节　零部件测绘方法简介

在实际生产中，常要更换机器中磨损或损坏的零件，拆下零件后按现有的零件实物绘制出相应的零件图称为零件测绘。测绘出的零件图内容要完整，它包括正确的视图表达和尺寸标注，并按零件的用途和功能，注出有关的技术要求，填写材料，有关标准结构要查阅机械设计手册，使其符合国家标准和机械制造的工艺要求。零件测绘一般在车间或现场进行，先用徒手绘制草图，再根据草图绘制零件工作图。

一、绘制零件草图的步骤

1. 分析零件结构

分析零件在机器中的作用和功能，了解零件的名称和材料，分析它的结构形状和加工工艺，对零件作全面的分析是零件测绘的基础。

2. 确定表达方案

根据零件的结构形状特征、工作位置和加工位置选择主视图；选择其他视图、剖视、断面等，完整清晰地表达零件的结构形状。

3. 绘制零件草图

如图 9-18 所示，零件草图的绘制有以下要求：

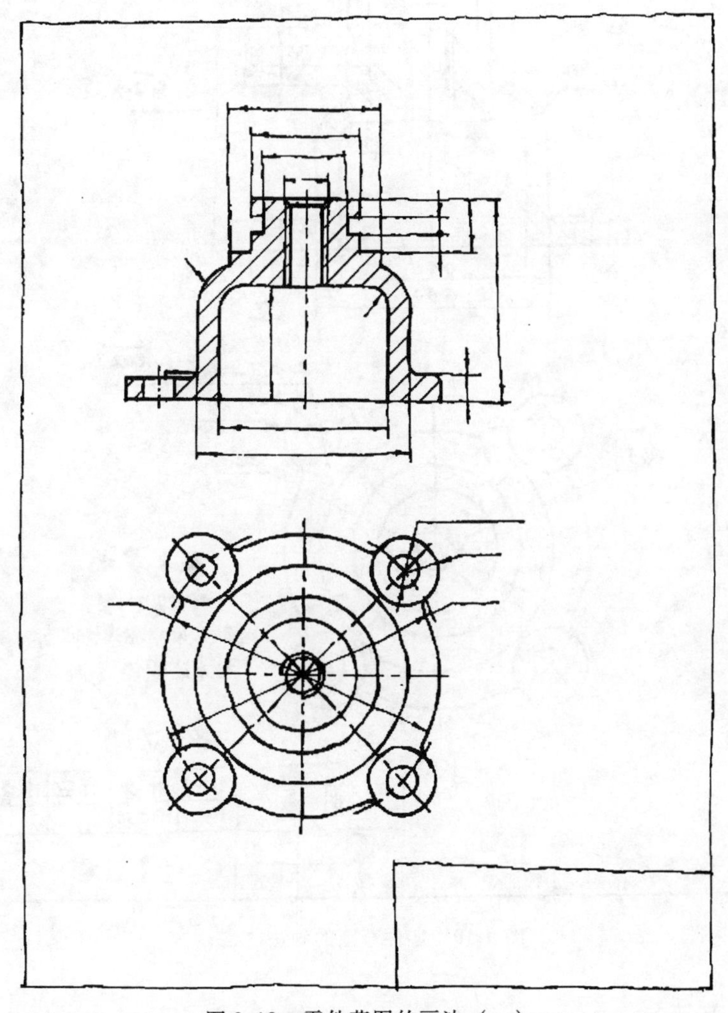

图 9-18　零件草图的画法（一）

（1）内容完整　零件草图必须要有零件工作图的全部内容，它包括一组视图、完整的尺寸、技术要求和标题栏。

(2) 目测比例　零件草图是徒手画的，不使用绘图工具。零件的形状大小是通过目测大致比例来确定的，一般用铅笔画出。目测的线段长短不要求精确，但线段之间的大致比例要适当，零件草图可以画在方格纸上。

(3) 正确的方法　先要把所有的视图画好，分析哪些部位需要标注尺寸，并在标注尺寸的地方，将所有的尺寸界线、尺寸线和箭头画出，如图 9-18 所示。将上述工作完成以后，根据草图上标出的尺寸部位，再集中测量标注尺寸，最后填写技术要求，如图 9-19 所示。注意不要边画图边测量边标注。

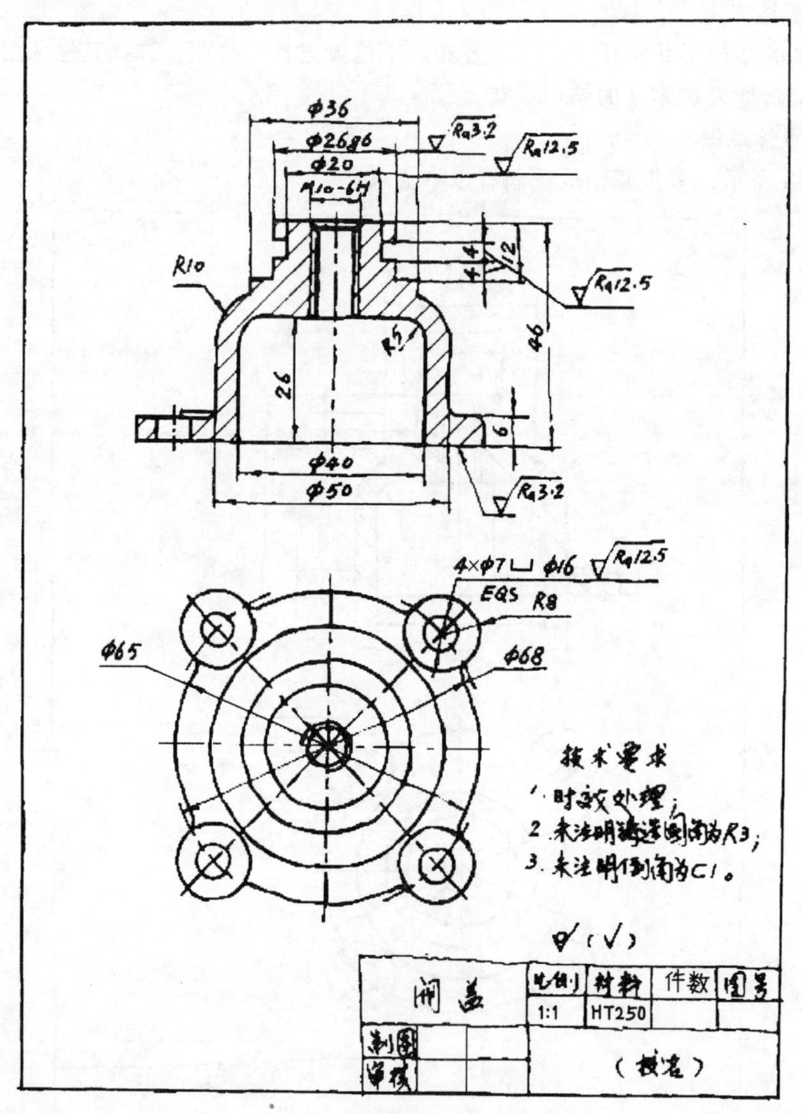

图 9-19　零件草图的画法（二）

二、测量方法

常用的零件测绘工具有钢直尺、游标卡尺、内外卡钳、螺纹样板等。随着科学技术的发展，零件测绘的手段和测绘仪器变得更加先进，利用先进的仪器，可将整个零件扫描，经计算机处理后，可以直接得到零件的三维实体图形和视图。但这需要先进的设备及一定的经济成本作为支撑。因此，实际工程中对于简单的或小批量的零件仍采用传统的手动测绘。手动测绘的测量方法见表9-1。

零件测绘时应注意以下几点：

1）尺寸数值要圆整。零件上一般的尺寸都是以mm为单位取整数，对于实际测得的小数部分的数值，可以四舍五入法取整数。但有些特殊尺寸或重要尺寸，不能随意圆整，如中心距或齿轮轮齿尺寸等。

表9-1　尺寸测量示例表

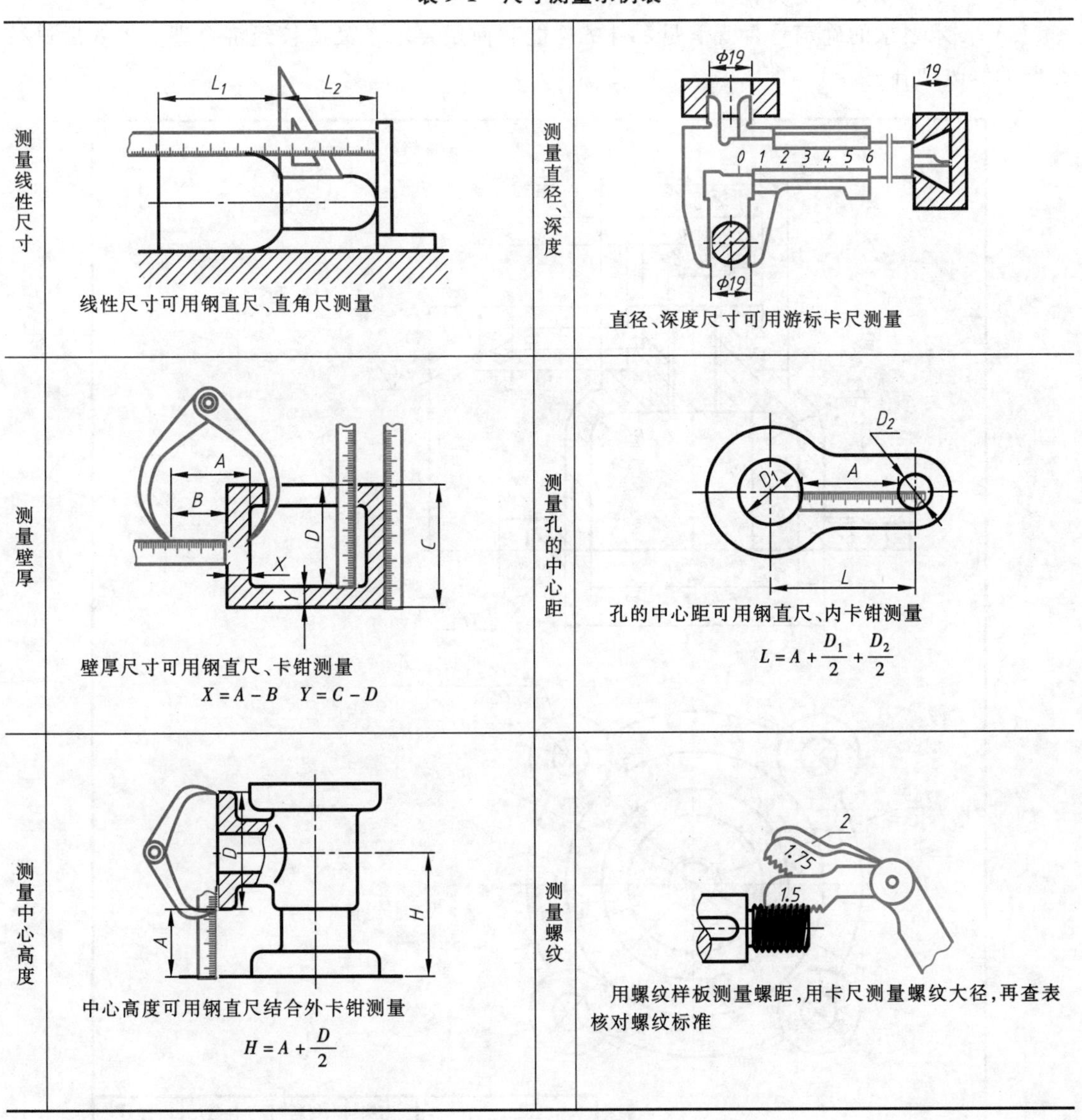

测量线性尺寸	线性尺寸可用钢直尺、直角尺测量	测量直径、深度	直径、深度尺寸可用游标卡尺测量
测量壁厚	壁厚尺寸可用钢直尺、卡钳测量 $X=A-B \quad Y=C-D$	测量孔的中心距	孔的中心距可用钢直尺、内卡钳测量 $L=A+\frac{D_1}{2}+\frac{D_2}{2}$
测量中心高度	中心高度可用钢直尺结合外卡钳测量 $H=A+\frac{D}{2}$	测量螺纹	用螺纹样板测量螺距，用卡尺测量螺纹大径，再查表核对螺纹标准

2）相互配合的孔和轴的公称尺寸应一致。对有配合关系的尺寸，可测量出公称尺寸，其上下极限偏差值应经分析后选用合理的配合关系查表得出。测量已磨损部位的尺寸时，应考虑零件的磨损值。

3）对螺纹、键槽、沉头孔、螺纹孔深度、齿轮等已标准化的结构，在测得主要尺寸后，应查表采用标准结构尺寸。

三、根据零件草图绘制装配图和零件工作图

零件草图完成后，经校核，整理画出零件工作图，如图 9-20 所示。

1. 草图校核

草图校核的内容有：

1）表达方法是否恰当，视图布置是否合理。

2）尺寸标注是否正确、完整、清晰、合理。

3）技术要求的确定是否既满足零件的性能和使用要求，又比较经济合理。校核后进行必要的修改和补充。

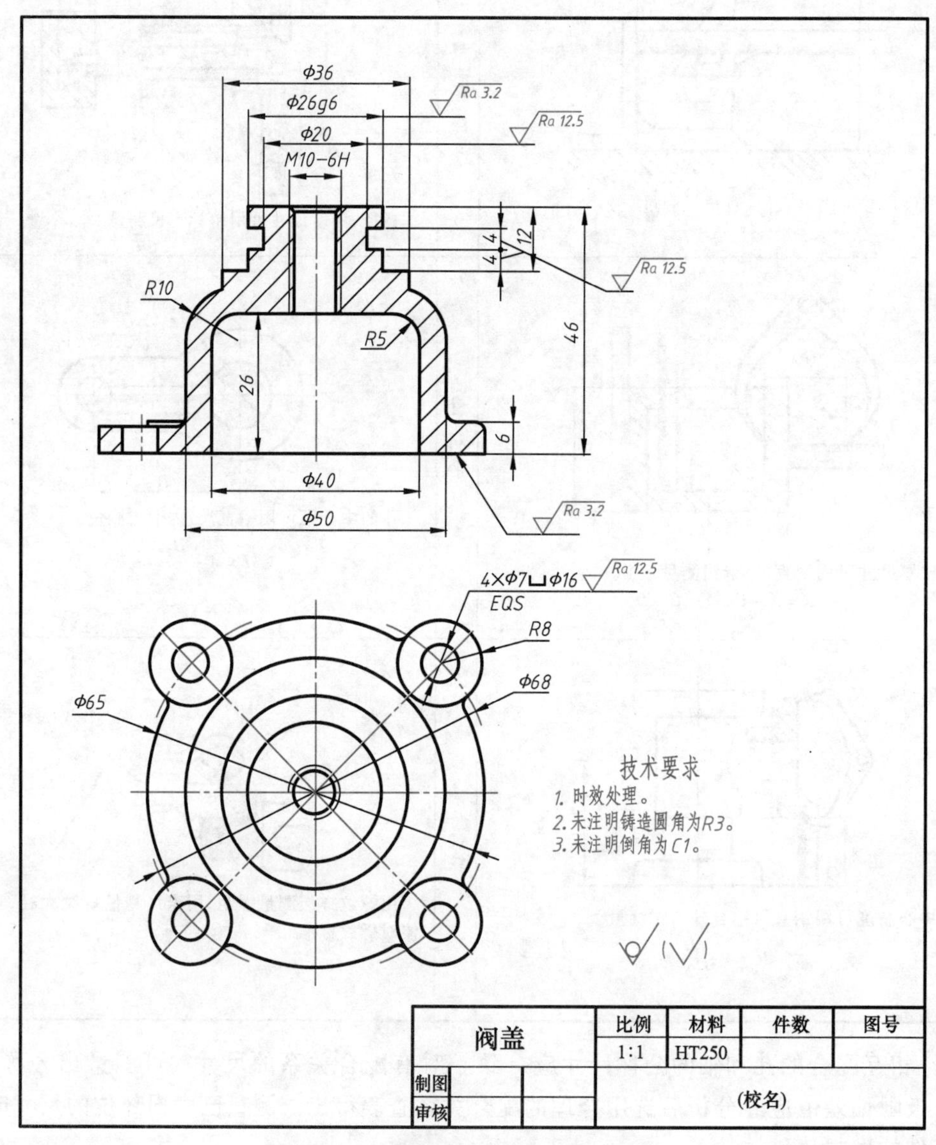

图 9-20　根据草图绘制零件工作图

2. 绘制零件图的步骤和方法

1）根据零件的形状特点和用途选取主视图和其他视图，并确定比例和图幅。

2）画出图框和标题栏。画出各视图的中心线、轴线、基准线，把各视图的位置确定下来，各图之间要注意留有标注尺寸的余地。

3）由主视图开始，画各视图的轮廓线，画图时要注意各视图间的投影关系。

4）描深轮廓线并画剖面线，画出全部尺寸线。

5）注出公差配合及表面粗糙度符号，注写尺寸数字，填写技术要求和标题栏。

若是采用计算机绘图，则可根据草图按计算机绘图的步骤来进行。

第十章　计算机绘图

计算机绘图是利用计算机高速而精确的计算能力、大容量存储和很高的数据处理能力，并充分发挥设计者的创造能力，精确、灵活、快速地表达设计思想的一种先进技术。计算机绘图不但提高了工程图的质量，还提高了工作效率，便于图样管理和修改，增强了产品的竞争能力。AutoCAD 是由美国 Autodesk 公司开发的一种通用计算机辅助绘图与设计软件包，经过不断地完善，已经成为国际上广为流传的绘图软件。

本章以 AutoCAD 2012 版为基础，介绍计算机绘图的基本方法和技术，培养计算机绘图的基本技能。

第一节　AutoCAD 2012 版的基本操作

一、用户界面

软件安装后，双击操作系统桌面上的“AutoCAD 2012”快捷键，就可启动 AutoCAD 2012，进入用户界面。“Auto CAD 经典”主界面如图 10-1 所示，主要包括下拉菜单栏、工

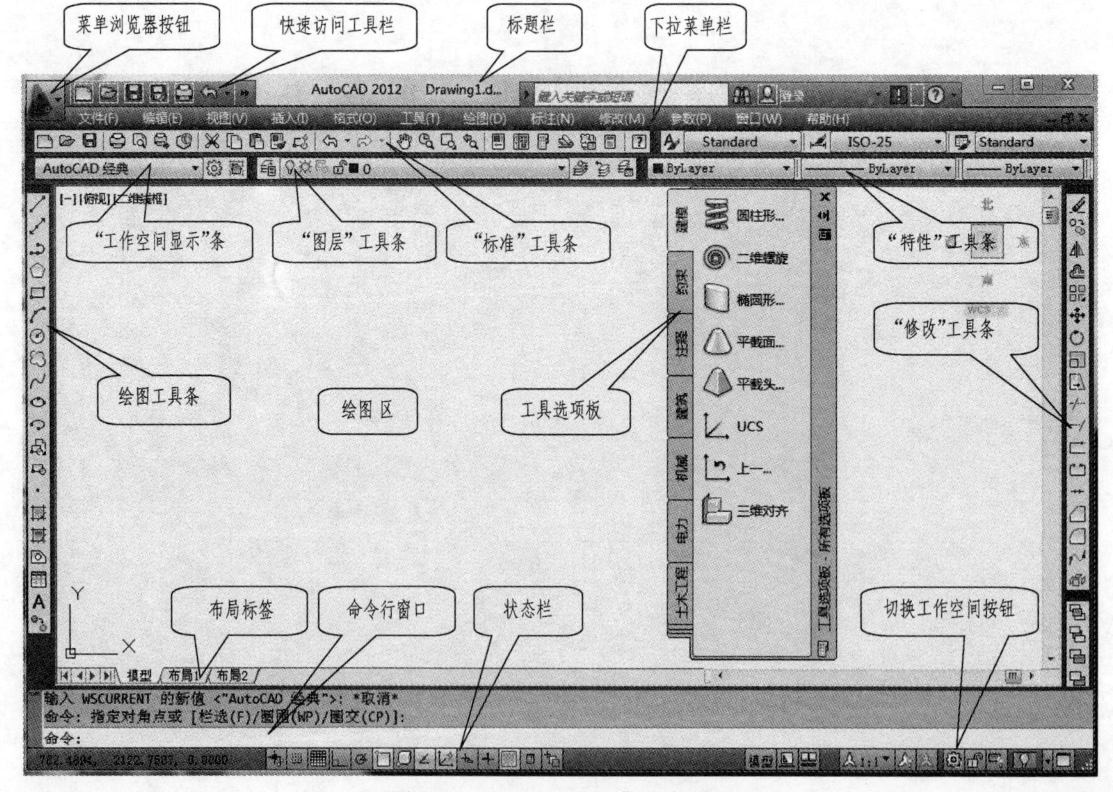

图 10-1　“AutoCAD 经典”主界面

具条、图形窗口、命令行窗口、状态栏、布局标签和滚动条等。

AutoCAD 2012 提供了【二维草图】、【三维建模】和【AutoCAD 经典】三种工作空间模式。可以根据需要或用户操作习惯，通过【切换工作空间】按钮进行选择。在不同的工作空间中，虽然主界面的形式及分布有所不同，但操作方法、命令使用及图形菜单的功能是一样的。“AutoCAD 经典”主界面继承了本软件传统版本形式，主界面简洁、清晰，更方便操作。本章主要介绍“AutoCAD 经典”为主界面操作方法。

1. 下拉菜单栏

AutoCAD 2012 的下拉菜单栏由【文件】、【编辑】、【视图】、【插入】、【格式】、【工具】、【绘图】、【标注】、【修改】、【参数】、【窗口】和【帮助】12 项组成。这些菜单几乎包含了 AutoCAD 2012 的所有命令。单击任一菜单选项，即可打开对应的下拉菜单，单击其中的某个命令即可进行相应的图形操作。

2. 工具条

工具条的作用是简单而快速地启动各种操作命令。它由若干独立的图标工具按钮组合而成，每个图标按钮都形象直观地显示出该命令的特征，将鼠标移至某个图标按钮上稍加停留，即可显示该图标的相应功能，单击鼠标左键即可启动相应的命令，这时在命令提示窗口出现该图标的功能说明和操作提示。

AutoCAD 2012 的工具条，默认情况下只在绘图区域上方和左右方显示标准工具条、图层工具条、特性工具条、样式工具条、绘图工具条和修改工具条等部分常用工具条。如需选用其他工具条，可将光标移至任一图标按钮上，单击鼠标右键，系统就会自动弹出如图 10-2 所示的工具条快捷菜单，移动光标单击鼠标左键可打开或关闭工具条。工具条若被选中则在名称前打勾，同时出现在屏幕上，可用鼠标左键按住该工具条的标题栏将其拖至合适位置。

3. 命令行窗口

命令行窗口是 AutoCAD 2012 进行人机对话和操作过程记录的重要窗口，主要用作输入操作命令以及获取命令提示或相关信息，如图 10-1 所示。命令行窗口通常保留最后三行所执行的命令或提示信息，用户可以通过窗口边框上下拖动的方式改变窗口大小，使其显示多于或少于三行的信息。用户在操作过程中要随时注意命令行窗口的提示信息。

图 10-2　工具条菜单

4. 状态栏

状态栏位于 AutoCAD 2012 主界面的底部，用来显示 AutoCAD 2012 当前的绘图状态，如图 10-3 所示。主要包括光标动态坐标显示、绘图状态切换及设置、屏幕图形观察及操作按钮。

绘图状态切换及设置按钮功能如图 10-4 所示。

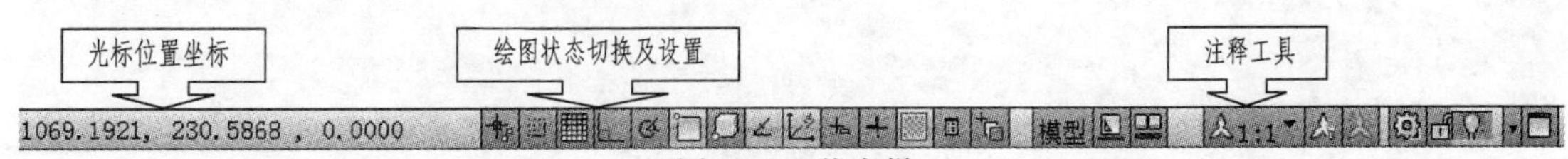

图 10-3　状态栏

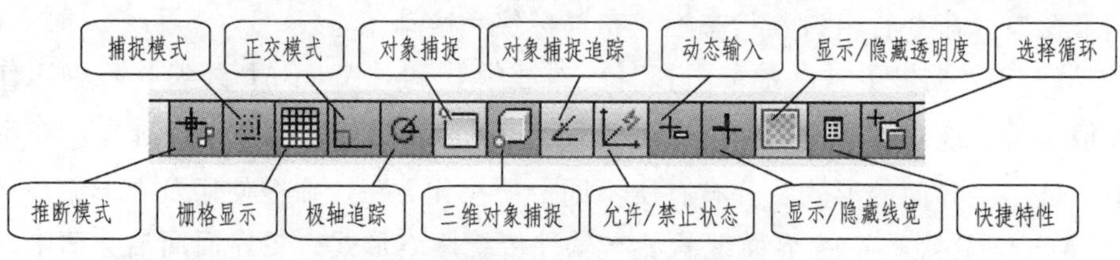

图 10-4　绘图状态切换及设置按钮功能

屏幕图形观察及操作按钮的功能如图 10-5 所示。

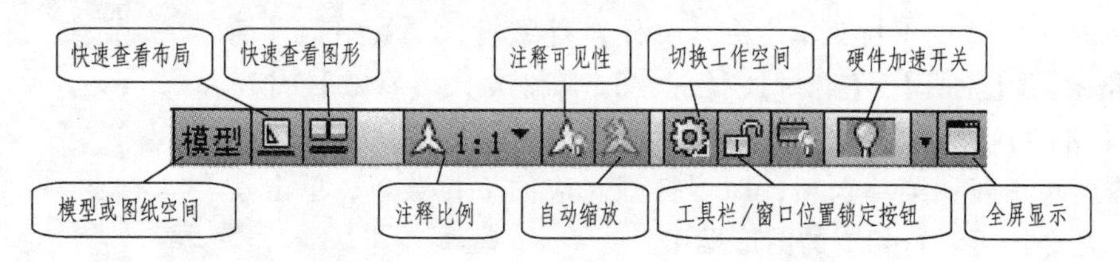

图 10-5　屏幕图形观察及操作按钮的功能

5. 绘图区

绘图区是绘图操作的区域。

二、如何获取帮助

1）选择下拉菜单【帮助】或【欢迎屏幕】，单击【帮助】或按 < F1 > 键，出现如图 10-6所示对话框。单击对话框中左边的选项，可以获取相关内容的帮助。

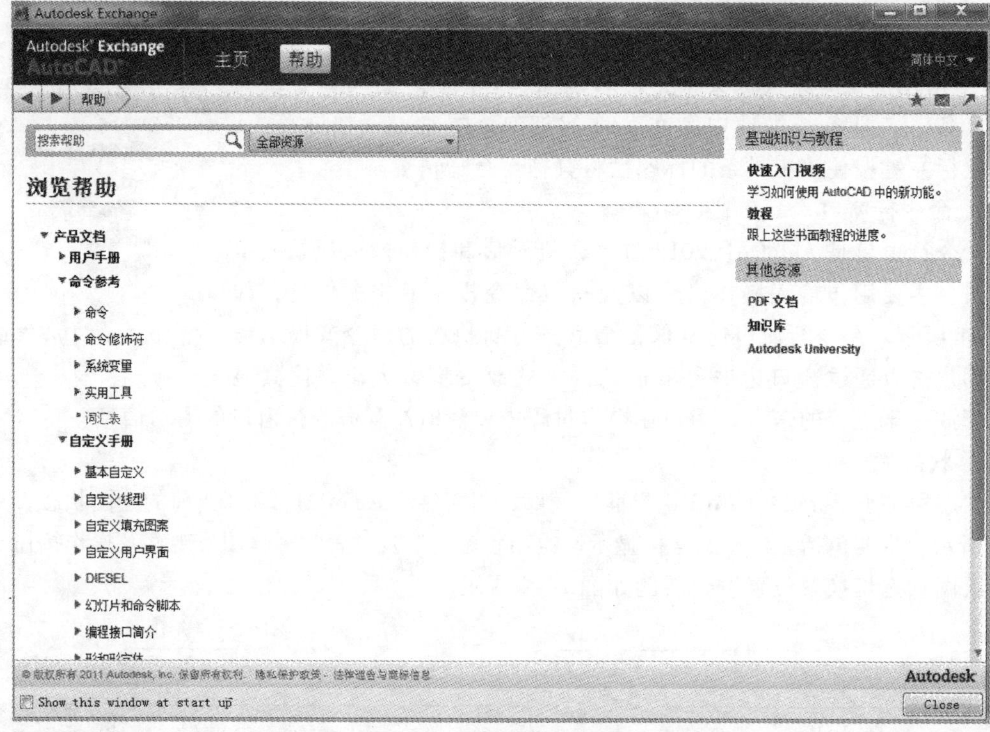

图 10-6　【帮助】对话框

2）将鼠标放在工具条按钮上，如放在【直线】按钮上，会自动显示【直线】命令的使用说明，如图 10-7 所示，这时按 < F1 > 键，立即出现关于【直线】命令的输入方法、操作方法、举例等相关详细说明，如图 10-8 所示。

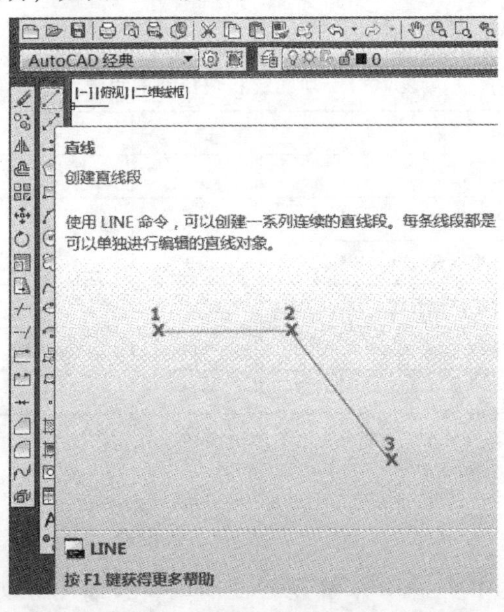

图 10-7　“直线”命令的使用说明

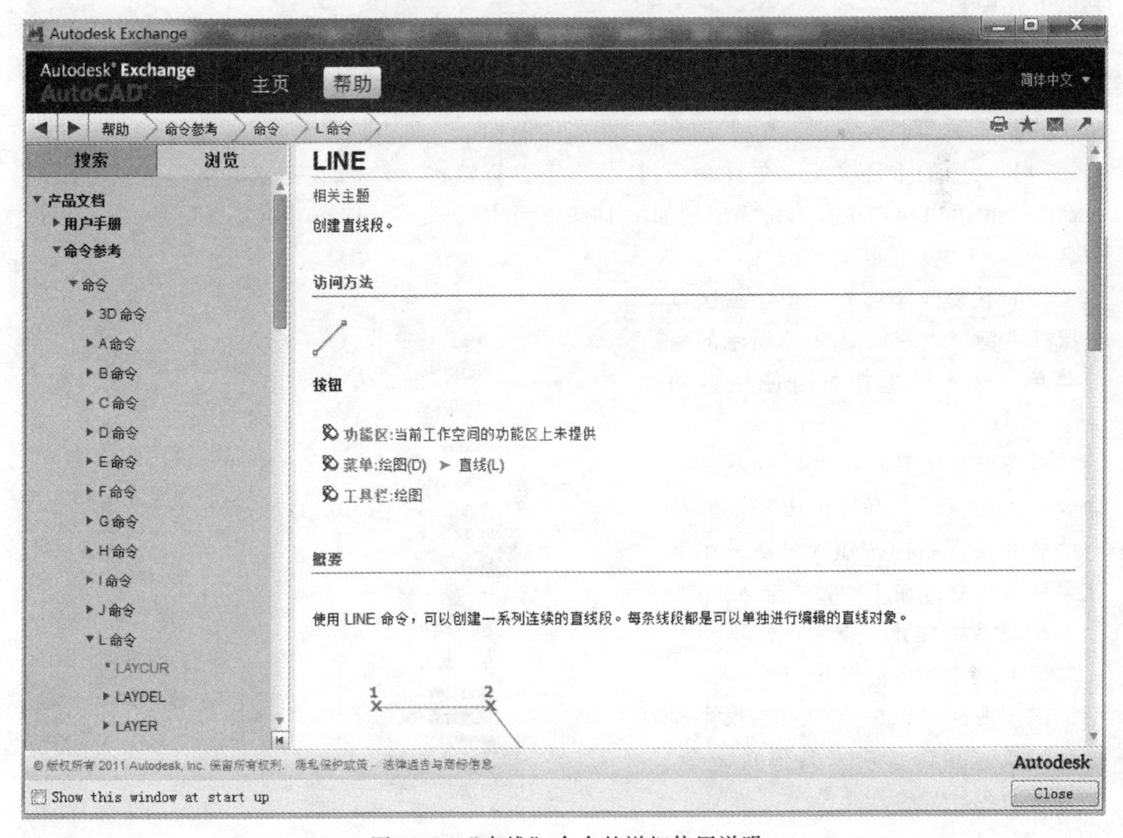

图 10-8　“直线”命令的详细使用说明

三、功能键和快捷键

掌握系统设置的功能键和快捷键的用法，可以提高计算机绘图的速度。表 10-1 所列为 AutoCAD 2012 功能键和快捷键的用法。

表 10-1　功能键和快捷键的用法

键名	功　能	键名	功　能
F1	启动帮助窗口	F7	栅格开关
F2	文本窗口	F8	鹰眼开关键
F3	对象捕捉开关	F9	捕捉模式
F4	三维对象捕捉开关	F10	极轴追踪
F5	等轴测平面开关	F11	对象捕捉追踪
F6	动态 UCS 开关	F12	动态输入开关

四、AutoCAD 命令的输入

1. 命令的输入

AutoCAD 2012 是通过执行命令来实现绘图、编辑、标注等功能的。当命令窗口出现【命令:】状态时，表明 AutoCAD 处于接受命令状态，即可输入命令。命令的输入方法主要有以下几种：

（1）键盘输入　从键盘直接输入命令名称或命令缩写，按 <Enter> 键。

（2）下拉菜单输入　移动光标到相应的下拉菜单，选择所需命令，单击鼠标左键。

（3）工具条输入　移动光标到工具条相应的图标上，单击鼠标左键。

（4）命令的重复输入　在【命令:】状态下，直接按 <Enter> 键或空格键，则重复前一命令；也可以单击鼠标右键，出现如图 10-9 所示快捷菜单，选择【重复 X】（X 为上一命令名）。

（5）快捷菜单输入　在绘图区单击鼠标右键，出现如图 10-9 所示的快捷菜单，从中可选择最近使用过的命令。

直接单击工具栏中的图标按钮是命令输入最直观、高效的方法。但是有些命令没有图标按钮，只能采用下拉菜单或命令行输入的方式输入。

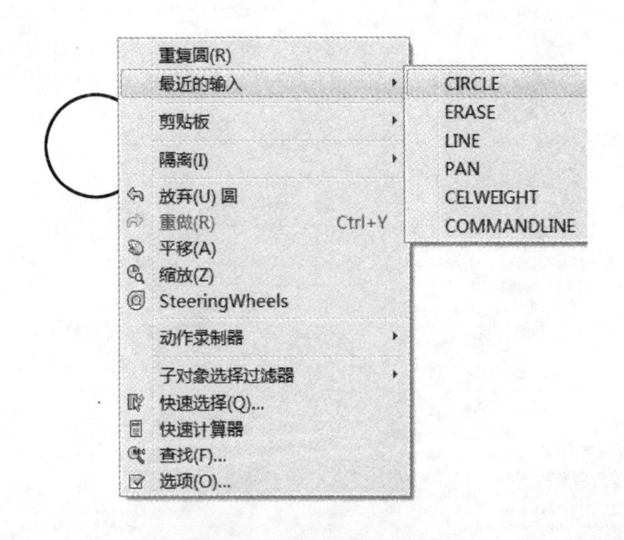

图 10-9　右键快捷菜单

2. 命令的终止、取消、恢复

（1）当前命令的终止　按 <Esc> 键，或按两次 <Enter> 键可结束当前命令，或直接选择输入其他新命令，执行新命令。

（2）上一命令的取消　在【命

令:】状态输入“U”或按快速访问工具栏上的【放弃】按钮。

（3）命令的恢复　输入“Redo”命令，可恢复上一个放弃操作的命令。

五、数据的输入方法

AutoCAD 绘图比手工绘图更精确，在执行命令时要求用户输入数据，为了保证图形的精确度，输入数据常用的方法有以下几种。

1. 点的坐标输入法

点是构成物体的最基本的几何元素，根据图形的尺寸，用坐标方式可以精确地确定点的位置。点在屏幕上的坐标有绝对坐标和相对坐标两种方式。它们在输入方法上是完全不同的，初学者必须正确地掌握它们。

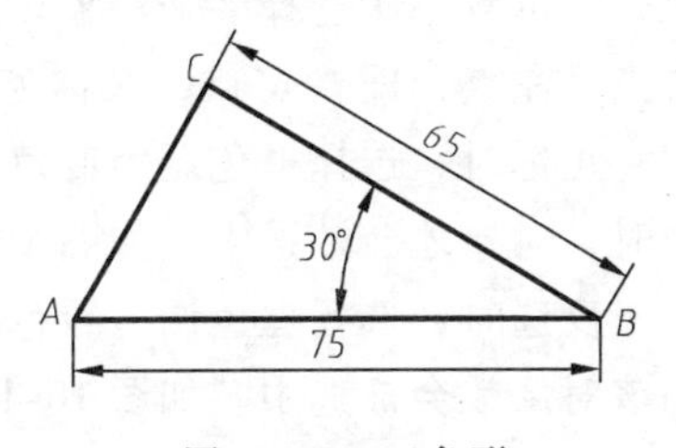

图 10-10　三角形

通过绘制图 10-10 所示三角形来说明两种坐标输入方式的用法。操作步骤如下：

1）输入命令：“Line”。

2）按命令提示输入点的坐标：

指定第一点：15，15　　　　（输入 *A* 点的绝对坐标）

指定下一点或［放弃（U）］：@75，0　　　　（输入 *B* 点的相对坐标）

指定下一点或［放弃（U）］：@65 <150　　　　（输入 *C* 点的相对极坐标）

指定下一点或［闭合（C）/放弃（U）］：15，15　　　　（输入 *A* 点的绝对坐标）

3）按 <Enter> 键，或在最后一点输入“C”（闭合），结束命令，完成三角形作图。

2. 方向距离输入法

确定第一点的位置后，单击【正交】按钮开启“正交”状态或单击【极轴追踪】按钮开启“极轴追踪”状态，移动光标拖出追踪线指明方向，但不要单击鼠标，然后在命令行或动态实时参数框内直接输入距离值，这种方法有利于准确控制对象的长度等参数，操作简便快捷。

3. 对象捕捉目标点输入法

在 AutoCAD 绘图过程中经常会用到对象捕捉的方式来确定特殊点。通过鼠标左键单击【对象捕捉】按钮，可在屏幕上捕捉已有图形中所需特殊点，如端点、中点、圆点、切点、交点、垂足、插入点、圆心、象限点等，特殊点可通过用鼠标右键单击【对象捕捉】按钮进行设置。

4. 动态输入法

用鼠标左键单击状态栏中的【动态输入】按钮，开启“动态输入”功能，用户可以在屏幕上动态地输入所需参数，方便直观。可用 <Tab> 键切换距离与角度的输入，即输入距离后，不用按 <Enter> 键，按 <Tab> 键输入角度后再按 <Enter> 键。

六、操作对象的选择

在绘图过程中，尤其是在执行修改命令时都会出现“选择对象”的操作。选择对象主要有三种方式：

1. 点选（单个选择）

点选是指将光标移到对象内的线条或实体上单击左键，该实体会直接处于被选中状态，被选中的对象显示为虚线，如图 10-11 所示。

2. 框选

框选是指在绘图区给定矩形两个对角点形成选择框选择对象。框选不仅可以选择单个对象，还可以一次选择多个对象。框选可分为正选（先左点后右点，即 W 窗口）和反选（先右点后左点，即 C 窗口，又称为交叉窗口）两种形式。

正选时，选择框色调为蓝色、框线为实线。在正选时，只有对象上的所有点都在选择框内时，对象才会被选中。如图 10-12 所示。

反选时，选择框色调为绿色、框线为虚线。在反选时，只要对象上有一点在选择框内，则该对象就会被选中。如图 10-13 所示。

3. 全选

全选可以将绘图区能够选中的对象一次全部拾取。全选用快捷键 <Ctrl> + <A>。

4. 取消选择

使用常规命令结束操作后，被选择的对象也会自动取消选择状态。如果想手工取消当前的全部选择，按 <ESC> 键。

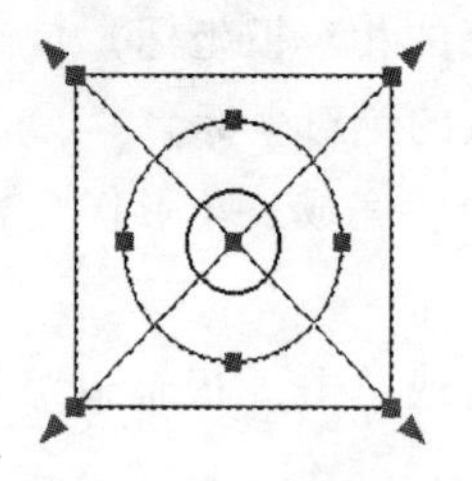

图 10-11　选择对象加亮

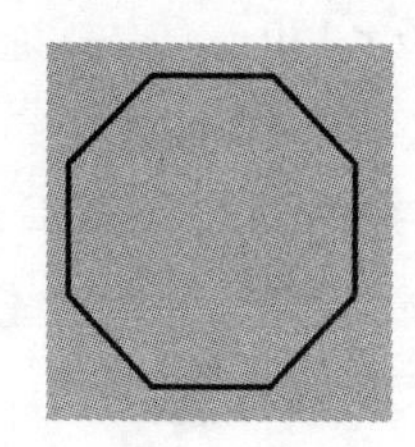

图 10-12　正选选择框

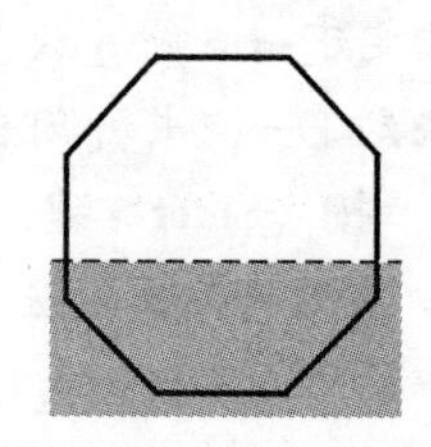

图 10-13　反选选择框

七、显示控制命令

在绘制和编辑时，为了查看图形的细节，需要经常平移或缩放当前视图窗口。AutoCAD 提供了一系列命令可以方便地控制视图，主要包括视图的平移、缩放、重画等命令。

视图显示命令与绘图、编辑命令不同，它们只改变图形在屏幕上的显示情况，而不能使图形产生实质性的变化。

视图显示命令可以通过用鼠标左键单击下拉菜单【视图】输入，或单击标准工具条上的按钮，这四个图标分别表示实时平移、实时缩放、窗口缩放和缩放上一个；也可以使用鼠标滚轮进行视图的缩放。

八、文件管理

文件管理包括【新建】、【打开】、【保存】图形文件，以及如何【转换】、【打印】图形等操作，并正常【退出】软件的过程。

文件管理各项命令主要通过【文件】下拉菜单或者标准工具条来实现。表 10-2 列出了

AutoCAD 中常用文件管理命令和功能。

表 10-2　常用文件管理命令和功能

命　令	菜　单	工具条按钮	功　能	说　明
New	【文件】→【新建】		创建新的图形文件	启动命令后，弹出【新建】对话框，可从中选取各种图形模板文件
Open	【文件】→【打开】		调用已有的文件	出现【选择文件】对话框
Save	【文件】→【保存】		保存文件到硬盘	第一次存盘会出现【图形另存为】对话框
Saveas	【文件】→【另存为】		将当前绘制的图形另取一个文件名存到硬盘	出现【图形另存为】对话框
Plot	【文件】→【打印】		由输出设备输出图形	启动命令后，弹出【打印】对话框，可对输出设备、纸张大小、图形方向等内容进行设置
Quit 或 Exit	【文件】→【退出】		退出 AutoCAD	

第二节　AutoCAD 绘图的常用命令

AutoCAD 为用户绘制图形提供了多种绘图和修改命令，通过这些命令可以绘制各种各样复杂的工程图。

一、绘图初始环境的设置

国家标准对工程图样的图幅及格式、图线、文字、尺寸等都作了具体的规定。这些规定都需通过对绘图环境进行设置来实现。

1. 设置绘图单位和绘图区域

(1) 设置绘图单位

功能：确定绘图时的长度单位、角度单位和精度及坐标方向等。

调用命令：

1) 输入命令："Units"。

2) 下拉菜单：【格式】→【单位 (U)】，出现如图 10-14 所示对话框，设置绘图单位为毫米、长度类型等。注意：【顺时针】复选框被选中时，表示角度的测量方向为顺时针，通常采用逆时针方向。【方向控制】对话框如图 10-15 所示，默认为正东方向为 0°方向。

(2) 设置绘图界限

功能：设置绘图区域，确定图纸大小。

调用命令：

1) 输入命令："Limits"。

2) 下拉菜单：【格式】→【图形界限 (I)】，出现如下命令提示：

指定左下角点或[开(ON)/关(OFF)]<0.0000,0.0000> ↙㊀(默认左下角点在原点，也可重新设置)

㊀ 符号"↙"代表按<Enter>键一次。

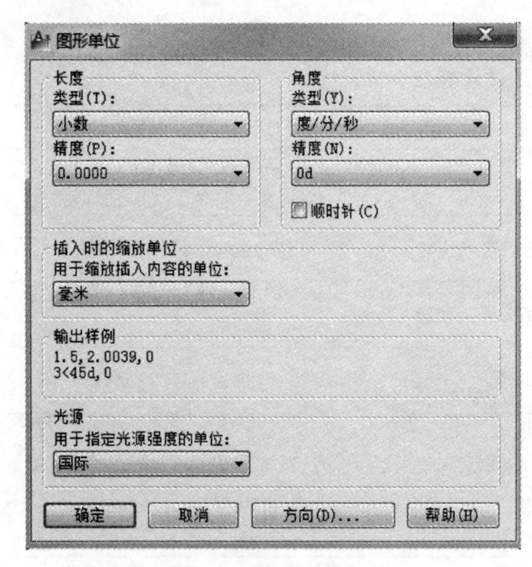

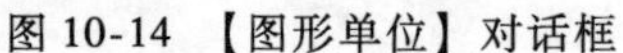
图 10-14 【图形单位】对话框

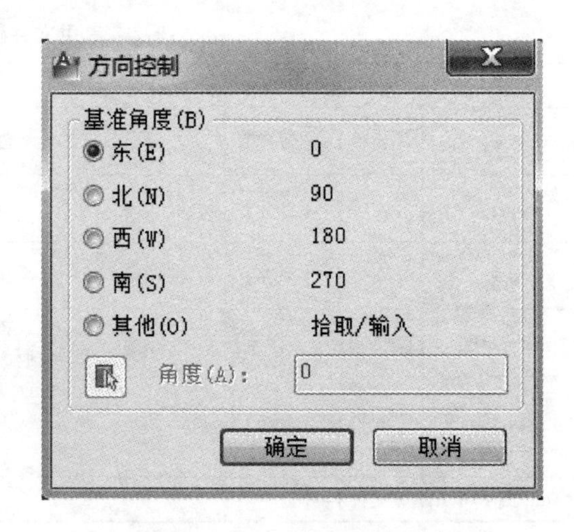

图 10-15 【方向控制】对话框

指定右下角点<420.0000,297.0000>↙　　（设置所需要的图纸幅面）

命令提示中的【开】选项表示打开图形界限，在图形界限外不能画图，【关】选项则表示关闭图形界限，在图形界限外可以画图。

2. 设置图层

（1）图层的概念　图层是 AutoCAD 图形对象的基本属性之一。它是开展结构化设计不可缺少的软件环境。一幅工程图样，包含各种各样的信息，有确定对象形状的几何信息，也有表示线型、线宽、颜色等属性的非几何信息，还有各种尺寸和符号。图层就是用来管理和控制工程图样这些信息的工具。

图层可以看成是一层没有厚度的透明的纸，同一种作用的图线绘制在同一图层上，同一图层中图线具有相同的线型、线宽、颜色及图层状态，有多少种作用的图线就要相应地建立多少个图层。一张图样就是由许多张这样透明的纸叠加在一起组成的。每一图层都可由控制开关单独控制其显示、打印和修改。

（2）图层的创建

调用命令：

1）输入命令：“Layer”。

2）下拉菜单：【格式】→【图层（L）】，启动命令后出现如图 10-16 所示的【图层特性管理器】对话框。

新建图层：单击【新建图层】按钮，如图 10-16 所示。

◆先输入图层名称，如“粗实线”。

◆设置图层状态。将图层状态【打开】、【冻结】、【锁定】设置为【开】、【解冻】、【解锁】的状态，根据需要也可设置为【关闭】、【冻结】、【锁定】的状态，其方法是将鼠标放在相应项目上单击鼠标左键，即可实现开和关的转换。

◆设置图层颜色：将鼠标放在【颜色】项目上单击左键，出现如图 10-17 所示的【选择颜色】对话框，选择所需的颜色。

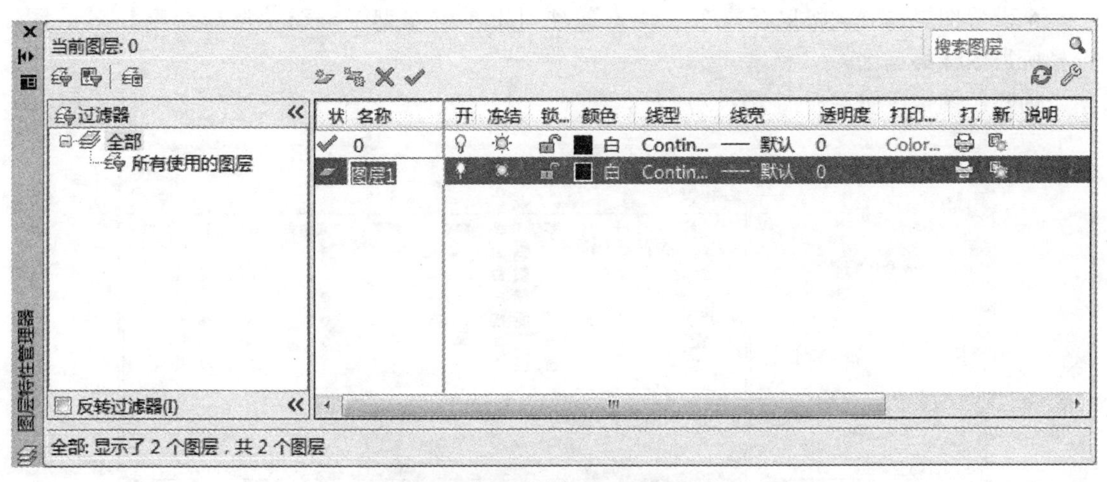

图 10-16 【图层特性管理器】对话框

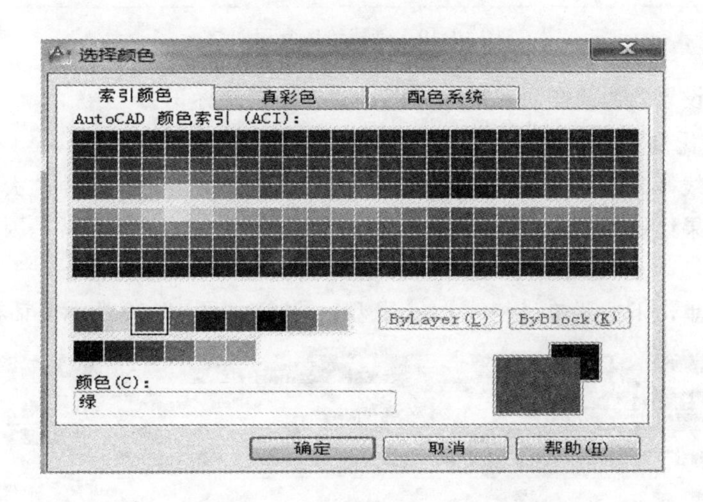

图 10-17 【选择颜色】对话框

◆设置图层线型：将鼠标放在“线型”项目上单击左键，出现如图 10-18 所示的【选择线型】对话框。初始状态下，线型只有“Continuous”一种，当需要其他线型时，用左键单击【加载（L)】按钮，添加新线型或重载线型。

选择线型

已加载的线型

线型	外观	说明
CENTER		Center
Continuous		Solid line
DASHED		Dashed

确定　取消　加载(L)...　帮助(H)

图 10-18 【选择线型】对话框

◆设置图层线宽：将鼠标放在“线宽”项目上单击左键，出现【选择线宽】对话框，选择所需图线的宽度。

创建绘图常用图层如图 10-19 所示。

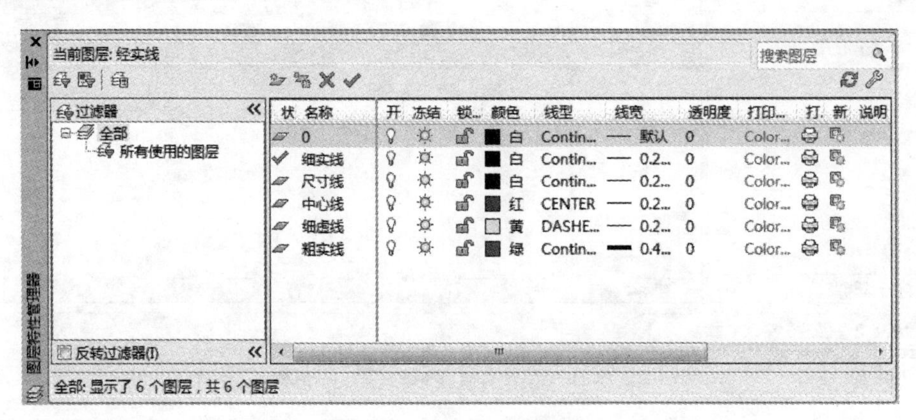

图 10-19 创建绘图常用图层

只有将图层设置为当前图层才能绘制图形，当前图层标识为“✔”。

3. 设置线型比例

中心线、虚线等非连续线段是由线段、间隙等构成的，线段、间隙的大小就是由线型比例来控制的。如果绘制的是点画线、虚线，而显示出来的是连续线，就是因为线型比例设置不合理。

用鼠标左键单击下拉菜单【格式】→【线型】，出现如图 10-20 所示对话框。

线型管理器
线型过滤器
显示所有线型
反转过滤器(I)
加载(L)... 删除
当前(C) 隐藏细节(D)
当前线型: ByLayer
线型 外观 说明
ByLayer
ByBlock
CENTER Center
Continuous Continuous
DASHED Dashed
详细信息
名称(N):
说明(E):
缩放时使用图纸空间单位(U)
全局比例因子(G): 1.0000
当前对象缩放比例(O): 1.0000
ISO 笔宽(P): 1.0 毫米
确定 取消 帮助(H)

图 10-20 “线型管理器”对话框

在对话框中，可以改变“全局比例因子”，它控制图样中所有非连续线段的外观。“当前对象缩放比例”重新设置后，其后所画非连续线的外观都会受到影响。

二、绘图命令

工程图样都是由一些基本图形元素，如点、直线、圆弧、圆、椭圆、矩形、多边形等组成的。AutoCAD 提供了大量的绘图命令，帮助用户完成图样的绘制。熟练掌握其绘制方法和技巧，可方便、快捷地绘制各种图形和图样。

绘图命令主要由【绘图】下拉菜单或【绘图】工具条输入，【绘图】工具条如图 10-21 所示。下面介绍几个常用绘图命令的使用方法。

图 10-21　【绘图】工具条

1. 直线

调用命令：

1）输入命令："Line"。

2）下拉菜单：【绘图】→【直线】。

3）单击按钮：。

命令提示如下（以绘制图 10-22 所示 A4 图纸最外框为例说明其操作步骤）：

指定第一点：输入0，0　（给定第一点 *A*）

指定下一点或［放弃（U）］：输入297，0 或输入@ 297，0 或输入@ 297 <0 或输入长度297（光标垂直向右）（给定第二点 *B*）

指定下一点或［放弃（U）］：输入297，210 或输入@0，210 或输入@ 210 <90 或输入长度210（光标垂直向上）（给定第三点 *C*）

指定下一点或［闭合（C）/放弃（U）］：输入0，210 或输入@ －297，0 CS或输入@ 297 <180 或输入长度297（光标垂直向左）（给定第四点 *D*）

指定下一点或［闭合（C）/放弃（U）］：输入0，0 或输入@0，－210 或输入@ 210 < －90或输入长度210（光标垂直向下）或输入C（闭合）（给定 *A* 点）

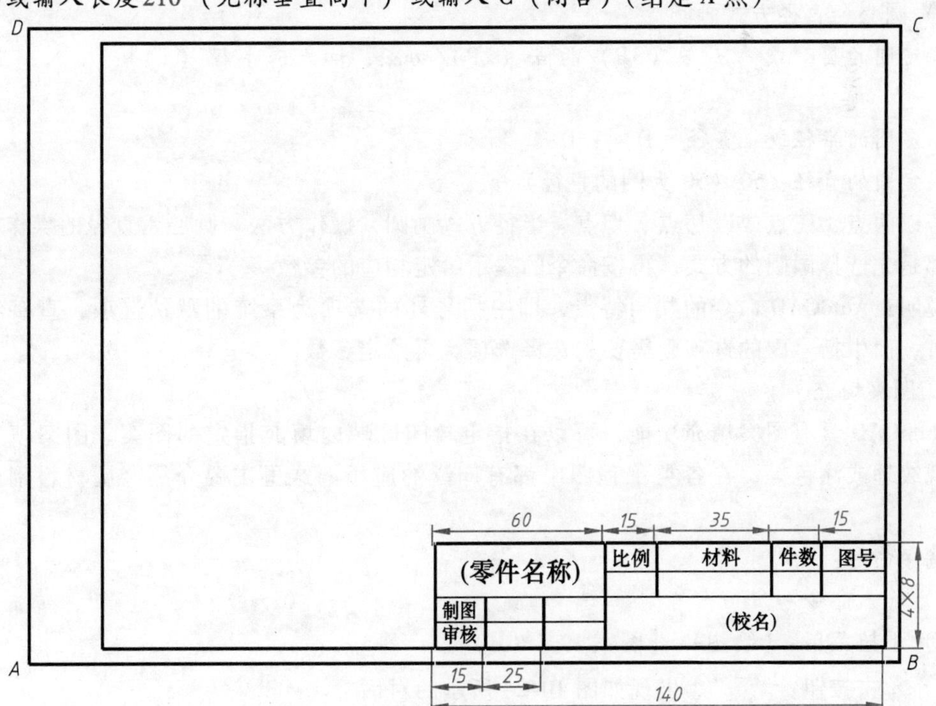

图 10-22　用"直线"命令绘制的 A4 图纸

2. 圆

调用命令：

1）输入命令：“Circle”。

2）下拉菜单：【绘图】→【圆】。

3）单击按钮：◎。

命令提示如下：

指定圆的圆心或［三点(3P)/两点(2P)/切点、切点、半径(T)］：(指定点或输入选项)

输入选项说明：如果直接输入点，表示给定的是圆心点；如果要选择中括号内的方式画圆，则要选定方式再输入数据。以图 10-23 为例说明其操作步骤。

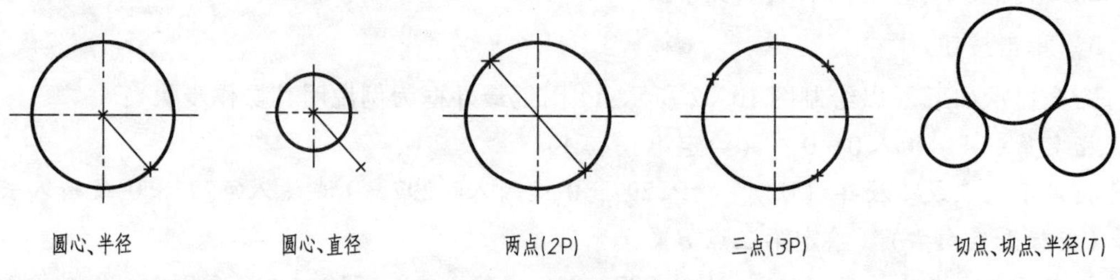

图 10-23　绘制圆的方法

1）圆心、半径方式画圆。

指定圆的圆心或［三点（3P)/两点（2P)/切点、切点、半径（T)］：输入一点（圆心点）

指定圆的半径或［直径（D)］：25　（25 为圆的半径）

2）圆心、直径方式画圆。

指定圆的圆心或［三点（3P)/两点（2P)/切点、切点、半径（T)］：输入一点（圆心点）

指定圆的半径或［直径（D)］：D

指定圆的直径：50（50 为圆的直径）

若以两点、三点或以切点、切点、半径方式画圆，操作方法与圆心、直径的操作方法一样，都是先选择画圆的方式，再按命令的提示给定相应的参数。

说明：AutoCAD 命令的共同特点，即中括号外的选项为系统的默认选项，直接给定参数即可，而中括号内的选项则需要先选择选项，再给定参数。

3. 图案填充

AutoCAD 具有图案填充功能，可以在指定封闭区域内填充指定的图案。图案填充还可以表现纹理或涂色等，在各类工程图中都有广泛的应用。这里主要介绍金属材料剖面线的画法。

调用命令：

1）输入命令：“Hatch”。

2）下拉菜单：【绘图】→【图案填充（H)】。

3）单击按钮：“▦”。出现如图 10-24 所示的对话框。

在执行图案填充命令时，应注意如下几点：

1）图案类型有三种形式，选择【预定义】，金属材料的填充图案选择【ANSI31】；

2）【颜色】：设置为【ByLayer】。

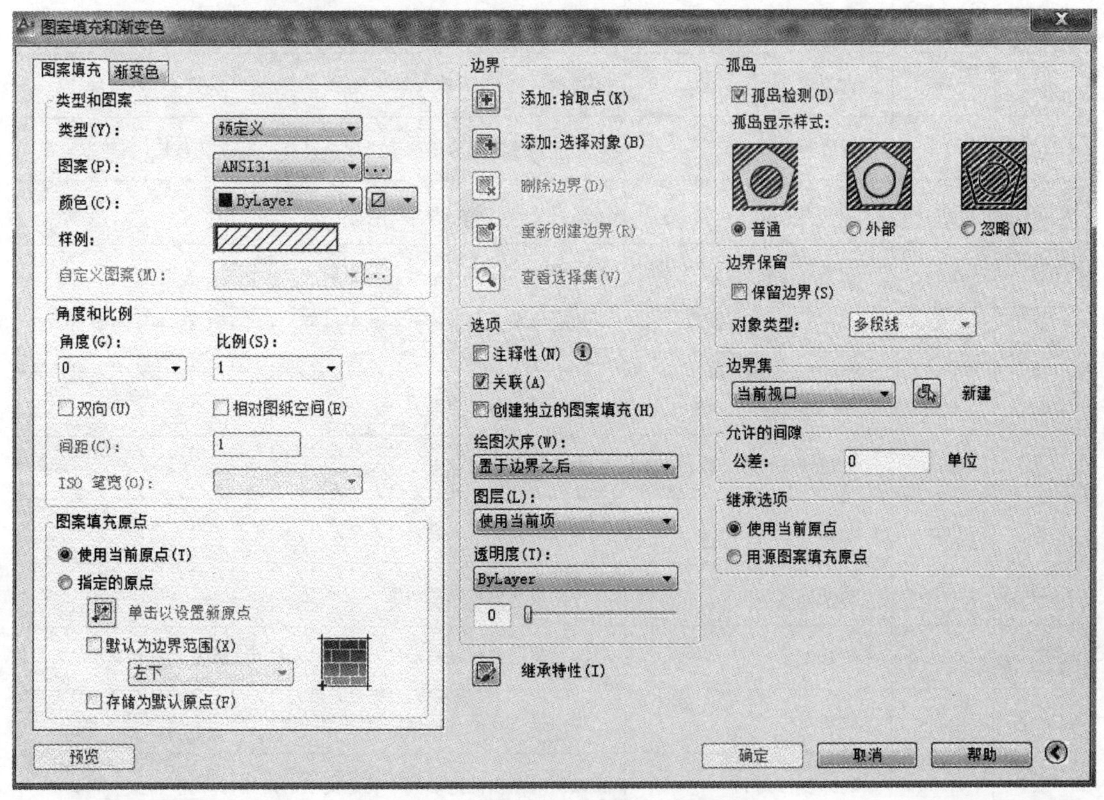

图 10-24　“图案填充和渐变色”对话框

3）【角度】：控制剖面线的方向。

4）【比例】：控制剖面线之间的间距。

5）【边界】：选择绘制剖面线的边界时，最好选择【拾取点（K）】方式。

6）【孤岛检测】：控制图案填充的方式，也就是控制图案填充的区域。

7）最重要的一点，是填充图案的边界必须是封闭的。如果边界是封闭的，但是不能填充图案，则可通过执行命令【Fill】→选择【ON】。

其他绘图命令，其操作方法与上述命令有相似之处，现将这些命令的功能列在表 10-3 中供参考。

表 10-3　其他绘图命令及其功能

按钮	命令	功　　能	操作说明
	Xline	画构造和参考线	H:水平线,V:垂直线,A:角度线,B:角等分线,O:等距线
	Pline	画由直线段和圆弧段组成二维多段线	先给定起点,W:设置线宽(缺省为0),A:画圆弧(缺省为直线)
	Polygon	画正多边形	给边数→中心点→I(外接)/C(内切)→圆半径;也可按边长绘制

（续）

按钮	命令	功　能	操作说明
	Rectang	画矩形	第一角点→另一对角点。可画带倒角或带圆角的矩形
	Arc	画圆弧	可输入三点，或输入圆心、起点及终点。CE：圆心，A：角度
	Reveloud	画云彩边线	起点→按需要轨迹移动光标→终点。A：改变弧长，O：选取对象
	Spline	画样条曲线	起点→控制点→终点
	Ellipse	画椭圆或椭圆弧	轴端点→轴的另一端点→另一条半轴长度。A：圆弧
	Ellipse	画椭圆弧	弧的轴端点→轴的另一端点→另一条半轴长度→弧起始角→弧终止角
	Insert	插入块	弹出插入块对话框
	Block	创建块	弹出创建块对话框
	Point	画点	在需要的位置上画点
	Gradient	渐变色填充	弹出渐变色填充对话框
	Region	创建面域	将封闭区域转换为面域，便于进行布尔运算及三维建模
	Table	创建表格	弹出插入表格对话框
	Mtext	输入多行文字	以两对角点的矩形大小确定文字的区域，弹出多行文字编辑器

三、图形修改命令

在计算机绘图中，熟练掌握和应用图形修改命令是提高绘图效率的重要手段。AutoCAD通过修改命令，可以修改对象的大小、形状和位置。修改命令主要包括【删除】、【复制】、【镜像】、【偏移】、【阵列】、【移动】、【旋转】、【缩放】、【修剪】、【延伸】、【打断】、【合并】、【倒角】、【圆角】和【分解】等命令，如图10-25所示。

图10-25 【修改】工具条

在执行修改命令时，系统都会出现【选择对象】的提示，选择对象的方法已在本章第一节中介绍。下面以【镜像】、【阵列】命令为例，介绍修改命令的操作方法。

1. 镜像（图10-26）

调用命令：

1）输入命令：“Mirror”。

2）下拉菜单：【修改】→【镜像】。

3）单击按钮：。

选择要镜像的对象：　　选择对象（框选图 10-26a 所示图形）

选择要镜像的对象：　　按 <Enter> 键（结束对象选择）

指定镜像线的第一点：　　指定镜像线即对称线第一点

指定镜像线的第二点：　　指定镜像线即对称线第二点

要删除原对象吗？［是（Y）/否（N）］<N>：（按 <Enter> 键保留原对象，如图 10-26b所示，或输入 y，删除原对象，如图 10-26c 所示）

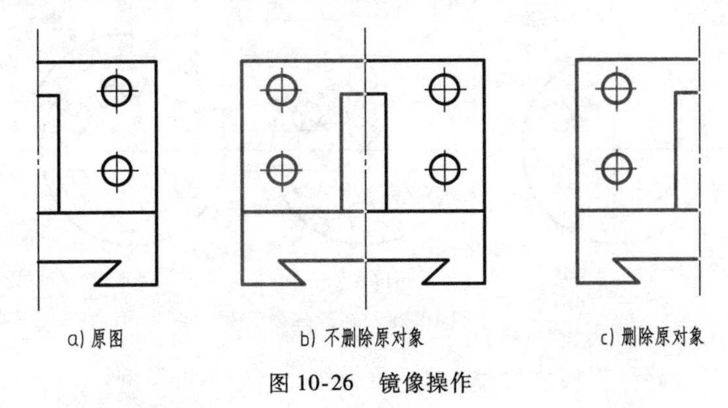

a）原图　　b）不删除原对象　　c）删除原对象

图 10-26　镜像操作

2. 阵列

通过一次操作可同时生成若干个相同的图形，以提高作图效率。

阵列的方式有矩形阵列、环形阵列和路径阵列三种。

（1）矩形阵列（图 10-27）

调用命令：

1）输入命令："Arrayrect"。

2）下拉菜单：【修改】→【阵列】→【矩形阵列】。

3）单击按钮：。

选择对象：　（选择图 10-27a 所示图形）

指定项目数的对角点或［基点(B)/角度(A)/计数(C)］<计数>：（如果要有角度阵列，则选择 A，再输入角度值）

输入行数或［表达式(E)］<4>:2

输入列数或［表达式(E)］<4>:3

指定对角点以间隔项目或［间距(S)］<间距>:按 <Enter> 键

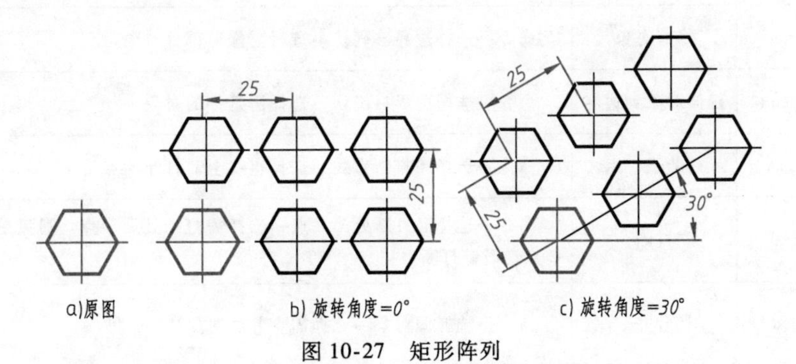

a)原图　　b) 旋转角度=0°　　c) 旋转角度=30°

图 10-27　矩形阵列

指定行之间的间距或[表达式(E)]:25

指定列之间的间距或[表达式(E)]:25

按 Enter 键接受或[关联(AS)/基点(B)/行数(R)/列数(C)/层级(L)/退出(X)] <退出>:按 <Enter> 键

(2) 环形阵列　调用命令:【修改】→【阵列】→【环形阵列】，可根据系统提示完成如图 10-28 所示图形。

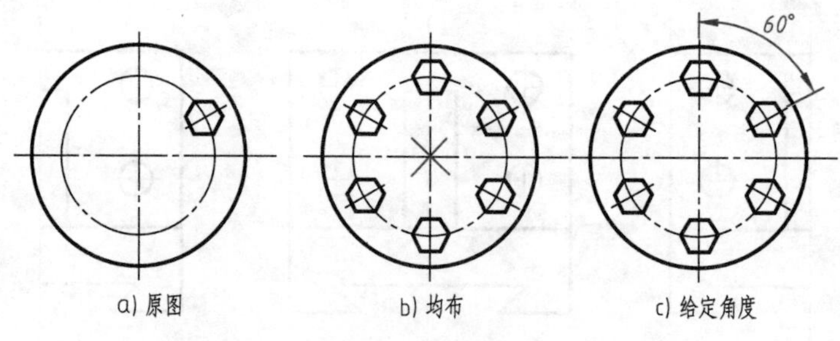

a) 原图　　b) 均布　　c) 给定角度

图 10-28　环形阵列

(3) 路径阵列　路径阵列请读者自己学习操作，此处不再举例。

其他修改命令，其操作方法与上述命令有相似之处，现将这些命令的功能列在表 10-4 中供参考。

表 10-4　其他修改命令及其功能

按钮	命令	功　能	操 作 说 明
	Erase	删除对象	命令→选择对象→确认,或先选择对象→命令
	Copy	复制对象	命令→选择对象→确认→输入基点→移动到需要的位置
	Offset	偏移对象	命令→输入偏移量→选择对象→在对象内/外单出鼠标左键
	Move	移动对象	命令→选择对象→确认→输入基点→移动到需要的位置
	Rotate	旋转对象	命令→选择对象→确认→输入旋转中心→输入旋转角度
	Scale	比例缩放	命令→选择对象→确认→输入基准点→输入缩放比例
	Stretch	拉伸对象	命令→框选拉伸部分→确认→输入基准点→拉到所需位置
	Trim	修剪对象	命令→选择边界→确认→选择需修剪部分对象
	Extend	延伸对象到边界	命令→选择边界→确认→选择需延伸的对象
	Break	打断于一点	命令→选择需打断直线→选择直线上需打断的点
	Break	打断	命令→选择需打断处第 1 点→选择需打断处第 2 点。圆弧是从第 1 点到第 2 点逆时针打断
	Jion	合并	命令→选择源对象→选择需合并的对象

（续）

按钮	命令	功　能	操 作 说 明
	Chamfer	倒角	命令→D→输入参数→选择需倒角的第 1 边→选择需倒角的第 2 边
	Fillet	倒圆	命令→R→输入参数→选择需倒圆的第 1 边→选择需倒圆的第 2 边
	Blend	光顺曲线	命令→选择第一个对象→选择第二个对象
	Explode	分解	命令→选择对象→确认

第三节　AutoCAD 标注

标注是图样中必不可少的内容，通过标注来表达图形对象的尺寸大小和各种注释信息。AutoCAD 标注主要包括文字标注、尺寸标注、表面粗糙度等技术要求的标注。在进行标注之前，首先要建立标注样式或建立图块以方便操作。

一、文字标注

1. 新建文字样式

调用命令：

1）输入命令："Style"。

2）下拉菜单：【格式】→【文字样式】。

3）单击按钮：。出现如图 10-29 所示对话框。

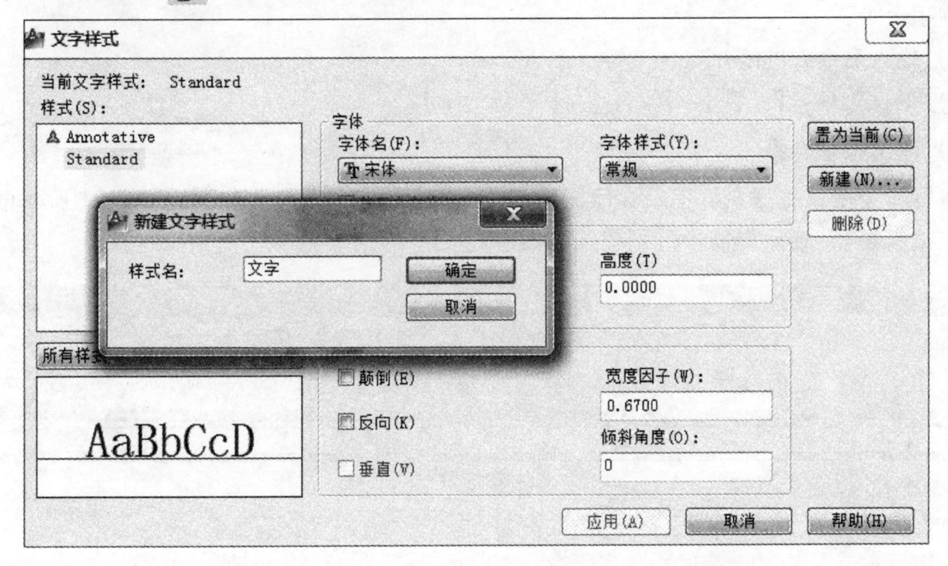

图 10-29　在【文字样式】对话框中设置文字样式

在图样标注中，常需建立文字和尺寸两种样式，在图 10-29 对话框中，单击【新建】按钮，文字样式名为【文字】→【确定】，如图 10-29 所示。在【字体名（F）】下拉列表中选择【宋体】，将【宽度因子（W）】文本框设为0.67，单击【应用】按钮，完成文字样式的建立。

同样的方法，建立尺寸样式，各参数设置如图 10-30 所示。

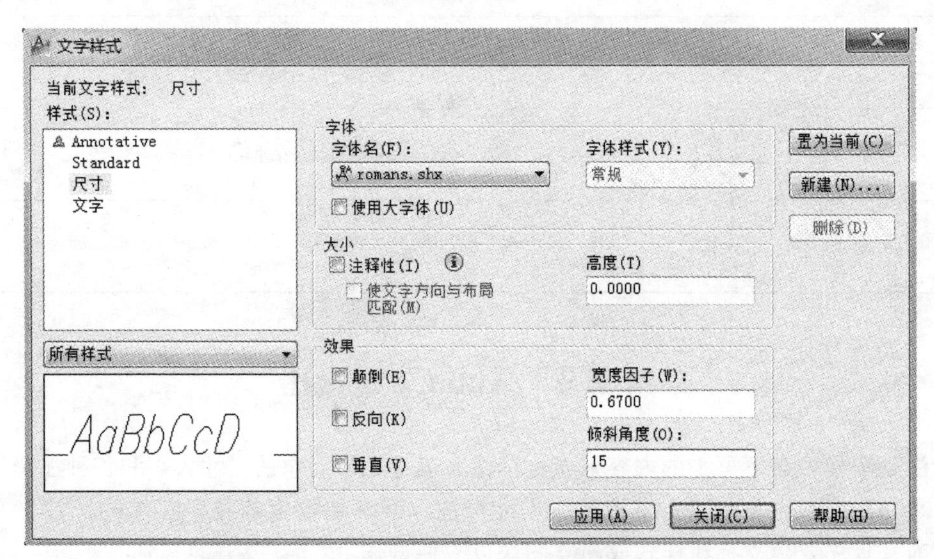

图 10-30　在【文字样式】对话框中设置尺寸样式

注意：在文字样式的建立中，文字高度应为“0”，这样在图形中才能够根据需要而使用不同的字体高度，否则图中所有字体的高度都是一样的。建好文字样式后，将 A4 图纸存盘，如 A4. dwg，文字样式就保存在 A4 文件中。

2. 文字的输入

AutoCAD 提供了单行文字和多行文字命令两种文字输入方式，通常情况使用多行文字命令输入。

调用命令：

1）输入命令：“Mtext”。

2）下拉菜单：【绘图】→【文字】→【多行文字】。

3）单击按钮：**A**。

执行命令后，根据系统提示在绘图窗口指定矩形对角点后，出现如图 10-31 所示的【多行文字编辑器】，在编辑器中可创建或修改多行文字对象。

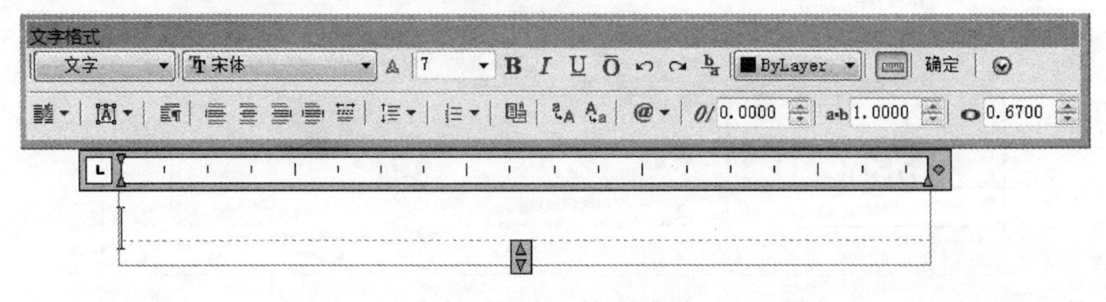

图 10-31　多行文字编辑器

3. 文本编辑

调用命令：

1）输入命令："Ddedit"。

2）下拉菜单：【修改】→【对象】→【文字】→【编辑】。

3）单击按钮：A；

4）快捷菜单：选择文字对象，在绘图区域中单击鼠标右键→【文字编辑】。

5）双击需要编辑的文本。

6）使用【特性】选项面板。

二、尺寸标注

尺寸标注的形式很多，如图 10-32 所示。在尺寸标注前，应先建立符合国家标准规定的尺寸标注样式（仍在 A4. dwg 图纸中操作）。

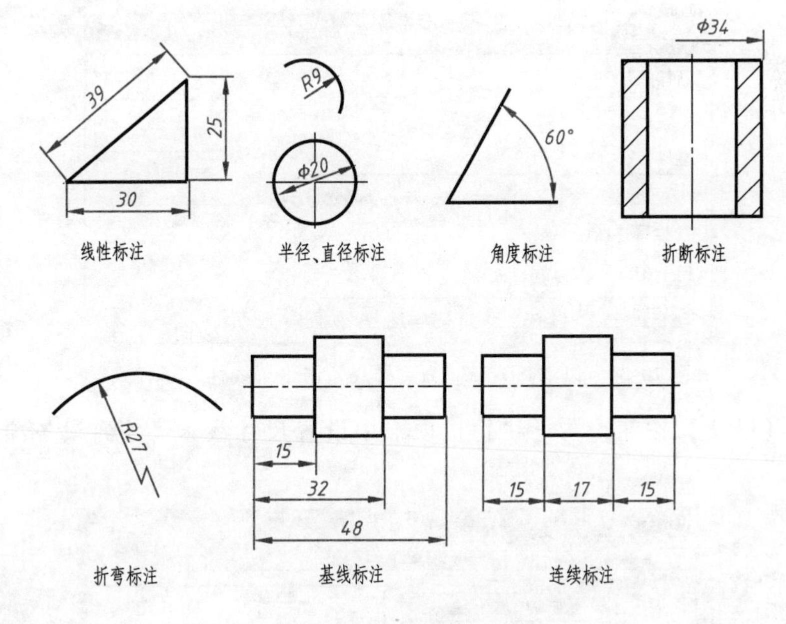

图 10-32　尺寸标注示例

1. 建立尺寸标注样式

调用命令：

1）输入命令："Dimstyle"。

2）下拉菜单：【格式】→【标注样式】。

3）单击按钮：

执行命令后，出现如图 10-33 所示的【标注样式管理器】对话框。

以 ISO-35 为父样式，建立【线性】、【角度】、【直径】和【半径】等子样式，具体操作步骤如下：

1）在【样式标注管理器】对话框中，单击【新建】按钮，出现如图 10-34 所示【创建新标注样式】对话框，在【用于】下拉列表中选择【线性标注】。

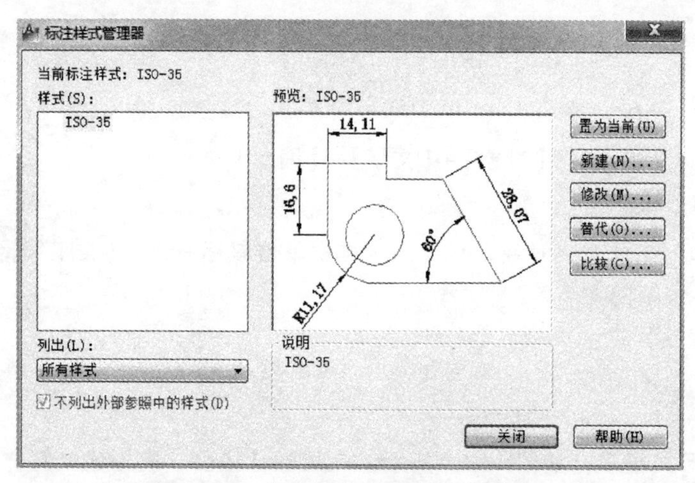

图 10-33　【标注样式管理器】对话框

创建新标注样式

新样式名(N)：

副本 ISO-35

基础样式(S)：

ISO-35

注释性(A)

用于(U)：

线性标注

继续　取消　帮助(H)

图 10-34　以“ISO-35”为父样式，创建“线性”子样式

2）单击【继续】按钮，在【线】选项卡中设置尺寸线、尺寸界线各项参数，如图10-35所示。

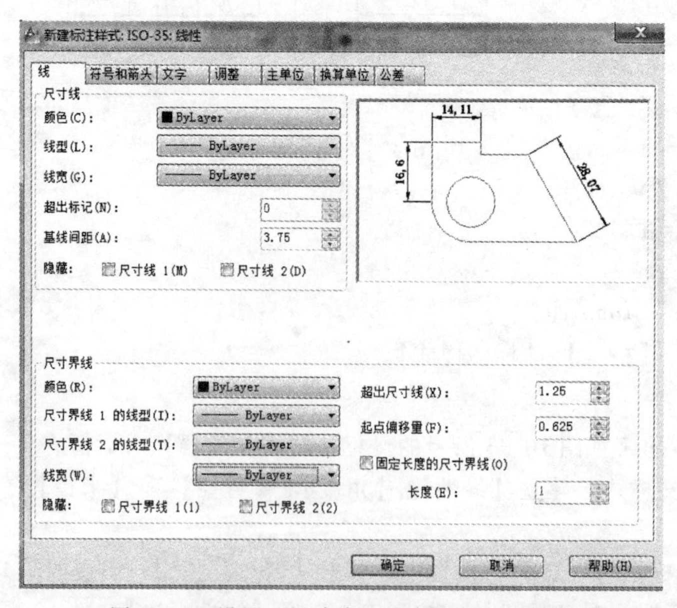

图 10-35　设置“尺寸线、尺寸界线”各参数

3）单击【符号和箭头】选项卡，设置其参数，如图 10-36 所示。

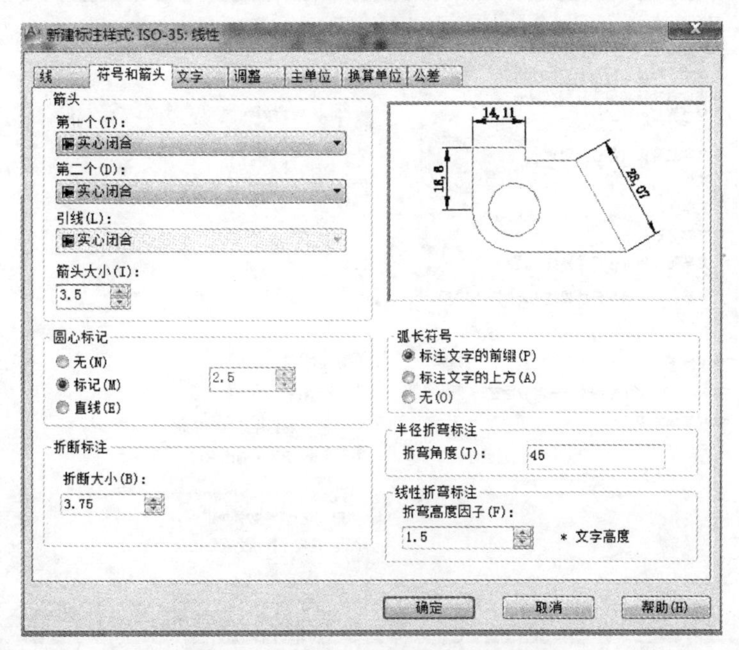

图 10-36　设置“符号和箭头”参数

4）单击【文字】选项卡，设置其参数，如图 10-37 所示。

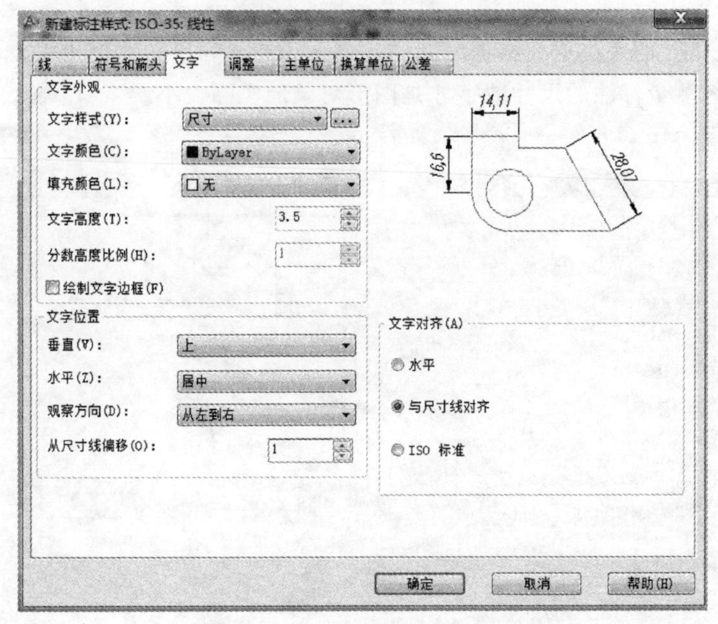

图 10-37　设置“文字”参数

5）单击【调整】选项卡，设置其参数，如图 10-38 所示。

6）单击【主单位】选项卡，设置其参数，如图 10-39 所示。

注意：

1）在设置主单位时，精度的小数位数按要求设定。

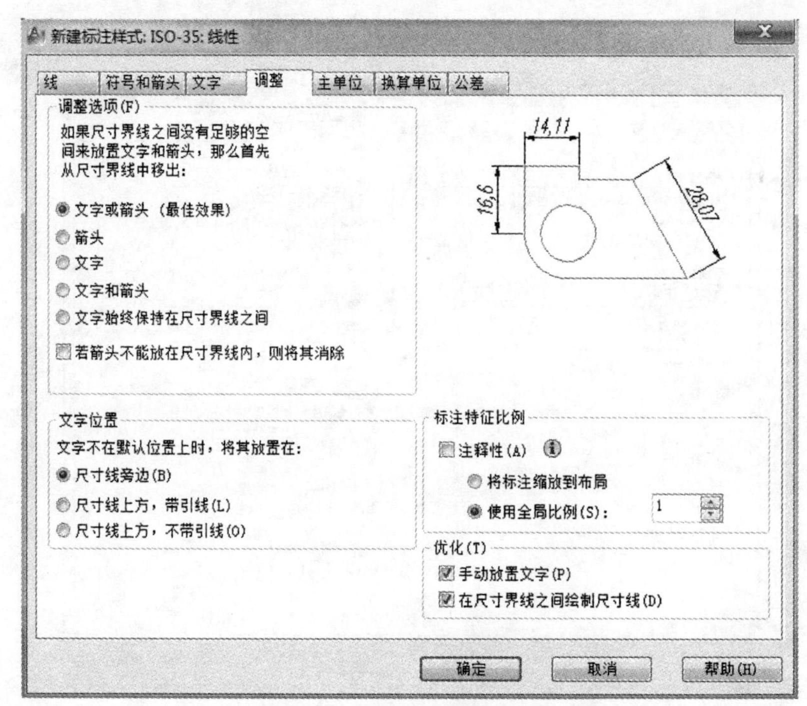

图 10-38　设置“调整”参数

2）“前缀”和“后缀”不设置，尺寸标注样式要设置为通用样式，个别需要前缀或后缀的再个别处理。

3）“比例因子”的大小，要根据绘图的比例而设定。如绘图比例为 1:2，则比例因子应设为 2，这样系统测量标注的尺寸数字才是图形对象的实际大小。

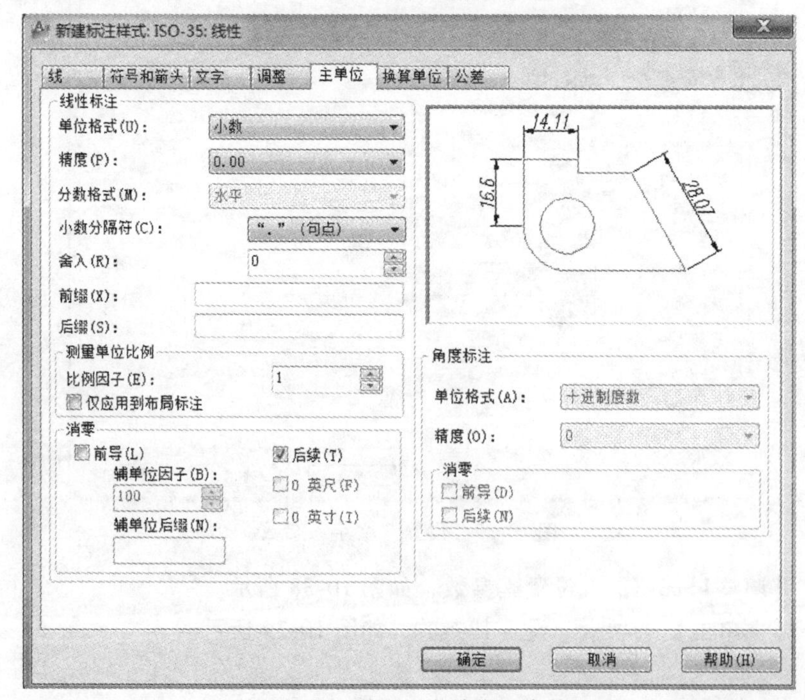

图 10-39　设置“主单位”参数

4）【换算单位】和【公差】两个选项卡不设置，公差的标注另设样式或采用多行文字注写。单击【确定】按钮，完成【线性】标注子样式的设置。用相同的方法，完成【角度】、【直径】、【半径】的设置，如图 10-40 所示。

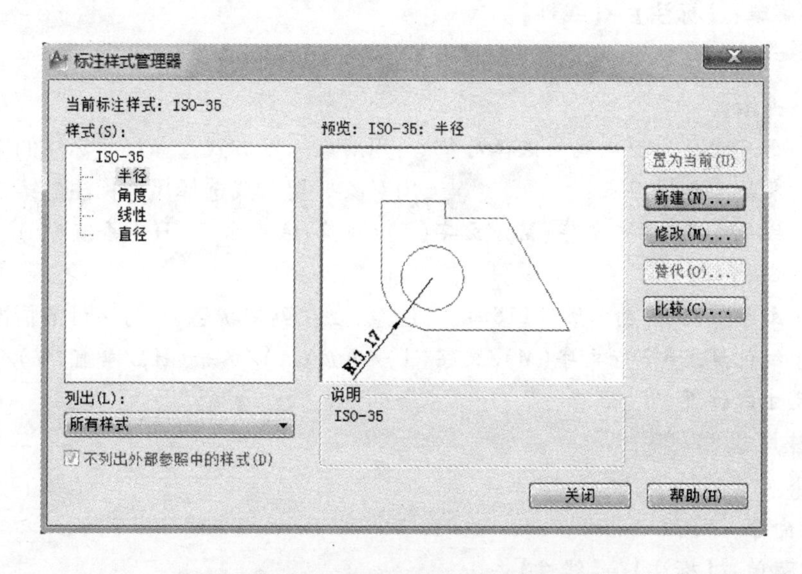

图 10-40　设置完成的尺寸标注样式

2. 尺寸标注

尺寸标注样式设置完成后，需正确使用各尺寸标注命令进行尺寸标注，【标注】工具栏如图 10-41 所示。

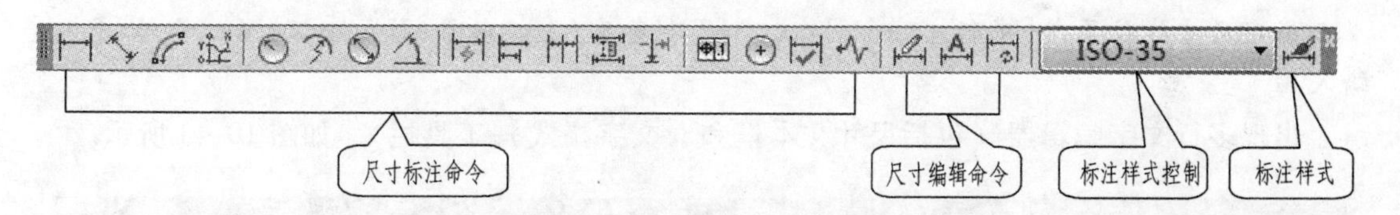

图 10-41　【尺寸标注】工具栏

以图 10-42 尺寸标注为例，说明尺寸标注命令的使用方法。

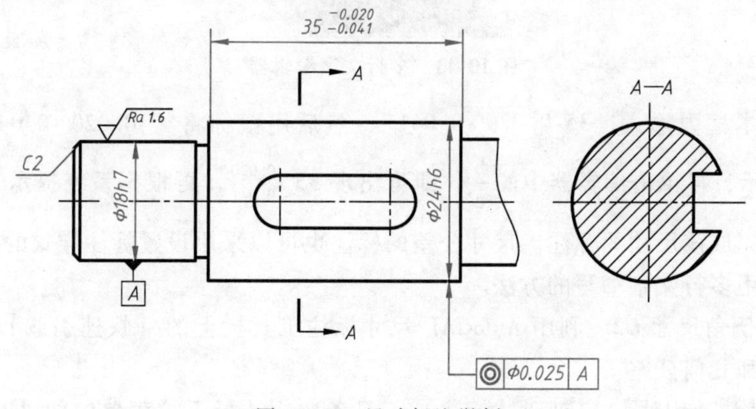

图 10-42　尺寸标注举例

（1）标注尺寸 ϕ18h7

调用命令：

1）输入命令：“Dimlinear”。

2）下拉菜单：【标注】→【线性】。

3）单击按钮：![按钮]。

出现如下提示：

指定第一个尺寸界线原点或 <选择对象>：用对象捕捉方式选择尺寸标注的第一点

指定第二条尺寸界线原点：　　　　　用对象捕捉方式选择尺寸标注的第二点

指定尺寸线位置或[多行文字(M)/文字(T)/角度(A)/水平(H)/垂直(V)/旋转(R)]：输入 T

输入标注文字 <18>：输入%%c18h7　（注意：要在英文状态、小写字母的情况下输入）

指定尺寸线位置或[多行文字(M)/文字(T)/角度(A)/水平(H)/垂直(V)/旋转(R)]：用鼠标指定尺寸线位置

（2）标注尺寸 $35^{-0.020}_{-0.041}$

调用命令：

1）输入命令：“Dimlinear”。

2）下拉菜单：【标注】→【线性】。

3）单击按钮：![按钮]。

出现如下提示：

指定第一个尺寸界线原点或 <选择对象>：用对象捕捉方式选择尺寸标注的第一点

指定第二条尺寸界线原点：　　　　　用对象捕捉方式选择尺寸标注的第二点

指定尺寸线位置或[多行文字(M)/文字(T)/角度(A)/水平(H)/垂直(V)/旋转(R)]：输入 M

出现多行文字编辑器（包括尺寸文本框和【文字格式】工具栏），如图 10-43 所示。

图 10-43　多行文字编辑器

在尺寸文本框内输入“35-0.020^-0.041”，然后用鼠标将“-0.020^-0.041”选中，如图 10-43 中所示，再单击编辑器中的$\frac{b}{a}$，即可出现 $35^{-0.020}_{-0.041}$，再根据系统提示，用鼠标指定尺寸线位置，完成该尺寸的标注。尺寸公差的标注也可以采用设置标注样式的方法，但比较麻烦，建议采用多行文字书写的方法。

（3）标注倒角尺寸 $C2$　利用 AutoCAD 尺寸标注工具栏上的【快速引线】，用户可以方便地标注倒角和几何公差。

1）添加【快速引线】按钮到【标注】工具条中。选择下拉菜单中的【视图】→【工具栏】→ 弹出【自定义用户界面】，从【命令】栏中查找到【标注，引线】，用鼠标拖动该命令到【标注】工具条中，单击【确定】按钮后完成。

2）标注尺寸 C2。调用命令：单击按钮或输入命令 “Qleader”，出现如下提示：

指定第一个引线点或［设置（S）］<设置>：输入 S 或直接按 <Enter> 键

进入引线设置状态，如图 10-44 所示，在【注释】选项卡的【注释类型】单选框中选择【多行文字】，【引线和箭头】选项卡的设置如图 10-45 所示，在【附着】选项卡中设置勾选【最后一行画下划线】，单击【确定】按钮，系统提示如下：

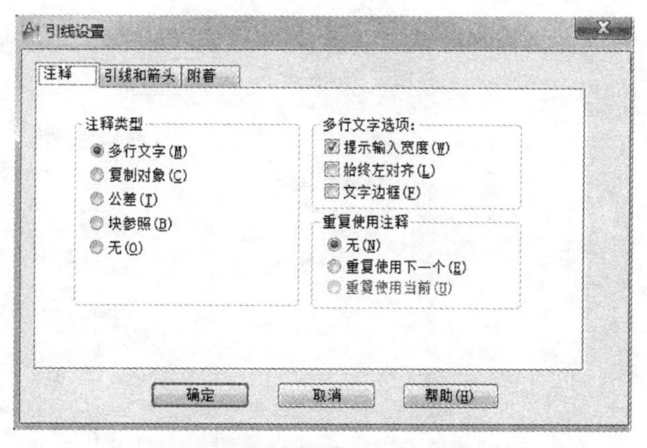

图 10-44　设置【注释】选项卡

指定第一个引线点或［设置（S）］<设置>：从倒角处引出 45°引线的第一点

指定下一点：指定 45°引线的第二点

指定下一点：指定水平引线的第三点

指定文字宽度 <0>：按 <Enter> 键

输入注释文字的第一行 <多行文字（*M*）>：输入 C2

输入注释文字的下一行：按 <Enter> 键，完成倒角 C2 的标注

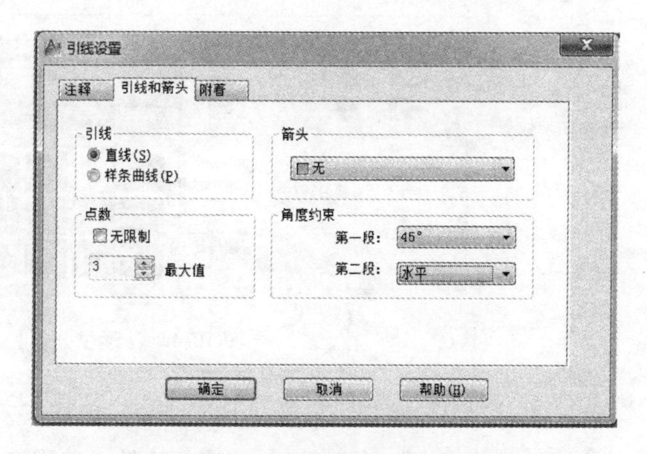

图 10-45　设置【引线和箭头】选项卡

（4）标注位置公差 ◎ φ0.04 A　调用命令：单击按钮或输入命令 “Qleader”，出现如下提示：

指定第一个引线点或［设置（S）］<设置>：输入 S 或直接按 <Enter> 键

进入引线设置状态，在【注释】选项卡中选择【公差】，【引线和箭头】选项卡的设置如图 10-46 所示，单击【确定】按钮后系统提示如下：

指定第一个引线点或［设置（S）］<设置>：指定第一点（箭头的尖端）

指定下一点：指定 90°引线的第二点

指定下一点：指定水平引线的第三点

给了第三点后立即出现如图 10-47 所示【形位公差】⊖ 对话框。

⊖：按照国家标准规定：“形位公差”一词已被“几何公差”一词代替，但为了与本软件界面统一，本章仍使用“形位公差”一词。

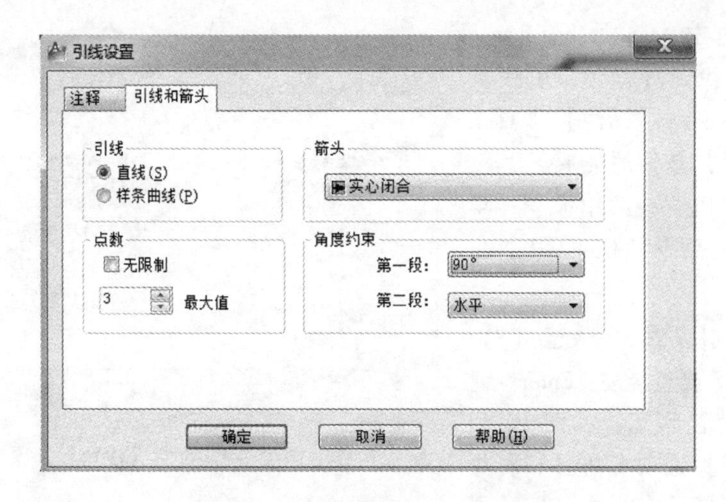

图 10-46 “引线和箭头”的设置

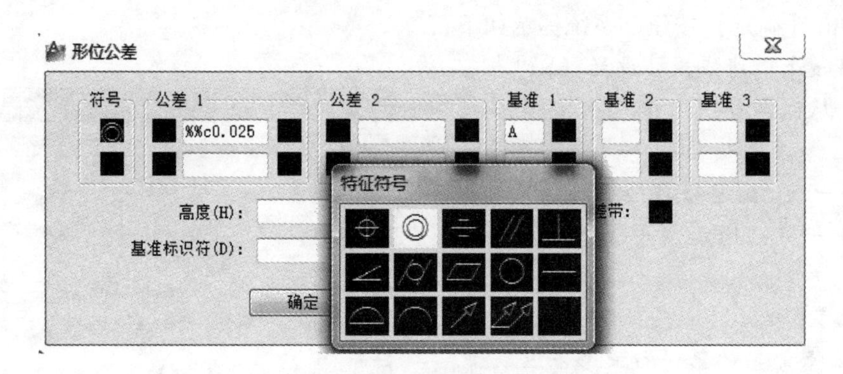

图 10-47 【形位公差】对话框

单击【符号】按钮，出现【特征符号】选择框，单击按钮◎，在【公差 1】文本框内输入“%%c0.025”,【基准 1】文本框内输入基准字母“A”，单击【确定】按钮，完成几何公差的标注。

提示：图形中表示投射方向的箭头（图 10-42）也可以用命令“Qleader”完成。具体操作如下：

指定第一个引线点或［设置（S)］ <设置>：指定第 1 点（如图 10-48 所示箭头）

指定下一点：指定第 2 点

指定下一点：按 <Esc> 键结束命令

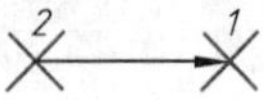

图　10-48

3. 尺寸标注的修改

尺寸标注的修改方法主要有两种：一种是使用“Dimedit”编辑标注命令；另一种是使用【特性】选项板，修改尺寸标注的多个属性。

（1）调用编辑标注命令“Dimedit”

1）单击按钮：。

2）输入命令：“Dimedit”。

输入标注编辑类型［默认（H)/新建（N)/旋转（R)/倾斜（O)］ <缺省>：（输入选

项或按<Enter>键）。

各选项主要内容含义如下：

默认（H）：将旋转标注文字移回默认位置。

新建（N）：使用在位文字编辑器更改标注文字。

旋转（R）：旋转标注文字。

倾斜（O）：调整线性标注尺寸界线的倾斜角度。当尺寸界线与图形的其他要素冲突时，"倾斜"选项将很有用处。倾斜角从UCS的 X 轴进行测量。

（2）调用【特性】选项板

1）输入命令："Properties"。

2）下拉菜单：【工具】→【选项板】→【特性】。

3）单击按钮：▣；

4）快捷菜单：选择要查看或修改的尺寸标注，单击鼠标右键，选择【特性】。

尺寸标注修改示例如图10-49所示。其操作步骤如下：

第一步：修改尺寸 $\phi43$。

命令："Dimedit"（调用"编辑标注命令"）

输入标注编辑类型［默认（H）/新建（N）/旋转（R）/倾斜（O）］<缺省>：输入O

选择对象：选择要修改的尺寸 $\phi43$

选择对象：按<Enter>（结束选择对象）

输入倾斜角度（按<Enter>表示无）：135（输入倾斜角度，完成对尺寸 $\phi43$ 的修改）

第二步：修改尺寸60。

调用【特性】选项板，在选项板中进行如图10-50所示的设置。

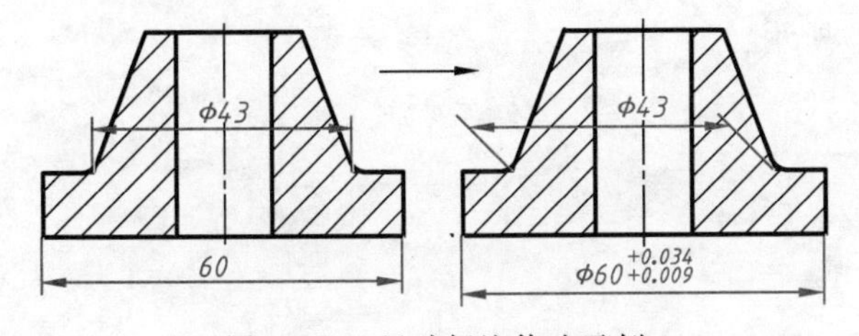

图10-49　尺寸标注修改示例

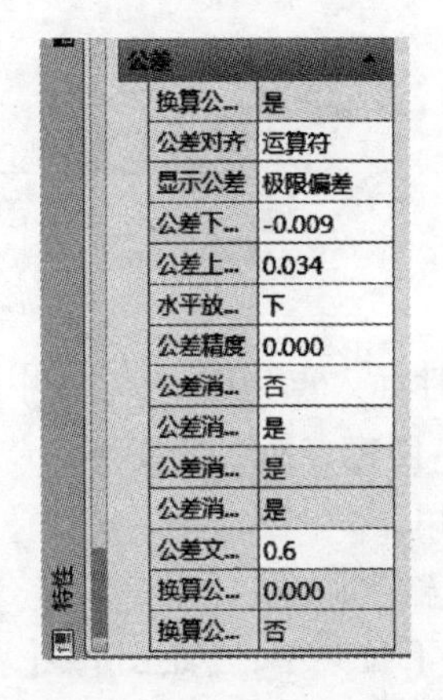

图10-50　用【特性】选项板修改尺寸

三、表面粗糙度标注

国家新标准规定，零件表面质量用表面结构来定义，粗糙度是表面结构的技术内容之一。零件各表面的粗糙度各有不同，为了解决不同表面不同粗糙度的标注，AutoCAD采用带属性的块来解决。

1. 创建带属性的表面粗糙度块

1）打开已建好的A4图纸，并将尺寸图层设为当前图层。

2）先画图：如图10-51a所示（尺寸大小见本书表8-2）。

3）建立属性 Ra：如图10-50b、c所示。

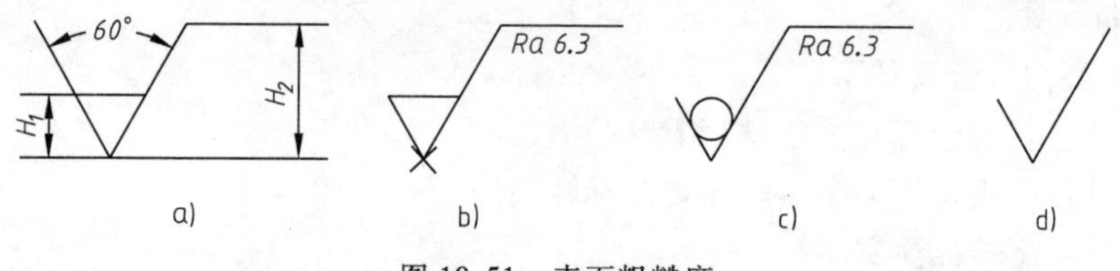

图 10-51　表面粗糙度

调用命令：下拉菜单【绘图】→【块】→【属性定义】，如图 10-52 所示的【属性定义】对话框。

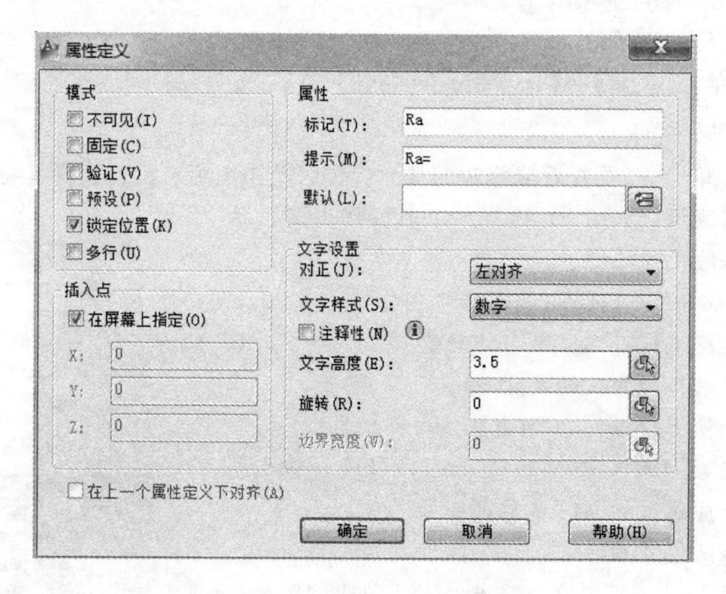

图 10-52　【属性定义】对话框

属性插入点为图 10-51b 中红色“×”所示。

4）创建表面粗糙度块 *Ra*。

调用命令：

① 输入命令：“Block”。

② 下拉菜单：【绘图】→【块】→【创建】。

③ 单击按钮：。执行命令出现如图 10-53 所示的【块定义】对话框，给定块的名称【Ra】。

【基点】区域的作用是设置块的插入点，如图 10-51b 中的黑色“×”所示，用对象捕捉的方式在屏幕上指定。

【对象】区域的作用是设置表面粗糙度图形和属性。

5）保存图块：用【Block】定义的图块，只能由图块所在的图形文件使用，为使其他图形也能使用该图块，可以将该图块保存在硬盘中，作为一个独立的 AutoCAD 图形文件，其操作方法如下：执行命令“Wblock”，出现如图 10-54 所示的【写块】对话框，在【源】单选框选择【块】，找到块 Ra；再选择写块的文件名和路径。

以后在其他图形文件中用到表面粗糙度块 Ra 时，可用【插入】→【块】→【浏览】找到

图 10-53 【块定义】对话框

块存盘时的文件名即可。

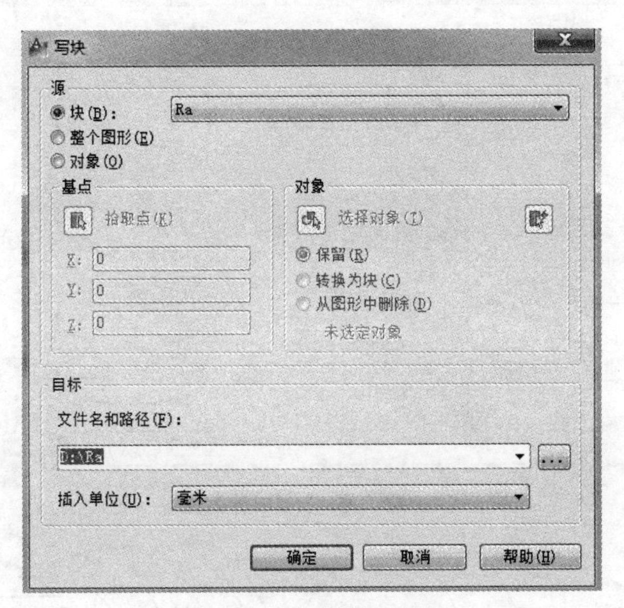

图 10-54 【写块】对话框

2. 标注表面粗糙度

调用命令：

1）输入命令：“Insert”。

2）下拉菜单：【插入】→【块】。

3）单击按钮：。

执行插入块命令插入已定义的表面粗糙度块，出现如图 10-55 所示的【插入块】对话框，选择插入块名称【Ra】，【插入点】和【旋转】勾选【在屏幕上指定】，比例均设定为 1。其标注方式如图 10-56 所示。

图 10-55　【插入块】对话框

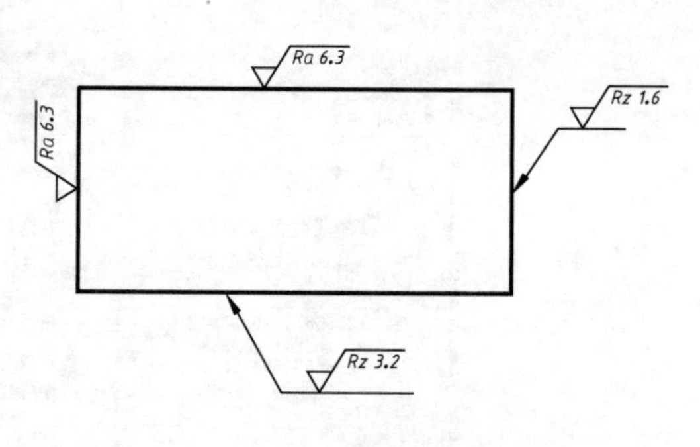

图 10-56　表面粗糙度标注示例

四、沉孔、孔深等特殊字符的输入

新建一种文字样式，使用 gdt 字体，其设置如图 10-57 所示。图 10-58 所示符号分别对应 A ~ Z 26 个字母。常用的 X 键对应【↧】，V 键对应【⌴】，W 键对应【⌵】。

注意：输入时键盘必须是小写状态。

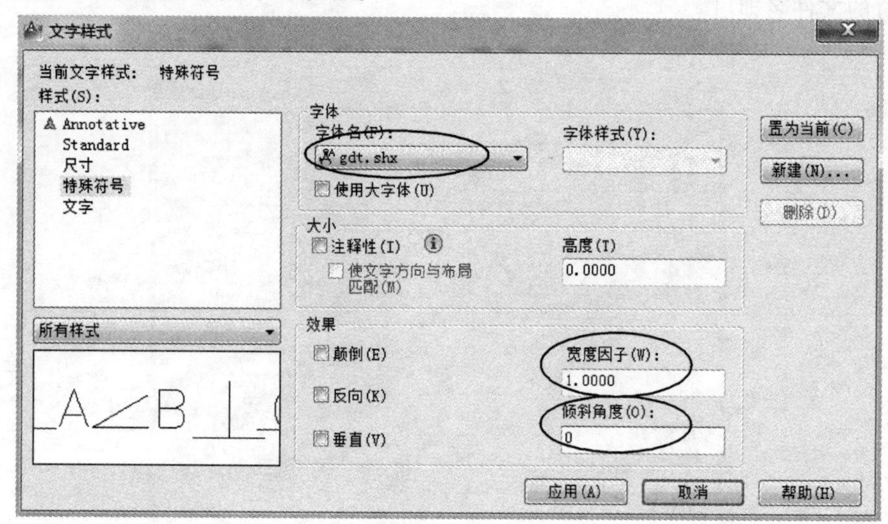

图 10-57　使用 gdt 字体的设置

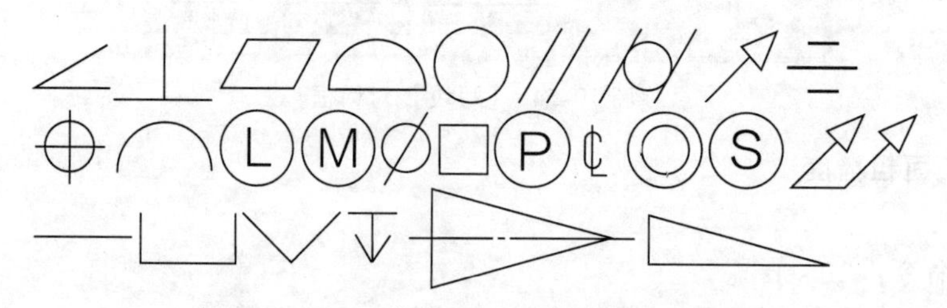

图 10-58　GDT 字体与 26 个字母的对应关系

第四节　计算机绘图综合举例

计算机绘图比手工绘图更先进、更精确、更快捷。要发挥出计算机绘图的优越性，不但需要很好地掌握工程图的绘图理论知识，而且需要熟悉绘图软件的功能，通过不断地上机实践来提高。

一、计算机绘图的步骤

用 AutoCAD 绘制工程图的一般步骤为：

(1) 设置初始绘图环境

1) 设置绘图单位和绘图区域。

2) 设置图层。

3) 设置线性比例。

4) 设置文字样式。

5) 设置尺寸标注样式。

6) 绘制图框和标题栏。

7) 创建常用的图块，如表面粗糙度图块。

(2) 绘图　用绘图和编辑命令，绘制各视图

(3) 标注　对工程图进行尺寸标注

(4) 编辑文字　标注技术要求，填写标题栏

(5) 收尾工作　检查、修改、存盘、退出

二、计算机绘图实例

绘制如图 10-59 所示活动钳口零件图。

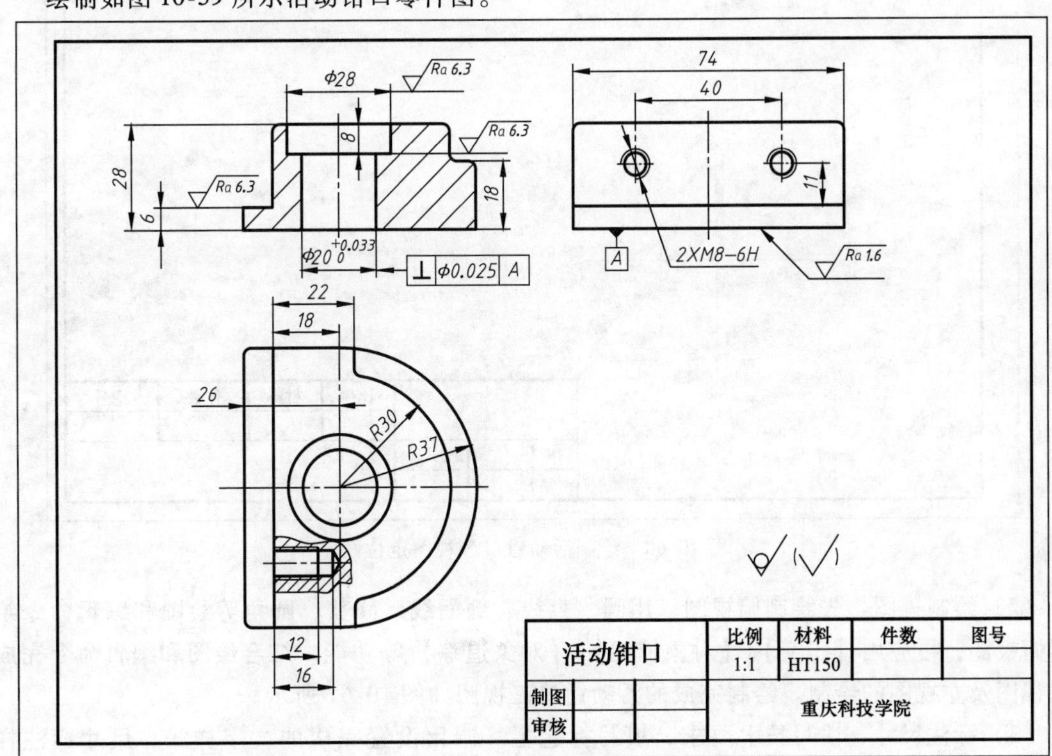

图 10-59　活动钳口零件图

1. 创建 A4 电子图纸

（1）设置绘图单位、设置绘图界限　绘图单位的设置如图 10-14 所示。

绘图界限的设置方法如下：

下拉菜单：【格式】→【图形界限（I）】，出现如下命令提示：

指定左下角点或［开（ON）/关（OFF）］ <0.0000，0.0000>：↙

指定右下角点<420.0000，297.0000>：　输入 297，210（设置一横放的 A4 图纸）

（2）创建图层　创建绘图常用的图层，如图 10-19 所示。

（3）创建文字样式和尺寸标注样式　创建“文字”和“尺寸”两种文字样式，创建尺寸标注样式，详见第三节中所述。

（4）绘制图框及标题栏　用“直线”或“矩形”命令，绘制 A4 图纸的图框线及标题栏，完成后的 A4 电子图纸如图 10-22 所示。

2. 绘制活动钳口三视图

1）绘制各视图定位线。将“中心线”图层设置为当前图层。用“直线”命令绘制各视图的定位线，如图 10-60 所示。

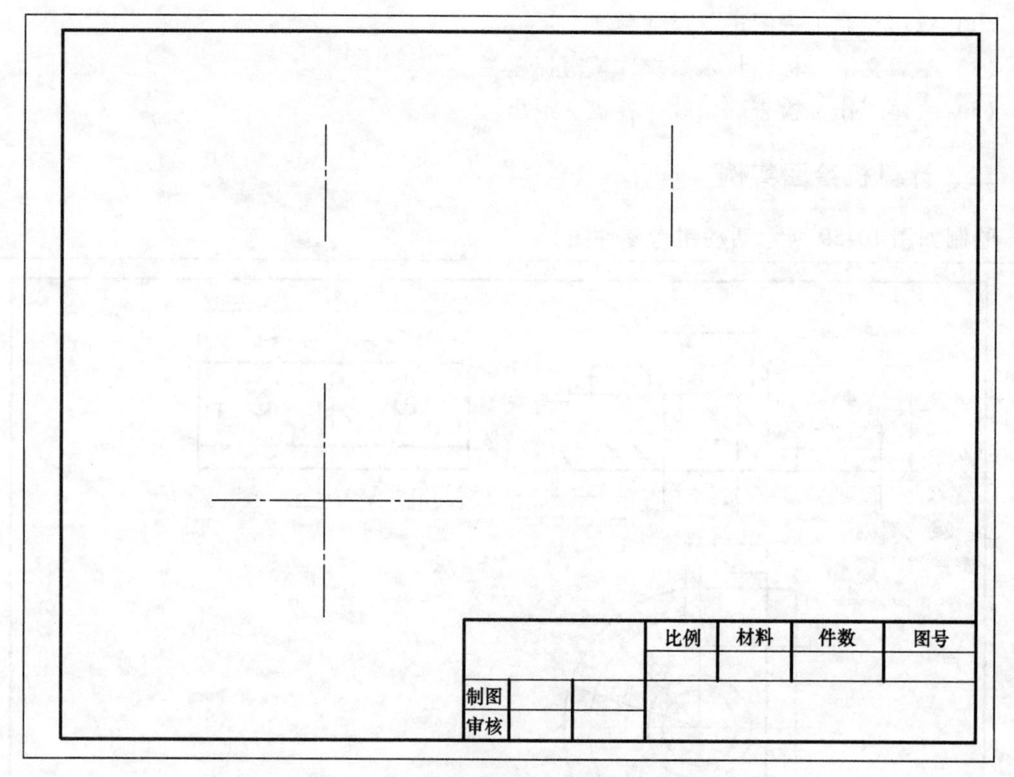

图 10-60　绘制活动钳口各视图定位线

2）绘制视图。先绘制俯视图。用圆、直线、剖面线、修剪、圆角等绘图和编辑命令绘制俯视图，再应用【正交】、【对象捕捉】、【对象追踪】等功能，结合绘图和编辑命令完成主视图及左视图的绘制。绘制完成的活动钳口三视图如图 10-61 所示。

3）标注尺寸、注写技术要求、填写标题栏。调用设置完成的文字样式、尺寸标注样式、表面粗糙度块等，标注活动钳口的尺寸、注写技术要求、填写标题栏等，完成的活动钳

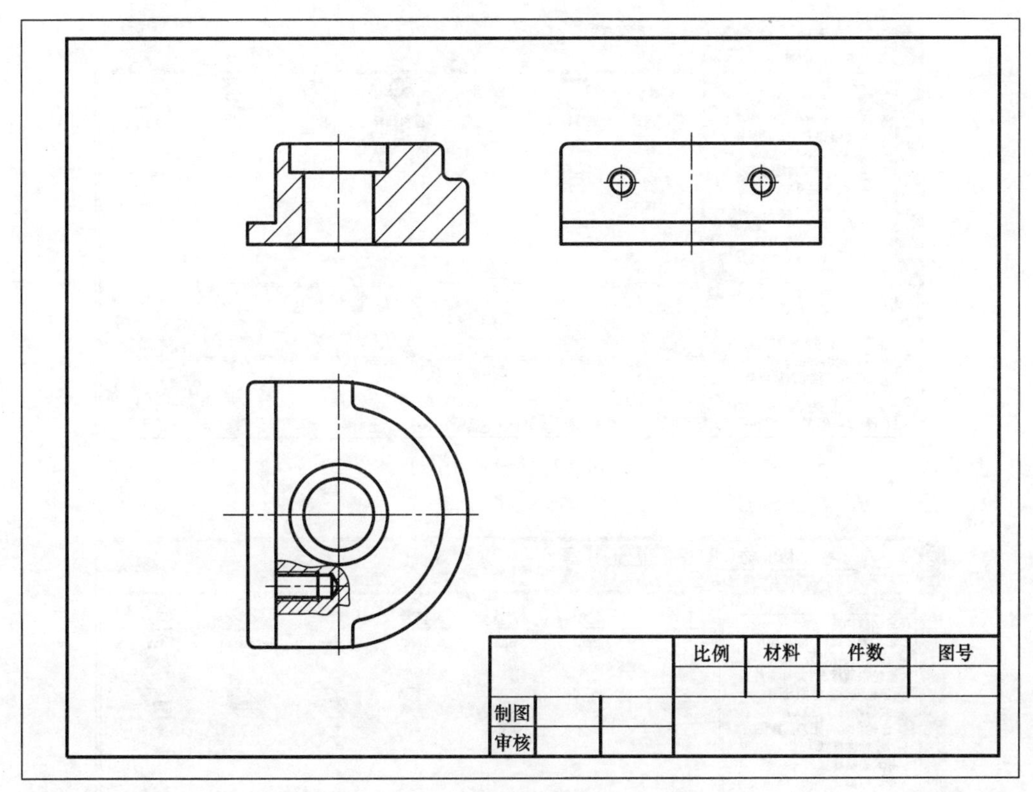

图 10-61　绘制活动钳口三视图

口零件图如图 10-59 所示。

4）检查、修改、存盘。

3. 操作小结

1）绘制多个视图时，应充分利用【正交】、【对象捕捉】、【对象追踪】等功能，配合绘图命令和编辑命令作图，这样才能精确作图、正确完成视图间的三等关系。

2）在绘制和编辑细小结构时，应随时对屏幕显示进行缩放、平移等操作。

3）用 AutoCAD 绘制工程图，最关键的就是绘图初始环境的设置。这些初始环境的设置可以保存在一个图形文件（如 A4. dwg）或样板文件（如 A4. dwt）中。绘图时，直接打开 A4. dwg 或 A4. dwt 文件绘图，利用已设置完成的图层、文字样式、尺寸标注样式、块等，快速、准确地绘制和标注零件图，然后另取一文件名存盘即可。也可以利用【设计中心】调用其他图形中已有的资源。

单击【工具】→【选项板】→【设计中心】，或按钮，出现如图 10-62 所示【设计中心】选项板。

【设计中心】就是一个文件管理器，从左边的文件夹列表中选一图形文件，在文件下方或右边框中显示该文件中所包含的相关信息（如标注样式、表格样式、块、图层等），如果要利用图形文件中已设置完成的图层，则双击【图层】图标，出现如图 10-63 所示对话框。

将所需图层，用鼠标左键拖放到当前文件中即可。其他的如尺寸标注样式、文字样式、图块等都可以用相同的方法进行操作。

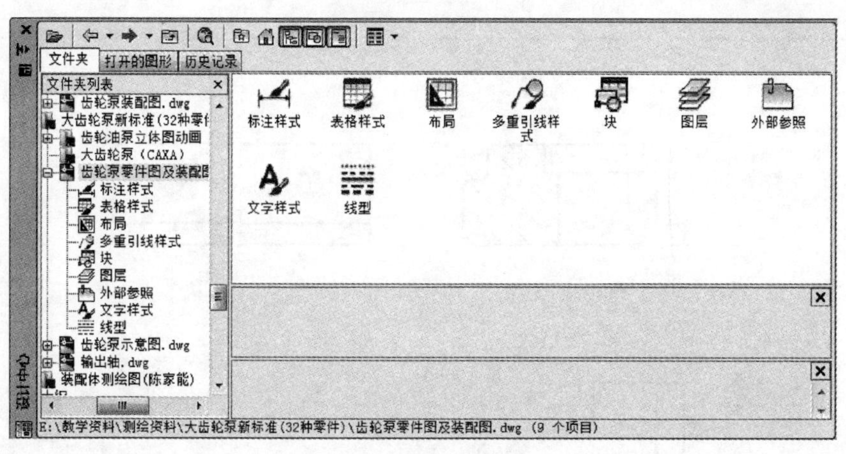

图 10-62 【设计中心】

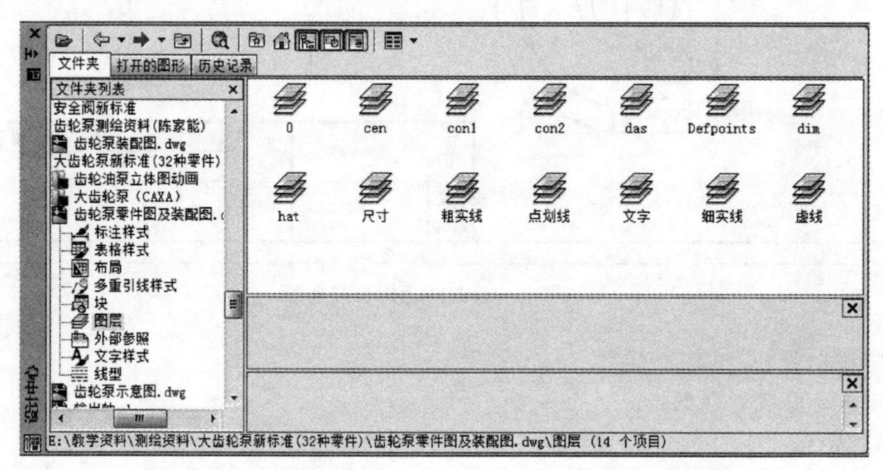

图 10-63　在【设计中心】中打开某一图形文件中的图层

部件的装配图，可根据各零件之间的装配关系、位置关系等，依次按零件图的尺寸直接绘制，也可将已绘制完成的零件图，按一定的装配干线依次装入各零件，再加以修改、调整(剖面线的方向、内外螺纹的连接等)，标注装配图的尺寸，注写技术要求，填写标题栏及明细栏。

附　录

附录A　螺　纹

附表 A-1　普通螺纹的公称直径与螺距（摘自 GB/T 193—2003、GB/T 196—2003）

（单位：mm）

公称直径（大径）D、d		螺距 P		小径 D_1、d_1
第一系列	第二系列	粗牙	细牙	粗牙
3		0.5	0.35	2.459
	3.5	0.6		2.850
4		0.7	0.5	3.242
	4.5	0.75		3.688
5		0.8		4.134
6		1	0.75	4.917
	7			5.917
8		1.25	1,0.75	6.647
10		1.5	1.25,1,0.75	8.376
12		1.75	1.25,1	10.106
	14	2	1.5,1.25,1	11.835
16		2	1.5,1	13.835
	18	2.5	2,1.5,1	15.294
20				17.294
	22			19.294
24		3	2,1.5,1	20.752
	27			23.752
30		3.5	(3),2,1.5,1	26.211
	33		(3),2,1.5	29.211
36		4	3,2,1.5	31.670

注：1. 螺纹公称直径应优先选用第一系列，第三系列未列入。

2. 括号内的尺寸尽量不用。

3. M14×1.25 仅用于发动机的火花塞。

附表 A-2 梯形螺纹（摘自 GB/T 5796.3—2005） （单位：mm）

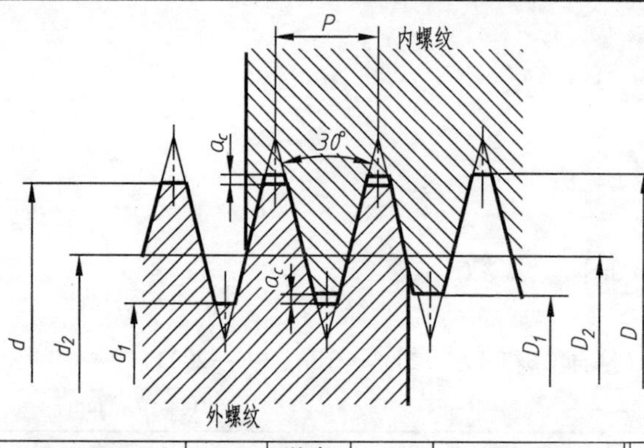

D—内螺纹基本大径；d—外螺纹基本大径；D_2—内螺纹基本中径；d_2—外螺纹基本中径；D_1—内螺纹基本小径；d_1—外螺纹基本小径；P—螺距；a_c—牙顶间隙

标记示例：

Tr40 × 7—7H

（单线梯形螺纹，公称直径 $d = 40$mm，螺距 $P = 7$mm，右旋，中径公差带代号为 7H，中等旋合长度）

Tr60 × 18（P9）LH—8e—L

（双线梯形外螺纹，公称直径 $d = 60$mm，导程为 18mm，螺距 $P = 9$mm，左旋，中径公差带代号为 8e，长旋合长度）

公称直径 d		螺距 P	基本中径 $d_2 = D_2$	基本大径 D	基本小径	
第一系列	第二系列				d_1	D_1
8		1.5	7.25	8.30	6.20	6.50
	9	1.5	8.25	9.30	7.20	7.50
		2	8.00	9.50	6.50	7.00
10		1.5	9.25	10.30	8.20	8.50
		2	9.00	10.50	7.50	8.00
	11	2	10.00	11.50	8.50	9.00
		3	9.50	11.50	7.50	8.00
12		2	11.00	12.50	9.50	10.00
		3	10.50	12.50	8.50	9.00
	14	2	13.00	14.50	11.50	12.00
		3	12.50	14.50	10.50	11.00
16		2	15.00	16.50	13.50	14.00
		4	14.00	16.50	11.50	12.00
	18	2	17.00	18.50	15.50	16.00
		4	16.00	18.50	13.50	14.00
20		2	19.00	20.50	17.50	18.00
		4	18.00	20.50	15.50	16.00
	22	3	20.50	22.50	18.50	19.00
		5	19.50	22.50	16.50	17.00
		8	18.00	23.00	13.00	14.00
24		3	22.50	24.50	20.50	21.00
		5	21.50	24.50	18.50	19.00
		8	20.00	25.00	15.00	16.00

公称直径 d		螺距 P	基本中径 $d_2 = D_2$	基本大径 D	基本小径	
第一系列	第二系列				d_1	D_1
	26	3	24.50	26.50	22.50	23.00
		5	23.50	26.50	20.50	21.00
		8	22.00	27.00	17.00	18.00
28		3	26.50	28.50	24.50	25.00
		5	25.50	28.50	22.50	23.00
		8	24.00	29.00	19.00	20.00
	30	3	28.50	30.50	26.50	27.00
		6	27.00	31.00	23.00	24.00
		10	25.00	31.00	19.00	20.00
32		3	30.50	32.50	28.50	29.00
		6	29.00	33.00	25.00	26.00
		10	27.00	33.00	21.00	22.00
	34	3	32.50	34.50	30.50	31.00
		6	31.00	35.00	27.00	28.00
		10	29.00	35.00	23.00	24.00
36		3	34.50	36.50	32.50	33.00
		6	33.00	37.00	29.00	30.00
		10	31.00	37.00	25.00	26.00
	38	3	36.50	38.50	34.50	35.00
		7	34.50	39.00	30.00	31.00
		10	33.00	39.00	27.00	28.00
40		3	38.50	40.50	36.50	37.00
		7	36.50	41.00	32.00	33.00

附表 A-3　55°非密封管螺纹（摘自 GB/T 7307—2001）　（单位：mm）

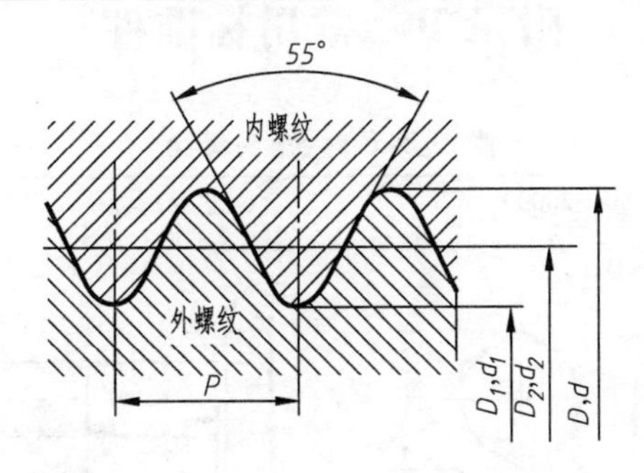

尺寸代号	每25.4mm内的牙数 n	螺距 P	基本直径	
			大径 $D=d$	小径 $D_1=d_1$
1/8	28	0.907	9.728	8.566
1/4	19	1.337	13.157	11.445
3/8			16.662	14.950
1/2	14	1.814	20.955	18.631
5/8			22.911	20.587
3/4			26.441	24.117
7/8			30.201	27.887
1	11	2.309	33.249	30.291
1⅛			37.897	34.939
1¼			41.910	38.952
1½			47.803	44.845
1¾			53.746	50.788
2			59.614	56.656
2¼			65.710	62.752
2½			75.184	72.226
2¾			81.534	78.576
3			87.884	84.926
3½			100.330	97.372
4			113.030	110.072
4½			125.730	122.772
5			138.430	135.472
5½			151.130	148.172
6			163.830	160.872

附录 B　常用标准件

附表 B-1　六角头螺栓　　(单位：mm)

六角头螺栓—C 级(GB/T 5780—2000)

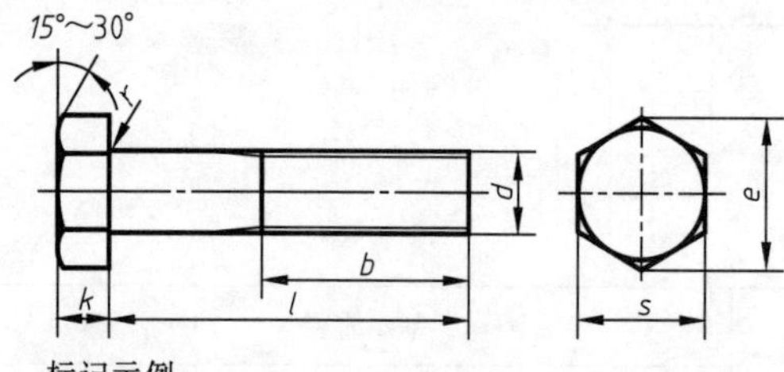

六角头螺栓—A 级和 B 级(GB/T 5782—2000)

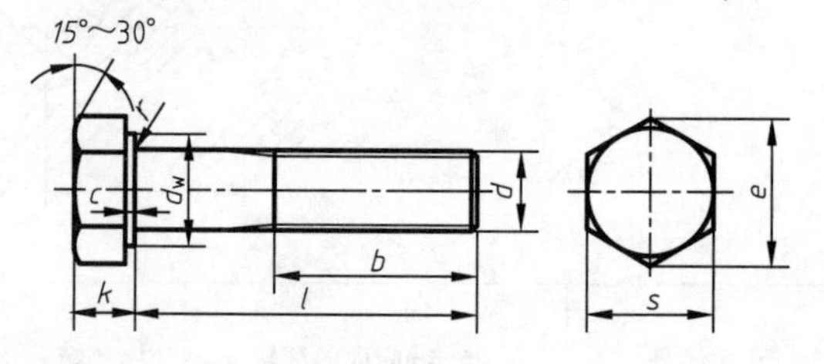

标记示例：

螺栓 GB/T 5780 M10×45（螺纹规格 d = M10,公称长度 l = 45mm,C 级的六角头螺栓）

螺纹规格			M3	M4	M5	M6	M8	M10	M12	M16	M20	M24	M30	M36
b(参考)	l≤125		12	14	16	18	22	26	30	38	46	54	66	78
	125 < l≤200		18	20	22	24	28	32	36	44	52	60	72	84
	l > 200		31	33	35	37	41	45	49	57	65	73	85	97
c			0.4	0.4	0.5	0.5	0.6	0.6	0.6	0.8	0.8	0.8	0.8	0.8
d_w	产品等级	A	4.57	5.88	6.88	8.88	11.63	14.63	16.63	22.49	28.19	33.61	—	—
		B	4.45	5.74	6.74	8.74	11.47	14.47	16.47	22	27.7	33.25	42.75	51.11
e(min)	产品等级	A	6.01	7.66	8.79	11.05	14.38	17.77	20.03	26.75	33.53	39.98	—	—
		B	5.88	7.50	8.63	10.89	14.20	17.59	19.85	26.17	32.95	39.55	50.85	60.79
k(公称)			2	2.8	3.5	4	5.3	6.4	7.5	10	12.5	15	18.7	22.5
r			0.1	0.2	0.2	0.25	0.4	0.4	0.6	0.6	0.8	0.8	1	1
s(公称)(max)			5.5	7	8	10	13	16	18	24	30	36	46	55
l			20~30	25~40	25~50	30~60	40~80	45~100	50~120	65~160	80~200	90~240	110~300	140~360
l(系列)			12,16,20,25,30,35,40,45,50,55,60,65,70,80,90,100,110,120,130,140,150,160,180,200,220,240,260,280,300,320,340,360,380,400,420,440,460,480,500											

注：A 级用于 d≤24mm 和 l≤10d 或 l≤150mm 的螺栓；B 级用于 d≥24mm 或 l > 10d 或 l > 150mm 的螺栓。

附表 B-2　双头螺柱　　(单位：mm)

$b_m = 1d$(GB/T 897—1988)　　$b_m = 1.5d$(GB/T 899—1988)

$b_m = 1.25d$(GB/T 898—1988)　　$b_m = 2d$(GB/T 900—1988)

A型

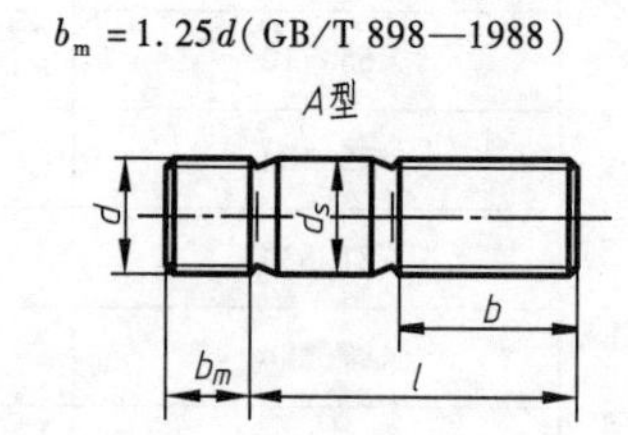

B型

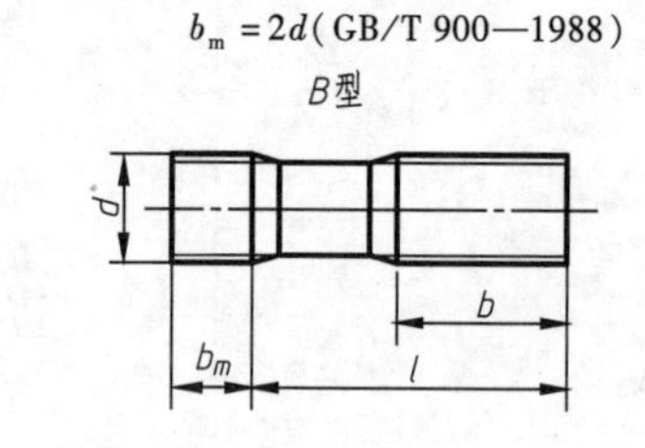

标记示例：

螺柱 GB/T 899 M10×30

（两端均为粗牙普通螺纹,d = 10mm,公称长度 l = 30mm,性能等级为 4.8 级,不经表面处理,B 型,b_m = 1.5d 的双头螺柱）

螺纹规格 d	b_m(公称)				d_s	l/b
	GB/T 897	GB/T 898	GB/T 899	GB/T 900		
M5	5	6	8	10	5	$\frac{16\sim(22)}{10}$, $\frac{25\sim50}{16}$
M6	6	8	10	12	6	$\frac{20\sim(22)}{10}$, $\frac{25\sim30}{14}$, $\frac{(32)\sim(75)}{18}$

（续）

螺纹规格 d	b_m（公称）				d_s	l/b
	GB/T 897	GB/T 898	GB/T 899	GB/T 900		
M8	8	10	12	16	8	$\frac{20\sim(22)}{12}$, $\frac{25\sim30}{16}$, $\frac{(32)\sim90}{22}$
M10	10	12	15	20	10	$\frac{25\sim(28)}{14}$, $\frac{30\sim(38)}{16}$, $\frac{40\sim120}{26}$, $\frac{130}{32}$
M12	12	15	18	24	12	$\frac{25\sim30}{16}$, $\frac{(32)\sim40}{20}$, $\frac{45\sim120}{30}$, $\frac{130\sim180}{36}$
M16	16	20	24	32	16	$\frac{30\sim(38)}{20}$, $\frac{40\sim(55)}{30}$, $\frac{60\sim120}{38}$, $\frac{130\sim200}{44}$
M20	20	25	30	40	20	$\frac{35\sim40}{25}$, $\frac{45\sim(65)}{35}$, $\frac{70\sim120}{46}$, $\frac{130\sim200}{52}$
M24	24	30	36	48	24	$\frac{45\sim50}{30}$, $\frac{(55)\sim(75)}{45}$, $\frac{80\sim120}{54}$, $\frac{130\sim200}{60}$
M30	30	38	45	60	30	$\frac{60\sim(65)}{40}$, $\frac{70\sim90}{50}$, $\frac{(95)\sim120}{60}$, $\frac{130\sim200}{72}$
M36	36	45	54	72	36	$\frac{(65)\sim(75)}{45}$, $\frac{80\sim110}{60}$, $\frac{120}{78}$, $\frac{130\sim200}{84}$, $\frac{210\sim300}{97}$
M42	42	52	65	84	42	$\frac{70\sim80}{50}$, $\frac{(85)\sim110}{70}$, $\frac{120}{90}$, $\frac{130\sim200}{96}$, $\frac{210\sim300}{109}$
l 系列	16,(18),20,(22),25,(28),30,(32),35,(38),40,45,50,(55),60,(65),70,(75),80,(85),90,(95),100,110,120,130,140,150,160,170,180,190,200,210,220,230,240,250,260,280,300					

注：1. 括号内的规格尽量不采用。

2. $b_m=d$，一般用于钢对钢；$b_m=(1.25\sim1.5)d$，一般用于钢对铸铁；$b_m=2d$，一般用于钢对铝合金的连接。

附表 B-3　开槽圆柱头螺钉（摘自 GB/T 65—2000）　（单位：mm）

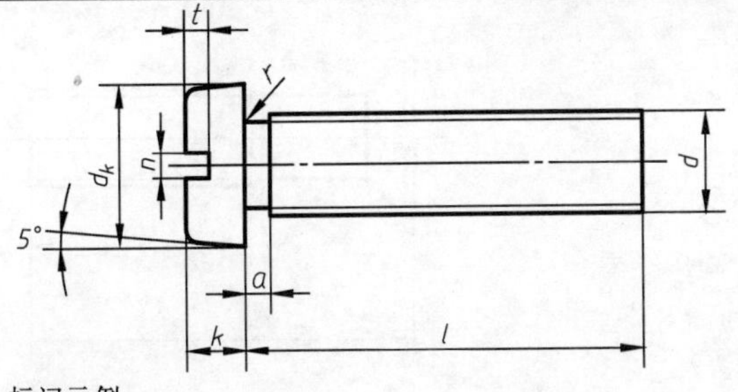

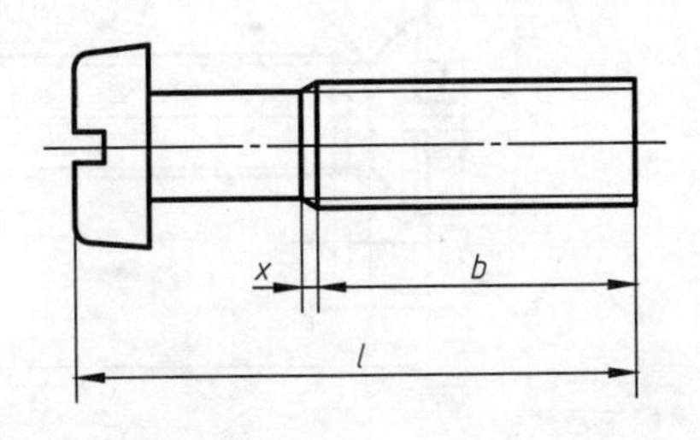

标记示例：

螺钉 GB/T 65 M10×40

（螺纹规格 d=M10，公称长度 l=40mm，性能等级为 4.8 级，不经表面处理的开槽圆柱头螺钉）

螺纹规格 d	M4	M5	M6	M8	M10
P（螺距）	0.7	0.8	1	1.25	1.5
b(min)	38	38	38	38	38
x(max)	1.75	2	2.5	3.2	3.8
d_k(max)	7	8.5	10	13	16
k(max)	2.6	3.3	3.9	5	6
n（公称）	1.2	1.2	1.6	2	2.5
r(min)	0.2	0.2	0.25	0.4	0.4
t(min)	1.1	1.3	1.6	2	2.4
公称长度 l	5~40	6~50	8~60	10~80	12~80
l 系列	5,6,8,10,12,(14),16,20,25,30,35,40,45,50,(55),60,(65),70,(75),80				

注：1. 括号内的规格尽量不用。

2. 公称长度 l≤40mm 的螺钉，制出全螺纹。

附表 B-4　开槽盘头螺钉（摘自 GB/T 67—2008）　　（单位：mm）

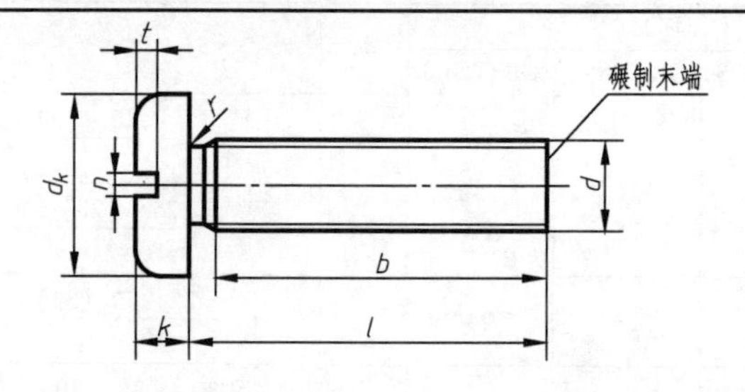

标记示例：

螺钉 GB/T 67 M10×40

（螺纹规格 d = M10，公称长度 l = 40mm，性能等级为 4.8 级，不经表面处理的 A 级开槽盘头螺钉）

螺纹规格 d	M1.6	M2	M2.5	M3	M4	M5	M6	M8	M10
P(螺距)	0.35	0.4	0.45	0.5	0.7	0.8	1	1.25	1.5
b(min)	25	25	25	25	38	38	38	38	38
d_k(max)	3.2	4	5	5.6	8	9.5	12	16	120
k(max)	1	1.3	1.5	1.8	2.4	3	3.6	4.8	6
n(公称)	0.4	0.5	0.6	0.8	1.2	1.2	1.6	2	2.5
r(min)	0.1	0.1	0.1	0.1	0.2	0.2	0.25	0.4	0.4
t(min)	0.35	0.5	0.6	0.7	1	1.2	1.4	1.9	2.4
公称长度 l	2~16	2.5~20	3~25	4~30	5~40	6~50	8~60	10~80	12~80
l 系列	2,2.5,3,4,5,6,8,10,12,(14),16,20,25,30,35,40,45,50,(55),60,(65),70,(75),80								

注：1. 括号内的规格尽量不用。

2. M1.6~M3，公称长度 l≤30mm 的螺钉，制出全螺纹；M4~M10，公称长度 l≤40mm 的螺钉，制出全螺纹。

附表 B-5　开槽沉头螺钉（摘自 GB/T 68—2000）　　（单位：mm）

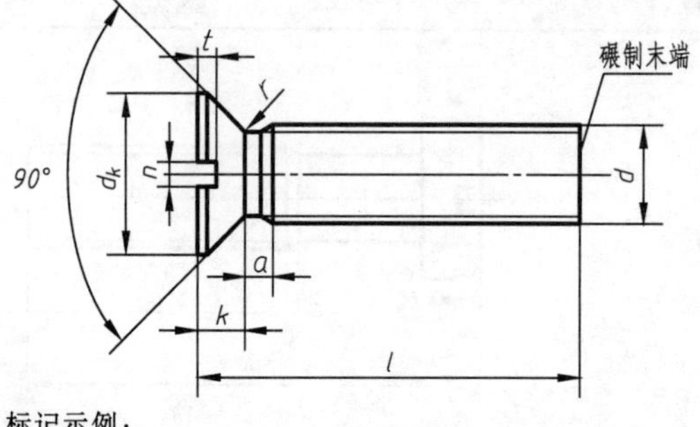

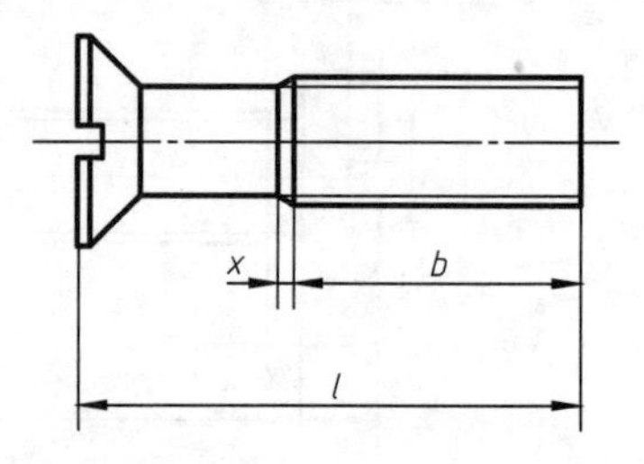

标记示例：

螺钉 GB/T 68 M10×40

（螺纹规格 d = M10，公称长度 l = 40mm，性能等级为 4.8 级，不经表面处理的开槽沉头螺钉）

螺纹规格 d	M1.6	M2	M2.5	M3	M4	M5	M6	M8	M10
P(螺距)	0.35	0.4	0.45	0.5	0.7	0.8	1	1.25	1.5
b(min)	25				38				
x(max)	0.9	1	1.1	1.25	1.75	2	2.5	3.2	3.8
d_k(max)	3	3.8	4.7	5.5	8.4	9.3	11.3	15.8	18.3
k(max)	1	1.2	1.5	1.65	2.7	2.7	3.3	4.65	5
n(公称)	0.4	0.5	0.6	0.8	1.2	1.2	1.6	2	2.5
r(max)	0.4	0.5	0.6	0.8	1	1.3	1.5	2	2.5
a(max)	0.7	0.8	0.9	1	1.4	1.6	2	2.5	3
t(max)	0.5	0.6	0.75	0.85	1.3	1.4	1.6	2.3	2.6
公称长度 l	2.5~16	3~20	4~25	5~30	6~40	8~50	8~60	10~80	12~80
l 系列	2.5,3,4,5,6,8,10,12,(14),16,20,25,30,35,40,45,50,(55),60,(65),70,(75),80								

注：1. 括号内的规格尽量不用。

2. M1.6~M3，公称长度 l≤30mm 的螺钉，制出全螺纹；M4~M10，公称长度 l≤45mm 的螺钉，制出全螺纹。

附表 B-6 内六角圆柱头螺钉（摘自 GB/T 70.1—2008） （单位：mm）

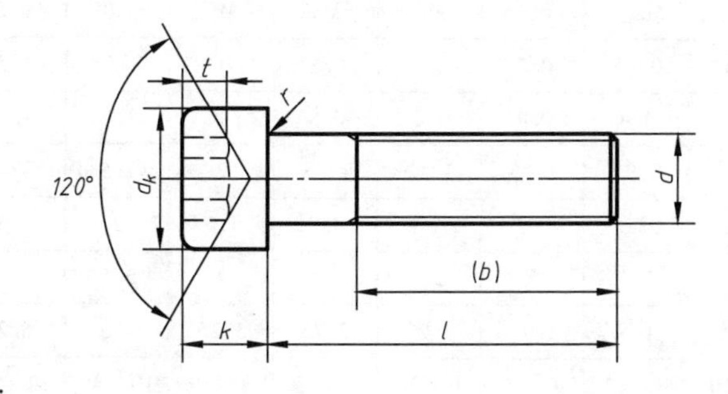

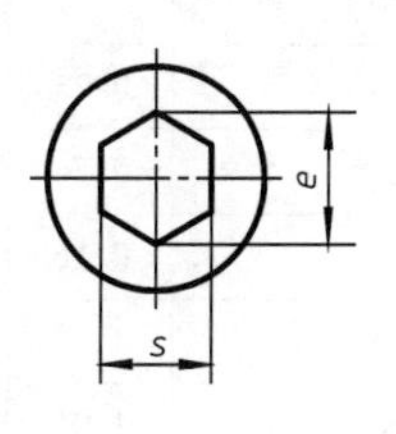

标记示例：

螺钉 GB/T 70.1 M10×40

（螺纹规格 d=M10，公称长度 l=40mm，性能等级为 8.8 级，表面氧化的内六角圆柱头螺钉）

螺纹规格 d	M3	M4	M5	M6	M8	M10	M12	M14	M16	M20
P（螺距）	0.5	0.7	0.8	1	1.25	1.5	1.75	2	2	2.5
b（参考）	18	20	22	24	28	32	36	40	44	52
d_k（max）	5.5	7	8.5	10	13	16	18	21	24	30
k（max）	3	4	5	6	8	10	12	14	16	20
t（min）	1.3	2	2.5	3	4	5	6	7	8	10
s（公称）	2.5	3	4	5	6	8	10	12	14	17
e（min）	2.87	3.44	4.58	5.72	6.86	9.15	11.43	13.72	16.00	19.44
r（min）	0.1	0.2	0.2	0.25	0.4	0.4	0.6	0.6	0.6	0.8
公称长度 l	5~30	6~40	8~50	10~60	12~80	16~100	20~120	25~140	25~160	30~200
l≤表中数值时，制出全螺纹	20	25	25	30	35	40	45	55	55	65
l 系列	2.5，3，4，5，6，8，10，12，16，20，25，30，35，40，45，50，55，60，65，70，80，90，100，110，120，130，140，150，160，180，200，220，240，260，280，300									

注：1. 括号内的尺寸尽量不用。

2. 螺纹规格 d=M1.6~M64。

附表 B-7 紧定螺钉 （单位：mm）

开槽锥端紧定螺钉（GB/T 71—1985） 开槽平端紧定螺钉（GB/T 73—1985） 开槽长圆柱端紧定螺钉（GB/T 75—1985）

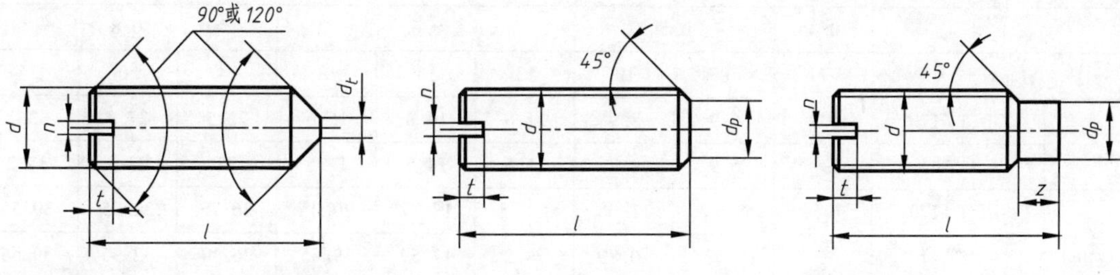

标记示例：

螺钉 GB/T 75 M10×35-14H

（螺纹规格 d=M10，公称长度 l=35mm，性能等级为 14H 级，表面氧化的开槽长圆柱端紧定螺钉）

（续）

螺纹规格 d		M1.6	M2	M2.5	M3	M4	M5	M6	M8	M10	M12
P(螺距)		0.35	0.4	0.45	0.5	0.7	0.8	1	1.25	1.5	1.75
n(公称)		0.25	0.25	0.4	0.4	0.6	0.8	1	1.2	1.6	2
t(max)		0.74	0.84	0.95	1.05	1.42	1.63	2	2.5	3	3.6
d_t(max)		0.16	0.2	0.25	0.3	0.4	0.5	1.5	2	2.5	3
d_p(max)		0.8	1	1.5	2	2.5	3.5	4	5.5	7	8.5
z(max)		1.05	1.25	1.5	1.75	2.25	2.75	3.25	4.3	5.3	6.3
l	GB/T 71	2 ~ 8	3 ~ 10	3 ~ 12	4 ~ 16	6 ~ 20	8 ~ 25	8 ~ 30	10 ~ 40	12 ~ 50	14 ~ 60
	GB/T 73	2 ~ 8	2 ~ 10	2.5 ~ 12	3 ~ 16	4 ~ 20	5 ~ 25	6 ~ 30	8 ~ 40	10 ~ 50	12 ~ 60
	GB/T 75	2.5 ~ 8	3 ~ 10	4 ~ 12	5 ~ 16	6 ~ 20	8 ~ 25	8 ~ 30	10 ~ 40	12 ~ 50	14 ~ 60
l 系列		2,2.5,3,4,5,6,8,10,12,(14),16,20,25,30,35,40,45,50,(55),60									

注：1. 括号内的规格尽量不采用。

2. 力学性能等级：14H，22H。

附表 B-8　1 型六角螺母（摘自 GB/T 6170—2000）　　（单位：mm）

1 型六角螺母　A 级和 B 级（摘自 GB/T 6170—2000）

1 型六角螺母　细牙　A 级和 B 级（摘自 GB/T 6171—2000）

六角螺母　C 级(摘自 GB/T 41—2000)

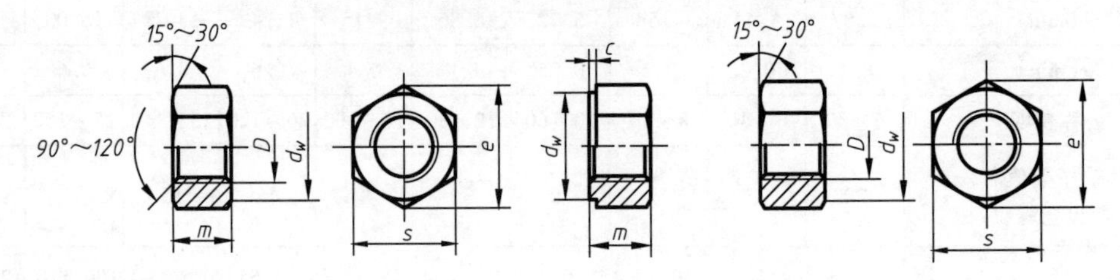

标记示例：

螺母 GB/T 41　M12

(螺纹规格 D = M12,性能等级为 5 级,不经表面处理,C 级的六角螺母)

螺母 GB/T 6171　M24 ×2

(螺纹规格 D = M24、螺距 P = 2mm,性能等级为 10 级,不经表面处理,B 级的 1 型六角细牙螺母)

螺纹规格 D		M4	M5	M6	M8	M10	M12	M16	M20	M24
c		0.4	0.5		0.6			0.8		
s(max)		7	8	10	13	16	18	24	30	36
d_w	GB/T 6170	5.9	6.9	8.9	11.6	14.6	16.6	22.5	27.7	33.2
	GB/T 41	—	6.9	8.7	11.5	14.5	16.5	22	27.7	33.2
e (min)	GB/T 6170	7.66	8.79	11.05	14.38	17.77	20.03	26.75	32.95	39.55
	GB/T 41	—	8.63	10.89	14.2	17.59	19.85	26.17	32.95	39.55
m (max)	GB/T 6170	3.2	4.7	5.2	6.8	8.4	10.8	14.8	18	21.5
	GB/T 41	—	5.6	6.4	7.9	9.5	12.2	15.9	19	22.3

注：A 级用于 $D \leqslant 16$mm 的螺母，B 级用于 $D > 16$mm 的螺母。

附表 B-9　平垫圈　　（单位：mm）

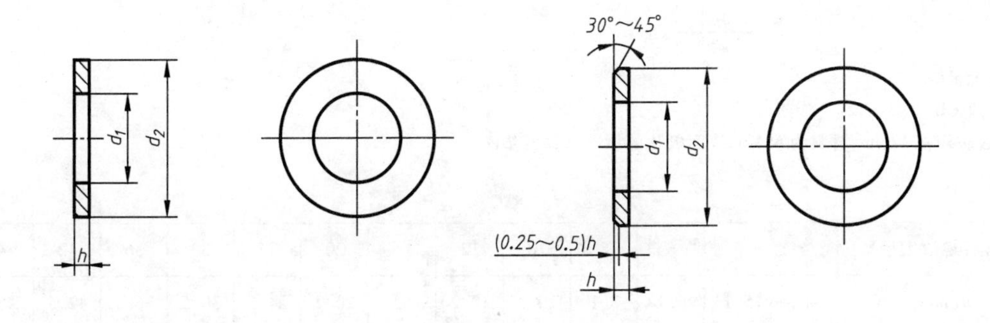

标记示例：

垫圈 GB/T 97.1 12

（标准系列，公称规格 12mm，由钢制造的硬度等级为 140HV 级，不经表面处理，产品等级为 A 级的平垫圈）

<table>
<tr><th colspan="2">公称规格
（螺纹大径 d）</th><th>4</th><th>5</th><th>6</th><th>8</th><th>10</th><th>12</th><th>14</th><th>16</th><th>20</th><th>24</th><th>30</th><th>36</th></tr>
<tr><td rowspan="4">d_1
（min）</td><td>GB/T 97.1</td><td>4.3</td><td rowspan="2">5.3</td><td rowspan="2">6.4</td><td rowspan="2">8.4</td><td rowspan="2">10.5</td><td rowspan="2">13</td><td rowspan="2">15</td><td rowspan="2">17</td><td rowspan="2">21</td><td rowspan="2">25</td><td rowspan="2">31</td><td rowspan="2">37</td></tr>
<tr><td>GB/T 97.2</td><td>—</td></tr>
<tr><td>GB/T 95</td><td rowspan="2">4.5</td><td rowspan="2">5.5</td><td rowspan="2">6.6</td><td rowspan="2">9</td><td rowspan="2">11</td><td rowspan="2">13.5</td><td rowspan="2">15.5</td><td rowspan="2">17.5</td><td rowspan="2">22</td><td rowspan="2">26</td><td rowspan="2">33</td><td rowspan="2">39</td></tr>
<tr><td>GB/T 96.2</td></tr>
<tr><td rowspan="4">d_2
（max）</td><td>GB/T 97.1</td><td>9</td><td rowspan="3">10</td><td rowspan="3">12</td><td rowspan="3">16</td><td rowspan="3">20</td><td rowspan="3">24</td><td rowspan="3">28</td><td rowspan="3">30</td><td rowspan="3">37</td><td rowspan="3">44</td><td rowspan="3">56</td><td rowspan="3">66</td></tr>
<tr><td>GB/T 97.2</td><td>—</td></tr>
<tr><td>GB/T 95</td><td>9</td></tr>
<tr><td>GB/T 96.2</td><td>12</td><td>15</td><td>18</td><td>24</td><td>30</td><td>37</td><td>44</td><td>50</td><td>60</td><td>72</td><td>92</td><td>110</td></tr>
<tr><td rowspan="4">h</td><td>GB/T 97.1</td><td>0.8</td><td rowspan="3">1</td><td rowspan="3">1.6</td><td rowspan="3">1.6</td><td rowspan="3">2</td><td rowspan="3">2.5</td><td rowspan="3">2.5</td><td rowspan="3">3</td><td rowspan="3">3</td><td rowspan="3">4</td><td rowspan="3">4</td><td rowspan="3">5</td></tr>
<tr><td>GB/T 97.2</td><td>—</td></tr>
<tr><td>GB/T 95</td><td>0.8</td></tr>
<tr><td>GB/T 96.2</td><td>1</td><td></td><td>1.6</td><td>2</td><td>2.5</td><td>3</td><td>3</td><td>3</td><td>4</td><td>5</td><td>6</td><td>8</td></tr>
</table>

注：表中摘录的均为优选尺寸。

附表 B-10　标准型弹簧垫圈（摘自 GB/T 93—1987）　　（单位：mm）

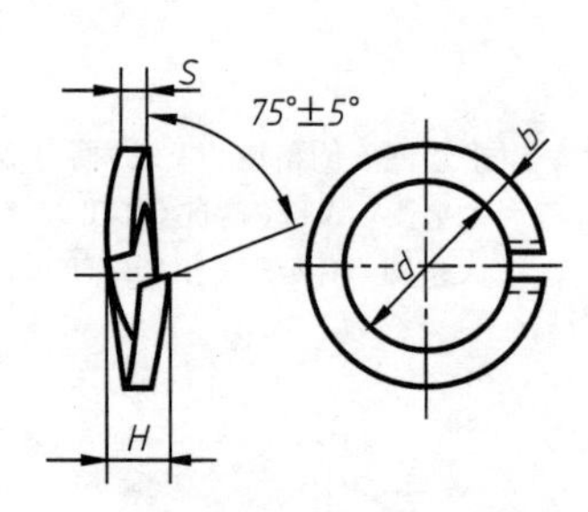

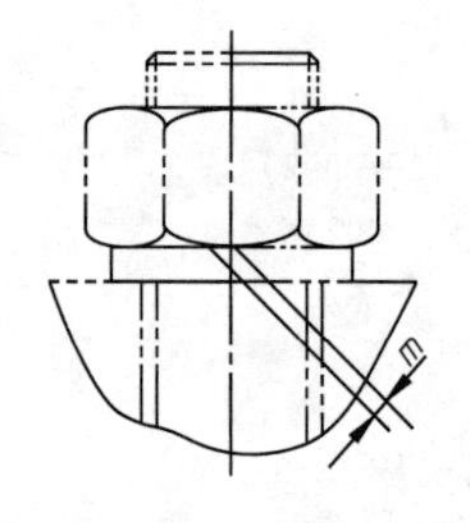

标记示例：
垫圈 GB/T 93　12
（公称规格 12mm，材料为 65Mn，表面氧化的标准型弹簧垫圈）

规格（螺纹大径）	4	5	6	8	10	12	16	20	24	30	36	42	48
d(min)	4.1	5.1	6.1	8.1	10.2	12.2	16.2	20.2	24.5	30.5	36.5	42.5	48.5
H(max)	2.75	3.25	4	5.25	6.5	7.75	10.25	12.5	15	18.75	22.5	26.26	30
$S(b)$公称	1.1	1.3	1.6	2.1	2.6	3.1	4.1	5	6	7.5	9	10.5	12
$m\leqslant$	0.55	0.65	0.8	1.05	1.3	1.55	2.05	2.5	3	3.75	4.5	5.25	6

注：m 应大于 0。

附表 B-11　圆柱销（摘自 GB/T 119.1—2000）　　（单位：mm）

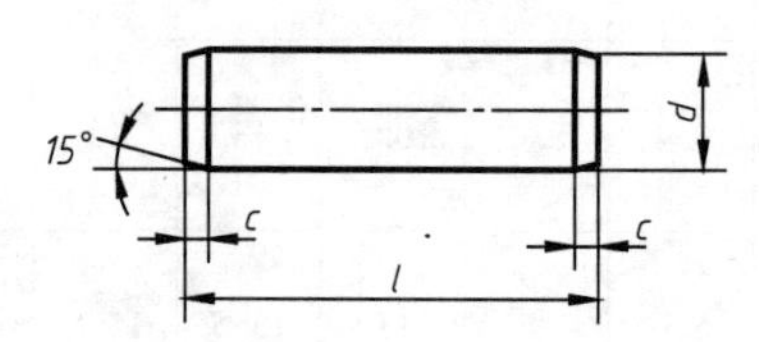

标注示例：
销 GB/T 119.1　10m6 × 35
（公称直径 d = 10mm，公称长度 l = 35mm，材料为钢、不经淬火、不经表面处理的圆柱销）

d	3	4	5	6	8	10	12	16	20	25	30	40
$c\approx$	0.5	0.63	0.8	1.2	1.6	2	2.5	3	3.5	4	5	6.3
l范围	8 ~ 30	8 ~ 40	10 ~ 50	12 ~ 60	14 ~ 80	18 ~ 95	22 ~ 140	26 ~ 180	35 ~ 200	50 ~ 200	60 ~ 200	80 ~ 200
l系列	2,3,4,5,6,8,10,12,14,16,18,20,22,24,26,28,30,32,35,40,45,50,55,60,65,70,75,80,85,90,95,100,120,140,160,180,200											

注：公称长度大于 200mm，按 20mm 递增。

附表 B-12　圆锥销（摘自 GB/T 117—2000）　　（单位：mm）

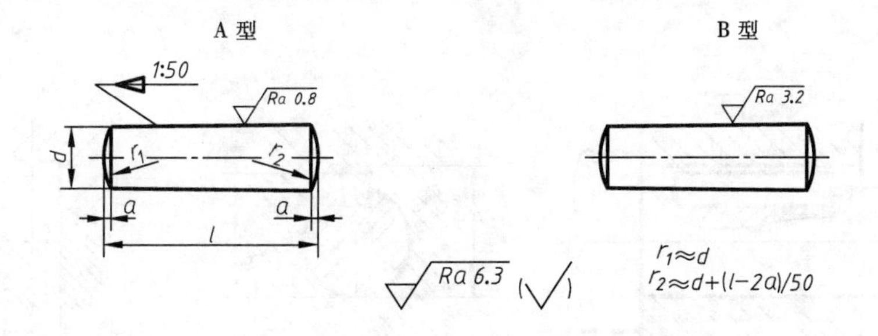

标记示例：

销 GB/T 117　A10×35

（公称直径 d = 10mm，公称长度 l = 35mm，材料为 35 钢、热处理硬度为 28 ~ 38HRC、表面氧化处理的圆锥销）

d(公称)	2	2.5	3	4	5	6	8	10	12	16	20	25
a≈	0.25	0.3	0.4	0.5	0.63	0.8	1.0	1.2	1.6	2.0	2.5	3.0
l 范围	10 ~ 35	10 ~ 30	12 ~ 45	14 ~ 55	18 ~ 60	22 ~ 90	22 ~ 120	26 ~ 160	32 ~ 180	40 ~ 200	45 ~ 200	50 ~ 200
l 系列	2,3,4,5,6,8,10,12,14,16,18,20,22,24,26,28,30,32,35,40,45,50,55,60,65,70,75,80,85,90,95,100,120,140,160,180,200											

注：公称长度大于 200mm，按 20mm 递增。

附表 B-13　开口销（摘自 GB/T 91—2000）　　（单位：mm）

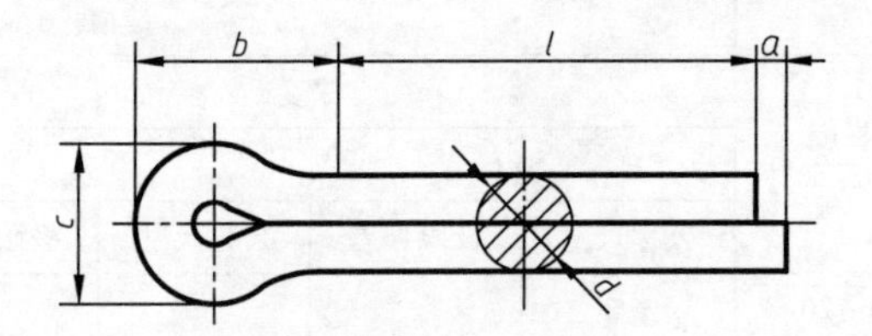

标记示例：

销 GB/T 91　10×45

（公称直径 d = 10mm，公称长度 l = 45mm，材料为 35 钢、热处理硬度为 28 ~ 38HRC、表面氧化处理的开口销）

d(公称)	0.6	0.8	1	1.2	1.6	2	2.5	3.2	4	5	6.3	8	10	13
c(max)	1	1.4	1.8	2	2.8	3.6	4.6	5.8	7.4	9.2	11.8	15	19	24.8
b≈	2	2.4	3	3	3.2	4	5	6.4	8	10	12.6	16	20	26
a(max)	1.6			2.5				3.2	4				6.3	
l 范围	4 ~ 12	5 ~ 16	6 ~ 20	8 ~ 25	8 ~ 32	10 ~ 40	12 ~ 50	14 ~ 63	18 ~ 80	22 ~ 100	32 ~ 125	40 ~ 160	45 ~ 200	71 ~ 250
l 公称长度系列	4,5,6,8,10,12,14,16,18,20,22,25,28,32,36，40,45,50,56,63,71,80,90,100,112,125,140,160,180,200,224,250,280													

注：销孔的公称直径等于 d（公称）。

附表 B-14 平键及键槽各部分尺寸（摘自 GB/T 1096—2003） （单位：mm）

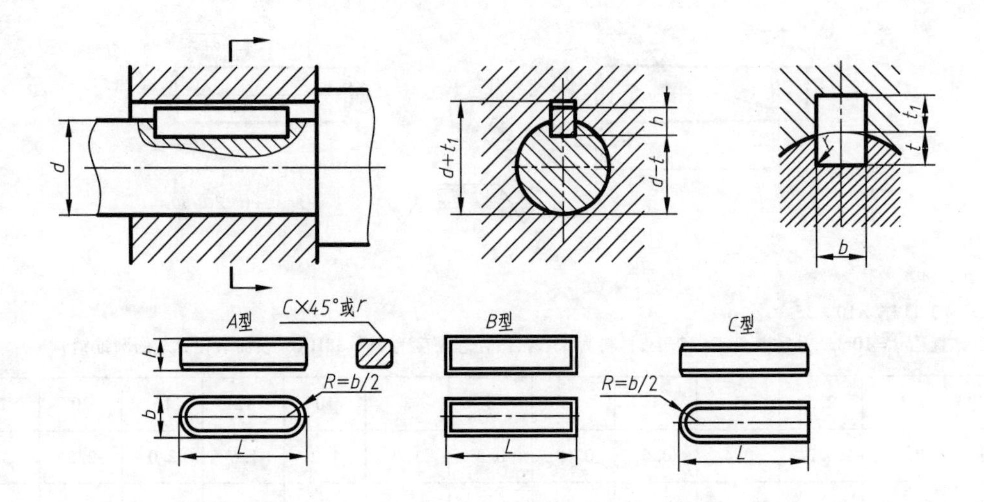

标记示例：

GB/T 1096 键 8×7×22（圆头普通 A 型平键，$b=8$mm，$h=7$mm，$L=22$mm）

GB/T 1096 键 B8×7×22（方头普通 B 型平键，$b=8$mm，$h=7$mm，$L=22$mm）

GB/T 1096 键 C8×7×22（半圆头普通 C 型平键，$b=8$mm，$h=7$mm，$L=22$mm）

<table>
<tr><th>轴</th><th colspan="2">键</th><th colspan="6">键槽</th></tr>
<tr><th rowspan="3">公称直径
d</th><th rowspan="3">公称尺寸
$b\times h$</th><th rowspan="3">长度
L</th><th colspan="4">深度</th><th colspan="2" rowspan="2">半径 r</th></tr>
<tr><th colspan="2">轴 t</th><th colspan="2">毂 t_1</th></tr>
<tr><th>公称尺寸</th><th>极限偏差</th><th>公称尺寸</th><th>极限偏差</th><th>最大</th><th>最小</th></tr>
<tr><td>自 6～8</td><td>2×2</td><td>6～20</td><td>1.2</td><td rowspan="5">+0.1
0</td><td>1</td><td rowspan="5">+0.1
0</td><td rowspan="3">0.25</td><td rowspan="3">0.16</td></tr>
<tr><td>>8～10</td><td>3×3</td><td>6～36</td><td>1.8</td><td>1.4</td></tr>
<tr><td>>10～12</td><td>4×4</td><td>8～45</td><td>2.5</td><td>1.8</td></tr>
<tr><td>>12～17</td><td>5×5</td><td>10～56</td><td>3.0</td><td>2.3</td><td rowspan="3">0.40</td><td rowspan="3">0.25</td></tr>
<tr><td>>17～22</td><td>6×6</td><td>14～70</td><td>3.5</td><td>2.8</td></tr>
<tr><td>>22～30</td><td>8×7</td><td>18～90</td><td>4.0</td><td rowspan="7">+0.2
0</td><td rowspan="3">3.3</td><td rowspan="7">+0.2
0</td></tr>
<tr><td>>30～38</td><td>10×8</td><td>22～110</td><td>5.0</td><td rowspan="5">0.60</td><td rowspan="5">0.40</td></tr>
<tr><td>>38～44</td><td>12×8</td><td>28～140</td><td>5.0</td></tr>
<tr><td>>44～50</td><td>14×9</td><td>36～160</td><td>5.5</td><td>3.8</td></tr>
<tr><td>>50～58</td><td>16×10</td><td>45～180</td><td>6.0</td><td>4.3</td></tr>
<tr><td>>58～65</td><td>18×11</td><td>50～200</td><td>7.0</td><td>4.4</td></tr>
<tr><td>>65～75</td><td>20×12</td><td>56～220</td><td>7.5</td><td>4.9</td><td>0.80</td><td>0.60</td></tr>
<tr><td>L系列</td><td colspan="8">6，8，10，12，14，16，18，20，22，25，28，32，36，40，45，50，56，63，70，80，90，100，110，125，140，160，180，200，220，250，280，320，400，450，500</td></tr>
</table>

附表 B-15　滚动轴承　　（单位：mm）

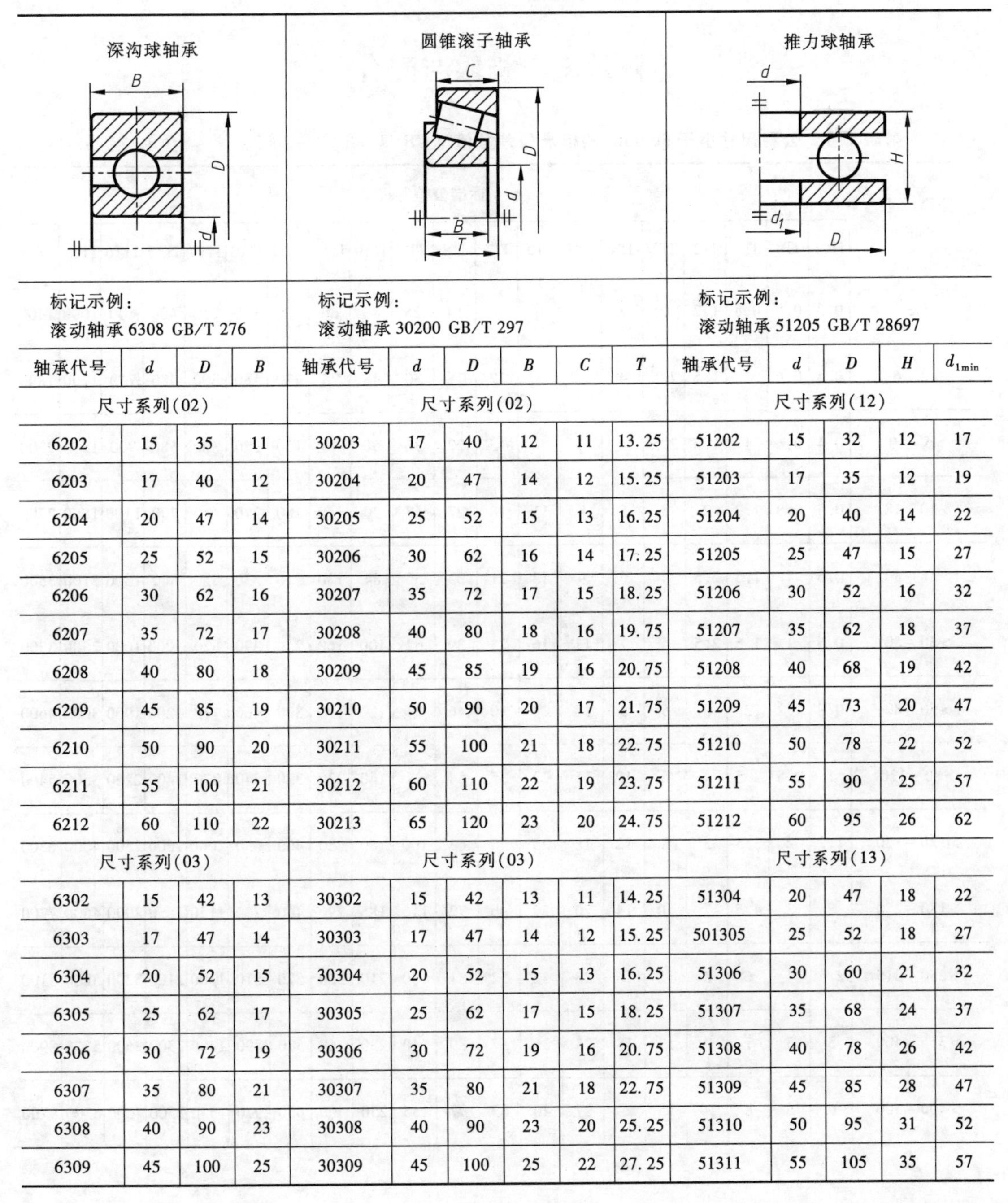

标记示例：
滚动轴承 6308 GB/T 276

标记示例：
滚动轴承 30200 GB/T 297

标记示例：
滚动轴承 51205 GB/T 28697

轴承代号	d	D	B	轴承代号	d	D	B	C	T	轴承代号	d	D	H	$d_{1\min}$
尺寸系列(02)				尺寸系列(02)						尺寸系列(12)				
6202	15	35	11	30203	17	40	12	11	13.25	51202	15	32	12	17
6203	17	40	12	30204	20	47	14	12	15.25	51203	17	35	12	19
6204	20	47	14	30205	25	52	15	13	16.25	51204	20	40	14	22
6205	25	52	15	30206	30	62	16	14	17.25	51205	25	47	15	27
6206	30	62	16	30207	35	72	17	15	18.25	51206	30	52	16	32
6207	35	72	17	30208	40	80	18	16	19.75	51207	35	62	18	37
6208	40	80	18	30209	45	85	19	16	20.75	51208	40	68	19	42
6209	45	85	19	30210	50	90	20	17	21.75	51209	45	73	20	47
6210	50	90	20	30211	55	100	21	18	22.75	51210	50	78	22	52
6211	55	100	21	30212	60	110	22	19	23.75	51211	55	90	25	57
6212	60	110	22	30213	65	120	23	20	24.75	51212	60	95	26	62
尺寸系列(03)				尺寸系列(03)						尺寸系列(13)				
6302	15	42	13	30302	15	42	13	11	14.25	51304	20	47	18	22
6303	17	47	14	30303	17	47	14	12	15.25	501305	25	52	18	27
6304	20	52	15	30304	20	52	15	13	16.25	51306	30	60	21	32
6305	25	62	17	30305	25	62	17	15	18.25	51307	35	68	24	37
6306	30	72	19	30306	30	72	19	16	20.75	51308	40	78	26	42
6307	35	80	21	30307	35	80	21	18	22.75	51309	45	85	28	47
6308	40	90	23	30308	40	90	23	20	25.25	51310	50	95	31	52
6309	45	100	25	30309	45	100	25	22	27.25	51311	55	105	35	57

附录 C　极限与配合

附表 C-1　公称尺寸小于 500mm 的标准公差数值（GB/T 1800. 1—2009）　（单位：μm）

公称尺寸/mm	标准公差等级																			
	IT01	IT0	IT1	IT2	IT3	IT4	IT5	IT6	IT7	IT8	IT9	IT10	IT11	IT12	IT13	IT14	IT15	IT16	IT17	IT18
≤3	0.3	0.5	0.8	1.2	2	3	4	6	10	14	25	40	60	100	140	250	400	600	1000	1400
>3~6	0.4	0.6	1	1.5	2.5	4	5	8	12	18	30	48	75	120	180	300	480	750	1200	1800
>6~10	0.4	0.6	1	1.5	2.5	4	6	9	15	22	36	58	90	150	220	360	580	900	1500	2200
>10~18	0.5	0.8	1.2	2	3	5	8	11	18	27	43	70	110	180	270	430	700	1100	1800	2700
>18~30	0.6	1	1.5	2.5	4	6	9	13	21	33	52	84	130	210	330	520	840	1300	2100	3300
>30~50	0.6	1	1.5	2.5	4	7	11	16	25	39	62	100	160	250	390	620	1000	1600	2500	3900
>50~80	0.8	1.2	2	3	5	8	13	19	30	46	74	120	190	300	460	740	1200	1900	3000	4600
>80~120	1	1.5	2.5	4	6	10	15	22	35	54	87	140	220	350	540	870	1400	2200	3500	5400
>120~180	1.2	2	3.5	5	8	12	18	25	40	63	100	160	250	400	630	1000	1600	2500	4000	6300
>180~250	2	3	4.5	7	10	14	20	29	46	72	115	185	290	460	720	1150	1850	2900	4600	7200
>250~315	2.5	4	6	8	12	16	23	32	52	81	130	210	320	520	810	1300	2100	3200	5200	8100
>315~400	3	5	7	9	13	18	25	36	57	89	140	230	360	570	890	1400	2300	3600	5700	8900
>400~500	4	6	8	10	15	20	27	40	63	97	155	250	400	630	970	1550	2500	4000	6300	9700

附表 C-2 常用及优先轴公差带极限偏差（摘自 GB/T 1800.2—2009） （单位：μm）

公差带代号 公称尺寸/mm		a	b		c			d				e		
大于	至	11	11	12	9	10	11	8	9	10	11	7	8	9
—	3	-270 -330	-140 -200	-140 -240	-60 -85	-60 -100	-60 -120	-20 -34	-20 -45	-20 -60	-20 -80	-14 -24	-14 -28	-14 -39
3	6	-270 -345	-140 -215	-140 -260	-70 -100	-70 -118	-70 -145	-30 -48	-30 -60	-30 -78	-30 -105	-20 -32	-20 -38	-20 -50
6	10	-280 -370	-150 -240	-150 -300	-80 -116	-80 -138	-80 -170	-40 -62	-40 -76	-40 -98	-40 -130	-25 -40	-25 -47	-25 -61
10	14	-290 -400	-150 -260	-150 -330	-95 -138	-95 -165	-95 -205	-50 -77	-50 -93	-50 -120	-50 -160	-32 -50	-32 -59	-32 -75
14	18													
18	24	-300 -430	-160 -290	-160 -370	-110 -162	-110 -194	-110 -240	-65 -98	-65 -117	-65 -149	-65 -195	-40 -61	-40 -73	-40 -92
24	30													
30	40	-310 -470	-170 -330	-170 -420	-120 -182	-120 -220	-120 -280	-80 -119	-80 -142	-80 -180	-80 -240	-50 -75	-50 -89	-50 -112
40	50	-320 -480	-180 -340	-180 -430	-130 -192	-130 -230	-130 -290							
50	65	-340 -530	-190 -380	-190 -490	-140 -214	-140 -260	-140 -330	-100 -146	-100 -174	-100 -220	-100 -290	-60 -90	-60 -106	-60 -134
65	80	-360 -550	-200 -390	-200 -500	-150 -224	-150 -270	-150 -340							
80	100	-380 -600	-200 -440	-220 -570	-170 -257	-170 -310	-170 -390	-120 -174	-120 -207	-120 -260	-120 -340	-72 -109	-72 -126	-72 -159
100	120	-410 -630	-240 -460	-240 -590	-180 -267	-180 -320	-180 -400							
120	140	-460 -710	-260 -510	-260 -660	-200 -300	-200 -360	-200 -450	-145 -208	-145 -245	-145 -305	-145 395	-85 -125	-85 -148	-85 -185
140	160	-520 -770	-280 -530	-280 -680	-210 -310	-210 -370	-210 -460							
160	180	-580 -830	-310 -560	-310 -710	-230 -330	-230 -3920	-230 -480							
180	200	-660 -950	-340 -630	-340 -800	-240 -355	-240 -425	-240 -530	-170 -242	-170 -285	-170 -460	-170 -460	-100 -146	-100 -172	-100 -215
200	225	-740 -1030	-380 -670	-380 -840	-260 -375	-260 -445	-260 -550							
225	250	-820 -1110	-420 -710	-420 -880	-280 -395	-280 -465	-280 -570							
250	280	-920 -1240	-780 -800	-480 -1000	-300 -430	-300 -510	-300 -620	-191 -271	-190 -320	-190 -400	-190 -510	-110 -162	-110 -191	-110 -240
280	315	-1050 -1370	-540 -860	-540 -1060	-330 -460	-330 -540	-330 -650							
315	355	-1200 -1560	-600 -960	-600 -1170	-360 -500	-360 -590	-360 -720	-210 -299	-210 -350	-210 -440	-210 -570	-125 -214	-125 -214	-125 -265
355	400	-1350 -1710	-680 -1040	-680 -1250	-400 -540	-400 -630	-400 -760							

（续）

公差带代号 公称尺寸/mm		f					g			h							
大于	至	5	6	7	8	9	5	6	7	5	6	7	8	9	10	11	12
—	3	-6 -10	-6 -12	-6 -16	-6 -20	-6 -31	-2 -6	-2 -8	-2 -12	0 -4	0 -6	0 -10	0 -14	0 -25	0 -40	0 -60	0 -100
3	6	-10 -15	-10 -18	-10 -22	-10 -28	-10 -40	-4 -9	-4 -12	-4 -16	0 -5	0 -8	0 -12	0 -18	0 -30	0 -48	0 -75	0 -120
6	10	-13 -19	-13 -22	-13 -28	-13 -35	-13 -49	-5 -11	-5 -14	-5 -20	0 -6	0 -9	0 -15	0 -22	0 -36	0 -58	0 -90	0 -150
10	14	-16 -24	-16 -27	-16 -34	-16 -43	-16 -59	-6 -14	-6 -17	-6 -24	0 -8	0 -11	0 -18	0 -27	0 -43	0 -70	0 -110	0 -180
14	18																
18	24	-20 -29	-20 -33	-20 -41	-20 -53	-20 -72	-7 -16	-7 -20	-7 -28	0 -9	0 -13	0 -21	0 -33	0 -52	0 -84	0 -130	0 -210
24	30																
30	40	-25 -36	-25 -41	-25 -50	-25 -64	-25 -87	-9 -20	-9 -25	-9 -34	0 -11	0 -16	0 -25	0 -39	0 -62	0 -100	0 -160	0 -250
40	50																
50	65	-30 -43	-30 -49	-30 -60	-30 -76	-30 -104	-10 -23	-10 -29	-10 -40	0 -13	0 -19	0 -30	0 -46	0 -74	0 -120	0 -190	0 -300
65	80																
80	100	-36 -51	-36 -58	-36 -71	-36 -90	-36 -123	-12 -27	-12 -34	-12 -47	0 -15	0 -22	0 -35	0 -54	0 -87	0 -140	0 -220	0 -350
100	120																
120	140	-43 -61	-43 -68	-43 -83	-43 -106	-43 -143	-14 -32	-14 -39	-14 -54	0 -18	0 -25	0 -40	0 -63	0 -100	0 -160	0 -250	0 -400
140	160																
160	180																
180	200	-50 -70	-50 -79	-50 -96	-50 -122	-50 -165	-15 -35	-15 -44	-15 -61	0 -20	0 -29	0 -46	0 -72	0 -115	0 -185	0 -290	0 -460
200	225																
225	250																
250	280	-56 -79	-56 -88	-56 -108	-56 -137	-56 -186	-17 -40	-17 -49	-17 -69	0 -23	0 -32	0 -52	0 -81	0 -130	0 -210	0 -320	0 -520
280	315																
315	355	-62 -87	-62 -98	-62 -119	-62 -151	-62 -202	-18 -43	-18 -54	-18 -75	0 -25	0 -36	0 -57	0 -89	0 -140	0 -230	0 -360	0 -570
355	400																

（续）

公差带代号 公称尺寸/mm		js			k			m			n			p		
大于	至	5	6	7	5	6	7	5	6	7	5	6	7	5	6	7
—	3	±2	±3	±5	+4 0	+6 0	+10 0	+6 +2	+8 +2	+12 +2	+8 +4	+10 +4	+14 +4	+10 +6	+12 +6	+16 +6
3	6	±2.5	±4	±6	+6 +1	+9 +1	+13 +1	+9 +4	+12 +4	+16 +4	+13 +8	+16 +8	+20 +8	+17 +12	+20 +12	+24 +12
6	10	±3	±4.5	±7	+7 +1	+10 +1	+16 +1	+12 +6	+15 +6	+21 +6	+16 +10	+19 +10	+25 +10	+21 +15	+24 +15	+30 +15
10	14	±4	±5.5	±9	+9 +1	+12 +1	+19 +1	+15 +7	+18 +7	+25 +7	+20 +12	+23 +12	+30 +12	+26 +18	+29 +18	+36 +18
14	18															
18	24	±4.5	±6.5	±10	+11 +2	+15 +2	+23 +2	+17 +8	+21 +8	+29 +8	+24 +15	+28 +15	+36 +15	+31 +22	+35 +22	+43 +22
24	30															
30	40	±5.5	±8	±12	+13 +2	+18 +2	+27 +2	+20 +9	+25 +9	+34 +9	+28 +17	+33 +17	+42 +17	+37 +26	+42 +26	+51 +26
40	50															
50	65	±6.5	±9.5	±15	+15 +2	+21 +2	+32 +2	+24 +11	+30 +11	+41 +11	+33 +20	+39 +20	+50 +20	+45 +32	+51 +32	+62 +32
65	80															
80	100	±7.5	±11	±17	+18 +3	+25 +3	+38 +3	+28 +13	+35 +13	+48 +13	+38 +23	+45 +23	+58 +23	+52 +37	+59 +37	+72 +37
100	120															
120	140	±9	±12.5	±20	+21 +3	+28 +3	+43 +3	+33 +15	+40 +15	+55 +15	+45 +27	+52 +27	+67 +27	+61 +43	+68 +43	+83 +43
140	160															
160	180															
180	200	±10	±14.5	±23	+24 +4	+33 +4	+50 +4	+37 +17	+46 +17	+63 +17	+51 +31	+60 +31	+77 +31	+70 +50	+79 +50	+96 +50
200	225															
225	250															
250	280	±11.5	±16	±26	+27 +4	+36 +4	+56 +4	+43 +20	+52 +20	+72 +20	+57 +34	+86 +34	+86 +34	+79 +56	+88 +56	+108 +56
280	315															
315	355	±12.5	±18	±28	+29 +4	+40 +4	+61 +4	+46 +21	+57 +21	+78 +21	+62 +37	+94 +37	+94 +37	+87 +62	+98 +62	+119 +62
355	400															

（续）

公称尺寸/mm \ 公差带代号		r			s			t			u		v	x	y	z
大于	至	5	6	7	5	6	7	5	6	7	6	7	6	6	6	6
—	3	+14 +10	+16 +10	+20 +10	+18 +14	+20 +14	+24 +14	—	—	—	+24 +18	+28 +18	—	+26 +20	—	+32 +26
3	6	+20 +15	+23 +15	+27 +15	+24 +19	+27 +19	+31 +19	—	—	—	+31 +23	+35 +23	—	+36 +28	—	+43 +35
6	10	+25 +19	+28 +19	+34 +19	+29 +23	+32 +23	+38 +23	—	—	—	+37 +28	+43 +28	—	+43 +34	—	+51 +42
10	14	+31 +23	+34 +23	+41 +23	+36 +28	+39 +28	+46 +28	—	—	—	+44 +33	+51 +33	—	+51 +40	—	+61 +50
14	18							—	—	—			+50 +39	+56 +45	—	+71 +60
18	24	+37 +28	+41 +28	+49 +28	+44 +35	+48 +35	+56 +35	—	—	—	+54 +41	+62 +41	+60 +47	+67 +54	+76 +63	+86 +73
24	30							+50 +41	+54 +41	+62 +41	+61 +48	+69 +48	+68 +55	+77 +64	+88 +75	+101 +88
30	40	+45 +34	+50 +34	+59 +34	+54 +43	+59 +43	+68 +43	+59 +48	+64 +48	+73 +48	+76 +60	+85 +60	+84 +68	+96 +80	+110 +94	+128 +112
40	50							+65 +54	+70 +54	+79 +54	+86 +70	+95 +70	+97 +81	+113 +97	+130 +114	+152 +136
50	65	+54 +41	+60 +41	+71 +41	+66 +53	+72 +53	+83 +53	+79 +66	+85 +66	+96 +66	+106 +87	+117 +87	+121 +102	+141 +122	+169 +144	+191 +172
65	80	+56 +43	+62 +43	+73 +43	+72 +59	+78 +59	+89 +59	+88 +75	+94 +75	+105 +75	+121 +102	+132 +102	+139 +120	+165 +146	+193 +174	+229 +210
80	100	+66 +51	+73 +51	+86 +51	+86 +71	+93 +71	+106 +71	106 +91	+113 +91	+126 +91	+146 +124	+159 +124	+168 +146	+200 +178	+236 +214	+280 +258
100	120	+69 +54	+76 +54	+89 +54	+94 +79	+101 +79	+114 +79	+119 +104	+126 +104	+139 +104	+166 +144	+179 +144	+194 +172	+232 +210	+276 +254	+332 +310
120	140	+81 +63	+88 +63	+103 +63	+110 +92	+117 +92	+132 +92	+140 +122	+147 +122	+162 +122	+195 +170	+210 +170	+227 +202	+273 +248	+325 +300	+390 +365
140	160	+83 +65	+90 +65	+105 +65	+118 +100	+125 +100	+140 +100	+152 +134	+159 +134	+174 +134	+215 +190	+230 +190	+253 +228	+305 +280	+365 +340	+440 +415
160	180	+86 +68	+93 +68	+108 +68	+126 +108	+133 +108	+148 +108	+164 +146	+171 +146	+186 +146	+235 +210	+250 +210	+277 +252	+335 +310	+405 +380	+490 +465
180	200	+97 +77	+106 +77	+123 +77	+142 +122	+151 +122	+168 +122	+186 +166	+195 +166	+212 +166	+265 +236	+282 +236	+313 +284	+379 +350	+454 +425	+549 +520
200	225	+100 +80	+109 +80	+126 +80	+150 +130	+159 +130	+176 +130	+200 +180	+209 +180	+226 +180	+287 +258	+304 +258	+339 +310	+414 +385	+499 +470	+604 +575
225	250	+104 +84	+113 +84	+130 +84	+160 +140	+169 +140	+186 +140	+216 +196	+225 +196	+242 +196	+313 +284	+330 +284	+369 +340	+454 +425	+549 +520	+669 +640
250	280	+117 +94	+126 +94	+146 +94	+181 +158	+190 +158	+210 +158	+241 +218	+250 +218	+270 +218	+347 +315	+367 +315	+417 +385	+507 +475	+612 +580	+742 +710
280	315	+121 +98	+130 +98	+150 +98	+193 +170	+202 +170	+222 +170	+263 +240	+272 +240	+292 +240	+382 +350	+402 +350	+457 +425	+557 +525	+682 +650	+822 +790
315	355	+133 +108	+144 +108	+165 +108	+215 +190	+226 +190	+247 +190	+293 +268	+304 +268	+325 +268	+426 +390	+447 +390	+511 +475	+626 +590	+766 +730	+936 +900
355	400	+139 +114	+150 114	+171 +114	+233 +208	+244 +208	+265 +208	+319 +294	+330 +294	+351 +294	+471 +435	+492 +435	+566 +530	+696 +660	+856 +820	+1036 +1000

附表 C-3　常用及优先孔公差带极限偏差（摘自 GB/T 1800.2—2009）（单位：μm）

公称尺寸/mm 大于	至	A 11	B 11	B 12	C 11	D 8	D 9	D 10	D 11	E 8	E 9	F 6	F 7	F 8	F 9
—	3	+330	+200	+240	+120	+34	+45	+60	+80	+28	+39	+12	+16	+20	+31
		+270	+140	+140	+60	+20	+20	+20	+20	+14	+14	+6	+6	+6	+6
3	6	+345	+215	+260	+145	+48	+60	+78	+150	+38	+50	+18	+22	+28	+40
		+270	+140	+140	+70	+30	+30	+30	+30	+20	+20	+10	+10	+10	+10
6	10	+370	+240	+300	+170	+62	+76	+98	+130	+47	+61	+22	+28	+35	+49
		+280	+150	+150	+80	+40	+40	+40	+40	+25	+25	+13	+13	+13	+13
10	14	+400	+260	+330	+205	+77	+93	+120	+160	+59	+75	+27	+34	+43	+59
14	18	+290	+150	+150	+95	+50	+50	+50	+50	+32	+32	+16	+16	+16	+16
18	24	+430	+290	+370	+240	+98	+117	+149	+195	+73	+92	+33	+41	+53	+72
24	30	+300	+160	+160	+110	+65	+65	+65	+65	+40	+40	+20	+20	+20	+20
30	40	+470	+330	+420	+280										
		+310	+170	+170	+120	+119	+142	+180	+240	+89	+112	+41	+50	+64	+87
40	50	+480	+340	+430	+290	+80	+80	+80	+80	+50	+50	+25	+25	+25	+25
		+320	+180	+180	+130										
50	65	+530	+380	+490	+330										
		+340	+190	+190	+140	+146	+174	+220	+290	+106	+134	+49	+60	+76	+104
65	80	+550	+390	+500	+340	+100	+100	+100	+100	+60	+60	+30	+30	+30	+30
		+360	+200	+200	+150										
80	100	+600	+400	+570	+390										
		+380	+220	+220	+170	+174	+207	+260	+340	+126	+159	+58	+71	+90	+123
100	120	+630	+460	+590	+400	+120	+120	+120	+120	+72	+72	+36	+36	+36	+36
		+410	+240	+240	+180										
120	140	+710	+510	+660	+450										
		+460	+260	+260	+200										
140	160	+770	+530	+680	+460	+208	+245	+305	+395	+148	+185	+68	+83	+106	+143
		+520	+280	+280	+210	+145	+145	+145	+140	+85	+85	+43	+43	+43	+43
160	180	+830	+560	+710	+480										
		+580	+310	+310	+230										
180	200	+950	+630	+800	+530										
		+660	+340	+340	+240										
200	225	+1030	+670	+840	+550	+242	+285	+355	+460	+172	+215	+79	+96	+122	+165
		+740	+380	+380	+260	+170	+170	+170	+170	+100	+100	+50	+50	+50	+50
225	250	+1110	+710	+880	+570										
		+820	+420	+420	+280										
250	280	+1240	+800	+1000	+620										
		+920	+480	+480	+300	+271	+320	+400	+510	+191	+240	+88	+108	+137	+186
280	315	+1370	+860	+1060	+650	+190	+190	+190	+190	+110	+110	+56	+56	+56	+56
		+1050	+540	+540	+330										
315	355	+1560	+960	+1170	+720										
		+1200	+600	+600	+360	+299	+350	+440	+570	+214	+265	+98	+119	+151	+202
355	400	+1710	+1040	+1250	+760	+210	+210	+210	+210	+125	+125	+62	+62	+62	+62
		+1350	+680	+680	+400										

（续）

公差带代号 公称尺寸/mm		G		H							JS			K			M		
大于	至	6	7	6	7	8	9	10	11	12	6	7	8	6	7	8	6	7	8
—	3	+8 +2	+12 +2	+6 0	+10 0	+14 0	+25 0	+40 0	+60 0	+100 0	±3	±5	±7	0 −6	0 −10	0 −14	−2 −8	−2 −12	−2 −16
3	6	+12 +4	+16 +4	+8 0	+12 0	+18 0	+30 0	+48 0	+75 0	+120 0	±4	±6	±9	+2 −6	+3 −9	+5 −13	−1 −9	0 −12	+2 −16
6	10	+14 +5	+20 +5	+9 0	+15 0	+22 0	+36 0	+58 0	+90 0	+150 0	±4.5	±7	±11	+2 −7	+5 −10	+6 −16	−3 −12	0 −15	+1 −21
10 14	14 18	+17 +6	+24 +6	+11 0	+18 0	+27 0	+43 0	+70 0	+110 0	+180 0	±5.5	±9	±13	+2 −9	+6 −12	+8 −19	−4 −15	0 −18	+2 −25
18 24	24 30	+20 +7	+28 +7	+13 0	+21 0	+33 0	+52 0	+84 0	+130 0	+210 0	±6.5	±10	±16	+2 −11	+6 −15	+10 −23	−4 −17	0 −21	+4 −29
30 40	40 50	+25 +9	+34 +9	+16 0	+25 0	+39 0	+62 0	+100 0	+160 0	+250 0	±8	±12	±19	+3 −13	+7 −18	−12 −27	−4 −20	0 −25	+5 −34
50 65	65 80	+29 +10	+40 +10	+19 0	+30 0	+46 0	+74 0	+120 0	+190 0	+300 0	±9.5	±15	±23	+4 −13	+9 −21	+14 −32	−5 −24	0 −30	+5 −41
80 100	100 120	+34 +12	+47 +12	+22 0	+35 0	+54 0	+87 0	+140 0	+220 0	+350 0	±11	±17	±27	+4 −15	+10 −25	+16 −38	−6 −28	0 −35	+6 −48
120 140 160	140 160 180	+39 +14	+54 +14	+25 0	+40 0	+63 0	+100 0	+160 0	+250 0	+400 0	±12.5	±20	±31	+4 −18	+12 −28	+20 −43	−8 −33	0 −40	+8 −55
180 200 225	200 225 250	+44 +15	+61 +15	+29 0	+46 0	+72 0	+115 +0	+185 0	+290 0	+460 0	±14.5	±23	±36	+4 −21	+13 −33	+22 −50	−8 −37	0 −46	+9 −63
250 280	280 315	+49 +17	+69 +17	+32 0	+52 0	+81 0	+130 0	+210 0	+320 0	+520 0	±16	±26	±40	+5 −24	+16 −36	+25 −56	−9 −41	0 −52	+9 −72
315 355	355 400	+54 +18	+75 +18	+36 0	+57 0	+89 0	+140 0	+230 0	+360 0	+570 0	±18	±28	±44	+7 −29	+17 −40	+28 −61	−10 −46	0 −57	+11 −78

（续）

公差带代号 公称尺寸/mm		N			P		R		S		T		U
大于	至	6	7	8	6	7	6	7	6	7	6	7	7
—	3	-4 -10	-4 -14	-4 -18	-6 -12	-6 -16	-10 -16	-10 -20	-14 -20	-14 -24	—	—	-18 -28
3	6	-5 -13	-4 -16	-3 -20	-9 -17	-8 -20	-12 -20	-11 -23	-16 -24	-15 -27	—	—	-19 -31
6	10	-7 -16	-4 -19	-3 -25	-12 -21	-9 -24	-16 -25	-13 -28	-20 -29	-17 -32	—	—	-22 -37
10	14	-9 -20	-5 -23	-3 -30	-15 -26	-11 -29	-20 -31	-16 -34	-25 -35	-21 -39	—	—	-26 -44
14	18												
18	24	-11 -24	-7 -28	-3 -36	-18 -31	-14 -35	-24 -37	-20 -41	-31 -44	-27 -48	—	—	-33 -54
24	30										-37 -50	-33 -54	-40 -61
30	40	-12 -28	-8 -33	-3 -42	-21 -37	-17 -42	-29 -45	-25 -50	-38 -54	-34 -59	-43 -59	-39 -64	-51 -76
40	50										-49 -65	-45 -70	-61 -86
50	65	-14 -33	-9 -39	-4 -50	-26 -45	-21 -51	-35 -54	-30 -60	-47 -66	-42 -72	-60 -79	-55 -85	-76 -106
65	80						-37 -56	-32 -62	-53 -72	-48 -78	-69 -88	-64 -94	-91 -121
80	100	-16 -38	-10 -45	-4 -58	-30 -52	-24 -59	-44 -66	-38 -73	-64 -86	-58 -93	-84 -106	-78 -113	-111 -146
100	120						-47 -69	-41 -76	-72 -94	-66 -101	-97 -119	-91 -126	-131 -166
120	140	-20 -45	-12 -52	-4 -67	-36 -61	-28 -68	-56 -81	-48 -88	-85 -110	-77 -117	-115 -140	-107 -147	-155 -195
140	160						-58 -83	-50 -90	-93 -118	-85 -125	-127 -152	-119 -159	-175 -215
160	180						-61 -86	-53 -93	-101 -126	-93 -133	-139 -164	-131 -171	-195 -235
180	200	-22 -51	-14 -60	-5 -77	-41 -70	-33 -79	-68 -97	-60 -106	-113 -142	-105 -151	-157 -186	-149 -195	-219 -265
200	225						-71 -100	-63 -109	-121 -150	-113 -159	-171 -200	-163 -209	-241 -287
225	250						-75 -104	-67 -113	-131 -160	-123 -169	-187 -216	-179 -225	-267 -313
250	280	-25 -57	-14 -66	-5 -86	-47 -79	-36 -88	-85 -117	-74 -126	-149 -181	-138 -190	-209 -241	-198 -250	-295 -347
280	315						-89 -121	-78 -130	-161 -193	-150 -202	-231 -263	-220 -272	-330 -382
315	355	-26 -62	-16 -73	-5 -94	-51 -87	-41 -98	-97 -133	-87 -144	-179 -215	-169 -226	-257 -293	-247 -304	-369 -426
355	400						-103 -139	-93 -150	-197 -233	-187 -244	-283 -319	-273 -330	-414 -471

参考文献

[1] 丁一，陈家能．机械制图 [M]．重庆：重庆大学出版社，2012.
[2] 马霞，陈洁．工程制图 [M]．北京：石油工业出版社，2013.
[3] 何铭新，钱可强．机械制图 [M]．6版．北京：高等教育出版社，2010.
[4] 丁一，何玉林．工程图学基础 [M]．北京：高等教育出版社，2008.
[5] 刘小年，杨月英．机械制图 [M]．2版．北京：高等教育出版社，2007.
[6] 于萍．AutoCAD 2011 中文版实例教程 [M]．上海：上海科学普及出版社，2012.
[7] 张云杰，张艳明．AutoCAD 2010 基础教程 [M]．北京：清华大学出版社，2010.
[8] 金大鹰．机械制图 [M]．3版．北京：机械工业出版社，2011.
[9] 杨惠英，王玉坤．机械制图 [M]．3版．北京：清华大学出版社，2011.
[10] 全国技术产品文件标准化技术委员会．技术产品文件标准汇编　机械制图卷 [M]．2版．北京：中国标准出版社，2009.
[11] 全国技术产品文件标准化技术委员会．技术产品文件标准汇编　技术制图卷 [M]．2版．北京：中国标准出版社，2009.

《机 械 制 图》

李杰　陈家能　主编

读者信息反馈表

尊敬的老师：

您好！感谢您多年来对机械工业出版社的支持和厚爱！为了进一步提高我社教材的出版质量，更好地为我国高等教育发展服务，欢迎您对我社的教材多提宝贵意见和建议。另外，如果您在教学中选用了本书，欢迎您对本书提出修改建议和意见。

机械工业出版社教育服务网网址：http：//www. cmpedu. com

一、基本信息

姓名：__________　性别：__________　职称：__________　职务：__________

邮编：__________　地址：____________________________________

任教课程：____________________________________

电话：______-__________（H）__________（O）

电子邮件：__________　手机：__________

二、您对本书的意见和建议

（欢迎您指出本书的疏误之处）

三、您对我们的其他意见和建议

请与我们联系：

邮寄地址：北京市西城区百万庄大街22号

机械工业出版社·高等教育分社　舒恬　收　邮编：100037

电话：010-8837 9217　　传真：010-6899 7455

电子邮箱：shutianCMP@ gmail. com